教育部高等学校电子信息类专业教学指导委员会规划教材
高等学校电子信息类专业系列教材

U0265783

Study Guide for Digital Signal Processing

Principles and Practice (Third Edition)

数字信号处理原理及实现 学习指导

（第3版）

王艳芬　王刚　张晓光　刘卫东　编著
Wang Yanfen　Wang Gang　Zhang Xiaoguang　Liu Weidong

清華大学出版社
北京

内 容 简 介

本书是主教材《数字信号处理原理及实现》(第3版)(王艳芬等编著)的配套辅助教材,可以独立使用,共包括10章内容。第1章~第9章内容与主教材相一致。每一章都包括六部分:第一部分是重点与难点;第二部分是知识结构;第三部分是内容提要,对课程内容进行系统的阐述和归纳总结;第四部分是典型例题分析;第五部分是习题解答,对教材中的所有习题进行较详尽的解答;第六部分是自测题及参考答案。第10章是综合测试及解答,给出了几套本科生课程考试和研究生入学考试模拟试题与解答,并选编了部分院校的研究生入学考试真题及解答,可全面测试读者对教材知识点的掌握。

本书重点突出,概念清楚,内容充实,题型多样,理论和实际结合紧密。本书主要作为信息与通信工程类专业高年级本科生复习之用,并为准备考研的学生提供考前指导和帮助,也可供从事信息处理、通信、电子技术等专业的工程技术人员及有关科研、教学人员参考使用。

本书封面贴有清华大学出版社防伪标签,无标签者不得销售。

版权所有,侵权必究。举报:010-62782989,beiqinquan@tup.tsinghua.edu.cn。

图书在版编目(CIP)数据

数字信号处理原理及实现学习指导/王艳芬等编著. —3版. —北京:清华大学出版社,2019(2023.3重印)
(高等学校电子信息类专业系列教材)
ISBN 978-7-302-51908-9

Ⅰ. ①数… Ⅱ. ①王… Ⅲ. ①数字信号处理—高等学校—教学参考资料 Ⅳ. ①TN911.72

中国版本图书馆 CIP 数据核字(2018)第 288198 号

责任编辑:盛东亮
封面设计:李召霞
责任校对:时翠兰
责任印制:沈 露

出版发行:清华大学出版社
  网 址:http://www.tup.com.cn,http://www.wqbook.com
  地 址:北京清华大学学研大厦 A 座   邮 编:100084
  社 总 机:010-83470000   邮 购:010-62786544
  投稿与读者服务:010-62776969,c-service@tup.tsinghua.edu.cn
  质量反馈:010-62772015,zhiliang@tup.tsinghua.edu.cn
  课件下载:http://www.tup.com.cn,010-62795954
印 装 者:三河市春园印刷有限公司
经 销:全国新华书店
开 本:185mm×260mm 印 张:18.25   字 数:437 千字
版 次:2008 年 2 月第 1 版 2019 年 9 月第 3 版 印 次:2023 年 3 月第 2 次印刷
定 价:59.00 元

产品编号:068623-01

高等学校电子信息类专业系列教材

顾问委员会

谈振辉	北京交通大学	（教指委高级顾问）	郁道银	天津大学	（教指委高级顾问）
廖延彪	清华大学	（特约高级顾问）	胡广书	清华大学	（特约高级顾问）
华成英	清华大学	（国家级教学名师）	于洪珍	中国矿业大学	（国家级教学名师）
彭启琮	电子科技大学	（国家级教学名师）	孙肖子	西安电子科技大学	（国家级教学名师）
邹逢兴	国防科技大学	（国家级教学名师）	严国萍	华中科技大学	（国家级教学名师）

编审委员会

主　任	吕志伟	哈尔滨工业大学			
副主任	刘　旭	浙江大学	王志军	北京大学	
	隆克平	北京科技大学	葛宝臻	天津大学	
	秦石乔	国防科技大学	何伟明	哈尔滨工业大学	
	刘向东	浙江大学			
委　员	王志华	清华大学	宋　梅	北京邮电大学	
	韩　焱	中北大学	张雪英	太原理工大学	
	殷福亮	大连理工大学	赵晓晖	吉林大学	
	张朝柱	哈尔滨工程大学	刘兴钊	上海交通大学	
	洪　伟	东南大学	陈鹤鸣	南京邮电大学	
	杨明武	合肥工业大学	袁东风	山东大学	
	王忠勇	郑州大学	程文青	华中科技大学	
	曾　云	湖南大学	李思敏	桂林电子科技大学	
	陈前斌	重庆邮电大学	张怀武	电子科技大学	
	谢　泉	贵州大学	卞树檀	火箭军工程大学	
	吴　瑛	解放军信息工程大学	刘纯亮	西安交通大学	
	金伟其	北京理工大学	毕卫红	燕山大学	
	胡秀珍	内蒙古工业大学	付跃刚	长春理工大学	
	贾宏志	上海理工大学	顾济华	苏州大学	
	李振华	南京理工大学	韩正甫	中国科学技术大学	
	李　晖	福建师范大学	何兴道	南昌航空大学	
	何平安	武汉大学	张新亮	华中科技大学	
	郭永彩	重庆大学	曹益平	四川大学	
	刘缠牢	西安工业大学	李儒新	中国科学院上海光学精密机械研究所	
	赵尚弘	空军工程大学	董友梅	京东方科技集团股份有限公司	
	蒋晓瑜	陆军装甲兵学院	蔡　毅	中国兵器科学研究院	
	仲顺安	北京理工大学	冯其波	北京交通大学	
	黄翊东	清华大学	张有光	北京航空航天大学	
	李勇朝	西安电子科技大学	江　毅	北京理工大学	
	章毓晋	清华大学	张伟刚	南开大学	
	刘铁根	天津大学	宋　峰	南开大学	
	王艳芬	中国矿业大学	靳　伟	香港理工大学	
	苑立波	哈尔滨工程大学			
丛书责任编辑	盛东亮	清华大学出版社			

序

FOREWORD

我国电子信息产业销售收入总规模在 2013 年已经突破 12 万亿元,行业收入占工业总体比重已经超过 9%。电子信息产业在工业经济中的支撑作用凸显,更加促进了信息化和工业化的高层次深度融合。随着移动互联网、云计算、物联网、大数据和石墨烯等新兴产业的爆发式增长,电子信息产业的发展呈现了新的特点,电子信息产业的人才培养面临着新的挑战。

(1) 随着控制、通信、人机交互和网络互联等新兴电子信息技术的不断发展,传统工业设备融合了大量最新的电子信息技术,它们一起构成了庞大而复杂的系统,派生出大量新兴的电子信息技术应用需求。这些"系统级"的应用需求,迫切要求具有系统级设计能力的电子信息技术人才。

(2) 电子信息系统设备的功能越来越复杂,系统的集成度越来越高。因此,要求未来的设计者应该具备更扎实的理论基础知识和更宽广的专业视野。未来电子信息系统的设计越来越要求软件和硬件的协同规划、协同设计和协同调试。

(3) 新兴电子信息技术的发展依赖于半导体产业的不断推动,半导体厂商为设计者提供了越来越丰富的生态资源,系统集成厂商的全方位配合又加速了这种生态资源的进一步完善。半导体厂商和系统集成厂商所建立的这种生态系统,为未来的设计者提供了更加便捷却又必须依赖的设计资源。

教育部 2012 年颁布了新版《高等学校本科专业目录》,将电子信息类专业进行了整合,为各高校建立系统化的人才培养体系,培养具有扎实理论基础和宽广专业技能的、兼顾"基础"和"系统"的高层次电子信息人才给出了指引。

传统的电子信息学科专业课程体系呈现"自底向上"的特点,这种课程体系偏重对底层元器件的分析与设计,较少涉及系统级的集成与设计。近年来,国内很多高校对电子信息类专业课程体系进行了大力度的改革,这些改革顺应时代潮流,从系统集成的角度,更加科学、合理地构建了课程体系。

为了进一步提高普通高校电子信息类专业教育与教学质量,贯彻落实《国家中长期教育改革和发展规划纲要(2010—2020 年)》和《教育部关于全面提高高等教育质量若干意见》(教高【2012】4 号)的精神,教育部高等学校电子信息类专业教学指导委员会开展了"高等学校电子信息类专业课程体系"的立项研究工作,并于 2014 年 5 月启动了《高等学校电子信息类专业系列教材》(教育部高等学校电子信息类专业教学指导委员会规划教材)的建设工作。其目的是为推进高等教育内涵式发展,提高教学水平,满足高等学校对电子信息类专业人才培养、教学改革与课程改革的需要。

本系列教材定位于高等学校电子信息类专业的专业课程,适用于电子信息类的电子信息工程、电子科学与技术、通信工程、微电子科学与工程、光电信息科学与工程、信息工程及其相近专业。经过编审委员会与众多高校多次沟通,初步拟定分批次(2014—2017 年)建设约 100 门课程的教材。本系列教材将力求在保证基础的前提下,突出技术的先进性和科学的前沿性,体现创新教学和工程实践教学;将重视系统集成思想在教学中的体现,鼓励推陈出新,采用"自顶向下"的方法编写教材;将注重反映优秀的教学改革成果,推广优秀的教学经验与理念。

为了保证本系列教材的科学性、系统性及编写质量,本系列教材设立顾问委员会及编审委员会。顾问委员会由教指委高级顾问、特约高级顾问和国家级教学名师担任,编审委员会由教育部高等学校电子信息类专业教学指导委员会委员和一线教学名师组成。同时,清华大学出版社为本系列教材配置优秀的编辑团队,力求高水准出版。本系列教材的建设,不仅有众多高校教师参与,也有大量知名的电子信息类企业支持。在此,谨向参与本系列教材策划、组织、编写与出版的广大教师、企业代表及出版人员致以诚挚的感谢,并殷切希望本系列教材在我国高等学校电子信息类专业人才培养与课程体系建设中发挥切实的作用。

 教授

第3版前言

PREFACE

  《数字信号处理原理及实现学习指导》(第2版)自2014年8月由清华大学出版社出版以来,至今已有四年。本书是第3版,可与主教材(《数字信号处理原理及实现》(第3版)已经在2017年8月由清华大学出版社出版)配套使用,也可以独立使用。和第2版相比,本书有以下改进:

  (1) 对第3版主教材每一章扩充的内容(如习题)都相应进行了补充和解答;

  (2) 在第4章内容提要中增加了"4.3.4 实序列的FFT算法";

  (3) 第5章5.3节根据主教材内容的变化进行了梳理和完善;

  (4) 第10章在10.1节中对试题一作了较大修改和补充,在10.2节中,更新和扩充了部分近几年的研究生考试题,并调整了部分题的分数;

  (5) 对每一章后的自测题进行了扩充,都增加了10道判断题和答案;

  (6) 改正了第2版中出现的错误。

  本书是主教材《数字信号处理原理及实现》(第3版)(王艳芬等编著)一书的配套辅助教材,共包括10章内容。前9章内容与主教材相一致。每一章都包括六部分:第一部分是重点与难点;第二部分是知识结构;第三部分是内容提要,对课程内容进行系统的阐述和归纳总结;第四部分是典型例题分析;第五部分是习题解答,对教材中的所有习题进行较详尽的解答;第六部分是自测题及参考答案。第10章是综合测试及参考答案,给出了几套本科生课程考试和研究生入学考试模拟试题与解答,选编了部分院校的研究生入学考试真题并给出解答,可全面测试读者对教材知识点的掌握。

  本书中插图分两类编号,其中的习题插图编号同习题序号,其他插图按顺序编号,特此说明。

  本书仍然主要作为工科信息通信类本科高年级学生复习之用,并为准备考研的学生提供考前指导和帮助。同时也可对讲授数字信号处理课程的教师扩充讲授素材、顺利完成答疑和上机辅导等起到较好的指导作用。

  本书由王艳芬教授担任主编。第1~4章和第8章由王艳芬教授编写,第5、9章由王刚副教授编写,第6章由张晓光副教授编写,第7章由刘卫东副教授编写,第10章由王艳芬和王刚共同编写。

  限于编者水平,加上时间紧张,书中难免存在不妥之处,诚挚希望广大读者批评指正。

编 者

2019年5月

第2版前言

PREFACE

《数字信号处理原理及实现学习指导》教材自2009年3月由清华大学出版社出版以来，至今已有五年。主教材《数字信号处理原理及实现》(第2版)已经在2013年10月由清华大学出版社出版。本书是《数字信号处理原理及实现学习指导》的第2版，可与第2版主教材配套使用，也可以独立使用。和第1版相比，本版有以下改进：

(1) 对第2版主教材每一章扩充的内容(包括习题和新增的第8章内容)都做了相应的优化、补充和解答。

(2) 因为新增了第8章，所以将原来的第9章改为第10章，扩充了部分综合测试题及解答，并增加"部分高校硕士研究生入学考试试题选编及解答"一节，选编了南京邮电大学、北京交通大学、中国矿业大学等院校的近几年的考研试题，并进行了解答。此外，对原来的4套本科生试卷(10.1节)也进行了部分调整，其中对试题二进行了全面调整。

(3) 每一章都增加"知识结构"一节。

(4) 改正了第1版的错误。

本书是主教材《数字信号处理原理及实现》(第2版)(王艳芬等编著)一书的配套辅助教材，也可以独立使用，共包括10章内容。第1章～第9章内容与主教材相一致。每一章都包括六部分：第一部分是重点与难点；第二部分是知识结构；第三部分是内容提要，对课程内容进行了系统的阐述和归纳总结；第四部分是典型例题分析；第五部分是习题解答，对教材中的所有习题都进行了较详尽的解答；第六部分是自测题及参考答案。第10章是综合测试及参考答案，给出了几套本科生课程考试和研究生入学考试模拟试题与解答，并选编了部分院校的研究生入学考试真题及解答，可全面测试读者对教材知识点的掌握。

本书仍然主要作为信息与通信工程类高年级本科生复习之用，并为准备考研的学生提供考前指导和帮助。同时也对讲授数字信号处理课程的教师扩充讲授素材、顺利完成答疑和上机辅导等具有较好的作用。

本书由王艳芬教授担任主编。第1章～第4章和第8章由王艳芬教授编写，第5章、第9章由王刚副教授编写，第6章由张晓光副教授编写，第7章由刘卫东副教授编写，第10章由王艳芬和王刚共同编写。

限于编者水平，加上时间紧张，书中难免有疏漏，诚挚希望广大读者批评指正。

编　者

2014年3月

第1版前言
PREFACE

随着信息技术的飞速发展,数字信号处理理论和技术日益成熟,已成为一门重要的学科,并在各个领域得到广泛应用。"数字信号处理"基础知识已成为信息工程、电子科学与技术、电气自动化以及其他电类专业必须掌握的专业基础知识和必修内容。

本书是主教材《数字信号处理原理及实现》(王艳芬等编著,清华大学出版社出版)一书的配套辅助教材,也可以独立使用,共包括9章内容。第9章是新增加的本科生课程考试和研究生入学考试试题及解答,前8章内容与主教材相一致,即离散时间信号与系统的时域分析、离散时间信号与系统的频域分析、离散傅里叶变换(DFT)、快速傅里叶变换(FFT)、IIR数字滤波器设计、FIR数字滤波器设计、数字滤波器结构及MATLAB上机实验等。每一章都包括五部分:第一部分是重点与难点,主要列出了该章主教材内容的重要概念和难点内容;第二部分是内容提要,对课程中的基本内容进行了系统的阐述和归纳总结;第三部分是典型例题分析,将本章中的重点或难点内容通过例题分析给出较好的解题思路和技巧;第四部分是习题解答,对教材中的所有习题都进行了较详尽的解答,有不少题给出了多种解法;第五部分是自测题及参考答案,使读者通过自测题检查和了解掌握基本概念的情况。最后一章是综合测试,给出了几套本科生考试试题及解答,可全面测试读者对教材知识点的掌握。

本书作为主教材的配套用书,对主教材每一章所涉及的基本概念和基本原理都进行了归纳和总结,并给出了每一章的典型例题分析和所有习题详解包括第8章的MATLAB上机习题部分解答和提示,第9章汇集了几年来本科生课程考试和研究生入学考试试题及解答,综合性强。本书的特点是:重点突出,概念清楚,内容充实,题型多样,理论和实际结合紧密。

本书主要作为工科信息通信类本科高年级学生复习之用,并为准备考研的学生提供考前指导和帮助。同时也对讲授数字信号处理课程的教师扩充讲授素材、顺利完成答疑和上机辅导等起到较好的作用。

本书由王艳芬教授担任主编。第1章~第4章由王艳芬教授编写,第5章、第8章由王刚副教授编写,第6章由张晓光副教授编写,第7章由刘卫东副教授编写,第9章由王艳芬和王刚共同编写。

限于编者水平,加上时间紧张,书中难免有疏漏,诚挚希望广大读者批评指正。

编 者

2008 年 9 月

目 录
CONTENTS

第1章 离散时间信号与系统的时域分析

CHAPTER 1

1.1　重点与难点

本章是数字信号处理的基础内容,主要介绍离散时间信号和系统的基本概念、基本分析方法。

本章重点:典型离散时间信号的表示方法;线性时不变系统的因果性和稳定性,系统的输入、输出描述法,线性常系数差分方程的解法;模拟信号数字处理方法。

本章难点:线性常系数差分方程的解法;模拟信号数字处理方法。

1.2　知识结构

本章包括离散时间信号、离散时间系统和模拟信号数字处理方法等三部分,其知识结构图如图 1-1 所示。

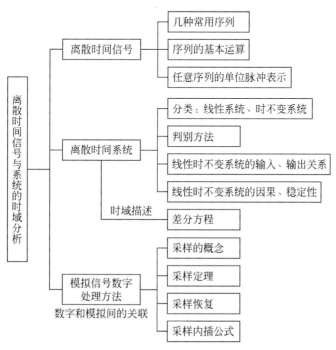

图 1-1　第 1 章的知识结构图

1.3 内容提要

1.3.1 离散时间信号

1. 常用的基本序列

在信号分析中,常用的基本序列有单位脉冲序列、单位阶跃序列、矩形序列、实指数序列、正弦型序列、复指数序列和周期序列等。其定义及波形如表 1-1 所示。前几种序列比较简单,对于正弦型序列,需要注意以下几点:

表 1-1 常用的基本序列定义及波形

序号	序　　列	波　　形
1	单位脉冲序列 $\delta(n)=\begin{cases}1, & n=0\\0, & n\neq 0\end{cases}$	
2	单位阶跃序列 $u(n)=\begin{cases}1, & n\geqslant 0\\0, & n<0\end{cases}$	
3	矩形序列 $R_N(n)=\begin{cases}1, & 0\leqslant n\leqslant N-1\\0, & n \text{ 为其他值}\end{cases}$	
4	实指数序列 $x(n)=a^n u(n)$,a 为实数	
5	正弦型序列 $x(n)=\sin(\omega n)$ 或 $x(n)=\cos(\omega n)$	

续表

序号	序　　列	波　　形
6	复指数序列 $x(n)=\mathrm{e}^{(\sigma+\mathrm{j}\omega)n}$	若 $\sigma=0$,可得 $x(n)=\mathrm{e}^{\mathrm{j}\omega n}=\cos(\omega n)+\mathrm{j}\sin(\omega n)$
7	周期序列 $\tilde{x}(n)=x(n+N),-\infty<n<\infty$	例如:

1) 数字频率与模拟频率

将正弦型序列 $x(n)=\cos(\omega n)$ 看成是对连续正弦信号 $x(t)=\cos(\Omega t)$ 的等间隔采样 $(t=nT)$,其中,数字频率 ω 与模拟角频率 Ω 的关系是 $\omega=\Omega T=\dfrac{\Omega}{f_s}=2\pi\dfrac{f}{f_s}$,数字域频率是模拟域频率对采样频率的归一化值,即数字频率只有相对意义,不能表示频率的绝对大小。

数字频率 ω 的含义与模拟信号的概念是不同的。模拟正弦中的角频率 Ω 的单位是 rad/s,而此处 ω 的单位仅是 rad(无量纲)。这是因为 n 是无量纲整数,ω 表示相邻两个样点弧度的变化量。

2) 数字低频与数字高频

当 $\omega=0$ 时,$\cos(\omega n)$ 变化最慢(不变化);当 $\omega=\pi$ 时,$\cos(\omega n)$ 变化最快。所以在序列分析和数字滤波器描述中,在主值区上,将 $\omega=0$ 附近称为数字低频,而将 $\omega=\pi$ 附近称为数字高频。容易证明,当满足采样定理时 $f_s\geqslant 2f_c$,模拟信号的最高频率 f_c 对应的数字频率 $\omega_c=2\pi f_c/f_s\leqslant\pi$,当取采样频率 $f_s=2f_c$ 时,$\omega_c=2\pi f_c/f_s=\pi$。

3) 周期序列

模拟周期信号的采样不一定是周期序列,只有当采样频率与信号周期构成一定关系时才能得到周期序列。例如,要使一个正弦序列 $A\sin(\omega n+\varphi)$ 是周期序列,必须满足以下条件:
$$A\sin(\omega n+\varphi)=A\sin(\omega(n+N)+\varphi)=A\sin(\omega n+\omega N+\varphi)$$
要满足 $x(n+N)=x(n)$,则要求 $N=\dfrac{2\pi}{\omega}k$,式中 k 与 N 均取整数,且 k 的取值要保证 N 是最小的正整数,满足这些条件,正弦序列才是以 N 为周期的周期序列。

例如,$x(n)=\sin\left(\dfrac{\pi}{5}n\right)$。$\omega=\dfrac{\pi}{5}$,$N=\dfrac{2\pi}{\omega}k=10$,其中 $k=1$,所以 $x(n)$ 是周期为 10 的周期序列。若 $x(n)=\sin\left(\dfrac{1}{5}n\right)$,则 $N=\dfrac{2\pi}{\omega}k=10\pi k$,为无理数,所以 $x(n)$ 不是周期序列。

要点:正弦序列或复指数序列不一定是周期序列,只有当数字频率 ω 是 π 的函数,即 $\omega=\alpha\pi$(α 为有理数),才一定是周期序列。

2. 序列的基本运算

(1) 乘法和加法:序列之间的乘法和加法,是指它的同序号的序列值逐项对应相乘和相加。

(2) 移位:设某一序列 $x(n)$,m 为正整数,则 $x(n-m)$ 表示序列右移(延时);$x(n+m)$

表示序列左移(超前)。

(3) 翻转及尺度变换:当 $y(n) = x(-n)$ 时,称 $y(n)$ 是 $x(n)$ 的翻转序列,它是以 $n=0$ 的纵轴为对称轴左右翻转而得到的。

$x(mn)$ 表示序列每 m 点(或每隔 $m-1$ 点)取一点,称为序列的压缩或抽取。$x\left(\dfrac{n}{m}\right)$ 表示把原序列两相邻值之间插入 $m-1$ 个零值,称为序列的伸展或内插零值。

3. 任意序列的单位脉冲序列表示

$\delta(n)$ 序列是一种最基本的序列,任何一个序列可以由 $\delta(n)$ 来构造,即任意序列都可以表示成单位脉冲序列的移位加权和:$x(n) = \displaystyle\sum_{m=-\infty}^{\infty} x(m)\delta(n-m)$。

1.3.2 离散时间系统

1. 线性系统

对任意常数 a 和 b,若有

$$T[ax_1(n) + bx_2(n)] = T[ax_1(n)] + T[bx_2(n)] = ay_1(n) + by_2(n)$$

则此系统为线性系统;否则为非线性系统。

2. 时不变系统

设 $\qquad\qquad\qquad\qquad y(n) = T[x(n)]$

对任意整数 k,若

$$y(n-k) = T[x(n-k)]$$

则称该系统为时不变系统;否则为时变系统。

3. 线性时不变离散系统

同时满足线性和时不变条件的离散系统称为线性时不变离散系统(LTI)或线性移不变离散系统(LSI)。该系统满足以下关系:

$$y(n) = \sum_{m=-\infty}^{\infty} x(m)h(n-m) = x(n) * h(n)$$

这就是线性时不变离散系统的卷积和表示。该式表明,线性时不变系统的输出序列等于输入序列和系统单位脉冲响应的线性卷积。

4. 线性卷积的计算和性质

线性卷积是一种非常重要的计算,其计算过程包括翻转(翻褶)、移位、相乘、求和四个过程。具体为:①将 $x(n)$ 和 $h(n)$ 用 $x(m)$ 和 $h(m)$ 表示,并将 $h(m)$ 进行翻转,形成 $h(-m)$;②将 $h(-m)$ 移位 n,得到 $h(n-m)$,当 $n>0$ 时,序列右移;$n<0$ 时,序列左移;③将 $x(m)$ 和 $h(n-m)$ 相同 m 的序列值对应相乘;④将相乘结果再相加。按照以上四个步骤可得到卷积结果 $y(n)$。

计算线性卷积的常用方法有图解法和列表法等。

线性卷积服从交换律、结合律和分配律。

5. 系统的因果性和稳定性

1) 因果系统

因果系统是指系统某时刻的输出只取决于此时刻和此时刻以前时刻的输入,而与此时刻以后的输入无关的系统。

线性时不变系统具有因果性的充分必要条件是

$$h(n) = 0 , \quad n < 0$$

2）稳定系统

稳定系统是指有界输入产生有界输出的系统。

线性时不变系统具有稳定性的充分必要条件是系统的单位脉冲响应绝对可和：

$$\sum_{n=-\infty}^{\infty} | h(n) | < \infty$$

综上所述，因果稳定系统的时域条件（在第 2 章还会得到相应的频域条件）如下：

$$\begin{cases} h(n) = 0 , \quad n < 0 \\ \sum_{n=-\infty}^{\infty} | h(n) | < \infty \end{cases}$$

1.3.3 离散时间系统的时域描述——差分方程

1. 常系数线性差分方程的一般表达式

一个 N 阶常系数线性差分方程的一般形式为

$$y(n) = \sum_{r=0}^{M} b_r x(n-r) - \sum_{k=1}^{N} a_k y(n-k)$$

或者

$$\sum_{k=0}^{N} a_k y(n-k) = \sum_{r=0}^{M} b_r x(n-r) , \quad a_0 = 1$$

式中，$x(n)$ 和 $y(n)$ 分别是系统的输入序列和输出序列；a_k 和 b_r 均为常数。由于式中 $y(n-k)$ 和 $x(n-r)$ 项只有一次幂，且没有相互交叉项，故上式称为线性常系数差分方程。差分方程的阶数是用方程 $y(n-k)$ 项中 k 的取值最大与最小之差确定的。

2. 差分方程的求解

常系数差分方程的求解方法有迭代法、时域经典法、卷积法和变换域法。迭代法比较简单，但不能直接给出一个完整的解析式作为解答（也称闭合形式解答）。时域经典法类似解微分方程，过程烦琐，应用很少，但物理概念比较清楚。卷积法适用于系统起始状态为零时的求解。变换域方法类似连续时间系统的拉普拉斯变换，在离散系统中采用 Z 变换法来求解差分方程，在第 2 章主要采用变换域方法。

1.3.4 模拟信号数字处理方法

1. 信号的采样

利用采样脉冲序列 $p(t)$ 从连续时间信号 $x_a(t)$ 中抽取一系列的离散样值，由此得到的离散时间信号通常称为采样信号，以 $\hat{x}_a(t)$ 表示。

理想采样就是假设采样开关闭合时间无限短，即 $\tau \to 0$ 的极限情况。理想采样输出为

$$\hat{x}_a(t) = x_a(t) \cdot \delta_T(t) = \sum_{n=-\infty}^{\infty} x_a(t) \delta(t-nT) = \sum_{n=-\infty}^{\infty} x_a(nT) \delta(t-nT)$$

理想采样后，信号频谱发生了变化，为

$$\hat{X}_{a}(j\Omega) = \int_{-\infty}^{\infty} \hat{x}_{a}(t)e^{-j\Omega t}\,dt = \frac{1}{T}\sum_{n=-\infty}^{\infty} X_{a}(j\Omega - jn\Omega_{s})$$

这表明,一个连续时间信号经过理想采样后,其频谱将沿着频率轴以采样频率 Ω_s 为间隔而重复,即频谱产生了周期延拓,如图 1-2 所示。

2. 时域采样定理

采样信号的频谱是频率的周期函数。如果信号 $\hat{x}_a(t)$ 是带限信号,并且其最高频率不超过 $\Omega_s/2$,即

$$X_{a}(j\Omega) = \begin{cases} X_{a}(j\Omega), & |\Omega| < \Omega_{s}/2 \\ 0, & |\Omega| \geqslant \Omega_{s}/2 \end{cases}$$

那么采样频谱中,基带频谱以及各次谐波调制频谱彼此是不重叠的。如果用一个带宽为 $\Omega_s/2$ 的理想低通滤波器,就可以将它的各次调制频谱滤掉,从而只保留不失真的基带频谱。也就是说,可以不失真地还原出原来的连续信号来。但是,如果信号最高频谱超过 $\Omega_s/2$,那么在采样频谱中,各次调制频谱就会相互交叠起来,这就是频谱"混叠"现象,如图 1-2(d)所示。这里,采样频率的一半,即 $\Omega_s/2$ 或 $f_s/2$,也称为折叠频率。

结论:为使采样后能不失真的还原出原信号,采样频率必须大于或等于 2 倍信号最高频率 f_c,即 $f_s \geqslant 2f_c$,这就是奈奎斯特采样定理。

3. 采样的恢复

如果采样满足奈奎斯特采样定理,即信号最高频谱不超过折叠频率,可以将采样信号通过一个理想的低通滤波器 $G(j\Omega)$,这个理想低通滤波器应该只让基带频谱通过,因而其带宽应该等于折叠频率,即

$$G(j\Omega) = \begin{cases} T, & |\Omega| < \Omega_{s}/2 \\ 0, & |\Omega| \geqslant \Omega_{s}/2 \end{cases}$$

采样信号通过这个低通滤波器,就可得到原信号频谱,如图 1-3 所示,即

$$Y(j\Omega) = \hat{X}_{a}(j\Omega) \cdot G(j\Omega) = \frac{1}{T}X_{a}(j\Omega) \cdot G(j\Omega) = X_{a}(j\Omega)$$

因此在输出端可以得到恢复的原模拟信号

$$y(t) = x_{a}(t)$$

4. 采样内插公式

$$x_{a}(t) = \sum_{n=-\infty}^{\infty} x_{a}(nT) \frac{\sin\left[\frac{\pi}{T}(t-nT)\right]}{\frac{\pi}{T}(t-nT)}$$

其中,$g(t-nT) = \dfrac{\sin\left[\dfrac{\pi}{T}(t-nT)\right]}{\dfrac{\pi}{T}(t-nT)}$ 称为内插函数,其波形特点为:在采样点 nT 上,函数值为 1;其余采样点上,函数值为零,如图 1-4 所示。

采样内插公式表明了连续信号 $x_a(t)$ 如何由它的采样值 $x_a(nT)$ 来表达,即 $x_a(t)$ 等于 $x_a(nT)$ 乘上对应的内插函数的总和。内插结果使得被恢复的信号在采样点的值就等于 $x_a(nT)$,采样点之间的信号则是由各采样值内插函数的波形延伸叠加而成的。恢复过程如图 1-5 所示。

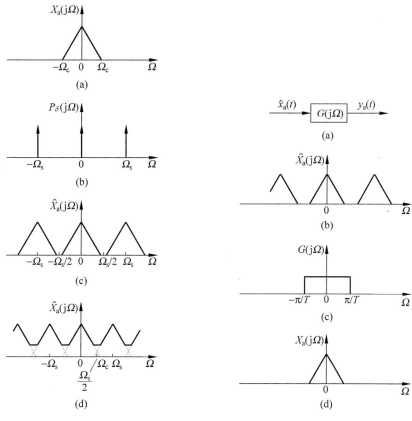

图 1-2　采样信号的频谱图

图 1-3　采样的恢复

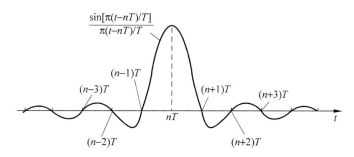

图 1-4　内插函数

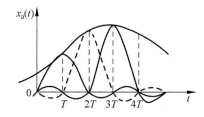

图 1-5　由内插函数恢复模拟信号的过程

1.4 典型例题分析

例 1-1 判断下列序列是否是周期序列。若是,请确定它的最小周期。

(1) $x(n) = \sin\left(\dfrac{3\pi}{8}n + \dfrac{\pi}{4}\right)$

(2) $x(n) = \exp\left[j\left(\dfrac{1}{7}n - \dfrac{\pi}{5}\right)\right]$

(3) $x(n) = \cos\left(\dfrac{n\pi}{12}\right) + \sin\left(\dfrac{n\pi}{18}\right)$

分析:对于正弦序列或复指数序列,其周期性主要根据$\dfrac{2\pi}{\omega}$的值来判断。

若某序列是由两个正弦序列的和或乘积构成,其中周期分别为N_1,N_2,则和序列或积序列的基本周期可以采用求最小公倍数的方法来得到。

解:(1) 由 $x(n) = \sin\left(\dfrac{3\pi}{8}n + \dfrac{\pi}{4}\right)$,可得$\dfrac{2\pi}{\omega} = \dfrac{2\pi}{3\pi/8} = \dfrac{16}{3}$,是有理数,所以最小周期为$N = 16(k$ 取 $3)$。

(2) 由 $x(n) = \exp\left[j\left(\dfrac{1}{7}n - \dfrac{\pi}{5}\right)\right] = \cos\left(\dfrac{1}{7}n - \dfrac{\pi}{5}\right) + j\sin\left(\dfrac{1}{7}n - \dfrac{\pi}{5}\right)$,可得$\dfrac{2\pi}{\omega} = \dfrac{2\pi}{1/7} = 14\pi$,是无理数,所以$x(n)$不是周期序列。

(3) 由 $x(n) = \cos\left(\dfrac{n\pi}{12}\right) + \sin\left(\dfrac{n\pi}{18}\right)$,可得

$$N_1 = \frac{2\pi}{\omega} = \frac{2\pi}{\dfrac{\pi}{12}} = 24, \quad N_2 = \frac{2\pi}{\omega} = \frac{2\pi}{\dfrac{\pi}{18}} = 36$$

这个和的周期是

$$N = \frac{N_1 N_2}{\gcd(N_1, N_2)} = \frac{24 \times 36}{\gcd(24, 36)} = \frac{24 \times 36}{12} = 72$$

例 1-2 设某系统用差分方程$y(n) = x(2n)$描述,其中$x(n)$与$y(n)$分别表示系统输入和输出,判断系统是否是线性系统? 是否是时不变系统?

分析:一般情况,直接根据线性系统和时不变系统的判断条件分别进行判断。

线性系统:

$$T[ax_1(n) + bx_2(n)] = T[ax_1(n)] + T[bx_2(n)] = ay_1(n) + by_2(n)$$

时不变系统:

$$y(n - k) = T[x(n - k)]$$

但此题比较灵活,时变特性还可以按照另外方法判断。

解:设

$$y_1(n) = T[x_1(n)] = x_1(2n)$$
$$y_2(n) = T[x_2(n)] = x_2(2n)$$
$$T[ax_1(n) + bx_2(n)] = ax_1(2n) + bx_2(2n)$$

而

$$ay_1(n) + by_2(n) = ax_1(2n) + bx_2(2n)$$

可见 $T[ax_1(n) + bx_2(n)] = ay_1(n) + by_2(n)$，故此系统是线性系统。又因为

$$y(n-k) = x[2(n-k)] = x(2n-2k)$$
$$T[x(n-k)] = x(2n-k)$$

不满足 $y(n-k) = T[x(n-k)]$，所以不是时不变系统。

时变特性的另外一种证明方法：

$y(n) = x(2n)$ 这个系统代表时间尺度变换（抽取）的运算，直观上看，任何在输入上的时移都会有一个因子 2 的压缩，所以该系统不是时不变系统。通过一个例子说明此结论。

设 $x_1(n)$ 为某个输入序列，如图 1-6(a) 所示，其输出为 $y_1(n) = x_1(2n)$，如图 1-6(b) 所示。若将输入移动 2 位，即 $x_2(n) = x_1(n-2)$，如图 1-6(c) 所示，所得输出为 $y_2(n) = x_2(2n)$，如图 1-6(d) 所示。而 $y_1(n-2)$ 如图 1-6(e) 所示。比较图 1-6(d) 和图 1-6(e) 可看出，$y_2(n) \neq y_1(n-2)$，所以该系统不是时不变系统。

例 1-3 模拟信号 $x_a(t) = \sin\left(2\pi f_0 t + \dfrac{\pi}{8}\right)$，其中 $f_0 = 50\text{Hz}$。

（1）求 $x_a(t)$ 的周期、采样频率和采样间隔。

（2）若选采样频率 $f_s = 200\text{Hz}$，采样间隔为多少？写出采样信号 $\hat{x}_a(t)$ 的表达式。

（3）画出对应 $\hat{x}_a(t)$ 的时域离散信号 $x(n)$ 的波形，并求出 $x(n)$ 的周期。

分析：该题主要理解采样的概念，理解采样信号 $\hat{x}_a(t)$ 与离散信号 $x(n)$ 的区别。要注意采样信号 $\hat{x}_a(t) = \displaystyle\sum_{n=-\infty}^{\infty} x_a(t)\delta(t - nT)$ 是时间 t 的函数，而 $x(n) = x_a(t)\big|_{t=nT}$ 是关于 n 的函数，它是一个离散序列。

解：（1）$T_0 = 1/f_0 = 0.02\text{s}$，$f_s \geq 2f_0 = 100\text{Hz}$，$T \leqslant 1/f_s = 0.01\text{s}$

（2）$T = 1/f_s = 0.005\text{s}$

$$x_a(nT) = \sin(2\pi f_0 nT + \pi/8) = \sin(2\pi f_0 n/f_s + \pi/8)$$
$$= \sin\left(2\pi \frac{50}{200}n + \pi/8\right) = \sin\left(\frac{1}{2}\pi n + \pi/8\right)$$

$$\hat{x}_a(t) = \sum_{n=-\infty}^{\infty} x_a(t)\delta(t - nT)$$
$$= \sum_{n=-\infty}^{\infty} \sin\left(\frac{1}{2}\pi n + \pi/8\right)\delta(t - n/200)$$

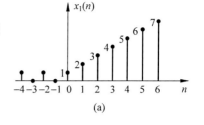

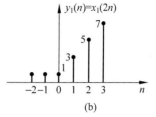

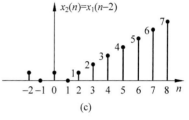

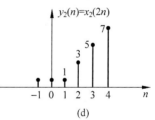

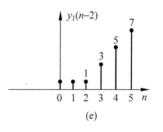

图 1-6 例 1-2 时变特性的证明方法图示

（3）$x(n) = x_a(t)\big|_{t=nT} = \sin\left(\dfrac{1}{2}\pi n + \dfrac{\pi}{8}\right)$

因为 $\dfrac{2\pi}{\omega_0} = \dfrac{2\pi}{(1/2)\pi} = 4$，所以 $x(n)$ 的周期为 $N=4$。对应 $\hat{x}_a(t)$ 的时域离散信号 $x(n)$ 的波形如图 1-7 所示。

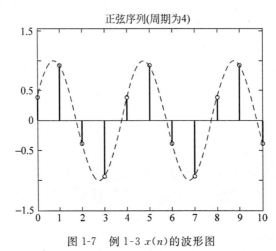

图 1-7　例 1-3 $x(n)$ 的波形图

例 1-4　有一理想采样系统，采样频率 $\Omega_s = 6\pi$，采样后经理想低通滤波器 $H_a(\mathrm{j}\Omega)$ 还原，已知

$$H_a(\mathrm{j}\Omega) = \begin{cases} \dfrac{1}{3}, & |\Omega| < 3\pi \\ 0, & |\Omega| \geqslant 3\pi \end{cases}$$

现有两个输入 $x_{a1} = \cos 2\pi t$ 和 $x_{a2} = \cos 5\pi t$，输出信号 $y_{a1}(t)$、$y_{a2}(t)$ 分别为多少? 有无失真?

分析：该题要运用采样定理来解题。要理解采样信号的频谱是原来信号频谱以 Ω_s 为周期的周期延拓。要会画信号频谱及延拓以后的信号频谱，这样，信号经过滤波器后可以直观地看到哪些频率的信号可以输出。或者直接按照奈奎斯特采样定理，要想时域采样后能不失真地还原原来的信号，则采样频率一定要大于或等于 2 倍信号的最高频率，即 $f_s \geqslant 2f_{\max}$，或 $\Omega_s \geqslant 2\Omega_{\max}$。

解：

解法 1：

$$\Omega_s = \frac{2\pi}{T} \Rightarrow T = \frac{2\pi}{\Omega_s} = \frac{2\pi}{6\pi} = \frac{1}{3}$$

$$\hat{x}_a(t) = \sum_{n=-\infty}^{\infty} x_a(nT)\delta(t-nT) = \sum_{n=-\infty}^{\infty}\left[\cos\left(\frac{2\pi}{3}n\right) + \cos\left(\frac{5\pi}{3}n\right)\right]\delta\left(t - \frac{1}{3}n\right)$$

输入信号 $x_{a1} = \cos 2\pi t$ 和 $x_{a2} = \cos 5\pi t$，其频谱图如图 1-8(a) 所示。

采样频率 $\Omega_s = 6\pi$，根据采样定理 $\hat{X}_a(\mathrm{j}\Omega) = \dfrac{1}{T}\sum\limits_{k=-\infty}^{\infty} X_a(\mathrm{j}\Omega - \mathrm{j}k\Omega_s)$ 得采样信号的频谱如图 1-8(b) 所示，所给理想低通滤波器的输出信号的频谱如图 1-8(c) 所示。

所以输出信号为

$$y_{1a}(t) = \cos 2\pi t, \quad y_{2a}(t) = \cos \pi t$$

解法 2：直接按照奈奎斯特采样定理。

因为 $x_{a1} = \cos 2\pi t$，信号最高频率 $\Omega_1 = 2\pi$，采样频率 $\Omega_s = 6\pi$，满足 $\Omega_s \geqslant 2\Omega_1$，所以 $y_{1a}(t) =$

$\cos 2\pi t$，没有混叠失真。因为 $x_{a2}=\cos 5\pi t$，信号最高频率 $\Omega_2=5\pi$，采样频率 $\Omega_s=6\pi$，此时不满足 $\Omega_s \geqslant 2\Omega_2$，所以 $y_{a2}(t)$ 一定会产生混叠失真，输出 $y_{2a}(t)=\cos(\Omega_s-\Omega_2)t=\cos\pi t$。

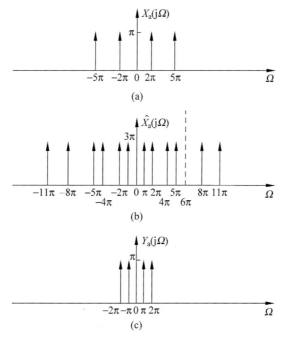

图 1-8 例 1-4 中的各频谱图

1.5 习题解答

1-1 用单位脉冲响应序列及其加权和写出如图题 1-1 所示图形的表示式。

解：$x(n)=-\delta(n+2)+3\delta(n+1)+\delta(n)+2\delta(n-1)+3\delta(n-2)-1.5\delta(n-3)+$
$\qquad 4\delta(n-4)+\delta(n-5)$

1-2 分别绘出以下各序列的图形。

(1) $x_1(n)=2^n u(n)$

(2) $x_2(n)=\left(\dfrac{1}{2}\right)^n u(n)$

(3) $x_3(n)=(-2)^n u(n)$

(4) $x_4(n)=\left(-\dfrac{1}{2}\right)^n u(n)$

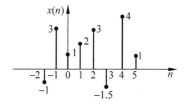

图题 1-1

解：各序列的图形如图 1-9 所示。从图中可看出波形变化的趋势（纵坐标数值未标出）。

1-3 判断下列序列是否是周期的，若是周期的，确定其周期。

(1) $x(n)=5\cos\left(\dfrac{3}{7}\pi n-\dfrac{\pi}{8}\right)$

(2) $x(n)=5\cos\left(\dfrac{2}{7}\pi n-\dfrac{\pi}{8}\right)$

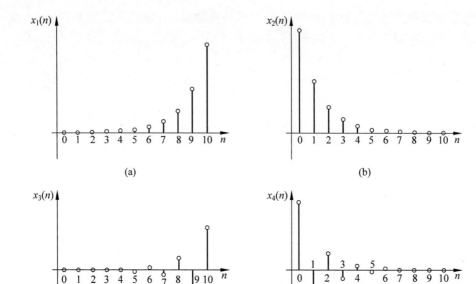

图 1-9　题 1-2 中各序列的图形

（3）$x(n) = e^{j\left(\frac{n}{8} - \pi\right)}$

解：（1）因为 $\omega = \frac{3\pi}{7}, \frac{2\pi}{\omega} = \frac{14}{3}, k = 3$，所以该序列为周期序列，周期为 $N = 14$。

（2）因为 $\omega = \frac{2\pi}{7}, \frac{2\pi}{\omega} = 7, k = 1$，所以该序列为周期序列，周期为 $N = 7$。

（3）因为 $\omega = \frac{1}{8}, \frac{2\pi}{\omega} = 16\pi$ 是无理数，所以该序列不是周期序列。

1-4　设系统分别用下面的差分方程描述，$x(n)$ 与 $y(n)$ 分别表示系统输入和输出，判断系统是否是线性系统？是否是时不变系统？

（1）$y(n) = x(n) + 2x(n-1) + 3x(n-2)$　　　（2）$y(n) = 3x(n) + 5$

（3）$y(n) = x(n - n_0)$，n_0 为整常数　　　（4）$y(n) = x(-n)$

（5）$y(n) = x^2(n)$　　　（6）$y(n) = x(n^2)$

（7）$y(n) = \sum_{m=0}^{n} x(m)$　　　（8）$y(n) = x(n)\sin(\omega n)$

（9）$y(n) = x(n)\sin\left(\frac{2\pi}{9}n + \frac{\pi}{7}\right)$　　　（10）$y(n) = x(2n)$

解：（1）$y(n) = x(n) + 2x(n-1) + 3x(n-2)$

设 $y_1(n) = T[x_1(n)] = x_1(n) + 2x_1(n-1) + 3x_1(n-2)$，$y_2(n) = T[x_2(n)] = x_2(n) + 2x_2(n-1) + 3x_2(n-2)$

$$T[ax_1(n) + bx_2(n)] = ax_1(n) + 2ax_1(n-1) + 3ax_1(n-2) + bx_2(n) + 2bx_2(n-1) + 3bx_2(n-2)$$
$$= ay_1(n) + by_2(n)$$

所以系统是线性系统。

又因为 $y(n-k)=x(n-k)+2x(n-1-k)+3x(n-2-k)=T[x(n-k)]$，所以是时不变系统。

(2) $y(n)=3x(n)+5$

设 $y_1(n)=T[x_1(n)]=3x_1(n)+5$，$y_2(n)=T[x_2(n)]=3x_2(n)+5$

$$T[ax_1(n)+bx_2(n)]=3ax_1(n)+3bx_2(n)+5$$

而

$$ay_1(n)+by_2(n)=3ax_1(n)+5a+3bx_2(n)+5b$$

可见 $T[ax_1(n)+bx_2(n)]\neq ay_1(n)+by_2(n)$，故此系统不是线性系统。

又因为 $y(n-k)=3x(n-k)+5=T[x(n-k)]$，所以系统是时不变系统。

(3) $y(n)=x(n-n_0)$，n_0 为整常数

设 $y_1(n)=T[x_1(n)]=x_1(n-n_0)$，$y_2(n)=T[x_2(n)]=x_2(n-n_0)$

$$T[ax_1(n)+bx_2(n)]=ax_1(n-n_0)+bx_2(n-n_0)$$

而

$$ay_1(n)+by_2(n)=ax_1(n-n_0)+bx_2(n-n_0)$$

可见 $T[ax_1(n)+bx_2(n)]=ay_1(n)+by_2(n)$，故此系统是线性系统。

又因为 $y(n-k)=x(n-n_0-k)=T[x(n-k)]$，所以系统是时不变系统。

(4) $y(n)=x(-n)$

设 $y_1(n)=T[x_1(n)]=x_1(-n)$，$y_2(n)=T[x_2(n)]=x_2(-n)$

$$T[ax_1(n)+bx_2(n)]=ax_1(-n)+bx_2(-n)$$

而

$$ay_1(n)+by_2(n)=ax_1(-n)+bx_2(-n)$$

可见 $T[ax_1(n)+bx_2(n)]=ay_1(n)+by_2(n)$，故此系统是线性系统。

又因为 $y(n-k)=x(-(n-k))=x(-n+k)$，$T[x(n-k)]=x(-n-k)$，不满足 $y(n-k)=T[x(n-k)]$，所以系统不是时不变系统。

(5) $y(n)=x^2(n)$

设 $y_1(n)=T[x_1(n)]=x_1^2(n)$，$y_2(n)=T[x_2(n)]=x_2^2(n)$

$$\begin{aligned} T[ax_1(n)+bx_2(n)]&=[ax_1(n)+bx_2(n)]^2\\ &=a^2x_1^2(n)+b^2x_2^2(n)+2abx_1(n)x_2(n) \end{aligned}$$

而

$$ay_1(n)+by_2(n)=ax_1^2(n)+bx_2^2(n)$$

可见 $T[ax_1(n)+bx_2(n)]\neq ay_1(n)+by_2(n)$，故此系统不是线性系统。

又因为 $y(n-k)=x^2(n-k)$，$T[x(n-k)]=x^2(n-k)$，满足 $y(n-k)=T[x(n-k)]$，所以系统是时不变系统。

(6) $y(n)=x(n^2)$

设 $y_1(n)=T[x_1(n)]=x_1(n^2)$，$y_2(n)=T[x_2(n)]=x_2(n^2)$

$$T[ax_1(n)+bx_2(n)]=ax_1(n^2)+bx_2(n^2)$$

$$ay_1(n)+by_2(n)=ax_1(n^2)+bx_2(n^2)$$

可见 $T[ax_1(n)+bx_2(n)]=ay_1(n)+by_2(n)$，故此系统是线性系统。

又因为 $y(n-k)=x((n-k)^2)$，$T[x(n-k)]=x(n^2-k)$，不满足 $y(n-k)=T[x(n-k)]$，所以系统不是时不变系统。

(7) $y(n) = \sum\limits_{m=0}^{n} x(m)$

设 $y_1(n) = T[x_1(n)] = \sum\limits_{m=0}^{n} x_1(m)$，$y_2(n) = T[x_2(n)] = \sum\limits_{m=0}^{n} x_2(m)$

$$T[ax_1(n) + bx_2(n)] = \sum_{m=0}^{n} [ax_1(m) + bx_2(m)]$$

$$= \sum_{m=0}^{n} ax_1(m) + \sum_{m=0}^{n} bx_2(m)$$

$$ay_1(n) + by_2(n) = \sum_{m=0}^{n} ax_1(m) + \sum_{m=0}^{n} bx_2(m)$$

可见 $T[ax_1(n)+bx_2(n)]=ay_1(n)+by_2(n)$，故此系统是线性系统。

又因为 $y(n-k) = \sum\limits_{m=0}^{n-k} x(m)$，而 $T[x(n-k)] = \sum\limits_{m=0}^{n} x(m-k)$，可见 $y(n-k) \neq T[x(n-k)]$，所以不是时不变系统。

(8) $y(n) = x(n)\sin(\omega n)$

设 $y_1(n) = T[x_1(n)] = x_1(n)\sin(\omega n)$，$y_2(n) = T[x_2(n)] = x_2(n)\sin(\omega n)$

$$T[ax_1(n) + bx_2(n)] = [ax_1(n) + bx_2(n)]\sin(\omega n)$$

$$= ax_1(n)\sin(\omega n) + bx_2(n)\sin(\omega n)$$

$$ay_1(n) + by_2(n) = ax_1(n)\sin(\omega n) + bx_2(n)\sin(\omega n)$$

可见 $T[ax_1(n)+bx_2(n)]=ay_1(n)+by_2(n)$，故此系统是线性系统。

又因为 $y(n-k)=x(n-k)\sin[\omega(n-k)]$，而 $T[x(n-k)]=x(n-k)\sin(\omega n)$，可见 $y(n-k) \neq T[x(n-k)]$，所以不是时不变系统。

(9) $y(n) = x(n)\sin\left(\dfrac{2\pi}{9}n + \dfrac{\pi}{7}\right)$

设 $y_1(n) = T[x_1(n)] = x_1(n)\sin\left(\dfrac{2\pi}{9}n + \dfrac{\pi}{7}\right)$，$y_2(n) = T[x_2(n)] = x_2(n)\sin\left(\dfrac{2\pi}{9}n + \dfrac{\pi}{7}\right)$

$$T[ax_1(n) + bx_2(n)] = [ax_1(n) + bx_2(n)]\sin\left(\dfrac{2\pi}{9}n + \dfrac{\pi}{7}\right)$$

$$ay_1(n) + by_2(n) = ax_1(n)\sin\left(\dfrac{2\pi}{9}n + \dfrac{\pi}{7}\right) + bx_2(n)\sin\left(\dfrac{2\pi}{9}n + \dfrac{\pi}{7}\right)$$

可见满足 $T[ax_1(n)+bx_2(n)]=ay_1(n)+by_2(n)$，故此系统是线性系统。

又因为 $y(n-k) = x(n-k)\sin\left[\dfrac{2\pi}{9}(n-k) + \dfrac{\pi}{7}\right]$，而 $T[x(n-k)] = x(n-k)\sin\left(\dfrac{2\pi}{9}n + \dfrac{\pi}{7}\right)$，可见 $y(n-k) \neq T[x(n-k)]$，所以不是时不变系统。

(10) $y(n) = x(2n)$

详见典型例题分析例 1-2。

1-5 设系统分别用下面的差分方程描述，判断系统是否是因果稳定系统，并说明理由。

(1) $y(n) = \dfrac{1}{N}\sum\limits_{k=0}^{N-1} x(n-k)$　　　　　(2) $y(n) = x(n) + x(n+1)$

(3) $y(n) = \sum\limits_{k=n-n_0}^{n+n_0} x(k)$　　　　　(4) $y(n) = x(n-n_0)$

(5) $y(n) = e^{x(n)}$

(6) $y(n) = x(2n)$

(7) $y(n) = g(n)x(n)$

(8) $y(n) = \dfrac{1}{n}x(n)$

解：(1) 因果性：因为 $y(n) = \dfrac{1}{N}\sum_{k=0}^{N-1} x(n-k)$ 只与 $x(n)$ 的当前值及以前值有关，而与 $x(n+1), x(n+2), \cdots$ 等未来值无关，故系统是因果的。

稳定性：当 $|x(n)| < M$ 时，有 $|y(n)| = \dfrac{1}{N}\sum_{k=0}^{N-1}|x(n-k)| < M$，故系统是稳定的。

(2) 因果性：因为 $y(n) = x(n) + x(n+1)$ 不仅与 $x(n)$ 的当前值有关，还与 $x(n+1)$ 未来值有关，故系统不是因果的。

稳定性：当 $|x(n)| < M$ 时，有 $|y(n)| = |x(n)| + |x(n+1)| < 2M$，故系统是稳定的。

(3) 因果性：当 $n_0 > 0$ 或 $n_0 < 0$ 时，因为 $y(n) = \sum_{k=n-n_0}^{n+n_0} x(k)$ 与 $x(n+n_0)(n_0 > 0$ 时$)$ 或 $x(n-n_0)(n_0 < 0$ 时$)$ 未来值有关，故此时系统不是因果的。

稳定性：当 $|x(n)| < M$ 时，有 $|y(n)| = \sum_{k=n-n_0}^{n+n_0}|x(k)| < |2n_0+1|M$，故系统是稳定的。

(4) 因果性：当 $n_0 < 0$ 时，因为 $y(n) = x(n-n_0)$ 与 $x(n-n_0)$ 未来值有关，故此时系统不是因果的。当 $n_0 \geqslant 0$ 时，系统是因果的。

稳定性：当 $|x(n)| < M$ 时，有 $|y(n)| = |x(n-n_0)| < M$，故系统是稳定的。

(5) 因果性：因为 $y(n) = e^{x(n)}$ 只与 $x(n)$ 的当前值有关，而与 $x(n+1), x(n+2), \cdots$ 等未来值无关，故系统是因果的。

稳定性：当 $|x(n)| < M$ 时，有 $|y(n)| = |e^{x(n)}| < e^{|x(n)|} < e^M$，故系统是稳定的。

(6) 因果性：$n=1$ 时，$y(1) = x(2)$，说明 $y(1)$ 与未来值 $x(2)$ 有关，故此时系统不是因果的。

稳定性：当 $|x(n)| < M$ 时，有 $|y(n)| = |x(2n)| < M$，故系统是稳定的。

(7) 因果性：因为 $y(n_0) = g(n_0)x(n_0)$，且 $y(n)$ 只与 $x(n)$ 的当前值有关，而与 $x(n+1)$，$x(n+2)\cdots$ 未来值无关，故系统是因果的。

稳定性：当 $|x(n)| < M$ 时，有 $|y(n)| = |g(n)x(n)| < M$，故系统是稳定的。

(8) 因果性：因为 $y(n_0) = \dfrac{1}{n_0}x(n_0)$，说明 $y(n)$ 只与 $x(n)$ 的当前值有关，而与 $x(n+1)$，$x(n+2)\cdots$ 未来值无关，故系统是因果的。

稳定性：若 $|x(n)| < M$ 时，当 $n=0$ 时，$|y(n)| = \left|\dfrac{x(n)}{n}\right| \to \infty$，故系统是不稳定的。

1-6 以下序列是系统的单位脉冲响应 $h(n)$，试指出系统的因果稳定性。

(1) $u(n)$

(2) $0.5^n u(n)$

(3) $2^n u(n)$

(4) $0.5^n u(-n)$

(5) $\dfrac{1}{n}u(n)$

(6) $\dfrac{1}{n^2}u(n)$

(7) $\dfrac{1}{n!}u(n)$

(8) $\delta(n+3)$

解：(1) 因为在 $n<0$ 时，$h(n) = 0$，所以该系统是因果系统。

因为 $\sum\limits_{n=-\infty}^{\infty}|h(n)|=\sum\limits_{n=-\infty}^{\infty}|u(n)|=\sum\limits_{n=0}^{\infty}|u(n)|=\infty$,故该系统不是稳定系统。

(2) 因为在 $n<0$ 时,$h(n)=0$,所以该系统是因果系统。

因为 $\sum\limits_{n=-\infty}^{\infty}|h(n)|=\sum\limits_{n=-\infty}^{\infty}|(0.5)^n|<\infty$,故该系统是稳定系统。

(3) 因为在 $n<0$ 时,$h(n)=0$,所以该系统是因果系统。

因为 $\sum\limits_{n=-\infty}^{\infty}|h(n)|=\sum\limits_{n=-\infty}^{\infty}|2^n u(n)|=\sum\limits_{n=0}^{\infty}|2^n|=\infty$,故该系统不是稳定系统。

(4) 因为在 $n<0$ 时,$h(n)=0.5^n\neq0$,所以该系统不是因果系统。

因为 $\sum\limits_{n=-\infty}^{\infty}|h(n)|=\sum\limits_{n=-\infty}^{0}|(0.5)^n|=\sum\limits_{n=0}^{\infty}|(0.5)^{-n}|=\infty$,故该系统不是稳定系统。

(5) 因为在 $n<0$ 时,$h(n)=\dfrac{1}{n}u(n)=0$,所以该系统是因果系统。

因为 $\sum\limits_{n=-\infty}^{\infty}|h(n)|=\sum\limits_{n=-\infty}^{\infty}\left|\dfrac{1}{n}u(n)\right|=\sum\limits_{n=0}^{\infty}\dfrac{1}{n}=\infty$,故该系统不是稳定系统。

(6) 因为在 $n<0$ 时,$h(n)=\dfrac{1}{n^2}u(n)=0$,所以该系统是因果系统。

因为 $\sum\limits_{n=-\infty}^{\infty}|h(n)|=\sum\limits_{n=-\infty}^{\infty}\left|\dfrac{1}{n^2}u(n)\right|=\sum\limits_{n=0}^{\infty}\dfrac{1}{n^2}=\infty$,故该系统不是稳定系统。

(7) 因为在 $n<0$ 时,$h(n)=\dfrac{1}{n!}u(n)=0$,所以该系统是因果系统。

因为 $\sum\limits_{n=-\infty}^{\infty}|h(n)|=\sum\limits_{n=-\infty}^{\infty}\left|\dfrac{1}{n!}u(n)\right|=\sum\limits_{n=0}^{\infty}\dfrac{1}{n!}<\infty$(收敛),故该系统是稳定系统。

(8) 因为在 $n<0$ 时,$h(n)\neq0$,所以该系统不是因果系统。

因为 $\sum\limits_{n=-\infty}^{\infty}|h(n)|=\sum\limits_{n=-\infty}^{\infty}|\delta(n+3)|=1<\infty$,故该系统是稳定系统。

1-7 设线性时不变系统的单位脉冲响应 $h(n)$ 和输入序列 $x(n)$ 如图题 1-7 所示,要求分别用图解法和列表法求输出 $y(n)$,并画出波形。

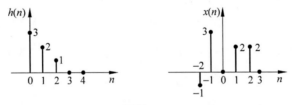

图题 1-7

解:(1) 图解法:按照线性卷积的四个步骤——翻转(翻褶)、移位、相乘、求和,采用图解法求解,过程如图 1-10 所示。

$$y(n)=-3\delta(n+2)+7\delta(n+1)+5\delta(n)+9\delta(n-1)+10\delta(n-2)+6\delta(n-3)+2\delta(n-4)$$

或

$$y(n)=\{-3,7,5,9,10,6,2\},\quad-2\leqslant n\leqslant4$$

(2) 列表法:根据 $y(n)=x(n)*h(n)=\sum\limits_{m=-\infty}^{\infty}x(m)h(n-m)$,采用列表法的运算过程如表 1-2 所示。

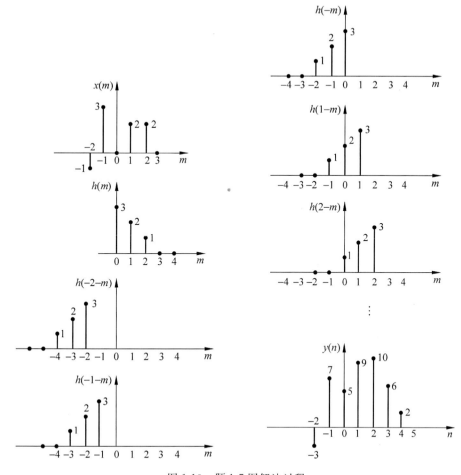

图 1-10 题 1-7 图解法过程

表 1-2 题 1-7 列表法运算过程

m	$\cdots-3$	-2	-1	0	1	2	3	4	$5\cdots$	$y(n)$
$x(m)$		-1	3	0	2	2				
$h(m)$				3	2	1				
$h(-m)$		1	2	3						
$h(-2-m)$	1	2	3							$y(-2)=-1\times3=-3$
$h(-1-m)$		1	2	3						$y(-1)=-1\times2+3\times3=7$
$h(0-m)$			1	2	3					$y(0)=-1\times1+2\times3=5$
$h(1-m)$				1	2	3				$y(1)=3\times1+2\times3=9$
$h(2-m)$					1	2	3			$y(2)=2\times2+2\times3=10$
$h(3-m)$						1	2	3		$y(3)=1\times2+2\times2=6$
$h(4-m)$							1	2	3	$y(4)=2\times1=2$

由此可得

$$y(n)=-3\delta(n+2)+7\delta(n+1)+5\delta(n)+9\delta(n-1)+$$
$$10\delta(n-2)+6\delta(n-3)+2\delta(n-4)$$

1-8 设线性时不变系统的单位脉冲响应 $h(n)$ 和输入序列 $x(n)$ 分别有以下三种情况，求输出 $y(n)$，并画出波形。

(1) $h(n)=R_4(n)$，$x(n)=R_5(n)$

(2) $h(n)=2R_4(n)$，$x(n)=\delta(n)-\delta(n-2)$

(3) $h(n)=0.5^nu(n)$，$x(n)=R_5(n)$

解：(1) 采用列表法：根据 $y(n)=x(n)*h(n)=\sum\limits_{m=-\infty}^{\infty}x(m)h(n-m)$，该运算过程在这里采用列表法，如表 1-3 所示。

表 1-3 题 1-8 列表法运算过程

m	$\cdots-3$	-2	-1	0	1	2	3	4	5	6	$7\cdots$	$y(n)$
$x(m)$				1	1	1	1	1				
$h(m)$				1	1	1						
$h(0-m)$	1	1	1	1								$y(0)=1\times1=1$
$h(1-m)$		1	1	1	1							$y(1)=1\times1+1\times1=2$
$h(2-m)$			1	1	1	1						$y(2)=1\times1+1\times1+1\times1=3$
$h(3-m)$				1	1	1	1					$y(3)=1\times1+1\times1+1\times1+1\times1=4$
$h(4-m)$					1	1	1	1				$y(4)=1\times1+1\times1+1\times1+1\times1=4$
$h(5-m)$						1	1	1	1			$y(5)=1\times1+1\times1+1\times1=3$
$h(6-m)$							1	1	1	1		$y(6)=1\times1+1\times1=2$
$h(7-m)$								1	1	1	1	$y(7)=1\times1=1$

由此可得

$y(n)=\{1,2,3,4,4,3,2,1\}$，$0\leqslant n\leqslant7$，$y(n)$ 如图 1-11(a) 所示。

(2) $y(n)=h(n)*x(n)=2R_4(n)*[\delta(n)-\delta(n-2)]=2R_4(n)-2R_4(n-2)$

$\quad\quad=2[\delta(n)+\delta(n-1)-\delta(n-4)-\delta(n-5)]$

$y(n)$ 如图 1-11(b) 所示。

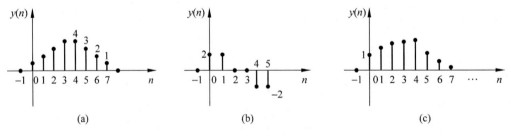

图 1-11 题 1-8 波形图

(3) 解法 1：$y(n)=x(n)*h(n)=\sum\limits_{m=-\infty}^{\infty}R_5(m)(0.5)^{n-m}u(n-m)$

$\quad\quad\quad\quad\quad\quad=(0.5)^n\sum\limits_{m=-\infty}^{\infty}R_5(m)(0.5)^{-m}u(n-m)$

非零区间为

$$0 \leqslant m \leqslant 4, m \leqslant n$$

$$0 \leqslant n \leqslant 4, y(n) = (0.5)^n \sum_{m=0}^{n} (0.5)^{-m} = (0.5)^n \frac{1 - 0.5^{-n-1}}{1 - 0.5^{-1}} = -(1 - 0.5^{-n-1})(0.5)^n$$

$$= 2 - 0.5^n$$

$$n > 4, y(n) = (0.5)^n \sum_{m=0}^{4} (0.5)^{-m} = (0.5)^n \frac{1 - 0.5^{-4-1}}{1 - 0.5^{-1}} = 31 \times (0.5)^n$$

$$y(n) = \begin{cases} 2 - 0.5^n, & 0 \leqslant n \leqslant 4 \\ 31 \times (0.5)^n, & n > 4 \\ 0, & n < 0 \end{cases}$$

$y(n)$ 如图 1-11(c)所示。

解法 2：

$$y(n) = h(n) * x(n) = 0.5^n u(n) * [\delta(n) + \delta(n-1) + \delta(n-2) + \delta(n-3) + \delta(n-4)]$$

$$= 0.5^n u(n) + 0.5^{n-1} u(n-1) + 0.5^{n-2} u(n-2) + 0.5^{n-3} u(n-3) + 0.5^{n-4} u(n-4)$$

$$= \delta(n) + \frac{3}{2} \delta(n-1) + \frac{7}{4} \delta(n-2) + \frac{15}{8} \delta(n-3) + (0.5)^n (1 + 2 + 4 + 8 + 16) u(n-4)$$

$$= \delta(n) + \frac{3}{2} \delta(n-1) + \frac{7}{4} \delta(n-2) + \frac{15}{8} \delta(n-3) + 31 \times (0.5)^n u(n-4)$$

1-9 已知某离散线性时不变系统的差分方程为 $2y(n) - 3y(n-1) + y(n-2) = x(n-1)$，且 $x(n) = 2^n u(n), y(0) = 1, y(1) = 1$，求 $n \geqslant 0$ 时的输出 $y(n)$。

解：$n = 2, y(2) = \frac{1}{2}[3 \times y(n-1) - y(n-2) + 2^{n-1} u(n-1)] = \frac{1}{2}[3 \times y(1) - y(0) + 2] = 2$

$$n = 3, y(3) = \frac{1}{2}[3 \times y(2) - y(1) + 2^2] = \frac{9}{2}$$

$$n = 4, y(4) = \frac{1}{2}[3 \times y(3) - y(2) + 2^3] = 3 + \frac{27}{4}$$

$$\vdots$$

所以

$$y(n) = \{1, \quad 1, \quad 2, \quad 4.5, \quad 9.75, \quad \cdots\}, \quad n \geqslant 0$$

1-10 列出图题 1-10 所示系统的差分方程，并在初始条件 $y(n) = 0, n \geqslant 0$ 下，求输入序列 $x(n) = \delta(n)$ 时的输出 $y(n)$，并画出图（提示：首先判断 $y(n)$ 是左边还是右边序列）。

解：$y(n) = x(n) + 2y(n-1)$

$$y(n-1) = 2^{-1}[y(n) - x(n)], n \rightarrow n+1, y(n) = 2^{-1}[y(n+1) - x(n+1)]$$

$$n = 0, \quad y(0) = 2^{-1}[y(1) - \delta(1)] = 0$$

$$n = -1, \quad y(-1) = 2^{-1}[y(0) - \delta(0)] = -2^{-1}$$

$$n = -2, \quad y(-2) = 2^{-1}[y(-1) - \delta(-1)] = -2^{-2}$$

$$\vdots$$

所以

$$y(n) = -2^n u(-n-1)$$

输出 $y(n)$ 的波形图如图 1-12 所示。

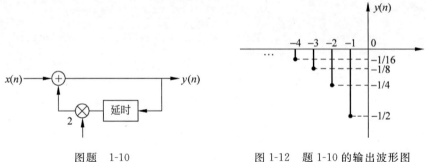

图题　1-10　　　　　　　　图 1-12　题 1-10 的输出波形图

1-11　列出图题 1-11 所示系统的差分方程,并在初始条件 $y(0)=0,n<0$ 下,求输入序列 $x(n)=u(n)$ 时的输出 $y(n)$,并画出波形。

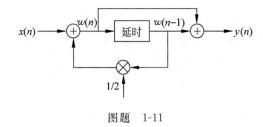

图题　1-11

解：由

$$\begin{cases} x(n)+\dfrac{1}{2}w(n-1)=w(n) & (1) \\ w(n)+w(n-1)=y(n) & (2) \end{cases}$$

可得

$$w(n)=\frac{1}{3}y(n)+\frac{2}{3}x(n)$$

将 $w(n)$ 代入(1)或(2),得

$$y(n)=x(n)+x(n-1)+0.5y(n-1)$$

$n=0,\quad y(0)=u(0)+u(-1)+0.5\times0=1$

$n=1,\quad y(1)=u(1)+u(0)+0.5\times1=2+0.5$

$n=2,\quad y(2)=u(2)+u(1)+0.5\times(2+0.5)=2(1+0.5)+0.5^2$

$n=3,\quad y(3)=u(3)+u(2)+0.5\times[2(1+0.5)+0.5^2]$
$$\qquad\qquad =2(1+0.5+0.5^2)+0.5^3$$

$\vdots$

所以

$$y(n)=2(1+0.5+\cdots+0.5^{n-1})+0.5^n=2\frac{1-0.5^n}{1-0.5}+0.5^n=4-3(0.5)^n,\quad n\geqslant0$$

输出 $y(n)$ 的波形图如图 1-13 所示。

1-12　求图题 1-12 所示系统的冲激响应 $h(n)$。已知 $h_1(n)=\delta(n)+\delta(n-1),h_2(n)=2\delta(n)+3\delta(n-1),h_3(n)=0.5\delta(n)-\delta(n-1)$ 和 $h_4(n)=\delta(n+1)$,它们都是 LTI 系统。

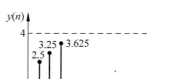

图 1-13　题 1-11 的输出波形图

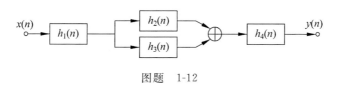

图题　1-12

解：$h(n)=h_1(n)*[h_2(n)+h_3(n)]*h_4(n)$

$=[\delta(n)+\delta(n-1)]*[2\delta(n)+3\delta(n-1)+0.5\delta(n)-\delta(n-1)]*\delta(n+1)$

$=[\delta(n)+\delta(n-1)]*[2.5\delta(n)+2\delta(n-1)]*\delta(n+1)$

$=[2.5\delta(n)+4.5\delta(n-1)+2\delta(n-2)]*\delta(n+1)$

$=2.5\delta(n+1)+4.5\delta(n)+2\delta(n-1)$

1-13　设有一连续时间信号

$$x_a(t)=2\cos(1000\pi t+0.2\pi)+\sin(1500\pi t-0.3\pi)-3\cos(2500\pi t+0.1\pi)$$

以 $f_s=3000\text{Hz}$ 进行采样。求信号中每个频率成分的角频率、频率、周期和数字频率，并注明单位。

解：$\Omega_1=1000\pi,f_1=\dfrac{\Omega_1}{2\pi}=500\text{Hz},T_1=\dfrac{1}{f_1}=0.002\text{s},\omega_1=\Omega_1T=\dfrac{\Omega_1}{f_s}=\dfrac{\pi}{3}\text{rad}$

$\Omega_2=1500\pi,f_2=\dfrac{\Omega_1}{2\pi}=750\text{Hz},T_2=\dfrac{1}{f_2}\approx0.0013\text{s},\omega_2=\Omega_2T=\dfrac{\Omega_2}{f_s}=\dfrac{\pi}{2}\text{rad}$

$\Omega_3=2500\pi,f_3=\dfrac{\Omega_3}{2\pi}=1250\text{Hz},T_3=\dfrac{1}{f_3}=0.0008\text{s},\omega_3=\Omega_3T=\dfrac{\Omega_3}{f_s}=\dfrac{5\pi}{6}\text{rad}$

1-14　有一连续信号 $x_a(t)=\cos(2\pi ft+\varphi)$，式中，$f=20\text{Hz}$，$\varphi=\dfrac{\pi}{2}$。

(1) 求出 $x_a(t)$ 的周期。

(2) 用采样间隔 $T=0.02\text{s}$ 对 $x_a(t)$ 进行采样，试写出采样信号 $\hat{x}_a(t)$ 的表达式。

(3) 画出对应 $\hat{x}_a(t)$ 的时域离散信号 $x(n)$ 的波形，并求出 $x(n)$ 的周期。

解：(1) $T=\dfrac{1}{f}=0.05\text{s}$

(2) $\hat{x}_a(t)=\displaystyle\sum_{n=-\infty}^{\infty}\cos(40\pi nT+\varphi)\cdot\delta(t-nT)$

(3) $x(n)=x_a(t)\big|_{t=nT}=\cos\left(0.8\pi n+\dfrac{\pi}{2}\right)$

因为 $\dfrac{2\pi}{\omega_0}=\dfrac{2\pi}{0.8\pi}=\dfrac{5}{2}$，所以 $N=5,k=2$。

时域离散信号 $x(n)$ 的波形图如图 1-14 所示。

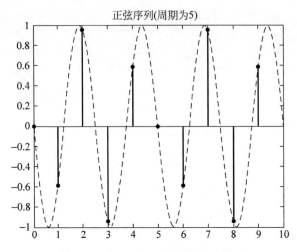

图 1-14　题 1-14 $x(n)$ 的输出波形图

1-15　已知两个连续时间正弦信号 $x_1(t)=\sin(2\pi t)$ 和 $x_2(t)=\sin(6\pi t)$，现对它们以 $f_s=8$(次/秒)的速率进行采样，得到正弦序列 $x_1(n)=\sin(\omega_1 n)$ 和 $x_2(n)=\sin(\omega_2 n)$。

(1) 求 $x_1(t)$ 和 $x_2(t)$ 的频率、角频率和周期。

(2) 求 $x_1(n)$ 和 $x_2(n)$ 的数字频率和周期。

(3) 比较以下每对信号的周期：$x_1(t)$ 与 $x_2(t)$，$x_1(n)$ 与 $x_2(n)$，$x_1(t)$ 与 $x_1(n)$，$x_2(t)$ 与 $x_2(n)$。

解：(1) $\Omega_1=2\pi$，$f_1=\dfrac{\Omega_1}{2\pi}=1\text{Hz}$，$T_1=\dfrac{1}{f_1}=1\text{s}$

$$\Omega_2=6\pi,\ f_2=\frac{\Omega_1}{2\pi}=3\text{Hz},\ T_2=\frac{1}{f_2}\approx 0.333\text{s}$$

(2) $\omega_1=\Omega_1 T=\dfrac{\Omega_1}{f_s}=\dfrac{2\pi}{8}=\dfrac{\pi}{4}\text{rad}$

$$\omega_2=\Omega_2 T=\frac{\Omega_2}{f_s}=\frac{6\pi}{8}=\frac{3\pi}{4}\text{rad}$$

(3) $x_1(t)$ 与 $x_2(t)$ 的周期分别为 1s、$\dfrac{1}{3}\text{s}$，这两个连续时间信号都是周期信号。

$x_1(n)$ 的周期为

$$N_1=\frac{2\pi k}{\omega_1}=\frac{2\pi k}{\pi/4}=8,\quad k=1$$

$x_2(n)$ 的周期为

$$N_2=\frac{2\pi k}{\omega_2}=\frac{2\pi k}{3\pi/4}=\frac{8}{3}k=8,\quad k=3$$

这两个正弦序列都是周期序列，且周期都为 8，但 $x_1(n)$ 是每一个正弦包络是一个周期，而 $x_2(n)$ 是每三个正弦包络是一个周期($k=3$)。

$x_1(t)$ 的周期为 $T_1=1\text{s}$，有单位，$x_1(n)$ 的周期为 $N_1=8$，无单位。

$x_2(t)$ 的周期为 $T_2=\dfrac{1}{3}\text{s}$，有单位，$x_2(n)$ 的周期为 $N_2=8$，无单位。

1-16　一个理想采样及恢复系统如图题 1-16(a)所示，采样频率为 $\Omega_s=8\pi$，采样后经如题图 1-16(b)所示的理想低通 $G(\text{j}\Omega)$ 还原。现有输入 $x_a(t)=\cos 2\pi t+\cos 5\pi t$。

(1) 写出 $\hat{x}_a(t)$ 的表达式。

(2) 求输出信号 $y_a(t)$。

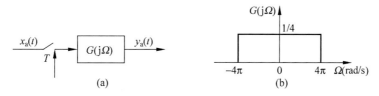

图题 1-16

解：(1) $\Omega_s = \dfrac{2\pi}{T} \Rightarrow T = \dfrac{2\pi}{\Omega_s} = \dfrac{2\pi}{8\pi} = \dfrac{1}{4}$

$$\hat{x}_a(t) = \sum_{n=-\infty}^{\infty} x_a(nT)\delta(t-nT) = \sum_{n=-\infty}^{\infty} \big[\cos(2\pi \cdot n \cdot 0.25) + \cos(5\pi \cdot n \cdot 0.25)\big]$$
$$\delta(t-0.25n)$$
$$= \sum_{n=-\infty}^{\infty} \big[\cos(0.5n\pi) + \cos(1.25n\pi)\big]\delta(t-0.25n)$$

(2) 输入信号 $x_a(t) = \cos 2\pi t + \cos 5\pi t$，其频谱图如图 1-15(a) 所示。

采样频率 $\Omega_s = 8\pi$，根据采样定理 $\hat{X}_a(j\Omega) = \dfrac{1}{T}\sum_{k=-\infty}^{\infty} X_a(j\Omega - jk\Omega_s)$ 得采样信号的频谱如图 1-15(b) 所示。经过图题 1-16 理想低通滤波器得输出信号的频谱如图 1-15(c) 所示。

$\Omega_1 = 2\pi < \dfrac{\Omega_s}{2} = 4\pi$，所以可以无失真输出，而 $\Omega_2 = 5\pi > \dfrac{\Omega_s}{2} = 4\pi$，所以产生混叠失真。

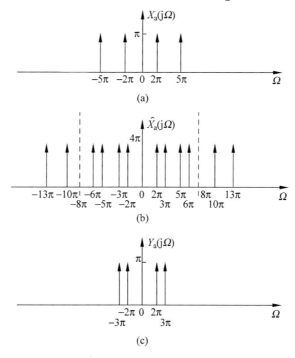

图 1-15 题 1-16 中的各频谱图

由图 1-15(c)分析可得,输出信号为

$$y_a(t) = \cos\Omega_1 t + \cos(\Omega_s - \Omega_2)t = \cos 2\pi t + \cos 3\pi t$$

1-17 对三个正弦信号 $x_1(t) = \cos 2\pi t$,$x_2(t) = -\cos 6\pi t$,$x_3(t) = \cos 10\pi t$ 进行理想采样,采样频率为 $\Omega_s = 8\pi$,求三个采样输出序列,比较这个结果,画出波形及采样点位置并解释频谱混叠现象。

解: 因为 $\Omega_s = 8\pi$,$\Omega_1 = 2\pi$,$\Omega_2 = 6\pi$,$\Omega_3 = 10\pi$,可以看出,只有信号 $x_1(t)$ 满足采样定理:$\Omega_s = 8\pi > 2\Omega_1$,所以对 $x_1(t)$ 的采样不会发生频谱混叠现象。

三个采样输出序列为

$$\hat{x}_1(t) = \sum_{n=-\infty}^{\infty} x_1(t) \cdot \delta(t - nT) = \sum_{n=-\infty}^{\infty} \cos 2\pi nT \cdot \delta(t - nT)$$

$$= \sum_{n=-\infty}^{\infty} \cos\frac{\pi}{2}n \cdot \delta\left(t - \frac{n}{4}\right)$$

$$\hat{x}_2(t) = \sum_{n=-\infty}^{\infty} x_2(t) \cdot \delta(t - nT) = -\sum_{n=-\infty}^{\infty} \cos 6\pi nT \cdot \delta(t - nT)$$

$$= -\sum_{n=-\infty}^{\infty} \cos\frac{3\pi}{2}n \cdot \delta\left(t - \frac{n}{4}\right)$$

$$\hat{x}_3(t) = \sum_{n=-\infty}^{\infty} x_3(t) \cdot \delta(t - nT) = \sum_{n=-\infty}^{\infty} \cos 10\pi nT \cdot \delta(t - nT)$$

$$= \sum_{n=-\infty}^{\infty} \cos\frac{5\pi}{2}n \cdot \delta\left(t - \frac{n}{4}\right)$$

式中,$T = \dfrac{2\pi}{\Omega_s} = \dfrac{1}{4}$。

三个采样输出序列的波形分别如图 1-16 所示,从中可看到采样点的位置。

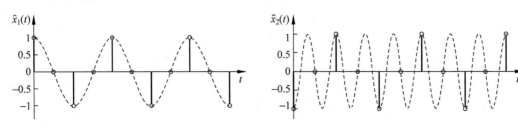

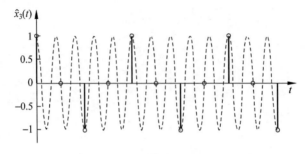

图 1-16 三个采样所得离散信号波形

1-18 设一个复值带通模拟信号 $x_a(t)$ 的频谱如图题 1-18 所示,其中 $\Delta\Omega_c = \Omega_2 - \Omega_1$,对该信号进行采样,得到采样序列 $\hat{x}_a(t)$。

(1) 当 $T = \pi/\Omega_2$,画出采样序列 $\hat{x}_a(t)$ 的傅里叶变换 $\hat{X}_a(j\Omega)$。

(2) 求不发生混叠失真的最低采样频率。

(3) 如果采样频率大于或等于由(2)确定的采样率,试画出由 $\hat{x}_a(t)$ 恢复 $x_a(t)$ 的系统框图。假设有(复数的)理想滤波器可以使用。

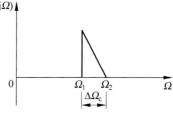

图题 1-18

解:(1) 因为 $T = \pi/\Omega_2$,所以 $\Omega_s = \dfrac{2\pi}{T} = 2\Omega_2$,满足采样定理 $\Omega_s \geqslant 2\Omega_2$,则可画出采样序列 $\hat{x}_a(t)$ 的傅里叶变换 $\hat{X}_a(j\Omega)$ 图,它是 $X_a(j\Omega)$ 以 Ω_s 为周期的周期延拓信号,如图 1-17(a)所示。

(2) 直观地理解,按照采样定理,采样频率 $\Omega_s \geqslant 2\Omega_2$,最低采样频率应为 $2\Omega_2$,但是这里要注意,信号 $x_a(t)$ 是一个带通型频谱,由图 1-17(a)可见,两个频谱之间仍有很大的间隔,因此采样频率可以进一步减小,只要保证周期延拓后的频谱不与原来的频谱相重叠即可。即让图 1-17(a)中的虚线频谱与实粗线频谱之间的间隔为零,如图 1-17(b)所示。由此可得

$$\Omega_s + \Omega_1 \geqslant \Omega_2 \quad 即 \quad \frac{2\pi}{T} + \Omega_1 \geqslant \Omega_2$$

进一步可得到

$$T \leqslant \frac{2\pi}{\Omega_2 - \Omega_1} = \frac{2\pi}{\Delta\Omega_c}$$

(3) 由 $\hat{x}_a(t)$ 恢复 $x_a(t)$ 的系统框图如图 1-17(c)所示。

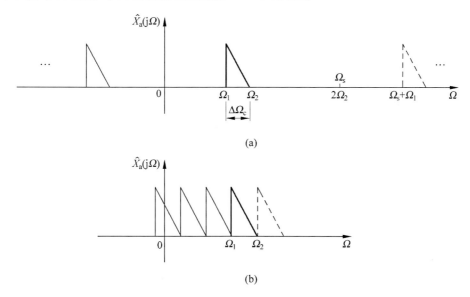

(a)

(b)

图 1-17 题 1-18 各步骤图

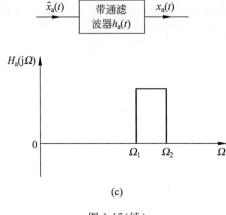

(c)

图 1-17(续)

1-19 对连续时间信号 $x_a(t)$ 滤波以除去在 $5\text{kHz}<f<10\text{kHz}$ 的频率成分，$x_a(t)$ 中的最大频率是 20kHz。滤波是通过采样、滤波采样信号然后用一个理想 D/A 转换器重构模拟信号来完成的。求可用来避免混叠的最小采样频率，并对该最小采样频率求从 $x_a(t)$ 中滤除 $5\sim10\text{kHz}$ 频率的理想数字滤波器 $H(e^{j\omega})$ 的频率响应幅度频谱。

解：因为 $x_a(t)$ 中的最大频率是 20kHz，所以为避免混叠的最小采样频率 $f_s=40\text{kHz}$。根据模拟频率与数字频率的关系 $\omega=\Omega T$，即 $\omega=2\pi\dfrac{f}{f_s}$，则频率区间 $5\text{kHz}<f<10\text{kHz}$ 对应的数字频率区间为 $\dfrac{\pi}{4}<f<\dfrac{\pi}{2}$，则所求的理想带阻数字滤波器 $H(e^{j\omega})$ 的频率响应幅度谱如图 1-18 所示。

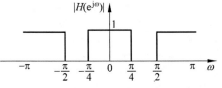

图 1-18 题 1-19 所求滤波器的频率响应幅度谱

1-20 设信号 $x(n)$ 由幅度为 A、频率为 f 的正弦信号和均值为零、方差为 1 的白噪声 $N(n)$ 组成，即 $x(n)=A\sin(2\pi fn)+N(n)$，其信噪比为 -3dB。试利用 MATLAB 软件求 $x(n)$ 的自相关函数，并绘出相应波形，当信噪比提高为 5dB 时，波形如何变化? 试解释利用自相关函数是如何检测信号序列中隐含周期性的。

解：首先进行原理分析。设 $x(n)=s(n)+N(n)$，则 $x(n)$ 的自相关函数为

$$r_{xx}(m)=\sum_{n=-\infty}^{\infty}x(n)x(n+m)=\sum_{n=-\infty}^{\infty}[s(n)+N(n)][s(n+m)+N(n+m)]$$
$$=r_{ss}(m)+r_{Ns}(m)+r_{sN}(m)+r_{NN}(m)$$

式中，$r_{Ns}(m)$ 和 $r_{sN}(m)$ 是信号 $s(n)$ 和白噪声 $N(n)$ 的互相关，一般噪声是随机的，和信号 $s(n)$ 应该没有相关性，因此这两项很小，即 $r_{Ns}(m)=r_{sN}(m)\approx0$。

$$r_{xx}(m)=r_{ss}(m)+r_{NN}(m)$$

式中，$r_{NN}(m)$ 是噪声 $N(n)$ 的自相关函数，它主要集中在 $m=0$ 处有值，且 $r_{NN}(0)$ 为噪声方差，其余当 $|m|>0$ 时，应衰减很快。因此，当 $s(n)$ 是以 M 为周期的信号，那么 $r_{ss}(m)$ 也应是周期的，且周期也为 M。这样，$r_{xx}(m)$ 也将呈现周期变化，且在 $m=0,M,2M\cdots$ 处呈现峰值，从而揭示出隐含在 $x(n)$ 中的周期性。注意，一般 $x(n)$ 总为有限长(长度为 N)，所以这些峰值将是逐渐衰减的，且 $r_{xx}(m)$ 的最大延迟应远小于数据长度 N。

下面来看利用 MATLAB 仿真的结果。图 1-19(a)给出了 $x(n)$ 的时域波形，由图可知，

我们很难分辨出 $x(n)$ 中是否有正弦信号。再求 $x(n)$ 的自相关函数,如图 1-19(b)所示。其中信噪比 $SNR=10\log_{10}(P_s/P_N)=10\log_{10}(A^2/2P_N)$,则 $A=\sqrt{2P_N10^{SNR/10}}$。

MATLAB 主要程序为:

```
N = 512;M = 80;
f = 1/8;                              %归一化频率
snr = -3;                             %信噪比首先设为-3
A = sqrt(2 * 10^(snr/10));            %由信噪比求信号幅度
n = [0:N-1];
x1 = A * sin(2 * pi * f * n);         %产生单音频信号
Nn = randn(1,N);                      %产生均值为0,方差为1的高斯白噪声
x = x1 + Nn;                          %信号加噪声
rx = xcorr(x,M);                      %求 x 的自相关函数,长度为2M+1
rx = rx/N;                            %自相关函数幅度求平均,即求功率
subplot(221);plot(x(1:M));
xlabel('n');ylabel('x(n)');grid on;
m = -M:M;
subplot(222);plot(m,rx);grid on;axis([-2 M -1 2]);   %为了看清 m = 0 处的值,横坐标设置从
                                                      %-2开始
xlabel('m');ylabel('rx(m)');
```

当信噪比为-3dB 时,即信号幅度为1,可求得信号功率为0.5,而均值为0、方差为1的高斯白噪声,其噪声功率为1,所以总功率为1.5,由图 1-19(b)可看到,当 $m=0$ 时,自相关函数的值就为总功率,约为1.5,此图还可看出,$x(n)$ 中应含有正弦信号。

当信噪比提高为5dB 时(即信号幅度为2.51,总功率为4.15),此时 $x(n)$ 和 $r_x(m)$ 的仿真波形如图 1-19(c)、(d)所示。可见,当信噪比提高后,由 $x(n)$ 自相关函数图可以更明显地看出含有正弦信号。

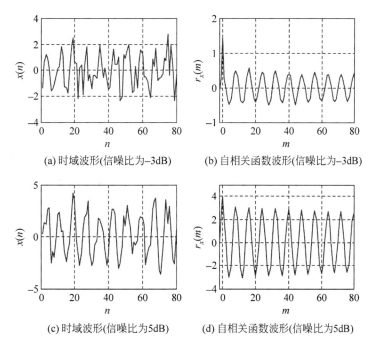

(a) 时域波形(信噪比为-3dB) (b) 自相关函数波形(信噪比为-3dB)

(c) 时域波形(信噪比为5dB) (d) 自相关函数波形(信噪比为5dB)

图 1-19　题 1-20 仿真得到的 $x(n)$ 的时域波形和自相关函数波形

1.6　自测题及参考答案

一、自测题

1. 填空题(10 小题)

(1) 数字域频率 $\omega=2\pi$ 所对应的信号的实际频率为_____。

(2) 序列 $x_1(n)=\sin\left(\dfrac{\pi}{6}n\right)$ 的周期是_____，序列 $x_2(n)=\cos\left(\dfrac{\pi}{4}n\right)+\sin\left(\dfrac{\pi}{6}n\right)$ 的周期是_____。

(3) 要使一个正弦序列 $x(n)=A\sin(\omega n+\varphi)$ 是周期序列，必须满足_____条件。

(4) 采样信号的频谱是原模拟信号频谱的周期函数，其周期为_____，折叠频率为_____。

(5) 某线性时不变离散系统的单位脉冲响应为 $h(n)=3^n u(n)$，则该系统的因果性及稳定性分别为_____、_____。

(6) 已知某离散系统的输入输出关系是 $y(n)=x(n-1)+2x(n-2)$，试判断系统的线性时不变和因果特性分别为_____，_____，_____。

(7) 已知系统的输入输出关系为 $y(n)=3x(n)+8$，则系统的线性性和时不变性分别为_____及_____。

(8) 有一连续信号 $x_a(t)=\cos(40\pi t)$，用采样间隔 $T=0.02\text{s}$ 对 $x_a(t)$ 进行采样，则采样信号 $\hat{x}_a(t)$ 的表达式为 $\hat{x}_a(t)=$ _____；采样后所得时域离散信号 $x(n)$ 的周期为_____。

(9) 若一个理想采样及恢复系统，采样频率为 $\Omega_s=6\pi$，采样后经一个带宽为 3π，增益为 $1/3$ 的理想低通还原。现有输入 $x_a(t)=\cos\pi t+\cos2\pi t+\cos5\pi t$，输出信号 $y(t)$ 为_____。

(10) 如果截止频率为 $\pi/8$ 的低通数字滤波器，采样频率为 $f_s=1/T=10\text{kHz}$，那么等效的模拟滤波器的截止频率是_____。

2. 判断题(10 小题)

(1) 任意序列可表示成单位脉冲序列的移位加权和。　　　　　　　　( )

(2) 模拟正弦中的角频率单位是 rad，而数字域频率 ω 单位是 rad/s。　( )

(3) 模拟周期信号的采样一定是周期序列。　　　　　　　　　　　( )

(4) 对于线性时不变系统，其输出序列的傅里叶变换等于输入序列的傅里叶变换与系统频率响应的卷积。　　　　　　　　　　　　　　　　　　　　　( )

(5) 两个长度分别为 N 和 M 的序列，线性卷积后的序列长度为 $N+M-1$。　( )

(6) 求解线性卷积的四个步骤顺序为移位、翻转(翻褶)、相乘、求和。　( )

(7) 用差分方程求系统的单位脉冲响应时，只要令差分方程的输入为单位脉冲序列，N 个初始条件都为零，其解就是系统的单位脉冲响应。　　　　　　　( )

(8) 系统 $y(n)=(n+2)x(n)$ 是一个稳定非因果系统。　　　　　　( )

(9) 采样信号的内插恢复结果使得被恢复的信号的值严格等于 $x_a(nT)$。　( )

(10) 采样信号的频谱是频率的周期函数，其周期为 Ω_s，频谱的幅度是 $X_a(j\Omega)$ 的 $1/T$ 倍。　　　　　　　　　　　　　　　　　　　　　　　　( )

二、参考答案

1. 填空题答案

(1) 采样频率 f_s。

(2) $12,N=\dfrac{N_1 N_2}{\gcd(N_1,N_2)}=\dfrac{8\times12}{\gcd(8,12)}=\dfrac{8\times12}{4}=24$。

(3) 数字频率 ω 是 π 的函数，即 $\omega=\alpha\pi$（α 为有理数）。

(4) 采样频率 Ω_s 或 f_s，$\Omega_s/2$ 或 $f_s/2$。

(5) 因果，非稳定。

(6) 线性，时不变，因果。

(7) 非线性，时不变。

(8) $\hat{x}_a(t)=\sum\limits_{n=-\infty}^{\infty}x_a(nT)\delta(t-nT)=\sum\limits_{n=-\infty}^{\infty}\cos(0.8\pi n)\delta(t-0.02n),N=5$（$k$ 为 2）。

(9) $y(t)=\cos2\pi t+2\cos\pi t$。

(10) $625\mathrm{Hz}$。

2. 判断题答案

√×××√×√××√

第 2 章

离散时间信号与系统的频域分析

2.1 重点与难点

表征一个信号和系统的频域特性用傅里叶变换,Z 变换是傅里叶变换的一种推广,在 Z 域分析问题灵活方便,单位圆上的 Z 变换就是傅里叶变换,所以统称频域分析。

本章学习序列的傅里叶变换和 Z 变换,以及利用 Z 变换分析信号和系统的频域特性。

本章重点:序列的傅里叶变换(DTFT)的基本概念和性质,Z 变换的收敛域,因果稳定系统的频域条件,频率响应的意义及几何确定法。

本章难点:Z 变换的收敛域,频率响应的意义及几何确定法。

2.2 知识结构

本章包括序列的傅里叶变换 DTFT、Z 变换和系统函数与频率响应三部分,其知识结构图如图 2-1 所示。

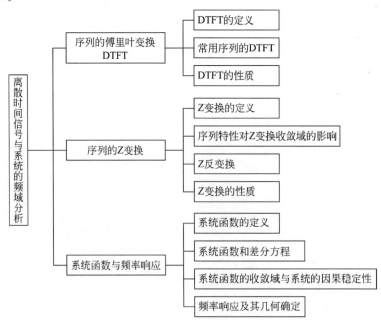

图 2-1 第 2 章的知识结构图

2.3 内容提要

2.3.1 序列的傅里叶变换

1. 序列的傅里叶变换的定义

序列的傅里叶变换

$$X(e^{j\omega}) = \sum_{n=-\infty}^{\infty} x(n) e^{-j\omega n}$$

序列的傅里叶反变换

$$x(n) = \frac{1}{2\pi} \int_{-\pi}^{\pi} X(e^{j\omega}) e^{j\omega n} d\omega$$

要点：

(1) 序列的傅里叶变换 $X(e^{j\omega})$ 是 ω 的连续周期函数，周期为 2π。

(2) 序列的傅里叶变换实质上是单位圆上的 Z 变换，代表序列的频谱。

(3) 稳定序列的傅里叶变换总是存在的。

常用序列的傅里叶变换见表 2-1。

表 2-1 常用序列的傅里叶变换

序号	序 列	傅里叶变换
1	$\delta(n)$	1
2	$\delta(n-m)$	$e^{-j\omega m}$
3	$a^n u(n)$ （a 为实数，$0 < a < 1$）	$\dfrac{1}{1 - ae^{-j\omega}}$
4	$R_N(n) = \begin{cases} 1, & 0 \leqslant n \leqslant N-1 \\ 0, & n \text{ 为其他值} \end{cases}$	$e^{-j\left(\frac{N-1}{2}\right)\omega} \dfrac{\sin \omega N/2}{\sin \omega/2}$
5	$e^{j\omega_0 n}$	$2\pi \displaystyle\sum_{r=-\infty}^{\infty} \delta(\omega - \omega_0 + 2\pi r)$
6	$\sin \omega_0 n$	$j\pi \displaystyle\sum_{r=-\infty}^{\infty} [\delta(\omega + \omega_0 + 2\pi r) - \delta(\omega - \omega_0 + 2\pi r)]$
7	$\cos \omega_0 n$	$\pi \displaystyle\sum_{r=-\infty}^{\infty} [\delta(\omega + \omega_0 + 2\pi r) + \delta(\omega - \omega_0 + 2\pi r)]$

2. 序列的傅里叶变换的性质

表 2-2 列出了序列的傅里叶变换的主要性质。

表 2-2 序列的傅里叶变换的主要性质

序号	性 质	序 列	傅里叶变换
1	线性	$ax(n) + by(n)$	$aX(e^{j\omega}) + bY(e^{j\omega})$
2	时移	$x(n-m)$	$e^{-j\omega m} X(e^{j\omega})$
3	频移	$e^{j\omega_0 n} x(n)$	$X[e^{j(\omega - \omega_0)}]$

序号	性 质	序 列	傅里叶变换
4	频域微分	$nx(n)$	$j\dfrac{dX(e^{j\omega})}{d\omega}$
5	折叠	$x(-n)$	$X(e^{-j\omega})$
6	复共轭	$x^*(n)$	$X^*(e^{-j\omega})$
		$x^*(-n)$	$X^*(e^{j\omega})$
7	时域卷积	$x(n)*y(n)$	$X(e^{j\omega})Y(e^{j\omega})$
8	频域卷积	$x(n)\cdot y(n)$	$\dfrac{1}{2\pi}\displaystyle\int_{-\pi}^{\pi}X(e^{j\theta})Y[e^{j(\omega-\theta)}]d\theta$
9	对称性	$\mathrm{Re}[x(n)]$	$X_e(e^{j\omega})=\dfrac{X(e^{j\omega})+X^*(e^{-j\omega})}{2}$
		$j\mathrm{Im}[x(n)]$	$X_o(e^{j\omega})=\dfrac{X(e^{j\omega})-X^*(e^{-j\omega})}{2}$
		$x_e(n)=\dfrac{x(n)+x^*(-n)}{2}$	$\mathrm{Re}[X(e^{j\omega})]$
		$x_o(n)=\dfrac{x(n)-x^*(-n)}{2}$	$j\mathrm{Im}[X(e^{j\omega})]$
		$x(n)$为实序列	$X(e^{j\omega})=X^*(e^{-j\omega})$
			$\mathrm{Re}[X(e^{j\omega})]=\mathrm{Re}[X(e^{-j\omega})]$ 实部是偶函数
			$\mathrm{Im}[X(e^{j\omega})]=-\mathrm{Im}[X(e^{-j\omega})]$ 虚部是奇函数
			$\|X(e^{j\omega})\|=\|X(e^{-j\omega})\|$ 幅度是偶函数
			$\arg[X(e^{j\omega})]=-\arg[X(e^{-j\omega})]$ 相位是奇函数
10	帕斯瓦尔定理	$\displaystyle\sum_{n=-\infty}^{\infty}x(n)y^*(n)=\dfrac{1}{2\pi}\int_{-\pi}^{\pi}X(e^{j\omega})Y^*(e^{j\omega})d\omega$	
		$\displaystyle\sum_{n=-\infty}^{\infty}\|x(n)\|^2=\dfrac{1}{2\pi}\int_{-\pi}^{\pi}\|X(e^{j\omega})\|^2 d\omega$	

2.3.2 序列的 Z 变换

1. Z 变换的定义及其收敛域

序列 $x(n)$ 的 Z 变换定义为

$$X(z)=\sum_{n=-\infty}^{\infty}x(n)z^{-n}$$

Z 变换收敛域的概念很重要。使 $X(z)=\displaystyle\sum_{n=-\infty}^{\infty}x(n)z^{-n}$ 级数收敛的所有 z 值的集合称为 $X(z)$ 的收敛域。常用序列的收敛域如下。

(1) 有限长序列在区间 $n_1\leqslant n\leqslant n_2$ 内具有非零值,收敛域为 $0<\|z\|<\infty$。如果 $n_1\geqslant0$,则收敛域为 $0<\|z\|\leqslant\infty$；如果 $n_2\leqslant0$,则收敛域为 $0\leqslant\|z\|<\infty$。

（2）右边序列是有始无终的序列，其收敛域为 $R_{x-} < |z| < \infty$，R_{x-} 是收敛域的最小半径，即右边序列的收敛域是半径为 R_{x-} 的圆外部分。如果 $n_1 \geqslant 0$，即序列是因果序列，Z 变换在 $z = \infty$ 处收敛。

（3）左边序列是无始有终的序列。其收敛域为 $0 < |z| < R_{x+}$，即左边序列的收敛域是半径为 R_{x+} 的圆内部分。如果 $n_2 \leqslant 0$，则收敛域 $0 \leqslant |z| < R_{x+}$。

（4）双边序列是从 $n = -\infty$ 延伸到 $n = +\infty$ 的序列。如果 $R_{x-} < R_{x+}$，则存在公共收敛域为 $R_{x-} < |z| < R_{x+}$，即双边序列的收敛域通常是环形区域。

几个常用序列的 Z 变换列于表 2-3 中，它们一般需熟记，可作为公式来用。

表 2-3　要求作公式用的几个 Z 变换

序号	序　　列	Z　变　换	收　敛　域
1	$\delta(n)$	1	所有 z
2	$u(n)$	$\dfrac{1}{1-z^{-1}}$	$|z|>1$
3	$-u(-n-1)$	$\dfrac{1}{1-z^{-1}}$	$|z|<1$
4	$a^n u(n)$	$\dfrac{1}{1-az^{-1}}$	$|z|>|a|$
5	$-a^n u(-n-1)$	$\dfrac{1}{1-az^{-1}}$	$|z|<|a|$
6	$nu(n)$	$\dfrac{z^{-1}}{(1-z^{-1})^2}$	$|z|>1$
7	$R_N(n)$	$\dfrac{1-z^{-N}}{1-z^{-1}}$	$|z|>0$

附几个常用的数学公式：

（1）$\displaystyle\sum_{n=0}^{N-1} a^n = \frac{1-a^N}{1-a}$

（2）$\displaystyle\sum_{n=0}^{N-1} na^n = \frac{(N-1)a^{N+1} - Na^N + a}{(1-a)^2}$

（3）$\displaystyle\sum_{n=0}^{\infty} a^n = \frac{1}{1-a}, \quad |a| < 1$

（4）$\displaystyle\sum_{n=0}^{\infty} na^n = \frac{a}{(1-a)^2}, \quad |a| < 1$

2. Z 反变换

Z 反变换的定义为

$$x(n) = \frac{1}{2\pi \mathrm{j}} \oint_c X(z) z^{n-1} \mathrm{d}z, \quad c \in (R_{x-}, R_{x+})$$

从实用角度，很少直接利用以上定义通过围线积分来求 Z 反变换的。常用方法通常有三种：围线积分法（留数法）、部分分式展开法和长除法。

1）围线积分法（留数法）

Z 反变换的定义是一个围线积分。根据留数定理，其值等于围线所包围的所有极点的留数之和。留数在复变函数理论中是指某孤立奇点罗朗级数展开负一次幂项的系数，可以用公式计算。

如果 z_i 为单阶极点时,定义式中被积项 $X(z)z^{n-1}$ 在 z_i 处的留数值是

$$\text{Res}[X(z)z^{n-1}, z_i] = (z - z_i) \cdot X(z)z^{n-1} \mid_{z=z_i}$$

如果 z_i 为 k 阶极点时,留数值是

$$\text{Res}[X(z)z^{n-1}, z_i] = \frac{1}{(k-1)!} \frac{\mathrm{d}^{k-1}}{\mathrm{d}z^{k-1}} [(z - z_i)^k \cdot X(z)z^{n-1}] \mid_{z=z_i}$$

2)部分分式展开法

部分分式展开法的基本思想是将复杂的、高阶的有理分式分解为简单的部分分式之和,利用线性原理,分别求取 Z 反变换后再相加。

如果 $X(z)$ 只含有一阶极点,则 $\dfrac{X(z)}{z}$ 可以展开为

$$\frac{X(z)}{z} = \sum_{m=0}^{N} \frac{A_m}{z - z_m}$$

其中,A_m 是 $\dfrac{X(z)}{z}$ 在极点 $z = z_m$ 处的留数,即

$$A_m = \text{Res}\left[\frac{X(z)}{z}, z_m\right] = (z - z_m) \cdot \frac{X(z)}{z} \mid_{z=z_m}$$

3)长除法(幂级数展开法)

因为 $x(n)$ 的 Z 变换为 z^{-1} 的幂级数,所以在给定的收敛域内,把 $X(z)$ 展为幂级数,其系数就是序列 $x(n)$。如收敛域为 $|z| > R_{x+}$,$x(n)$ 为因果序列,则 $X(z)$ 展成 z 的负幂级数。若收敛域 $|z| < R_{x-}$,$x(n)$ 必为左边序列,主要展成 z 的正幂级数。

3. Z 变换的性质

Z 变换的主要性质如表 2-4 所示。

表 2-4　Z 变换的主要性质

序号	名　称	时　域	频　域
1	线性	$ax(n) + by(n)$	$aX(z) + bY(z)$
2	时移	$x(n-m)$	$z^{-m}X(z)$
3	乘以指数序列	$a^n x(n)$	$X\left(\dfrac{z}{a}\right)$
4	序列的线性加权	$nx(n)$	$-z\dfrac{\mathrm{d}X(z)}{\mathrm{d}z}$
5	复序列的共轭	$x^*(n)$	$X^*(z^*)$
6	翻褶序列	$x(-n)$	$X\left(\dfrac{1}{z}\right)$
7	时域卷积	$x(n) * y(n)$	$X(z)Y(z)$
8	频域卷积	$x(n) \cdot y(n)$	$\dfrac{1}{2\pi\mathrm{j}} \oint_c X(v)Y\left(\dfrac{z}{v}\right)v^{-1}\mathrm{d}v$
9	初值定理	$x(0) = \lim\limits_{z \to \infty} X(z)$	
10	终值定理	$\lim\limits_{n \to \infty} x(n) = \lim\limits_{z \to 1}[(z-1) \cdot X(z)] = \text{Res}[X(z)]\mid_{z=1}$	
11	帕斯瓦尔定理	$\sum\limits_{n=-\infty}^{\infty} x(n)y^*(n) = \dfrac{1}{2\pi\mathrm{j}} \oint_c x(v)Y^*\left(\dfrac{1}{v^*}\right)v^{-1}\mathrm{d}v$	

2.3.3　系统函数与频率响应

1. 系统函数的定义

定义线性时不变系统的输出 Z 变换与输入 Z 变换之比为系统函数

$$H(z) = \frac{Y(z)}{X(z)} = \sum_{n=-\infty}^{\infty} h(n) z^{-n}$$

它是单位脉冲响应 $h(n)$ 的 Z 变换,反映了系统本身特征。它又等于输出与输入序列 Z 变换之比,从 Z 域体现了输出输入关系,所以系统函数有时也被称为转移函数或传递函数。

要点:

(1) 若用 $H(z)$ 表征一个系统,应指明 $H(z)$ 的收敛域,这样才能唯一确定这个系统。

(2) $H(z)$ 只反映系统的稳态特性。

2. 系统函数和差分方程

$$\sum_{k=0}^{N} a_k y(n-k) = \sum_{r=0}^{M} b_r x(n-r)$$

其系统函数

$$H(z) = \frac{Y(z)}{X(z)} = \frac{\sum_{r=0}^{M} b_r z^{-r}}{1 + \sum_{k=1}^{N} a_k z^{-k}}$$

式中,系统函数 $H(z)$ 的分子、分母均为 z^{-1} 的多项式,是 z 的有理函数,它的系数也正是差分方程的系数。它的分子、分母多项式可以分解为

$$H(z) = A \frac{\prod_{r=1}^{M} (1 - c_r z^{-1})}{\prod_{k=1}^{N} (1 - d_k z^{-1})}$$

式中,$\{c_r\}$ 是 $H(z)$ 在 z 平面的零点,$\{d_k\}$ 是 $H(z)$ 在 z 平面的极点,它们都由差分方程的系数 a_k 和 b_r 决定。因此,除了比例常数 A 以外,系统函数可以由它的零、极点来唯一确定。

3. 系统函数的收敛域与系统的因果稳定性

一个稳定的因果系统的系统函数的收敛域是

$$\begin{cases} R_{x-} < |z| \leqslant +\infty \\ 0 < R_{x-} < 1 \end{cases}$$

即对于一个因果稳定系统,收敛域必须包括单位圆和单位圆外的整个 z 平面,也就是说系统函数的全部极点必须在单位圆内。

上式也就是与第 1 章所讲的因果稳定系统的时域条件相对应的频域(或 Z 域)条件。归纳见表 2-5。在以下章节的滤波器设计中,频域(或 Z 域)条件用得较多。

4. 频率响应

单位脉冲响应 $h(n)$ 的序列傅里叶变换,或者说系统函数在单位圆上(即 $|z|=1$)的值就是系统的频率响应,即

$$H(e^{j\omega}) = H(z)\big|_{z=e^{j\omega}} = \sum_{n=-\infty}^{\infty} h(n) e^{-jn\omega}$$

表 2-5　因果稳定系统的时域和频域条件

系统名称	时域条件	频域(或 Z 域)条件
因果系统	$h(n)=0$，　$n<0$	$R_{x-}<|z|\leqslant+\infty$
稳定系统	$\displaystyle\sum_{n=-\infty}^{\infty}|h(n)|<\infty$	$R_{x-}<|z|$，　$0<R_{x-}<1$

要点：对于稳定的因果系统，如果输入一个频率为 ω 的复正弦序列 $x(n)=\mathrm{e}^{\mathrm{j}\omega n}$，则其输出为 $y(n)=\mathrm{e}^{\mathrm{j}\omega n}H(\mathrm{e}^{\mathrm{j}\omega})$。$H(\mathrm{e}^{\mathrm{j}\omega})$ 正是系统对输入序列中 ω 频率成分的响应。

利用 $H(z)$ 在 z 平面上的零、极点，可以采用几何方法直观、定性地求出系统的频率响应。

$$H(\mathrm{e}^{\mathrm{j}\omega}) = A\,\frac{\displaystyle\prod_{r=1}^{N}c_r}{\displaystyle\prod_{k=1}^{N}d_k} = |H(\mathrm{e}^{\mathrm{j}\omega})|\,\mathrm{e}^{\mathrm{j}\varphi(\omega)}$$

其中：

$$\begin{cases} |H(\mathrm{e}^{\mathrm{j}\omega})| = A\,\dfrac{\displaystyle\prod_{r=1}^{N}c_r}{\displaystyle\prod_{k=1}^{N}d_k} & \text{（幅频响应）} \\[4mm] \varphi(\omega) = \displaystyle\sum_{r=1}^{N}\alpha_r - \sum_{k=1}^{N}\beta_k & \text{（相频响应）} \end{cases}$$

这样，频响的模函数就可以从各零、极点指向 $\mathrm{e}^{\mathrm{j}\omega}$ 点的向量幅度来确定，而频响的相位函数则由这些向量的幅角所确定。当频率 ω 由 0 到 2π 时，这些向量的终点沿单位圆逆时针方向旋转一周，从而可以估算出整个系统的频响来，如图 2-2 所示。一般规律是：

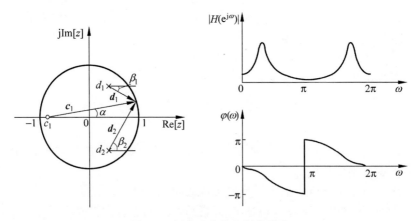

图 2-2　频率响应的几何表示法

（1）当数字频率 ω 在某个极点位置附近时，有可能出现频谱的峰值，极点越靠近单位圆，峰值就越大，极点在单位圆上则峰值无穷大；

（2）当数字频率 ω 在某个零点位置附近时，有可能出现频谱的谷值，零点越靠近单位圆，谷值就越大，零点在单位圆上则谷值为零值。

注意,以上规律在零、极点数量较少时比较明显,零、极点数量多了情况就变得比较复杂,频谱不容易一下子看清楚。

要点:对于实序列 $x(n)$ 或 $h(n)$,$|X(\mathrm{e}^{\mathrm{j}\omega})|$ 或 $|H(\mathrm{e}^{\mathrm{j}\omega})|$ 是偶对称的,$\arg[X(\mathrm{e}^{\mathrm{j}\omega})]$ 或 $\arg[H(\mathrm{e}^{\mathrm{j}\omega})]$ 是奇对称的。它们的数学表达或图形只需给出 $0 \leqslant \omega \leqslant \pi$ 部分。

2.4　典型例题分析

例 2-1　某信号 $y(n)$,它与另两个信号 $x_1(n)$、$x_2(n)$ 的关系是

$$y(n) = x_1(n+3) * x_2(-n+1)$$

其中,$x_1(n) = \left(\dfrac{1}{2}\right)^n u(n)$,$x_2(n) = \left(\dfrac{1}{3}\right)^n u(n)$,利用 Z 变换性质求 $y(n)$ 的 Z 变换 $Y(z)$。

分析:利用 Z 变换的移位性质和时域卷积性质

$$x(n+m) \leftrightarrow z^m X(z), x(-n+m) \leftrightarrow z^{-m} X(z^{-1})$$
$$y(n) = x_1(n) * x_2(n) \leftrightarrow Y(z) = X_1(z) X_2(z)$$

解:$x_1(n) \leftrightarrow \dfrac{1}{1 - \dfrac{1}{2} z^{-1}}$,$x_2(n) \leftrightarrow \dfrac{1}{1 - \dfrac{1}{3} z^{-1}}$

由移位性质

$$x_1(n+3) \leftrightarrow \frac{z^3}{1 - \dfrac{1}{2} z^{-1}}, \quad |z| > \frac{1}{2}$$

$$x_2(-n+1) \leftrightarrow \frac{z^{-1}}{1 - \dfrac{1}{3} z}, \quad |z| < 3$$

由于

$$y(n) = x_1(n+3) * x_2(-n+1)$$

所以

$$Y(z) = X_1(z) X_2(z) = \frac{z^3}{1 - \dfrac{1}{2} z^{-1}} \cdot \frac{z^{-1}}{1 - \dfrac{1}{3} z} = \frac{-3z^3}{\left(z - \dfrac{1}{2}\right)(z - 3)}$$

例 2-2　设 $x(n)$ 的傅里叶变换为 $X(\mathrm{e}^{\mathrm{j}\omega})$,若 $g(n) = (n-1)^2 x(n)$,试用 $X(\mathrm{e}^{\mathrm{j}\omega})$ 表示 $g(n)$ 的傅里叶变换。

分析:利用序列傅里叶变换的频域微分性质来求解 $\mathrm{j}\dfrac{\mathrm{d}X(\mathrm{e}^{\mathrm{j}\omega})}{\mathrm{d}\omega} \leftrightarrow n x(n)$。

解:根据频域微分性质,$\mathrm{DTFT}[n x(n)] = \mathrm{j}\dfrac{\mathrm{d}X(\mathrm{e}^{\mathrm{j}\omega})}{\mathrm{d}\omega}$,则

$$\mathrm{DTFT}[n^2 x(n)] = \mathrm{j}\frac{\mathrm{d}}{\mathrm{d}\omega}\left(\mathrm{j}\frac{\mathrm{d}X(\mathrm{e}^{\mathrm{j}\omega})}{\mathrm{d}\omega}\right) = -\frac{\mathrm{d}^2 X(\mathrm{e}^{\mathrm{j}\omega})}{\mathrm{d}\omega^2}$$

因为

$$g(n) = (n-1)^2 x(n) = n^2 x(n) - 2n x(n) + x(n)$$

所以

$$\mathrm{DTFT}[g(n)] = \mathrm{DTFT}[n^2 x(n)] - \mathrm{DTFT}[2n x(n)] + \mathrm{DTFT}[x(n)]$$

$$=-\frac{d^2 X(e^{j\omega})}{d\omega^2}-2j\frac{dX(e^{j\omega})}{d\omega}+X(e^{j\omega})$$

例 2-3 研究一个满足差分方程 $y(n-1)-\frac{5}{2}y(n)+y(n+1)=x(n)$ 的线性时不变系统,不限定系统的因果、稳定性。利用方程的零、极点图,试求系统单位脉冲响应的三种可能选择方案。

分析:先由 $H(z)=Y(z)/X(z)$,求零、极点图,再讨论收敛域情况。

三种序列定义:

因果序列——收敛域在模值最大的极点所在圆之外;

非因果序列——收敛域在模值最小的极点所在圆之内;

双边序列——收敛域是一个环状区域。

注意,收敛域总是以极点为界,且收敛域内不含极点。对于稳定序列,其收敛域一定包含单位圆。

解:$z^{-1}Y(z)-\frac{5}{2}Y(z)+zY(z)=X(z)$

$$H(z)=\frac{Y(z)}{X(z)}=\frac{1}{z+z^{-1}-\frac{5}{2}}=\frac{z}{2z^2-5z+2}=\frac{z}{(z-2)(2z-1)}$$

可求得零点为 $z=0$,极点为 $z_1=2$,$z_2=\frac{1}{2}$,其零、极点图如图 2-3 所示。

(1) 根据极点 $z_1=2$,$z_2=\frac{1}{2}$ 可知,当收敛域为 $|z|>2$ 时,则系统是因果的,但因收敛域不包含单位圆,所以是非稳定的,此时,其单位脉冲响应可求得为

$$h(n)=\frac{1}{3}(2^n-2^{-n})u(n)$$

(2) 当收敛域为 $\frac{1}{2}<|z|<2$ 时,则系统是稳定的,但因收敛域不包含 ∞,所以是非因果的,此时,其单位脉冲响应可求得为

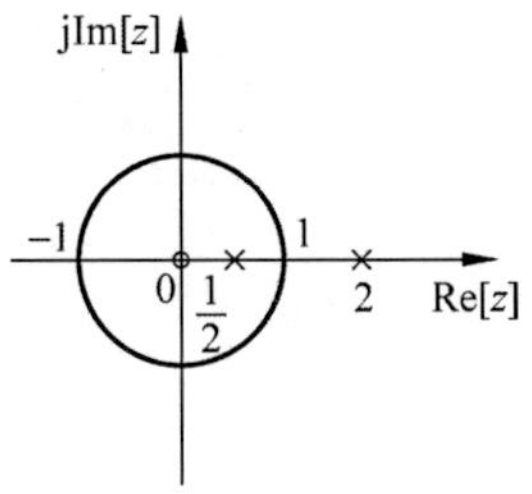

图 2-3 例 2-3 的零、极点图

$$h(n)=-\frac{1}{3}[2^n u(-n-1)+2^{-n}u(n)]$$

(3) 当收敛域为 $|z|<\frac{1}{2}$ 时,则系统是非稳定的,而且也是非因果的,此时,其单位脉冲响应可求得为

$$h(n)=-\frac{1}{3}(2^n-2^{-n})u(-n-1)$$

2.5 习题解答

2-1 已知序列 $x(n)$ 的傅里叶变换为 $X(e^{j\omega})$,试用 $X(e^{j\omega})$ 表示下列序列的傅里叶变换。

(1) $g(n)=x(2n)$　　　　　　　　(2) $g(n)=x(-n)$

(3) $g(n)=x^2(n)$　　　　　　　　(4) $g(n)=x(n-n_0)$

(5) $g(n) = nx(n)$

(6) $g(n) = \begin{cases} x\left(\dfrac{n}{2}\right), & n \text{ 为偶数} \\ 0, & n \text{ 为奇数} \end{cases}$

(7) $g(n) = \begin{cases} x(n), & n \text{ 为偶数} \\ 0, & n \text{ 为奇数} \end{cases}$

解：(1) $\displaystyle\sum_{n=-\infty}^{\infty} x(2n) \mathrm{e}^{-\mathrm{j}\omega n} = \sum_{m \text{ 取偶数}} x(m) \mathrm{e}^{-\mathrm{j}\omega m \frac{1}{2}} = \sum_{n=-\infty}^{\infty} \frac{1}{2}[x(n) + (-1)^n x(n)] \mathrm{e}^{-\mathrm{j}\omega n \frac{1}{2}}$

$$= \frac{1}{2}\sum_{n=\infty}^{\infty} x(n) \mathrm{e}^{-\mathrm{j}\omega n \frac{1}{2}} + \frac{1}{2}\sum_{n=\infty}^{\infty} (-1)^n x(n) \mathrm{e}^{-\mathrm{j}\omega n \frac{1}{2}}$$

$$= \frac{1}{2}\left[X(\mathrm{e}^{\mathrm{j}\frac{1}{2}\omega}) + X(\mathrm{e}^{\mathrm{j}\left(\frac{\omega}{2}-\pi\right)})\right]$$

(2) $\displaystyle\sum_{n=-\infty}^{\infty} x(-n) \mathrm{e}^{-\mathrm{j}\omega n} = \sum_{n=-\infty}^{\infty} x(m) \mathrm{e}^{\mathrm{j}\omega m} = X(\mathrm{e}^{-\mathrm{j}\omega})$

(3) $\displaystyle\sum_{n=-\infty}^{\infty} x^2(n) \mathrm{e}^{-\mathrm{j}\omega n} = \sum_{n=-\infty}^{\infty} x(n)x(n) \mathrm{e}^{-\mathrm{j}\omega n} = \sum_{n=-\infty}^{\infty} x(n)\left[\frac{1}{2\pi}\int_{-\pi}^{\pi} X(\mathrm{e}^{\mathrm{j}\omega'}) \mathrm{e}^{\mathrm{j}\omega' n} \mathrm{d}\omega'\right] \mathrm{e}^{-\mathrm{j}\omega n}$

$$= \frac{1}{2\pi}\int_{-\pi}^{\pi} X(\mathrm{e}^{\mathrm{j}\omega'}) \sum_{n=-\infty}^{\infty} x(n) \mathrm{e}^{-\mathrm{j}(\omega-\omega')n} \mathrm{d}\omega'$$

$$= \frac{1}{2\pi}\int_{-\pi}^{\pi} X(\mathrm{e}^{\mathrm{j}\omega'}) X(\mathrm{e}^{\mathrm{j}(\omega-\omega')}) \mathrm{d}\omega'$$

(4) $\displaystyle\sum_{n=-\infty}^{\infty} x(n-n_0) \mathrm{e}^{-\mathrm{j}\omega n} = \sum_{n=-\infty}^{\infty} x(m) \mathrm{e}^{-\mathrm{j}\omega(n_0+m)} = \mathrm{e}^{-\mathrm{j}\omega n_0} X(\mathrm{e}^{\mathrm{j}\omega})$

(5) 因为 $X(\mathrm{e}^{\mathrm{j}\omega}) = \displaystyle\sum_{n=-\infty}^{\infty} x(n) \mathrm{e}^{-\mathrm{j}\omega n}$，将此式两边对 ω 求导，得到

$$\frac{\mathrm{d}X(\mathrm{e}^{\mathrm{j}\omega})}{\mathrm{d}\omega} = -\mathrm{j}\sum_{n=-\infty}^{\infty} nx(n) \mathrm{e}^{-\mathrm{j}\omega n}$$

所以

$$\sum_{n=-\infty}^{\infty} nx(n) \mathrm{e}^{-\mathrm{j}\omega n} = \mathrm{j}\frac{\mathrm{d}X(\mathrm{e}^{\mathrm{j}\omega})}{\mathrm{d}\omega}$$

(6) $\displaystyle\sum_{\substack{n=-\infty \\ n\text{取偶数}}}^{\infty} x\left(\frac{n}{2}\right) \mathrm{e}^{-\mathrm{j}\omega n} = \sum_{m=-\infty}^{\infty} x(m) \mathrm{e}^{-\mathrm{j}2\omega m} = X(\mathrm{e}^{\mathrm{j}2\omega})$

(7) $\displaystyle\sum_{\substack{n=-\infty \\ n\text{取偶数}}}^{\infty} x(n) \mathrm{e}^{-\mathrm{j}\omega n} = \sum_{n=-\infty}^{\infty} \frac{1}{2}[x(n) + (-1)^n x(n)] \mathrm{e}^{-\mathrm{j}\omega n}$

$$= \frac{1}{2}\sum_{n=\infty}^{\infty} x(n) \mathrm{e}^{-\mathrm{j}\omega n} + \frac{1}{2}\sum_{n=\infty}^{\infty} (-1)^n x(n) \mathrm{e}^{-\mathrm{j}\omega n}$$

$$= \frac{1}{2}\left[X(\mathrm{e}^{\mathrm{j}\omega}) + X(\mathrm{e}^{\mathrm{j}(\omega-\pi)})\right]$$

2-2 试求如下序列的傅里叶变换

(1) $x_1(n) = \delta(n-3)$

(2) $x_2(n) = \dfrac{1}{2}\delta(n+1) + \delta(n) + \dfrac{1}{2}\delta(n-1)$

(3) $x_3(n) = a^n u(n), \quad 0 < a < 1$

(4) $x_4(n) = u(n+3) - u(n-4)$

解：(1) $\displaystyle\sum_{n=-\infty}^{\infty} x_1(n)e^{-j\omega n} = \sum_{n=-\infty}^{\infty} \delta(n-3)e^{-j\omega n} = e^{-j3\omega}$

(2) $\displaystyle\sum_{n=-\infty}^{\infty} x_2(n)e^{-j\omega n} = \sum_{n=-\infty}^{\infty} \left[\frac{1}{2}\delta(n+1) + \delta(n) + \frac{1}{2}\delta(n-1)\right]e^{-j\omega n} = \frac{1}{2}e^{j\omega} + 1 + \frac{1}{2}e^{-j\omega}$

$\qquad\qquad = 1 + \dfrac{1}{2}(e^{j\omega} + e^{-j\omega}) = 1 + \cos\omega$

(3) $\displaystyle\sum_{n=-\infty}^{\infty} x_3(n)e^{-j\omega n} = \sum_{n=0}^{\infty} a^n e^{-j\omega n} = \sum_{n=0}^{\infty} (ae^{-j\omega})^n = \frac{1}{1 - ae^{-j\omega}}, \quad 0 < a < 1$

(4) **解法 1**：$\displaystyle\sum_{n=-\infty}^{\infty} [u(n+3) - u(n-4)]e^{-j\omega n} = \sum_{n=-\infty}^{\infty} u(n+3)e^{-j\omega n} - \sum_{n=-\infty}^{\infty} u(n-4)e^{-j\omega n}$

$\qquad\qquad = e^{j3\omega}FT[u(n)] - e^{-j4\omega}FT[u(n)]$

$\qquad\qquad = e^{j3\omega}\dfrac{1}{1-e^{-j\omega}} - e^{-j4\omega}\dfrac{1}{1-e^{-j\omega}}$

$\qquad\qquad = \dfrac{e^{j3\omega} - e^{-j4\omega}}{1-e^{-j\omega}} = e^{j3\omega}\dfrac{1-e^{-j7\omega}}{1-e^{-j\omega}}$

$\qquad\qquad = e^{j3\omega}\dfrac{e^{-j\frac{7}{2}\omega}(e^{j\frac{7}{2}\omega} - e^{-j\frac{7}{2}\omega})}{e^{-j\frac{1}{2}\omega}(e^{j\frac{1}{2}\omega} - e^{-j\frac{1}{2}\omega})}$

$\qquad\qquad = e^{j3\omega}e^{-j3\omega}\dfrac{e^{j\frac{7}{2}\omega} - e^{-j\frac{7}{2}\omega}}{e^{j\frac{1}{2}\omega} - e^{-j\frac{1}{2}\omega}} = \dfrac{\sin\dfrac{7\omega}{2}}{\sin\dfrac{\omega}{2}}$

解法 2：$x_4(n)$ 相当于矩形序列 $R_7(n)$ 向左平移 3 个单位，即

$$R_7(n+3)$$

$R_7(n)$ 的傅里叶变换

$$x(e^{j\omega}) = e^{-j3\omega}\frac{\sin\dfrac{7\omega}{2}}{\sin\dfrac{\omega}{2}}$$

根据时移特性，$x_4(n)$ 的傅里叶变换

$$x(e^{j\omega}) = e^{-j(-3)\omega}e^{-j3\omega}\frac{\sin\dfrac{7\omega}{2}}{\sin\dfrac{\omega}{2}} = \frac{\sin\dfrac{7\omega}{2}}{\sin\dfrac{\omega}{2}}$$

2-3 证明序列傅里叶变换的下列性质

(1) $x^*(n) \to X^*(e^{-j\omega})$

(2) $x^*(-n) \to X^*(e^{j\omega})$

(3) $\mathrm{Re}[x(n)] \to X_e(e^{j\omega})$

证明：

(1) **解法 1**：$\displaystyle\sum_{n=-\infty}^{\infty} x^*(n)e^{-j\omega n} = \left[\sum_{n=-\infty}^{\infty} x(n)e^{j\omega n}\right]^* = X^*(e^{-j\omega})$

解法 2： $X_e(e^{j\omega}) = \dfrac{1}{2}[X(e^{j\omega}) + X^*(e^{-j\omega})]$ ①

$$X_o(e^{j\omega}) = \dfrac{1}{2}[X(e^{j\omega}) - X^*(e^{-j\omega})]$$ ②

两式相减，得

$$X_e(e^{j\omega}) - X_o(e^{j\omega}) = X^*(e^{-j\omega})$$ ③

$$\updownarrow \qquad\qquad \updownarrow \qquad\qquad \updownarrow$$

$$x_r(n) \quad jx_i(n)$$

式③左边的傅里叶反变换为

$$x_r(n) - jx_i(n) = x^*(n)$$

所以

$$x^*(n) \to X^*(e^{-j\omega})$$

（2）解法 1： $\displaystyle\sum_{n=-\infty}^{\infty} x^*(-n)e^{-j\omega n} = \sum_{n=-\infty}^{\infty} x^*(n)e^{j\omega n} = \left[\sum_{n=-\infty}^{\infty} x(n)e^{-j\omega n}\right]^* = X^*(e^{j\omega})$

解法 2：因为 $x^*(-n) = x_e^*(-n) + x_o^*(-n) = x_e(n) - x_o(n)$

$$\begin{aligned}
\mathrm{DTFT}[x^*(-n)] &= \mathrm{DTFT}[x_e(n) - x_o(n)] \\
&= \mathrm{DTFT}[x_e(n)] - \mathrm{DTFT}[x_o(n)] \\
&= \mathrm{Re}[X^*(e^{j\omega})] - j\mathrm{Im}[X(e^{j\omega})] = X^*(e^{j\omega})
\end{aligned}$$

（3） $\displaystyle\sum_{n=-\infty}^{\infty} \mathrm{Re}[x(n)]e^{-j\omega n} = \sum_{n=-\infty}^{\infty} \frac{1}{2}[x(n) + x^*(n)]e^{-j\omega n}$

$$\begin{aligned}
&= \frac{1}{2}\left[\sum_{n=-\infty}^{\infty} x(n)e^{-j\omega n} + \sum_{n=-\infty}^{\infty} x^*(n)e^{-j\omega n}\right] \\
&= \frac{1}{2}[X(e^{j\omega}) + X^*(e^{-j\omega})] \\
&= X_e(e^{j\omega})
\end{aligned}$$

2-4 $x_1(n)$、$x_2(n)$ 是因果稳定的实序列，求证

$$\frac{1}{2\pi}\int_{-\pi}^{\pi} X_1(e^{j\omega})X_2(e^{j\omega})\mathrm{d}\omega = \left[\frac{1}{2\pi}\int_{-\pi}^{\pi} X_1(e^{j\omega})\mathrm{d}\omega\right]\left[\frac{1}{2\pi}\int_{-\pi}^{\pi} X_2(e^{j\omega})\mathrm{d}\omega\right]$$

证明： 因为

$$\mathrm{FT}[x_1(n) * x_2(n)] = X_1(e^{j\omega})X_2(e^{j\omega})$$

对上式两边进行傅里叶反变换，得

$$\frac{1}{2\pi}\int_{-\pi}^{\pi} X_1(e^{j\omega})X_2(e^{j\omega})e^{j\omega n}\mathrm{d}\omega = x_1(n) * x_2(n)$$

令 $n=0$，有

$$\frac{1}{2\pi}\int_{-\pi}^{\pi} X_1(e^{j\omega})X_2(e^{j\omega})\mathrm{d}\omega = x_1(n) * x_2(n)\Big|_{n=0}$$

由于 $x_1(n)$、$x_2(n)$ 是因果稳定的实序列，所以

$$x_1(n) * x_2(n)\Big|_{n=0} = \sum_{m=0}^{n} x_1(m)x_2(n-m)\Big|_{n=0} = x_1(0)x_2(0)$$

$$= \left[\frac{1}{2\pi}\int_{-\pi}^{\pi} X_1(e^{j\omega})\mathrm{d}\omega\right]\left[\frac{1}{2\pi}\int_{-\pi}^{\pi} X_2(e^{j\omega})\mathrm{d}\omega\right]$$

由此得证。

2-5 系统差分方程为 $y(n)+\dfrac{1}{2}y(n-1)=x(n)$，从下列诸项中选两个满足上述系统的单位脉冲响应。

(1) $\left(-\dfrac{1}{2}\right)^{n}u(n)$ \qquad\qquad (2) $\left(\dfrac{1}{2}\right)^{n}u(n-1)$

(3) $\left(-\dfrac{1}{2}\right)^{n}u(-n-1)$ \qquad\qquad (4) $2^{n}u(n)$

(5) $(-2)^{n}u(-n-1)$ \qquad\qquad (6) $\dfrac{1}{2}\left(-\dfrac{1}{2}\right)^{n-1}u(-n-1)$

解：$y(n)+\dfrac{1}{2}y(n-1)=x(n)$ $\Rightarrow$ $Y(z)\left[1+\dfrac{1}{2}z^{-1}\right]=X(z)$

得

$$H(z)=\frac{Y(z)}{X(z)}=\frac{1}{1+\dfrac{1}{2}z^{-1}}=\frac{1}{1-\left(-\dfrac{1}{2}\right)z^{-1}}$$

$|z|>\dfrac{1}{2}$ 时，由 $H(z)$ 可求得

$$h(n)=\left(-\frac{1}{2}\right)^{n}u(n)$$

$|z|<\dfrac{1}{2}$ 时，由 $H(z)$ 可求得

$$h(n)=-\left(-\frac{1}{2}\right)^{n}u(-n-1)=\frac{1}{2}\left(-\frac{1}{2}\right)^{n-1}u(-n-1)$$

所以，这两种情况分别对应(1)和(6)。

2-6 求以下序列的 Z 变换及收敛域：

(1) $2^{-n}u(n)$ \qquad\qquad (2) $-2^{-n}u(-n-1)$

(3) $2^{-n}u(-n)$ \qquad\qquad (4) $\delta(n)$

(5) $\delta(n-1)$ \qquad\qquad (6) $2^{-n}[u(n)-u(n-10)]$

解：(1) $X(z)=\displaystyle\sum_{n=-\infty}^{\infty}2^{-n}u(n)z^{-n}=\sum_{n=0}^{\infty}2^{-n}z^{-n}=\sum_{n=0}^{\infty}\left(\frac{1}{2}z^{-1}\right)^{n}$

$$=\frac{1}{1-\dfrac{1}{2}z^{-1}},\quad |z|>\frac{1}{2}$$

(2) $X(z)=\displaystyle\sum_{n=-\infty}^{\infty}\left[-2^{-n}u(-n-1)\right]z^{-n}=\sum_{n=-\infty}^{-1}-2^{-n}z^{-n}=\sum_{n=1}^{\infty}-2^{n}z^{n}$

$$=\sum_{n=1}^{\infty}-(2z)^{n}=\frac{-2z}{1-2z}=\frac{1}{1-\dfrac{1}{2}z^{-1}},\quad |z|<\frac{1}{2}$$

(3) $X(z)=\displaystyle\sum_{n=-\infty}^{\infty}2^{-n}u(-n)z^{-n}=\sum_{n=-\infty}^{0}2^{-n}z^{-n}=\sum_{n=0}^{\infty}(2z)^{n}=\frac{1}{1-2z},\quad |z|<\frac{1}{2}$

(4) $X(z)=\displaystyle\sum_{n=-\infty}^{\infty}\delta(n)z^{-n}=1,\quad 0\leqslant|z|\leqslant\infty$

(5) $X(z)=\displaystyle\sum_{n=-\infty}^{\infty}\delta(n-1)z^{-n}=z^{-1},\quad 0<|z|\leqslant\infty$

(6) $X(z) = \sum\limits_{n=-\infty}^{\infty} 2^{-n}[u(n) - u(n-10)]z^{-n} = \sum\limits_{n=0}^{9} 2^{-n}z^{-n}$

$\qquad = \sum\limits_{n=0}^{9} (2^{-1}z^{-1})^n = \dfrac{1-(2z)^{-10}}{1-(2z)^{-1}}, \quad 0 < |z| \leqslant \infty$

2-7 求以下序列的 Z 变换及收敛域,并在 z 平面上画出极、零点分布图:

(1) $x(n) = R_N(n), \quad N = 4$

(2) $x(n) = Ar^n\cos(\omega_0 n + \varphi)u(n), \quad r = 0.9, \omega_0 = 0.5\pi\text{rad}, \varphi = 0.25\pi\text{rad}$

(3) $x(n) = \begin{cases} n, & 0 \leqslant n \leqslant N \\ 2N-n, & N+1 \leqslant n \leqslant 2N, \quad \text{式中 } N = 4 \\ 0, & \text{其他} \end{cases}$

解:(1) $X(z) = \sum\limits_{n=-\infty}^{\infty} R_N z^{-n} = \sum\limits_{n=0}^{N-1} z^{-n} = \sum\limits_{n=0}^{4-1} z^{-n} = \dfrac{1-z^{-4}}{1-z^{-1}} = \dfrac{z^4-1}{z^3(z-1)}, 0 < |z| \leqslant \infty$

$z^4 - 1 = 0$ 零点:$z_k = e^{j\frac{2\pi}{4}k}, k = 0, 1, 2, 3$

$z^3(z-1) = 0$ 极点:$z_1 = 0(3\text{ 阶}), z_2 = 1$

极、零点分布图如图 2-4(a)所示。其中 $z = 1$ 处的零、极点相抵消。

(2) $x(n) = Ar^n\cos(\omega_0 n + \varphi)u(n) = \dfrac{1}{2}Ar^n(e^{j(\omega_0 n + \varphi)} + e^{-j(\omega_0 n + \varphi)})u(n)$

所以

$$X(z) = \dfrac{1}{2}A \sum\limits_{n=0}^{\infty} r^n(e^{j(\omega_0 n + \varphi)} + e^{-j(\omega_0 n + \varphi)})z^{-n}$$

$$= \dfrac{A}{2}\left[\dfrac{e^{j\varphi}}{1 - re^{j\omega_0}z^{-1}} + \dfrac{e^{-j\varphi}}{1 - re^{-j\omega_0}z^{-1}}\right]$$

$$= A\dfrac{\cos\varphi - r\cos(\omega_0 - \varphi)z^{-1}}{(1 - re^{j\omega_0}z^{-1})(1 - re^{-j\omega_0}z^{-1})} \quad |z| > |re^{j\omega_0}| = r$$

零点:$z_1 = r\dfrac{\cos(\omega_0 - \varphi)}{\cos\varphi}$

极点:$z_2 = re^{j\omega_0}, z_3 = re^{-j\omega_0}$

极、零点分布图如图 2-4(b)所示。

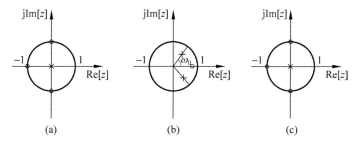

图 2-4 题 2-7 极、零点分布图

(3) 由题意可知 $x(n+1) = R_N(n) * R_N(n), N = 4$,如图 2-5 所示。

$$zX(z) = [R_4(z)]^2, \quad X(z) = z^{-1}[R_4(z)]^2$$

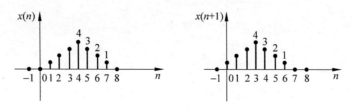

图 2-5 题 2-7(3)$x(n)$ 和 $x(n+1)$ 波形

由题(1)可得，$R_4(z) = \dfrac{1-z^{-4}}{1-z^{-1}} = \dfrac{z^4-1}{z^3(z-1)}$，则

$$X(z) = z^{-1}\left[\frac{z^4-1}{z^3(z-1)}\right]^2 = \frac{1}{z^7}\left[\frac{z^4-1}{(z-1)}\right]^2, \quad 0 < |z| \leqslant \infty$$

零点：$z_k = e^{j\frac{2\pi}{4}k}, k = 0,1,2,3$

极点：$z_1 = 0(7\ \text{阶}), z_2 = 1$

极、零点分布图如图 2-4(c)所示。其中 $z=1$ 处的极、零点相抵消。

2-8 已知

$$X(z) = \frac{3}{1-\frac{1}{2}z^{-1}} + \frac{2}{1-2z^{-1}}$$

求出对应 $X(z)$ 的各种可能的序列表达式。

解：由 $X(z)$ 的表达式可求得极点为 $z_1 = \dfrac{1}{2}, z_2 = 2$，则收敛域有 3 种可能：

$$|z| < \frac{1}{2}, \quad \frac{1}{2} < |z| < 2, \quad |z| > 2$$

(1) 当收敛域为 $|z| < \dfrac{1}{2}$ 时，$X(z)$ 式中第 1、2 项都为左边序列，则对应的序列为

$$x(n) = -\left[3\left(\frac{1}{2}\right)^n + 2^{n+1}\right]u(-n-1)$$

(2) 当收敛域为 $\dfrac{1}{2} < |z| < 2$ 时，$X(z)$ 第 1 项为右边序列，第 2 项为左边序列，则对应的序列为

$$x(n) = 3\left(\frac{1}{2}\right)^n u(n) - 2^{n+1}u(-n-1)$$

(3) 当收敛域为 $|z| > 2$ 时，$X(z)$ 式中第 1、2 项都为右边序列，则对应的序列为

$$x(n) = \left[3\left(\frac{1}{2}\right)^n + 2^{n+1}\right]u(n)$$

2-9 已知 $x(n) = a^n u(n), 0 < a < 1$，分别求

(1) $x(n)$ 的 Z 变换；

(2) $nx(n)$ 的 Z 变换；

(3) $a^{-n}u(-n)$ 的 Z 变换。

解：(1) $X(z) = Z[a^n u(n)] = \displaystyle\sum_{n=-\infty}^{\infty} a^n u(n) z^{-n} = \dfrac{1}{1-az^{-1}}, \ |z| > a$

(2) $Z[nx(n)] = -z\dfrac{\mathrm{d}}{\mathrm{d}z}X(z) = \dfrac{az^{-1}}{(1-az^{-1})^2}, \ |z| > a$

（3）$Z[a^{-n}u(-n)] = \sum\limits_{n=0}^{-\infty} a^{-n}z^{-n} = \sum\limits_{n=0}^{\infty} a^n z^n = \dfrac{1}{1-az}$，$|z| < a^{-1}$

2-10 已知 $X(z) = \dfrac{-3z^{-1}}{2-5z^{-1}+2z^{-2}}$，分别求

（1）收敛域 $0.5 < |z| < 2$ 对应的原序列 $x(n)$；

（2）收敛域 $|z| > 2$ 对应的原序列 $x(n)$。

解：$\dfrac{X(z)}{z} = \dfrac{-3}{2z^2-5z+2} = \dfrac{-3}{(2z-1)(z-2)} = \dfrac{A_1}{2z-1} + \dfrac{A_2}{z-2}$

$X(z)$ 全为一阶极点，故极点上的留数为

$$A_1 = (2z-1)\left.\frac{X(z)}{z}\right|_{z=\frac{1}{2}} = 2$$

$$A_2 = (z-2)\left.\frac{X(z)}{z}\right|_{z=2} = -1$$

$$X(z) = \frac{2z}{2z-1} - \frac{z}{z-2} = \frac{1}{1-\dfrac{1}{2}z^{-1}} - \frac{1}{1-2z^{-1}}$$

（1）当收敛域为 $0.5 < |z| < 2$ 时，第 1 项对应因果序列，第 2 项对应非因果序列，所以

$$x(n) = \left(\frac{1}{2}\right)^n u(n) + 2^n u(-n-1)$$

（2）当收敛域为 $|z| > 2$ 时，两项均对应因果序列，所以

$$x(n) = \left(\frac{1}{2}\right)^n u(n) - 2^n u(n)$$

2-11 分别用部分分式法、长除法求以下 $X(z)$ 的反变换：

（1）$X(z) = \dfrac{1-\dfrac{1}{3}z^{-1}}{1-\dfrac{1}{4}z^{-2}}$，$|z| > \dfrac{1}{2}$

（2）$X(z) = \dfrac{1-2z^{-1}}{1-\dfrac{1}{4}z^{-2}}$，$|z| < \dfrac{1}{2}$

解：（1）部分分式法：

$$X(z) = \frac{z^2-\dfrac{1}{3}z}{z^2-\dfrac{1}{4}}$$

$$\frac{X(z)}{z} = \frac{z-\dfrac{1}{3}}{z^2-\dfrac{1}{4}} = \frac{z-\dfrac{1}{3}}{\left(z-\dfrac{1}{2}\right)\left(z+\dfrac{1}{2}\right)} = \frac{\dfrac{1}{6}}{z-\dfrac{1}{2}} + \frac{\dfrac{5}{6}}{z+\dfrac{1}{2}}$$

$$X(z) = \frac{\dfrac{1}{6}}{1-\dfrac{1}{2}z^{-1}} + \frac{\dfrac{5}{6}}{1+\dfrac{1}{2}z^{-1}}$$

$$x(n) = \left[\frac{1}{6}\left(\frac{1}{2}\right)^n + \frac{5}{6}\left(-\frac{1}{2}\right)^n\right]u(n)$$

长除法：对右边序列，将 $X(z)$ 展成 z 的负幂级数(降幂排列)。

$$
\begin{array}{r}
1-\frac{1}{3}z^{-1}+\frac{1}{4}z^{-2}-\frac{1}{12}z^{-3}+\frac{1}{16}z^{-4}\cdots \\
1-\frac{1}{4}z^{-2}\overline{\smash{\big)}\ 1-\frac{1}{3}z^{-1}} \\
1-\frac{1}{4}z^{-2} \\
\hline
-\frac{1}{3}z^{-1}+\frac{1}{4}z^{-2} \\
-\frac{1}{3}z^{-1}+\frac{1}{12}z^{-3} \\
\hline
\frac{1}{4}z^{-2}-\frac{1}{12}z^{-3} \\
\frac{1}{4}z^{-2}-\frac{1}{16}z^{-4} \\
\hline
-\frac{1}{12}z^{-3}+\frac{1}{16}z^{-4} \\
-\frac{1}{12}z^{-3}+\frac{1}{48}z^{-5} \\
\hline
\cdots
\end{array}
$$

所以

$$
x(n)=\left\{1,-\frac{1}{3},\frac{1}{4},-\frac{1}{12},\frac{1}{16},\cdots\right\},\quad n\geqslant 0
$$

(2) 部分分式法：

$$
\frac{X(z)}{z}=\frac{z-2}{z^2-\frac{1}{4}}=\frac{z-2}{\left(z-\frac{1}{2}\right)\left(z+\frac{1}{2}\right)}=\frac{-\frac{3}{2}}{z-\frac{1}{2}}+\frac{\frac{5}{2}}{z+\frac{1}{2}}
$$

$$
X(z)=\frac{-\frac{3}{2}}{1-\frac{1}{2}z^{-1}}+\frac{\frac{5}{2}}{1+\frac{1}{2}z^{-1}}
$$

$$
x(n)=\left[\frac{3}{2}\left(\frac{1}{2}\right)^n-\frac{5}{2}\left(-\frac{1}{2}\right)^n\right]u(-n-1)
$$

长除法：对左边序列，将 $X(z)$ 展成 z 的正幂级数(升幂排列)。

$$
\begin{array}{r}
8z-4z^2+32z^3-16z^4+128z^5+\cdots \\
-\frac{1}{4}z^{-2}+1\overline{\smash{\big)}\ -2z^{-1}+1} \\
-2z^{-1}+8z \\
\hline
1-8z \\
1-4z^2 \\
\hline
-8z+4z^2 \\
-8z+32z^3 \\
\hline
4z^2-32z^3 \\
4z^2-16z^4 \\
\hline
32z^3+16z^4 \\
\cdots
\end{array}
$$

所以

$$x(n) = \{8, -4, 32, -16, 128, \cdots\}, \quad n \leqslant -1$$

2-12　设确定性序列 $x(n)$ 的自相关函数用下式表示:

$$r_{xx}(m) = \sum_{n=-\infty}^{\infty} x(n)x(n+m)$$

试用 $x(n)$ 的 Z 变换 $X(z)$ 和傅里叶变换 $X(e^{jw})$ 分别表示自相关函数的 Z 变换 $R_{xx}(z)$ 和傅里叶变换 $R_{xx}(e^{jw})$。

解: $r_{xx}(m) = \sum\limits_{n=-\infty}^{\infty} x(n)x(n+m)$

$$R_{xx}(z) = \sum_{m=-\infty}^{\infty}\sum_{n=-\infty}^{\infty} x(n)x(n+m)z^{-m} = \sum_{n=-\infty}^{\infty} x(n)\sum_{m=-\infty}^{\infty} x(n+m)z^{-m}$$

令 $m' = n+m$,则

$$R_{xx}(z) = \sum_{n=-\infty}^{\infty} x(n)\sum_{m'=-\infty}^{\infty} x(m')z^{-m'+n}$$

$$= \sum_{n=-\infty}^{\infty} x(n)z^{n}\sum_{m'=-\infty}^{\infty} x(m')z^{-m'} = X(z^{-1})X(z)$$

另解: $r_{xx}(m) = \sum\limits_{n=-\infty}^{\infty} x(n)x(n+m) = x(m)*x(-m)$

$$R_{xx} = X(z^{-1})X(z)$$

$$R(e^{jw}) = R_{xx}(z)\big|_{z=e^{jw}} = X(e^{jw})X(e^{-jw})$$

因为 $x(n)$ 是实序列, $X(e^{-jw}) = X^{*}(e^{jw})$,因此 $R_{xx}(e^{jw}) = |X(e^{jw})|^{2}$。

2-13　用 Z 变换法解下列差分方程:

(1) $y(n) - 0.9y(n-1) = 0.05u(n), y(n) = 0, n \leqslant -1$

(2) $y(n) - 0.9y(n-1) = 0.05u(n), y(-1) = 1, y(n) = 0, n < -1$

(3) $y(n) - 0.8y(n-1) + 0.15y(n-2) = \delta(n), y(-1) = 0.2, y(-2) = 0.5, y(n) = 0,$
$n \leqslant -3$

解:

(1) $Y(z) - 0.9Y(z)z^{-1} = 0.05\dfrac{1}{1-z^{-1}}$

$$Y(z) = \frac{0.05}{(1-0.9z^{-1})(1-z^{-1})}$$

$$y(n) = \frac{1}{2\pi j}\oint_{c} Y(z)z^{n-1}dz, \quad c \in (R_{x-}, R_{x+})$$

$$F(z) = Y(z)z^{n-1} = \frac{0.05}{(1-0.9z^{-1})(1-z^{-1})}z^{n-1} = \frac{0.05}{(z-0.9)(z-1)}z^{n+1}$$

$n \geqslant 0, c$ 内有极点 0.9、1,

$$y(n) = \text{Res}[F(z), 0.9] + \text{Res}[F(z), 1]$$

$$= \frac{0.05}{-0.1}0.9^{n+1} + \frac{0.05}{0.1} = -0.5 \times 0.9^{n+1} + 0.5$$

$$n < 0, \quad y(n) = 0$$

最后得到

$$y(n) = (-0.5 \times 0.9^{n+1} + 0.5)u(n)$$

(2) $Y(z) - 0.9z^{-1}\left[Y(z) + \sum_{k=-\infty}^{-1} y(k)z^{-k}\right] = \dfrac{0.05}{1-z^{-1}}$

$$Y(z) - 0.9z^{-1}[Y(z) + y(-1)z] = \dfrac{0.05}{1-z^{-1}}$$

$$Y(z) - 0.9z^{-1}Y(z) - 0.9 = \dfrac{0.05}{1-z^{-1}}$$

$$Y(z) = \dfrac{0.95 - 0.9z^{-1}}{(1-0.9z^{-1})(1-z^{-1})}$$

$$F(z) = Y(z)z^{n-1} = \dfrac{0.95 - 0.9z^{-1}}{(1-0.9z^{-1})(1-z^{-1})}z^{n-1} = \dfrac{0.95z - 0.9}{(z-0.9)(z-1)}z^n$$

$n \geqslant 0$，c 内有极点 0.9、1，则

$$y(n) = \text{Res}[F(z), 0.9] + \text{Res}[F(z), 1] = (0.45 \times 0.9^n + 0.5)u(n)$$

最后得到

$$y(n) = (0.45 \times 0.9^n + 0.5)u(n) + \delta(n+1)$$

(3) $Y(z) - 0.8z^{-1}[Y(z) + y(-1)z] + 0.15z^{-2}[Y(z) + y(-1)z + y(-2)z^{-2}] = 1$

$$Y(z) = \dfrac{1.085 - 0.03z^{-1}}{1 - 0.8z^{-1} + 0.15z^{-2}}$$

$$F(z) = Y(z)z^{n-1} = \dfrac{1.085 - 0.03z^{-1}}{1 - 0.8z^{-1} + 0.15z^{-2}}z^{n-1} = \dfrac{1.085z - 0.03}{(z-0.3)(z-0.5)}z^n$$

$n \geqslant 0$，c 内有极点 0.3、0.5，则

$$y(n) = \text{Res}[F(z), 0.3] + \text{Res}[F(z), 0.5] = \dfrac{0.2955}{-0.2} \times 0.3^n + \dfrac{0.5125}{0.2} \times 0.5^n$$

$$y(n) = -1.4775 \times 0.3^n + 2.5625 \times 0.5^n$$

最后得到

$$y(n) = (-1.4775 \times 0.3^n + 2.5625 \times 0.5^n)u(n) + 0.2\delta(n+1) + 0.5\delta(n+2)$$

2-14 设线性时不变系统的系统函数 $H(z)$ 为

$$H(z) = \dfrac{1 - a^{-1}z^{-1}}{1 - az^{-1}}, \quad a \text{ 为实数}$$

(1) 在 z 平面上用几何法证明该系统是全通网络，即 $|H(e^{j\omega})| = $ 常数。

(2) 参数 a 如何取值，才能使系统因果稳定？并画出其零、极点分布及收敛域。

解：(1) $H(z) = \dfrac{1 - a^{-1}z^{-1}}{1 - az^{-1}} = \dfrac{z - a^{-1}}{z - a}$，极点为 a，零点为 a^{-1}。设 $a = 0.6$，零、极点分布如图 2-6(a)所示，有

$$|H(e^{j\omega})| = \left|\dfrac{e^{j\omega} - a^{-1}}{e^{j\omega} - a}\right| = \dfrac{AB}{AC}$$

由图可知 $\dfrac{OA}{OC} = \dfrac{OB}{OA} = \dfrac{1}{a}$，且 $\triangle AOB \sim \triangle AOC$，故 $\dfrac{AB}{AC} = \dfrac{1}{a}$。

所以 $|H(e^{j\omega})| = \dfrac{AB}{AC} = \dfrac{1}{a}$（常数），该系统是全通网络。

(2) 只有 $|a| < 1$ 时，才能使系统因果稳定。设 $a = 0.6$，零、极点分布及收敛域如图 2-6(b)所示。

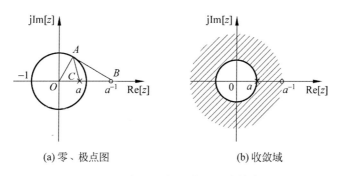

(a) 零、极点图　　　　　　　(b) 收敛域

图 2-6　题 2-14 零、极点图和收敛域

2-15 设系统由下列差分方程描述：
$$y(n) = y(n-1) + y(n-2) + x(n-1)$$

(1) 求系统的系统函数 $H(z)$，并画出零、极点分布图；

(2) 限定系统是因果的，写出 $H(z)$ 的收敛域，并求出其单位脉冲响应 $h(n)$；

(3) 限定系统是稳定性的，写出 $H(z)$ 的收敛域，并求出其单位脉冲响应 $h(n)$。

解：(1) 对差分方程两边求 Z 变换，可得系统函数为
$$H(z) = \frac{z^{-1}}{1 - z^{-1} - z^{-2}} = \frac{z}{z^2 - z - 1}$$

零点：$z_0 = 0$

极点：令 $z^2 - z - 1 = 0$

可得
$$z_1 = \frac{1+\sqrt{5}}{2}, \quad z_2 = \frac{1-\sqrt{5}}{2}$$

零、极点分布图如图 2-7 所示。

(2) 限定系统是因果的，应选包含 ∞ 点在内的收敛域，即
$$|z| > \frac{1+\sqrt{5}}{2}$$

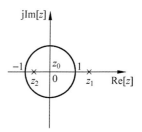

图 2-7　题 2-15 零、极点图

因为
$$H(z) = \frac{z}{z^2 - z - 1} = \frac{z}{(z-z_1)(z-z_2)}$$

$$\frac{H(z)}{z} = \frac{A}{z - z_1} + \frac{B}{z - z_2}$$

$$A = \frac{1}{z - z_2}\bigg|_{z=z_1} = \frac{1}{z_1 - z_2} = \frac{1}{\sqrt{5}}, \quad B = \frac{1}{z - z_1}\bigg|_{z=z_2} = \frac{1}{z_2 - z_1} = -\frac{1}{\sqrt{5}}$$

所以
$$H(z) = \frac{1}{\sqrt{5}} \frac{z}{z - z_1} - \frac{1}{\sqrt{5}} \frac{z}{z - z_2}$$

对 $H(z)$ 求反变换，且考虑到系统是因果的，得到
$$h(n) = \frac{1}{\sqrt{5}}\left[\left(\frac{1+\sqrt{5}}{2}\right)^n - \left(\frac{1-\sqrt{5}}{2}\right)^n\right]u(n)$$

(3) 限定系统是稳定的，应选包含单位圆在内的收敛域，即 $\left|\frac{1-\sqrt{5}}{2}\right| < |z| < \left|\frac{1+\sqrt{5}}{2}\right|$。

由 $H(z) = \dfrac{1}{\sqrt{5}} \dfrac{z}{z - z_1} - \dfrac{1}{\sqrt{5}} \dfrac{z}{z - z_2}$,考虑到收敛域,则式中第 1 项对应的序列为左边序列,第 2 项对应的序列为右边序列,所以,得到

$$h(n) = -\frac{1}{\sqrt{5}} \left(\frac{1+\sqrt{5}}{2} \right)^n u(-n-1) - \frac{1}{\sqrt{5}} \left(\frac{1-\sqrt{5}}{2} \right)^n u(n)$$

2-16 已知线性因果网络用下面差分方程描述:

$$y(n) = 0.9y(n-1) + x(n) + 0.9x(n-1)$$

(1) 求网络的系统函数 $H(z)$ 及单位脉冲响应 $h(n)$;

(2) 写出网络传输函数 $H(\mathrm{e}^{\mathrm{j}\omega})$ 表达式,并定性画出其幅频特性曲线;

(3) 设输入 $x(n) = \mathrm{e}^{\mathrm{j}\omega_0 n}$,求输出 $y(n)$。

解:(1) 两边同时作 Z 变换,有

$$Y(z) = 0.9z^{-1}Y(z) + X(z) + 0.9z^{-1}X(z)$$

所以

$$H(z) = \frac{Y(z)}{X(z)} = \frac{1 + 0.9z^{-1}}{1 - 0.9z^{-1}}$$

$$\frac{H(z)}{z} = \frac{A}{z} + \frac{B}{z - 0.9} \Rightarrow A = -1, B = 2$$

所以

$$H(z) = \frac{2z}{z - 0.9} - 1 \Rightarrow h(n) = 2 \times 0.9^n u(n) - \delta(n)$$

或

$$h(n) = 2 \times 0.9^n u(n-1) + \delta(n)$$

或者由

$$H(z) = \frac{1 + 0.9z^{-1}}{1 - 0.9z^{-1}} = \frac{1}{1 - 0.9z^{-1}} + \frac{0.9z^{-1}}{1 - 0.9z^{-1}}$$

得

$$h(n) = 0.9^n u(n) + 0.9(0.9)^{n-1} u(n-1)$$

(2) 由系统函数 $H(z)$ 得,零点为 -0.9,极点为 0.9,其零、极点图如图 2-8(a)所示。

$$H(\mathrm{e}^{\mathrm{j}\omega}) = H(z) \big|_{z = \mathrm{e}^{\mathrm{j}\omega}} = \frac{1 + 0.9\mathrm{e}^{-\mathrm{j}\omega}}{1 - 0.9\mathrm{e}^{-\mathrm{j}\omega}}$$

幅频特性曲线如图 2-8(b)所示,可见该系统具有低通特性。

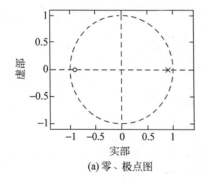

(a) 零、极点图

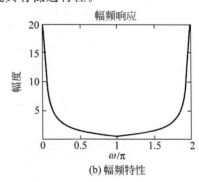

(b) 幅频特性

图 2-8 题 2-16 零、极点图和幅频特性曲线

（3）当输入信号 $x(n)=\mathrm{e}^{\mathrm{j}\omega_0 n}$ 时，输出为

$$
y(n)=\sum_{m=-\infty}^{\infty}h(m)x(n-m)
$$

$$
=\sum_{m=-\infty}^{\infty}h(m)\mathrm{e}^{\mathrm{j}\omega_0(n-m)}=\sum_{m=-\infty}^{\infty}h(m)\mathrm{e}^{-\mathrm{j}\omega_0 m}\cdot\mathrm{e}^{\mathrm{j}\omega_0 n}
$$

$$
=H(\mathrm{e}^{\mathrm{j}\omega_0})\cdot\mathrm{e}^{\mathrm{j}\omega_0 n}=\frac{1+0.9\mathrm{e}^{-\mathrm{j}\omega_0}}{1-0.9\mathrm{e}^{-\mathrm{j}\omega_0}}\cdot\mathrm{e}^{\mathrm{j}\omega_0 n}
$$

2-17　研究一个输入为 $x(n)$ 和输出为 $y(n)$ 的时域离散线性时不变系统，已知它满足 $y(n)=0.4y(n-1)+x(n)+0.8x(n-1)$，并已知系统是因果的。

（1）求系统函数 $H(z)$ 和频率响应 $H(\mathrm{e}^{\mathrm{j}\omega})$；

（2）采用几何确定法分析该系统的幅频响应，指出是何种通带滤波器；

（3）当系统的输入为 $x(n)=(-1)^n$ 时，求系统的输出 $y(n)$。

解：（1）系统函数为

$$
H(z)=\frac{1+0.8z^{-1}}{1-0.4z^{-1}},\quad |z|>0.4
$$

频率响应为

$$
H(\mathrm{e}^{\mathrm{j}\omega})=H(z)\big|_{z=\mathrm{e}^{\mathrm{j}\omega}}=\frac{1+0.8\mathrm{e}^{-\mathrm{j}\omega}}{1-0.4\mathrm{e}^{-\mathrm{j}\omega}}
$$

（2）由系统函数 $H(z)$，得零点为 -0.8，极点为 0.4，其零、极点图如图 2-9(a)所示。幅频特性曲线如图 2-9(b)所示，可见该系统具有低通特性。

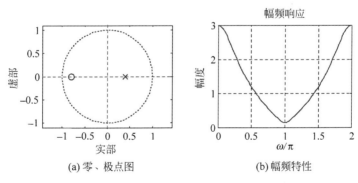

(a) 零、极点图　　　　(b) 幅频特性

图 2-9　题 2-17 零、极点图和幅频特性曲线

（3）由于系统是线性时不变且因果稳定的，故当输入 $x(n)=(-1)^n=\mathrm{e}^{\mathrm{j}n\pi}$ 时，则有

$$
y(n)=x(n)H(\mathrm{e}^{\mathrm{j}\pi})=\mathrm{e}^{\mathrm{j}n\pi}\cdot\frac{1+0.8\mathrm{e}^{-\mathrm{j}\pi}}{1-0.4\mathrm{e}^{-\mathrm{j}\pi}}\approx\frac{1}{7}(-1)^n
$$

2-18　一个因果的线性时不变系统，其系统函数在 z 平面有一对共轭极点 $z_{1,2}=\frac{1}{2}\mathrm{e}^{\pm\mathrm{j}\frac{\pi}{3}}$，在 $z=0$ 处有二阶零点，且有 $H(z)\big|_{z=1}=4$，求系统函数 $H(z)$ 和单位脉冲响应 $h(n)$。

解：根据线性时不变系统 z 域表征，系统函数可以由它的零、极点唯一确定，即

$$H(z) = A \frac{\prod\limits_{r=1}^{M}(z - c_r)}{\prod\limits_{k=1}^{N}(z - d_k)}$$

其中, c_r 为零点, d_k 为极点, A 为待定系数。

对于本题由题意,系统函数可表示为

$$H(z) = A \frac{(z - c_1)(z - c_2)}{(z - d_1)(z - d_2)}$$

由题目条件可知

$$c_1 = c_2 = 0, \quad d_1 = \frac{1}{2}e^{j\frac{\pi}{3}}, \quad d_2 = \frac{1}{2}e^{-j\frac{\pi}{3}}$$

所以

$$H(z) = \frac{Az^2}{\left(z - \frac{1}{2}e^{j\frac{\pi}{3}}\right)\left(z - \frac{1}{2}e^{-j\frac{\pi}{3}}\right)} = \frac{Az^2}{z^2 - \frac{1}{2}z + \frac{1}{4}}$$

又因为

$$H(z)\big|_{z=1} = 4$$

即

$$\frac{A}{\left(1 - \frac{1}{2}e^{j\frac{\pi}{3}}\right)\left(1 - \frac{1}{2}e^{-j\frac{\pi}{3}}\right)} = 4$$

可得

$$A = 3$$

因此

$$H(z) = \frac{3z^2}{z^2 - \frac{1}{2}z + \frac{1}{4}}, \quad |z| > \frac{1}{2}$$

将 $H(z)$ 展成部分分式,由

$$\frac{H(z)}{z} = \frac{3z}{\left(z - \frac{1}{2}e^{j\frac{\pi}{3}}\right)\left(z - \frac{1}{2}e^{-j\frac{\pi}{3}}\right)} = \frac{A}{z - \frac{1}{2}e^{j\frac{\pi}{3}}} + \frac{B}{z - \frac{1}{2}e^{-j\frac{\pi}{3}}}$$

$$A = \frac{H(z)}{z}\left(z - \frac{1}{2}e^{j\frac{\pi}{3}}\right)\bigg|_{Z=\frac{1}{2}e^{j\frac{\pi}{3}}} = \frac{3 \cdot \frac{1}{2}e^{j\frac{\pi}{3}}}{\frac{1}{2}e^{j\frac{\pi}{3}} - \frac{1}{2}e^{-j\frac{\pi}{3}}} = \frac{\frac{3}{2}e^{j\frac{\pi}{3}}}{j\sin\frac{\pi}{3}}$$

$$= -j\sqrt{3}e^{j\frac{\pi}{3}} = \sqrt{3}e^{-j\frac{\pi}{6}}$$

$$B = \frac{H(z)}{z}\left(z - \frac{1}{2}e^{-j\frac{\pi}{3}}\right)\bigg|_{Z=\frac{1}{2}e^{-j\frac{\pi}{3}}} = \frac{3 \cdot \frac{1}{2}e^{-j\frac{\pi}{3}}}{\frac{1}{2}e^{-j\frac{\pi}{3}} - \frac{1}{2}e^{j\frac{\pi}{3}}} = \frac{\frac{3}{2}e^{-j\frac{\pi}{3}}}{-j\sin\frac{\pi}{3}}$$

$$= j\sqrt{3}e^{-j\frac{\pi}{3}} = \sqrt{3}e^{j\frac{\pi}{6}}$$

所以

$$H(z) = \frac{\sqrt{3}\,\mathrm{e}^{-\mathrm{j}\frac{\pi}{6}}z}{z - \frac{1}{2}\mathrm{e}^{\mathrm{j}\frac{\pi}{3}}} + \frac{\sqrt{3}\,\mathrm{e}^{\mathrm{j}\frac{\pi}{6}}z}{z - \frac{1}{2}\mathrm{e}^{-\mathrm{j}\frac{\pi}{3}}}, \quad |z| > \frac{1}{2}$$

由于系统是因果系统,那么单位脉冲响应 $h(n)$ 为因果序列,可查表(表 2-2)求得 Z 反变换,即单位脉冲响应 $h(n)$ 为

$$h(n) = \sqrt{3}\,\mathrm{e}^{-\mathrm{j}\frac{\pi}{6}}\left(\frac{1}{2}\mathrm{e}^{\mathrm{j}\frac{\pi}{3}}\right)^n u(n) + \sqrt{3}\,\mathrm{e}^{\mathrm{j}\frac{\pi}{6}}\left(\frac{1}{2}\mathrm{e}^{-\mathrm{j}\frac{\pi}{3}}\right)^n u(n)$$

$$= \sqrt{3}\left(\frac{1}{2}\right)^n \left[\mathrm{e}^{\mathrm{j}\left(\frac{\pi}{3}n - \frac{\pi}{6}\right)} + \mathrm{e}^{-\mathrm{j}\left(\frac{\pi}{3}n - \frac{\pi}{6}\right)}\right] u(n)$$

$$= \sqrt{3}\left(\frac{1}{2}\right)^{n-1} \cos\left(\frac{\pi}{3}n - \frac{\pi}{6}\right) u(n)$$

2-19 已知网络的输入和单位脉冲响应分别为 $x(n) = a^n u(n)$,$h(n) = b^n u(n)$,$0 < a < 1$,$0 < b < 1$。

(1)用卷积法求网络输出 $y(n)$;

(2)用 Z 变换法求网络输出 $y(n)$。

解:(1)用卷积法,有

$$y(n) = x(n) * h(n) = \sum_{m=-\infty}^{\infty} b^m u(m) a^{n-m} u(n-m)$$

$$n \geqslant 0, \quad y(n) = \sum_{m=0}^{n} b^m a^{n-m} = a^n \sum_{m=0}^{n} b^m a^{-m} = a^n \frac{1 - a^{-n-1}b^{n+1}}{1 - a^{-1}b} = \frac{a^{n+1} - b^{n+1}}{a - b}$$

$$n < 0, \quad y(n) = 0$$

所以

$$y(n) = \frac{a^{n+1} - b^{n+1}}{a - b} u(n)$$

(2)用 Z 变换法,有

$$X(z) = Z[x(n)] = \frac{z}{z - a}, \quad |z| > |a|$$

$$H(z) = Z[h(n)] = \frac{z}{z - b}, \quad |z| > |b|$$

$$Y(z) = X(z)H(z) = \frac{z}{z - a} \cdot \frac{z}{z - b}, \quad \frac{Y(z)}{z} = \frac{A}{z - a} + \frac{B}{z - b}$$

其中

$$A = \frac{z}{z - b}\bigg|_{z=a} = \frac{a}{a - b}, \quad B = \frac{z}{z - a}\bigg|_{z=b} = \frac{b}{b - a}$$

$$Y(z) = \frac{a}{a - b}\frac{z}{z - a} + \frac{b}{b - a}\frac{z}{z - b}$$

所以

$$y(n) = \frac{a}{a - b}a^n - \frac{b}{a - b}b^n = \frac{a^{n+1} - b^{n+1}}{a - b}u(n)$$

2-20 线性因果系统用下面差分方程描述:

$$y(n) - 2ry(n-1)\cos\theta + r^2 y(n-2) = x(n)$$

式中,$x(n) = a^n u(n)$,$0 < a < 1$;$0 < r < 1$,$\theta =$ 常数,试求系统的响应 $y(n)$。

解：$Y(z) - 2r\cos\theta \cdot z^{-1}Y(z) + r^2 z^{-2}Y(z) = X(z)$

所以

$$H(z) = \frac{Y(z)}{X(z)} = \frac{1}{1 - 2r\cos\theta \cdot z^{-1} + r^2 z^{-2}}$$

又

$$X(z) = Z[x(n)] = \frac{z}{z-a}, \quad |z| > |a|$$

所以

$$Y(z) = X(z)H(z) = \frac{z}{z-a} \cdot \frac{1}{1 - 2r\cos\theta \cdot z^{-1} + r^2 z^{-2}} = \frac{z^3}{(z-a)(z-\beta_1)(z-\beta_2)}$$

式中，极点 $\beta_1 = re^{j\theta}, \beta_2 = re^{-j\theta}$。

因为是因果系统，所以收敛域为

$$|z| > \max(r, |a|), \quad \text{且 } n < 0 \text{ 时}, y(n) = 0$$

$$\frac{Y(z)}{z} = \frac{z^2}{(z-a)(z-\beta_1)(z-\beta_2)} = \frac{A}{(z-a)} + \frac{B}{(z-\beta_1)} + \frac{C}{(z-\beta_2)}$$

其中

$$A = \frac{z^2}{(z-\beta_1)(z-\beta_2)}\Big|_{z=a} = \frac{a^2}{(a-\beta_1)(a-\beta_2)}$$

$$B = \frac{z^2}{(z-a)(z-\beta_2)}\Big|_{z=\beta_1} = \frac{\beta_1^2}{(\beta_1-a)(\beta_1-\beta_2)}$$

$$C = \frac{z^2}{(z-a)(z-\beta_1)}\Big|_{z=\beta_2} = \frac{\beta_2^2}{(\beta_2-a)(\beta_2-\beta_1)}$$

$$y(n) = \frac{a^2}{(a-\beta_1)(a-\beta_2)}a^n + \frac{\beta_1^2}{(\beta_1-a)(\beta_1-\beta_2)}\beta_1^n + \frac{\beta_2^2}{(\beta_2-a)(\beta_2-\beta_1)}\beta_2^n$$

$$= \frac{a^{n+2}}{(a-\beta_1)(a-\beta_2)} + \frac{\beta_1^{n+2}}{(\beta_1-a)(\beta_1-\beta_2)} + \frac{\beta_2^{n+2}}{(\beta_2-a)(\beta_2-\beta_1)}$$

$$= \frac{(re^{-j\theta}-a)(re^{j\theta})^{n+2} - (re^{j\theta}-a)(re^{-j\theta})^{n+2} + j2r\sin\theta \cdot a^{n+2}}{j2r\sin\theta \cdot (re^{j\theta}-a)(re^{-j\theta}-a)}, n > 0$$

2-21 已知一因果系统的单位脉冲响应为 $h(n) = 2(-0.4)^n u(n)$，输入为 $x(n) = u(n)$，用 Z 变换法求系统的输出 $y(n)$。

解：对 $h(n)$ 求 Z 变换，得

$$H(z) = \frac{2}{1 + 0.4 z^{-1}}, \quad |z| > 0.4$$

输入信号的 Z 变换为

$$X(z) = \frac{2}{1 - z^{-1}}, \quad |z| > 1$$

因此输出信号的 Z 变换为

$$Y(z) = X(z)H(z) = \frac{2}{(1 - z^{-1})(1 + 0.4 z^{-1})}, \quad |z| > 1$$

下面利用部分分式法求 $Y(z)$ 的反变换，因为

$$Y(z) = \frac{2z^2}{(z-1)(z+0.4)}$$

$$\frac{Y(z)}{z} = \frac{2z}{(z-1)(z+0.4)} = \frac{A_1}{z-1} + \frac{A_2}{z+0.4}$$

$Y(z)$ 全为一阶极点，故极点上的留数为

$$A_1 = (z-1) \cdot \frac{X(z)}{z}\bigg|_{z=1} = \frac{10}{7}$$

$$A_2 = (z+0.4) \cdot \frac{X(z)}{z}\bigg|_{z=-0.4} = \frac{4}{7}$$

所以

$$Y(z) = \frac{10}{7}\frac{z}{z-1} + \frac{4}{7}\frac{z}{z+0.4}$$

由此求反变换得

$$y(n) = \left[\frac{10}{7} + \frac{4}{7}(-0.4)^n\right]u(n)$$

2-22 已知一个因果系统的系统函数为

$$H(z) = \frac{1 + 0.6z^{-1}}{1 - 0.2z^{-1}}$$

写出系统频率响应 $H(e^{j\omega})$ 表达式，画出零、极点图，并根据零、极点分布画出其幅频特性曲线。

解：

$$H(e^{j\omega}) = H(z)\big|_{z=e^{j\omega}} = \frac{1 + 0.6e^{-j\omega}}{1 - 0.2e^{-j\omega}}$$

由系统函数 $H(z)$，得零点为 -0.6，极点为 0.2，其零、极点图如图 2-10(a)所示。幅频特性曲线如图 2-10(b)所示，可见该系统具有低通特性。

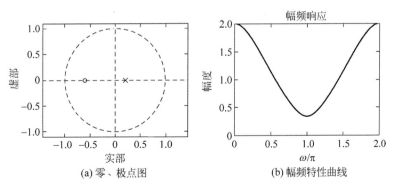

(a)零、极点图　(b)幅频特性曲线

图 2-10　题 2-22 零、极点图和幅频特性曲线

2-23 四阶梳状滤波器的系统函数为 $H(z) = A\dfrac{1+z^{-4}}{1+0.3^4 z^{-4}}$。

(1) 画出 $H(z)$ 的零、极点分布图；

(2) 求使滤波器的增益等于 2 时的 A 值。

解：(1) 极点：$1 + 0.3^4 z^{-4} = 0$，$\Rightarrow z^4 = -0.3^4$，$\Rightarrow z = 0.3e^{j\frac{2k\pi+\pi}{4}}$，$k = 0,1,2,3$

零点：$1+z^{-4}=0, \Rightarrow z=\mathrm{e}^{\mathrm{j}\frac{2k\pi+\pi}{4}}, k=0,1,2,3$

零、极点分布图和幅频特性图如图 2-11 所示。

(2) 最大增益出现在 $\omega=0$ 时，令 $H(z)|_{z=1}=2$，则 $A\dfrac{1+1}{1+0.3^4}=2$，得到 $A=1+0.3^4=$ 1.0081。

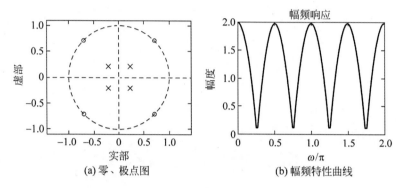

(a) 零、极点图 (b) 幅频特性曲线

图 2-11　题 2-23 零、极点图和幅频特性曲线

2.6　自测题及参考答案

一、自测题

1. 填空题(10 小题)

(1) 对于稳定的因果系统，如果输入一个频率为 ω_0 的复正弦序列 $x(n)=\mathrm{e}^{\mathrm{j}\omega_0 n}$，则其输出为 $y(n)=$_____，设系统的频率响应 $H(\mathrm{e}^{\mathrm{j}\omega})$ 已知。

(2) 设序列 $x(n)=2\delta(n+1)+\delta(n)-\delta(n-1)$，则 $X(\mathrm{e}^{\mathrm{j}\omega})|_{\omega=0}$ 的值为_____。

(3) 已知序列 $x(n)$ 的傅里叶变换是 $X(\mathrm{e}^{\mathrm{j}\omega})$，则序列 $|x(n)|^2$ 的傅里叶变换是_____。

(4) 若序列 $x(n)$ 的傅里叶变换是 $X(\mathrm{e}^{\mathrm{j}\omega})$，则 $x(n)\mathrm{e}^{-\mathrm{j}\omega_0 n}$ 的傅里叶变换是_____。

(5) 已知一个线性时不变离散系统的系统函数为 $H(z)=\dfrac{0.5}{(1-0.3z^{-1})(1-0.1z)}$，若收敛域为 $10<|z|\leqslant\infty$，试判断系统的因果稳定性_____。

(6) 如果 $h(n)$ 是实序列，式 $H^*(\mathrm{e}^{\mathrm{j}\omega})=H(\mathrm{e}^{-\mathrm{j}\omega})$ 是否成立_____。

(7) 表达式 $X(\mathrm{e}^{\mathrm{j}\omega})=X(z)|_{z=\mathrm{e}^{\mathrm{j}\omega}}$ 的物理意义是_____。

(8) 稳定系统的收敛域必须包括_____。

(9) 若 $h(n)$ 为实序列，则 $|H(\mathrm{e}^{\mathrm{j}\omega})|$ 是_____对称的，$\arg[H(\mathrm{e}^{\mathrm{j}\omega})]$ 是_____对称。

(10) 序列的傅里叶变换 $X(\mathrm{e}^{\mathrm{j}\omega})$ 是 ω 的连续周期函数，周期为_____。

2. 判断题(10 小题)

(1) 在单位圆上(即 $|z|=1$)的系统函数就是系统的频率响应。　　　　　　(　　)

(2) DTFT 可以看作是周期信号 $X(\mathrm{e}^{\mathrm{j}\omega})$ 在频域内展成的傅里叶级数，其傅里叶系数就是时域信号 $x(n)$。　　　　　　(　　)

(3) 序列实部的傅里叶变换等于序列傅里叶变换的实部。　　　　　　(　　)

(4) 当给出 Z 变换函数表达式的同时，必须要说明它的收敛域后，才能单值地确定它所

对应的序列。 （　　）

（5）如果序列是因果序列，则其 Z 变换在 $z=0$ 处收敛。 （　　）

（6）当出现零点与极点相互抵消时，$X(z)$ 的收敛域会缩小。 （　　）

（7）如果系统函数的收敛域包括单位圆，系统不一定是稳定的。 （　　）

（8）当复指数序列通过线性时不变系统后，复振幅（包括幅度和相位）会发生变化，其加权值就是系统频率响应。 （　　）

（9）原点处的极点和零点对频率响应的幅度无影响。 （　　）

（10）无限长单位脉冲响应系统是非递归系统。 （　　）

二、参考答案

1. 填空题答案

（1）$e^{j\omega_0 n} H(e^{j\omega_0})$

（2）2

（3）$\mathrm{FT}\left[|x(n)|^2\right] = \mathrm{FT}\left[x(n) \cdot x^*(n)\right] = \dfrac{1}{2\pi}\displaystyle\int_{-\pi}^{\pi} X(e^{j\theta}) X^*\left[e^{-j(\omega-\theta)}\right]\mathrm{d}\theta$

（4）$X\left[e^{j(\omega+\omega_0)}\right]$

（5）因果非稳定

（6）是

（7）序列的傅里叶变换实质上是单位圆上的 Z 变换，代表序列的频谱

（8）单位圆

（9）偶，奇

（10）2π

2. 判断题答案

√√×√×××√√×

离散傅里叶变换

3.1 重点与难点

离散傅里叶变换(DFT)是数字信号处理中的核心内容。因为通过 DFT 使信号在频域离散化,从而使得计算机在频域进行信号处理成为可能,而且 DFT 有多种快速算法,可使信号处理速度大大提高。可以说,凡是利用快速信号处理的领域都可能用到 DFT。

本章重点:离散傅里叶变换的定义、性质,DFT 和 Z 变换以及 DTFT 的关系,DFT 的物理意义,频域采样理论及 DFT 在信号频谱分析、快速卷积等方面的应用。

本章难点:DFT 的引出,DFT 的共轭对称性,频域采样理论,用 DFT 进行谱分析的误差问题。

3.2 知识结构

本章包括离散傅里叶变换的几种形式、离散傅里叶级数、离散傅里叶变换、频域采样理论、DFT 的应用等五部分,其知识结构图如图 3-1 所示。

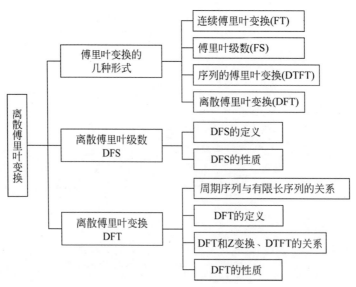

图 3-1   第 3 章的知识结构图

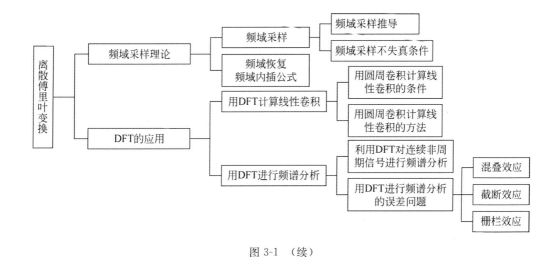

图 3-1 （续）

3.3 内容提要

3.3.1 傅里叶变换的几种形式

在学习离散傅里叶变换（DFT）之前，先对傅里叶变换的 4 种形式的变换表达式及特点做如下归纳，如表 3-1 所示。

表 3-1 4 种傅里叶变换形式的归纳

名　　称	变换表达式	时 间 函 数	频 率 函 数
连续傅里叶变换（FT）	$X(\mathrm{j}\Omega) = \int_{-\infty}^{\infty} x(t)\mathrm{e}^{-\mathrm{j}\Omega t}\,\mathrm{d}t$ $x(t) = \dfrac{1}{2\pi}\int_{-\infty}^{\infty} X(\mathrm{j}\Omega)\mathrm{e}^{\mathrm{j}\Omega t}\,\mathrm{d}\Omega$	连续和非周期	非周期和连续
傅里叶级数（FS）	$X(\mathrm{j}k\Omega_0) = \dfrac{1}{T_\mathrm{p}}\int_{-T_\mathrm{p}/2}^{T_\mathrm{p}/2} x(t)\mathrm{e}^{-\mathrm{j}k\Omega_0 t}\,\mathrm{d}t$ $x(t) = \sum_{k=-\infty}^{\infty} X(\mathrm{j}k\Omega_0)\mathrm{e}^{\mathrm{j}k\Omega_0 t}$	连续和周期（T_p）	非周期和离散 $\left(\Omega_0 = \dfrac{2\pi}{T_\mathrm{p}}\right)$
序列的傅里叶变换（DTFT）	$X(\mathrm{e}^{\mathrm{j}\omega}) = \sum_{n=-\infty}^{\infty} x(n)\mathrm{e}^{-\mathrm{j}\omega n}$ $x(n) = \dfrac{1}{2\pi}\int_{-\pi}^{\pi} X(\mathrm{e}^{\mathrm{j}\omega})\mathrm{e}^{\mathrm{j}\omega n}\,\mathrm{d}\omega$	离散（T）和非周期	周期 $\left(\Omega_s = \dfrac{2\pi}{T}\right)$ 和连续
离散傅里叶变换（DFT）	$X(k) = \sum_{n=0}^{N-1} x(n)\mathrm{e}^{-\mathrm{j}\frac{2\pi}{N}nk}$ $x(n) = \dfrac{1}{N}\sum_{k=0}^{N-1} X(k)\mathrm{e}^{\mathrm{j}\frac{2\pi}{N}nk}$	离散（T）和周期（T_p）	周期 $\left(\Omega_s = \dfrac{2\pi}{T}\right)$ 和离散 $\left(\Omega_0 = \dfrac{2\pi}{T_\mathrm{p}}\right)$

要点：

（1）时域和频域变换的一般规律是，一个域的离散对应另一个域的周期延拓，一个域的连续必定对应另一个域的非周期。

(2) 讨论离散傅里叶变换(DFT),要从周期序列的离散傅里叶级数(DFS)入手。

3.3.2 离散傅里叶级数(DFS)

1. DFS 的定义

$$\widetilde{X}(k) = \text{DFS}[\widetilde{x}(n)] = \sum_{n=0}^{N-1} \widetilde{x}(n) W_N^{nk}$$

$$\widetilde{x}(n) = \text{IDFS}[\widetilde{X}(k)] = \frac{1}{N} \sum_{k=0}^{N-1} \widetilde{X}(k) W_N^{-nk}$$

式中,$W_N = \text{e}^{-\text{j}\frac{2\pi}{N}}$,$\widetilde{X}(k)$ 和 $\widetilde{x}(n)$ 均为周期为 N 点的周期序列。周期序列与有限长序列有着本质的联系。

要点:周期序列不存在 Z 变换和序列傅里叶变换(DTFT)。

2. DFS 的性质

1) 线性

设

$$\text{DFS}[\widetilde{x}(n)] = \widetilde{X}(k), \quad \text{DFS}[\widetilde{y}(n)] = \widetilde{Y}(k)$$

则

$$\text{DFS}[a\,\widetilde{x}(n) + b\,\widetilde{y}(n)] = a\,\widetilde{X}(k) + b\,\widetilde{Y}(k)$$

其中 a、b 为任意常数。

2) 移位特性

设

$$\text{DFS}[\widetilde{x}(n)] = \widetilde{X}(k)$$

则

$$\text{DFS}[\widetilde{x}(n-m)] = W_N^{mk}\,\widetilde{X}(k)$$

3) 周期卷积

若

$$\widetilde{F}(k) = \widetilde{X}(k)\,\widetilde{Y}(k)$$

则

$$\widetilde{f}(n) = \text{IDFS}[\widetilde{F}(k)] = \sum_{m=0}^{N-1} \widetilde{x}(m)\,\widetilde{y}(n-m)$$

要点:只有同周期的两个周期序列才能进行周期卷积,且卷积后周期不变。

3.3.3 离散傅里叶变换

1. 周期序列与有限长序列的关系

设 $x(n)$ 为有限长序列,长度为 N。我们把它看成周期序列 $\widetilde{x}(n)$ 的一个周期(取主值),而把周期序列 $\widetilde{x}(n)$ 看成 $x(n)$ 以 N 为周期的周期延拓,即

$$x(n) = \widetilde{x}(n) R_N(n)$$

$$\tilde{x}(n) = \sum_{r=-\infty}^{\infty} x(n+rN)$$

2. DFT 的定义

$$X(k) = \mathrm{DFT}[x(n)] = \sum_{n=0}^{N-1} x(n)W_N^{nk}, \quad 0 \leqslant k \leqslant N-1$$

$$x(n) = \mathrm{IDFT}[X(k)] = \frac{1}{N}\sum_{k=0}^{N-1} X(k)W_N^{-nk}, \quad 0 \leqslant n \leqslant N-1$$

要点：DFT 适用于有限长序列，$x(n)$ 和 $X(k)$ 只有 N 个值，但隐含周期性。

3. DFT 和 Z 变换以及 DTFT 的关系

$$X(z)\mid_{z=W_N^{-k}} = \sum_{n=0}^{N-1} x(n)W_N^{nk} = \mathrm{DFT}[x(n)]$$

即

$$X(k) = X(z)\mid_{z=W_N^{-k}}, \quad 0 \leqslant k \leqslant N-1$$

$$X(k) = X(\mathrm{e}^{\mathrm{j}\omega})\mid_{\omega=\frac{2\pi}{N}k}$$

上式说明，$X(k)$ 是 Z 变换在单位圆上的 N 点等间隔采样，也可以看作序列 $x(n)$ 的傅里叶变换 $X(\mathrm{e}^{\mathrm{j}\omega})$ 在区间 $[0,2\pi]$ 上的 N 点等间隔采样，其采样间隔为 $\omega=\dfrac{2\pi}{N}$，这就是 DFT 的物理意义。DFT 与 Z 变换以及序列傅里叶变换 DTFT 的关系如图 3-2 所示。

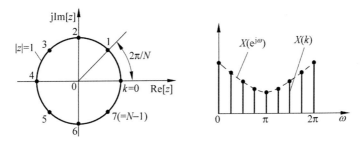

图 3-2　DFT 与 Z 变换以及 DTFT 的关系

4. DFT 的性质

1）线性

$$\mathrm{DFT}[ax_1(n) + bx_2(n)] = aX_1(k) + bX_2(k)$$

式中，a,b 为任意常数。该式可根据 DFT 定义证明。若两个序列长度不等，取长度最大者，将短的序列通过补零加长，注意此时 DFT 与未补零的 DFT 不相等。

2）圆周移位

（1）圆周移位定义

$$y(n) = x((n+m))_N \cdot R_N(n)$$

（2）时域圆周移位定理

$$Y(k) = \mathrm{DFT}[x((n+m))_N R_N(n)] = W_N^{-mk}X(k)$$

（3）频域圆周移位定理

若 $Y(k) = X((k+l))_N \cdot R_N(k)$，则

$$\mathrm{IDFT}[X((k+l))_N R_N(k)] = W_N^{nl}x(n) = \mathrm{e}^{-\mathrm{j}\frac{2\pi}{N}nl}x(n)$$

3）圆周卷积

若 $Y(k)=X_1(k)X_2(k)$，则

$$y(n) = \text{IDFT}[Y(k)] = \sum_{m=0}^{N-1} x_1(m) x_2((n-m))_N R_N(n)$$

或

$$y(n) = \text{IDFT}[Y(k)] = \sum_{m=0}^{N-1} x_2(m) x_1((n-m))_N R_N(n)$$

上式所表示的运算称为圆周卷积(也称循环卷积)，通常简记为 $y(n)=x_1(n)\circledast x_2(n)$。

4）共轭对称性

DFT 的共轭对称性可概括为图 3-3。

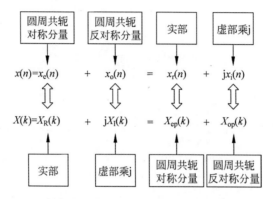

图 3-3 序列的两种表示与其 DFT 的对应关系示意图

注意以下几个问题：

(1) DFT 的共轭对称性的推导利用了共轭复序列 $x^*(n)$ 的性质：

$$\text{DFT}[x^*(n)] = X^*(N-k)$$
$$\text{DFT}[x^*(N-n)] = X^*(k)$$

(2) 这里讨论的 DFT 对称性是关于序列区间中心 $N/2$ 点的对称，称为圆周对称，而在第 2 章讨论的序列傅里叶变换 DTFT 的对称性是指关于坐标原点的对称性。两者对称序列的定义见表 3-2。

表 3-2 DFT 和 DTFT 中的对称序列定义

名　　称	DFT 中的对称序列	名　　称	DTFT 中的对称序列
圆周共轭对称序列 圆周共轭反对称序列	$x_{ep}(n)=\frac{1}{2}[x(n)+x^*(N-n)]$ $x_{op}(n)=\frac{1}{2}[x(n)-x^*(N-n)]$	共轭对称序列 共轭反对称序列	$x_c(n)=\frac{1}{2}[x(n)+x^*(-n)]$ $x_o(n)=\frac{1}{2}[x(n)-x^*(-n)]$
满足的关系	$x_{ep}(n)=x_{ep}^*(N-n)$ $x_{op}(n)=-x_{op}^*(N-n)$	满足的关系	$x_c(n)=x_c^*(-n)$ $x_o(n)=-x_o^*(-n)$

(3) 任何有限长序列 $x(n)$ 有两种表示：

① 表示成圆周共轭对称分量 $x_{ep}(n)$ 和圆周共轭反对称分量 $x_{op}(n)$ 之和，即

$$x(n) = x_{ep}(n) + x_{op}(n), \quad 0 \leqslant n \leqslant N-1$$

② 表示为实部 $x_r(n)$ 及虚部 $x_i(n)$ 之和,即

$$x(n) = x_r(n) + jx_i(n)$$

这两种表示所对应的 DFT 特点如图 3-3 所示。

(4) 若 $x(n)$ 是实序列,则 $X(k)$ 只有圆周共轭对称分量。即满足

$$X(k) = X^*(N-k)$$

若 $x(n)$ 是纯虚序列,则 $X(k)$ 只有圆周共轭反对称分量,即满足

$$X(k) = -X^*(N-k)$$

结论:以上这两种情况,只要知道一半数目的 $X(k)$ 就可以了,另一半可利用对称性求得。

3.3.4　频域采样理论

类似于时域采样定理,频域采样定理包括以下内容:

1. 频域采样

对一个任意的绝对可和的序列 $x(n)$ 的 $X(z)$ 在单位圆上进行等距离采样,得到

$$X(k) = X(z)\,|_{z=W_N^{-k}} = \sum_{n=-\infty}^{\infty} x(n)W_N^{nk}$$

对于 M 点的有限长序列 $x(n)$,频域采样不失真的条件是频域采样点数 N 要大于或等于时域序列长度 M(时域采样点数),即满足

$$N \geqslant M$$

此时可得到

$$x_N(n) = \tilde{x}_N(n)R_N(n) = \sum_{r=-\infty}^{\infty} x(n+rN)R_N(n) = x(n), \quad N \geqslant M$$

这一概念非常重要,通过频域采样得到频域函数在 $[0,2\pi]$ 上均匀采样的 N 点,再对其进行 N 点 IDFT,得到的序列是原序列以 N 为周期进行周期延拓后的主值序列。若不产生时域混叠现象,则采样点数就必须满足一定的关系,即 $N \geqslant M$,此时才可由频域采样值 $X(k)$ 恢复出原序列 $x(n)$,这就是频域采样定理。

比较时域采样定理:一个频带有限的信号可以进行时域采样而不产生频域混叠现象,条件是采样频率 $f_s \geqslant 2f_c$。其中 f_c 为信号最高频率。

2. 频域恢复——频域内插公式

如果频域采样满足频域采样定理,则可以用频率采样值恢复序列的 Z 变换:

$$X(z) = \frac{1-z^{-N}}{N} \sum_{k=0}^{N-1} \frac{X(k)}{1-W_N^{-k}z^{-1}}$$

这就是用 N 个频域采样来恢复 $X(z)$ 的内插公式。它可以表示为

$$X(z) = \sum_{k=0}^{N-1} X(k)\Phi_k(z)$$

其中

$$\Phi_k(z) = \frac{1}{N} \frac{1-z^{-N}}{1-W_N^{-k}z^{-1}}$$

称为内插函数。

同样,频率响应的内插公式为

$$X(e^{j\omega}) = \sum_{k=0}^{N-1} X(k)\Phi\left(\omega - \frac{2\pi}{N}k\right)$$

其中, $\Phi(\omega) = \frac{1}{N}\frac{\sin\omega N/2}{\sin\omega/2}e^{-j\frac{N-1}{2}\omega}$ 为内插函数。

频域内插函数 $\Phi(\omega)$ 的幅度特性如图 3-4 所示。可以看出满足

$$\Phi\left(\omega - \frac{2\pi}{N}k\right) = \begin{cases} 1, & \omega = \frac{2\pi}{N}k \\ 0, & \omega = \frac{2\pi}{N}i, i \neq k \end{cases}$$

整个 $X(e^{j\omega})$ 就是由 N 个 $\Phi\left(\omega - \frac{2\pi}{N}k\right)$ 函数被 N 个 $X(k)$ 加权求和构成。很明显,在每个采样点上 $X(e^{j\omega})$ 的值精确等于 $X(k)$,即 $X(e^{j\omega})|_{\omega=\frac{2\pi}{N}k} = X(k)$ $k = 0, 1, \cdots, N-1$,而各采样点之间的 $X(e^{j\omega})$ 值,则由各采样点的加权内插函数 $X(k)\Phi\left(\omega - \frac{2\pi}{N}k\right)$ 在所求 ω 点上的值的叠加而得,如图 3-5 所示。

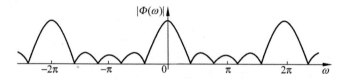

图 3-4   内插函数幅度特性($N=5$)

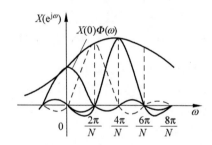

图 3-5   由内插函数求频率响应的示意图

表 3-3 给出了频域与时域采样恢复的比较,可以看到时域采样与频域采样的内在关系,它们具有某种对偶关系。

表 3-3   频域与时域采样恢复的比较

比 较 项 目	时 域 角 度	频 域 角 度
时域采样的恢复	内插 $$x_a(t) = \sum_{n=-\infty}^{\infty} x_a(nT)\varphi_n(t)$$ 其中,内插函数为 $$\varphi_n(t) = \frac{\sin\left[\frac{\pi}{T}(t-nT)\right]}{\frac{\pi}{T}(t-nT)}$$	加低通,频域截断 $$X(j\Omega) = \hat{X}_a(j\Omega) \cdot G(j\Omega)$$ 其中,理想低通为 $$G(j\Omega) = \begin{cases} T, & |\Omega| < \Omega_s/2 \\ 0, & |\Omega| \geqslant \Omega_s/2 \end{cases}$$

续表

比较项目	时域角度	频域角度
频域采样的恢复	加矩形窗，时域截断 $$x_N(n) = \tilde{x}_N(n)R_N(n)$$	内插 $$X(z) = \sum_{k=0}^{N-1} X(k)\Phi_k(z)$$ 其中，内插函数为 $$\Phi_k(z) = \frac{1}{N}\frac{1-z^{-N}}{1-W_N^{-k}z^{-1}}$$

3.3.5 用 DFT 计算线性卷积

1. 用圆周卷积计算线性卷积的条件

两个有限长序列 $x_1(n)$ 和 $x_2(n)$，其中

$$x_1(n) = \begin{cases} x_1(n), & 0 \leqslant n \leqslant N_1 - 1 \\ 0, & N_1 \leqslant n \leqslant L - 1 \end{cases}$$

$$x_2(n) = \begin{cases} x_2(n), & 0 \leqslant n \leqslant N_2 - 1 \\ 0, & N_2 \leqslant n \leqslant L - 1 \end{cases}$$

有

$$y_c(n) = \left[\sum_{m=0}^{L-1} x_1(m) \sum_{r=-\infty}^{\infty} x_2(n+rL-m)\right]R_L(n) = \left[\sum_{r=-\infty}^{\infty} y_l(n+rL)\right]R_L(n)$$

即 L 点圆周卷积 $y_c(n)$ 是线性卷积 $y_l(n)$ 以 L 为周期的周期延拓序列的主值序列。

圆周卷积等于线性卷积而不产生混叠失真的充要条件是

$$L \geqslant N_1 + N_2 - 1$$

要点：

(1) 线性卷积的对象可以是有限长或无限长非周期序列。若两个序列长度分别为 N_1 和 N_2，则卷积后的序列长度为 $L = N_1 + N_2 - 1$。

(2) 圆周卷积的对象是两个同长度（若长度不同，可用补零的方法达到相同长度）的有限长序列，并且圆周卷积的结果也是具有同一长度的有限长序列。

2. 用圆周卷积计算线性卷积的方法

用圆周卷积计算线性卷积的实现框图如图 3-6 所示。

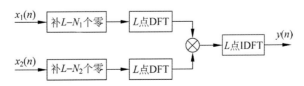

图 3-6 圆周卷积代替线性卷积的实现框图

图 3-6 中，$L \geqslant N_1 + N_2 - 1$，并且 DFT 与 IDFT 子程序可以共用，而且通常用快速算法 (FFT) 来实现，故圆周卷积也称为快速卷积。

3.3.6 用 DFT 进行频谱分析

1. 利用 DFT 对连续非周期信号进行频谱分析

由 $X_a(jf) = \int_{-\infty}^{\infty} x_a(t)e^{-j2\pi ft}dt$，可推得

$$X_a(k) = T\sum_{n=0}^{N-1} x(n)e^{-j\frac{2\pi}{N}nk} = T \cdot \text{DFT}[x(n)]$$

由 $x_a(t) = \int_{-\infty}^{\infty} X_a(jf)e^{j2\pi ft}df$，可推得

$$x(n) = x_a(nT) = F\sum_{k=0}^{N-1} X_a(k)e^{j\frac{2\pi}{N}nk} = \frac{1}{T}\text{IDFT}[X_a(k)]$$

上面两式分别说明连续非周期信号的频谱可以通过对连续信号采样后进行 DFT 并乘以系数 T 的方法来近似得到，而对该 DFT 值做反变换并除以系数 $\frac{1}{T}$ 就得到时域采样信号。

有关参数公式为

$$F = \frac{1}{T_p} = \frac{f_s}{N} = \frac{1}{NT}, \quad T = \frac{1}{f_s} = \frac{1}{NF} = \frac{T_p}{N}$$

其中，T 为时域采样间隔，即时间分辨率；F 为频域抽样间隔，即频率分辨率；N 为采样点数，T_p 为信号的记录长度。

2. 用 DFT 进行频谱分析的误差问题

用 DFT 逼近连续非周期信号的傅里叶变换过程中除了对幅度的线性加权外，由于用到了采样与截断的方法，因此也会带来一些可能产生的问题，使频谱分析产生误差，如混叠效应、截断效应、栅栏效应等。

1) 混叠效应

利用 DFT 对连续时间信号进行频谱分析，首先要对连续时间信号进行采样。为避免混叠失真，要求满足采样定理：$f_s \geq 2f_c$，f_s 为采样频率，f_c 为信号最高频率（即谱分析范围）。注意并不是 f_s 越高越好，它还要受采样间隔 F 的约束。

$$F = \frac{f_s}{N} \geq 2\frac{f_c}{N}$$

在采样点数 N 给定时，一味提高采样频率 f_s，必然导致 F 增加，即频率分辨力下降；反之，若要提高频率分辨力即减小 F，则导致减小 f_s，最终必须减小信号的高频容量 f_c。

在 f_c 与 F 参数中，保持其中一个不变而使另一个性能得以提高的唯一办法，就是增加记录长度内的点数 N。记录长度 T_p 和 N 可以按照 $N > 2\frac{f_c}{F}$，$T_p \geq \frac{1}{F}$ 两式进行选择。

2) 截断效应

在实际中，要把观测的信号 $x(n)$ 限制在一定的时间间隔之内，即采取截断数据的过程。时域的截断在数学上的意义为原无限长时间信号乘以一个窗函数，使原时间函数成为两端突然截断，中间为原信号与窗函数相乘的结果。时域两函数相乘，在频域是其频谱的卷积。由于窗函数不可能取无限宽，即其频谱不可能为一冲激函数，信号的频谱与窗函数的卷积必然产生展宽和拖尾现象，造成频谱的泄漏现象。为了减小截断效应的影响，截断时要根据具体的情况，选择适当形状的窗函数，如汉宁窗或海明窗等。

3）栅栏效应

由于 DFT 是有限长序列的频谱等间隔采样所得到的样本值,这就相当于透过一个栅栏去观察原来信号的频谱,因此必然有一些地方被栅栏所遮挡,这些被遮挡的部分就是未被采样到的部分,这种现象称为栅栏效应。

但要注意,由于栅栏效应,使得被分析的频谱变得较为稀疏,为此,在采样样本序列 $x(n)$ 后面补零,在数据长度 T_p 不变的情况,可以改变频谱的频率取样密度,得到高密度频谱。但因在 $x(n)$ 后面补零并没有增加新的信息量,改善的仅是栅栏效应。所以补零是不能提高频率分辨率的,即得不到高分辨率谱。

3. DFT 参数选择的一般原则

（1）确定信号的最高频率 f_c 后,为防止混叠,采样频率 $f_s \geqslant (3 \sim 6) f_c$。

（2）根据实际需要,即根据频谱的"计算分辨率"需要确定频率采样两点之间的间隔 F, F 越小频谱越密,计算量也越大。

（3）F 确定后,就可确定做 DFT 所需的点数 N,即 $N = \dfrac{f_s}{F}$。为了使用后面一章将要介绍的基 2-FFT 算法,一般取 $N = 2^M$。

（4）f_s 和 N 确定后,则可确定所需的数据长度,即 $T_p = \dfrac{N}{f_s} = NT$。

要点：$F = \dfrac{f_s}{N}$ 称为"计算分辨率",即该分辨率是靠计算得出的,但它并不能反映真实的频率分辨能力。$F = \dfrac{1}{T_p}$ 称为"物理分辨率",数据的有效长度越大,频率分辨能力越强。

3.4　典型例题分析

例 3-1　$x(n)$ 是长为 N 的有限长序列,$x_e(n)$,$x_o(n)$ 分别为 $x(n)$ 的圆周共轭偶部及奇部,也即

$$x_e(n) = x_e^*(N-n) = \frac{1}{2}[x(n) + x^*(N-n)]$$

$$x_o(n) = -x_o^*(N-n) = \frac{1}{2}[x(n) - x^*(N-n)]$$

证明：$\mathrm{DFT}[x_e(n)] = \mathrm{Re}[X(k)]$,$\mathrm{DFT}[x_o(n)] = \mathrm{jIm}[X(k)]$

分析：利用共轭复序列 $x^*(n)$ 的性质 $\mathrm{DFT}[x^*(n)] = X^*(N-k)$,$\mathrm{DFT}[x^*(N-n)] = X^*(k)$。

证明：$\mathrm{DFT}[x_e(n)] = \dfrac{1}{2}\mathrm{DFT}[x(n)] + \dfrac{1}{2}\mathrm{DFT}[x^*(N-n)]$

$$= \frac{1}{2}X(k) + \frac{1}{2}X^*(k) = \mathrm{Re}[X(k)]$$

$$\mathrm{DFT}[x_o(n)] = \frac{1}{2}X(k) - \frac{1}{2}X^*(k) = \mathrm{jIm}[X(k)]$$

例 3-2　已知 $x(n)$ 是长为 N 的有限长序列,$X(k) = \mathrm{DFT}[x(n)]$,现将 $x(n)$ 的每两点之间补进 $r-1$ 个零点,得到一长为 rN 的有限长序列 $y(n)$：

$$y(n) = \begin{cases} x(n/r), & n = ir, i = 0, 1, \cdots, N-1 \\ 0, & n \text{ 为其他值} \end{cases}$$

求 $\mathrm{DFT}[y(n)]$ 与 $X(k)$ 的关系。

分析：离散时域信号每两点插入 $r-1$ 个零值，相当于频域以 N 为周期延拓 r 次，即 $Y(k)$ 周期为 rN。

解：因为

$$X(k) = \sum_{n=0}^{N-1} x(n) W_N^{kn}, \quad 0 \leqslant k \leqslant N-1$$

可得

$$Y(k) = \sum_{n=0}^{rN-1} y(n) W_{rN}^{kn} = \sum_{i=0}^{N-1} x(ir/r) W_{rN}^{kir} = \sum_{i=0}^{N-1} x(i) W_N^{ki}, \quad 0 \leqslant k \leqslant rN-1$$

即

$$Y(k) = X((k))_N R_{rN}(k)$$

所以 $Y(k)$ 是将长为 N 的有限长序列 $X(k)$ 延拓 r 次形成的，即 $Y(k)$ 的周期是 rN。

例 3-3 已知一个有限长序列为 $x(n) = \delta(n) + 2\delta(n-5)$。

(1) 求它的 10 点离散傅里叶变换 $X(k)$。

(2) 已知序列 $y(n)$ 的 10 点离散傅里叶变换为 $Y(k) = W_{10}^{2k} X(k)$，求序列 $y(n)$。

(3) 已知序列 $g(n)$ 的 10 点离散傅里叶变换为 $G(k) = X(k) Y(k)$，求序列 $g(n)$。

分析：利用时域圆周移位定理 $x((n+m))_N R_N(n) \leftrightarrow W_N^{-mk} X(k)$。

解：(1) $X(k) = \sum_{n=0}^{N-1} x(n) W_N^{nk} = \sum_{n=0}^{9} [\delta(n) + 2\delta(n-5)] W_{10}^{nk} = 1 + 2W_{10}^{5k} = 1 + 2(-1)^k$，
$k = 0, 1, \cdots, 9$。

(2) 由 $Y(k) = W_{10}^{2k} X(k)$ 可知，$y(n)$ 是 $x(n)$ 向右循环移 2 位的结果，即

$$y(n) = x((n-2))_{10} R_{10}(n) = \delta(n-2) + 2\delta(n-7)$$

或者由 $Y(k) = W_{10}^{2k} X(k) = W_{10}^{2k}(1 + 2W_{10}^{5k}) = W_{10}^{2k} + 2W_{10}^{7k}$ 可知

$$\mathrm{IDFT}[Y(k)] = \delta(n-2) + 2\delta(n-7)$$

(3) 因为

$$G(k) = X(k) Y(k) = (1 + 2W_{10}^{5k})(W_{10}^{2k} + 2W_{10}^{7k}) = W_{10}^{2k} + 2W_{10}^{7k} + 2W_{10}^{7k} + 4W_{10}^{2k}$$
$$= 5W_{10}^{2k} + 4W_{10}^{7k}$$

所以

$$g(n) = 5\delta(n-2) + 4\delta(n-7)$$

例 3-4 已知序列 $x(n)$ 的长度为 120 点，序列 $y(n)$ 的长度为 185 点，若计算 $x(n)$ 和 $y(n)$ 的 256 点圆周卷积，试分析结果中相当于 $x(n)$ 与 $y(n)$ 的线性卷积的范围是多少？

分析：本题首先要理解 L 点圆周卷积是线性卷积以 L 为周期的延拓序列的主值序列，圆周卷积等于线性卷积而不产生混叠失真的充要条件是 $L \geqslant N_1 + N_2 - 1$；否则，就会产生混叠失真。做题时，最好画出分析示意图，便于理解。

解：$x(n)$ 的长度为 120 点，序列 $y(n)$ 的长度为 185 点，故 $x(n) * y(n)$ 的长度为

$$N = N_1 + N_2 - 1 = 304$$

因为计算 $x(n)$ 和 $y(n)$ 的 256 点圆周卷积，即 $L = 256$，所以混淆的长度为 $N - L =$

$304-256=48$,当线性卷积以 $L=256$ 为周期延拓形成圆周卷积序列时,一个周期内在 $n=0$ 到 $n-N-L-1=304-256-1=47$ 这些点处发生混叠,则 256 点圆周卷积中相当于 $x(n)$ 与 $y(n)$ 的线性卷积的范围是 $48\sim255$。

其分析示意图如图 3-7 所示。

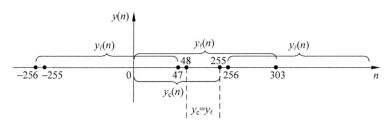

图 3-7　例 3-4 分析示意图

例 3-5　已知两个 N 点实序列 $x(n)$ 和 $y(n)$ 的 DFT 分别是 $X(k)$ 和 $Y(k)$,试设计用一次 N 点 IDFT 就可得出 $x(n)$ 和 $y(n)$ 的计算方法。

分析：本题要运用实序列的 FFT 算法思路来解。可考虑用 $X(k)$ 和 $Y(k)$ 构造一个新序列 $G(k)=X(k)+jY(k)$,求它的 N 点 IDFT,再根据 DFT 性质,即可求解。

解：用实序列 $x(n)$ 和 $y(n)$ 的 DFT $X(k)$ 和 $Y(k)$ 构造新序列 $G(k)=X(k)+jY(k)$,则根据 DFT 性质,有

$$\mathrm{IDFT}[X(k)+jY(k)] = \mathrm{IDFT}[X(k)]+j\mathrm{IDFT}[Y(k)] = x(n)+jy(n) = g(n)$$

由题意知,$x(n)$ 和 $y(n)$ 都为实序列,又 $g(n)=x(n)+jy(n)$,可得

$$x(n) = \mathrm{Re}[g(n)]$$
$$y(n) = \mathrm{Im}[g(n)]$$

3.5　习题解答

3-1　计算以下序列的 N 点离散傅里叶变换。

(1) $x(n)=\delta(n-n_0)$

(2) $x(n)=R_4(n)$

(3) $x(n)=e^{j\frac{2\pi}{N}nm}$,　$0<m<N$

(4) $x(n)=e^{j\omega_0 n}R_N(n)$

(5) $x(n)=\sin(\omega_0 n)R_N(n)$

解：(1) $X(k) = \displaystyle\sum_{n=0}^{N-1}\delta(n-n_0)W_N^{nk} = W_N^{n_0 k} = e^{-j\frac{2\pi}{N}n_0 k}, 0\leqslant k\leqslant N-1$

(2) 设 $m<N$,$X(k) = \displaystyle\sum_{n=0}^{m-1}W_N^{nk} = \frac{1-W_N^{mk}}{1-W_N^{k}} = e^{-j\frac{\pi}{N}(m-1)k}\,\frac{\sin\left(\dfrac{\pi}{N}mk\right)}{\sin\left(\dfrac{\pi}{N}k\right)}, k=0,1,\cdots,N-1$

按题意,将 $m=4$ 代入上式,得

$$X(k) = e^{-j\frac{3\pi}{N}k}\,\frac{\sin\left(\dfrac{4\pi}{N}k\right)}{\sin\left(\dfrac{\pi}{N}k\right)}, \quad k=0,1,\cdots,N-1$$

（3）$X(k) = \sum_{n=0}^{N-1} e^{j\frac{2\pi}{N}nm} W_N^{kn} = \sum_{n=0}^{N-1} e^{j\frac{2\pi}{N}n(m-k)} = \dfrac{1 - e^{j\frac{2\pi}{N}(m-k)N}}{1 - e^{j\frac{2\pi}{N}(m-k)}}$

$$= \begin{cases} N, & k = m \\ 0, & k \neq m \end{cases} \quad 0 \leqslant k \leqslant N-1$$

（4）$X(k) = \text{DFT}[x(n)]$

$$= \sum_{n=0}^{N-1} e^{j\omega_0 n} W_N^{kn} R_N(k) = \frac{1 - e^{j\omega_0 N} W_N^{kN}}{1 - e^{j\omega_0} W_N^k} R_N(k)$$

$$= e^{j\left(\frac{\pi}{N}k + \frac{N-1}{2}\omega_0\right)} \frac{\sin\left(\dfrac{\omega_0}{2}N\right)}{\sin\left(\dfrac{\omega_0}{2} - \dfrac{\pi k}{N}\right)} R_N(k)$$

（5）因为 $\sin\omega_0 n = \text{Im}[e^{j\omega_0 n}]$，由关系 $\text{Im}[x(n)] \leftrightarrow \dfrac{1}{2j}[X(k) - X^*(k)]$，有

$$X(k) = \text{DFT}[x(n)]$$

$$= \left[\frac{1}{2j} \frac{1 - e^{j\omega_0 N}}{1 - e^{j\omega_0} W_N^k} - \frac{1}{2j} \frac{1 - e^{-j\omega_0 N}}{1 - e^{-j\omega_0} W_N^k}\right] R_N(k)$$

$$= \frac{W_N^k \sin\omega_0 - \sin\omega_0 N - \sin(N-1)\omega_0 W_N^k}{1 - 2\cos\omega_0 W_N^k + W_N^{2k}} R_N(k)$$

3-2 长度为 $N=10$ 的两个有限长序列

$$x_1(n) = \begin{cases} 1, & 0 \leqslant n \leqslant 4 \\ 0, & 5 \leqslant n \leqslant 9 \end{cases}; \quad x_2(n) = \begin{cases} 1, & 0 \leqslant n \leqslant 4 \\ -1, & 5 \leqslant n \leqslant 9 \end{cases}$$

试分别用图解法和列表法求 $y(n) = x_1(n) \circledast x_2(n)$。

解：方法 1：图解法，运算过程如图 3-8 所示。

所以

$$y(n) = \{-3, -1, 1, 3, 5, 3, 1, -1, -3, -5\}, \quad 0 \leqslant n \leqslant 9$$

方法 2：列表法，运算过程如表 3-4 所示。

表 3-4　题 3-2 圆周卷积运算过程

m	0	1	2	3	4	5	6	7	8	9	$y(n)$
$x_1(m)$	1	1	1	1	1	0	0	0	0	0	
$x_2(m)$	1	1	1	1	1	−1	−1	−1	−1	−1	
$x_2((-m))R_N(m)$	1	−1	−1	−1	−1	−1	1	1	1	1	$y(0) = -3$
$x_2((1-m))R_N(m)$	1	1	−1	−1	−1	−1	−1	1	1	1	$y(1) = -1$
$x_2((2-m))R_N(m)$	1	1	1	−1	−1	−1	−1	−1	1	1	$y(2) = 1$
$x_2((3-m))R_N(m)$	1	1	1	1	−1	−1	−1	−1	−1	1	$y(3) = 3$
$x_2((4-m))R_N(m)$	1	1	1	1	1	−1	−1	−1	−1	−1	$y(4) = 5$
$x_2((5-m))R_N(m)$	−1	1	1	1	1	1	−1	−1	−1	−1	$y(5) = 3$
$x_2((6-m))R_N(m)$	−1	−1	1	1	1	1	1	−1	−1	−1	$y(6) = 1$
$x_2((7-m))R_N(m)$	−1	−1	−1	1	1	1	1	1	−1	−1	$y(7) = -1$
$x_2((8-m))R_N(m)$	−1	−1	−1	−1	1	1	1	1	1	−1	$y(8) = -3$
$x_2((9-m))R_N(m)$	−1	−1	−1	−1	−1	1	1	1	1	1	$y(9) = -5$

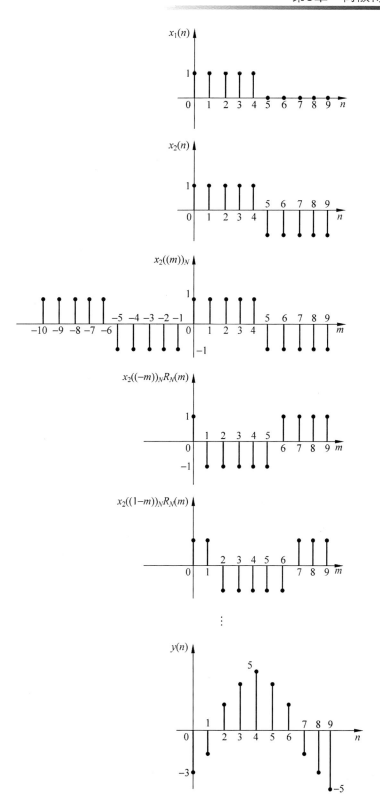

图 3-8　题 3-2 图解法示意图

所以
$$y(n) = \{-3, -1, 1, 3, 5, 3, 1, -1, -3, -5\}, \quad 0 \leqslant n \leqslant 9$$

3-3 设 $x(n) = R_4(n)$, $\tilde{x}(n) = x((n))_6$, 试求 $\tilde{X}(k)$, 并画出 $\tilde{x}(n)$ 和 $\tilde{X}(k)$ 的图形。

解: 由
$$\tilde{X}(k) = \sum_{n=0}^{5} \tilde{x}(n) W_6^{nk} = \sum_{n=0}^{5} \tilde{x}(n) e^{-j\frac{2\pi}{6}nk} = 1 + e^{-j\frac{\pi}{3}k} + e^{-j\frac{2\pi}{3}k} + e^{-j\pi k}$$

可求得
$$\tilde{X}(0) = 4, \tilde{X}(1) = -j\sqrt{3}, \tilde{X}(2) = 1$$
$$\tilde{X}(3) = 0, \tilde{X}(4) = 1, \tilde{X}(5) = j\sqrt{3}$$

$\tilde{x}(n)$ 和 $\tilde{X}(k)$ 的图形如图 3-9 所示。

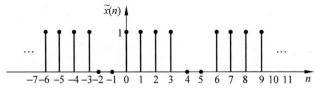

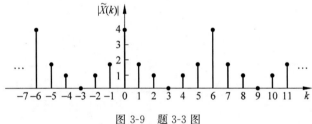

图 3-9　题 3-3 图

3-4 证明 DFT 的对称定理,即假设 $X(k) = \text{DFT}[x(n)]$, 试证明:
$$\text{DFT}[X(n)] = Nx(N-k)$$

证明: 因为
$$X(k) = \sum_{n=0}^{N-1} x(n) W_N^{kn}, \quad 0 \leqslant k \leqslant N-1$$

所以
$$\text{DFT}[X(n)] = \sum_{n=0}^{N-1} X(n) W_N^{kn} = \sum_{n=0}^{N-1} \left(\sum_{m=0}^{N-1} x(m) W_N^{mn} \right) W_N^{kn}$$
$$= \sum_{m=0}^{N-1} x(m) \sum_{n=0}^{N-1} W_N^{n(m+k)}$$

式中
$$\sum_{n=0}^{N-1} W_N^{n(m+k)} = \begin{cases} N, & m = N-k \\ 0, & m \neq N-k \end{cases}, \quad 0 \leqslant m \leqslant N-1$$

所以
$$\text{DFT}[X(n)] = Nx(N-k)$$

3-5 证明离散傅里叶变换的下列对称性质:

(1) $x^*(n) \leftrightarrow X^*((-k))_N R_N(k)$;

(2) $x^*((-n))_N R_N(n) \leftrightarrow X^*(k)$；

(3) $\mathrm{Re}[x(n)] \leftrightarrow X_{ep}(k)$；

(4) $j\mathrm{Im}[x(n)] \leftrightarrow X_{op}(k)$。

证明： (1) $X_1(k) = \sum\limits_{n=0}^{N-1} x^*(n)W_N^{nk} = \left[\sum\limits_{n=0}^{N-1} x(n)W_N^{-nk}\right]^* = X^*((-k))_N R_N(k)$

(2) $X_2(k) = \sum\limits_{n=0}^{N-1} x^*((-n))_N R_N(n)W_N^{nk} = \left[\sum\limits_{n=0}^{N-1} x((-n))_N R_N(n)W_N^{-nk}\right]^* = X^*(k)$

(3) $X_3(k) = \sum\limits_{n=0}^{N-1} \mathrm{Re}[x(n)]W_N^{nk} = \sum\limits_{n=0}^{N-1} \dfrac{1}{2}[x(n)+x^*(n)]W_N^{nk}$

$\qquad = \dfrac{1}{2}[X(k)+X^*((-k))_N R_N(k)] = X_{ep}(k)$

(4) $X_4(k) = \sum\limits_{n=0}^{N-1} j\mathrm{Im}[x(n)]W_N^{nk} = \sum\limits_{n=0}^{N-1} \dfrac{1}{2}[x(n)-x^*(n)]W_N^{nk}$

$\qquad = \dfrac{1}{2}[X(k)-X^*((-k))_N R_N(k)] = X_{op}(k)$

3-6 证明若 $x(n)$ 实偶对称，即 $x(n)=x(N-n)$，则 $X(k)$ 也实偶对称；若 $x(n)$ 实奇对称，即 $x(n)=-x(N-n)$，则 $X(k)$ 为纯虚函数并奇对称。（注：$X(k)=\mathrm{DFT}[x(n)]$）

证明：

(1) $x(n) = \dfrac{1}{2}[x(n)+x(N-n)] = \dfrac{1}{2}[x(n)+x^*(N-n)]$

$\qquad X(k) = \dfrac{1}{2}[X(k)+X^*(k)] = \mathrm{Re}[X(k)]$，　实函数

又

$$X(k) = \sum_{n=0}^{N-1} x(n)W_N^{kn}R_N(k) = \sum_{n=0}^{N-1} x(N-n)W_N^{kn}R_N(k)$$

$$= \sum_{m=1}^{N} x(m)W_N^{-km}R_N(k) = \sum_{m=0}^{N-1} x(m)W_N^{-km}R_N(k)$$

$$= \sum_{m=0}^{N-1} x(m)W_N^{(N-k)m}R_N(k) = X(N-k)，\text{偶对称}$$

(2) $x(n) = \dfrac{1}{2}[x(n)-x(N-n)] = \dfrac{1}{2}[x(n)-x^*(N-n)]$

$\qquad X(k) = \dfrac{1}{2}[X(k)-X^*(k)] = j\mathrm{Im}[X(k)]$，　纯虚数

因为

$$x(-n) \leftrightarrow X(-k)$$

$$x(N-n) \leftrightarrow W_N^{-kN}X(-k) = X(-k) = X(N-k)$$

又

$$X(k) = \sum_{n=0}^{N-1} x(n)W_N^{kn}R_N(k) = -\sum_{m=0}^{N-1} x(N-n)W_N^{kn}$$

$$= -X(N-k)，\text{奇对称}$$

3-7 已知长为 N 的有限长序列 $x_1(n)$ 和 $x_2(n)$ 的关系为 $x_2(n)=x_1(N-1-n)$。设 $\mathrm{DFT}[x_1(n)]=X_1(k)$，试证明 $\mathrm{DFT}[x_2(n)]=W_N^{-k}X_1(N-k)$。

证明：$\mathrm{DFT}[x_2(n)] = \sum\limits_{n=0}^{N-1} x_1(N-1-n)W_N^{kn}$

将 $N-1-n=m$ 代入，得

$$\mathrm{DFT}[x_2(n)] = \sum_{m=0}^{N-1} x_1(m)W_N^{k(N-1-m)} = \sum_{m=0}^{N-1} x_1(m)W_N^{k(N-1)}W_N^{-km}$$

$$= W_N^{-k} \sum_{m=0}^{N-1} X_1(m)W_N^{-mk} = W_N^{-k}X_1((-k))_N R_N(k) = W_N^{-k}X_1(N-k)$$

3-8 已知序列 $x(n)=a^n u(n), 0<a<1$，对 $x(n)$ 的 Z 变换 $X(z)$ 在单位圆上等间隔采样 N 点，采样值为

$$X(k) = X(z)\big|_{z=W_N^{-k}}, \quad k=0,1,\cdots,N-1$$

求有限长序列 $\mathrm{IDFT}[X(k)]$。

解：方法 1：

$$X(z) = \sum_{m=0}^{\infty} a^m z^{-m}$$

$$X(k) = X(z)\big|_{z=W_N^{-k}} = \sum_{m=0}^{\infty} a^m W_N^{km}$$

$$\mathrm{IDFT}[X(k)] = \frac{1}{N}\sum_{k=0}^{N-1} X(k)W_N^{-kn} = \frac{1}{N}\sum_{m=0}^{\infty} a^m \sum_{k=0}^{N-1} W_N^{(m-n)k}$$

$$= \begin{cases} 0, & m \neq n+rN \\ \sum\limits_{r=0}^{\infty} a^m R_N(n), & m = n+rN \end{cases} = \frac{a^n}{1-a^N}R_N(n)$$

方法 2：
因为

$$\mathrm{DFT}[a^n R_N(n)] = \sum_{n=0}^{N-1} a^n W_N^{kn} = \frac{1-a^N}{1-aW_N^k}$$

所以

$$\frac{a^n R_N(n)}{1-a^N} = \mathrm{IDFT}\left[\frac{1}{1-aW_N^k}\right] = \mathrm{IDFT}[X(k)]$$

方法 3：因为频域的采样对应着时域的周期延拓，所以

$$\mathrm{IDFT}[X(k)] = \sum_{r=-\infty}^{\infty} x(n+rN)$$

$$= \sum_{r=-\infty}^{\infty} a^{n+rN} u(n+rN), \quad n=0,1,\cdots,N-1$$

式中，当 $n+rN \geqslant 0$ 时，有 $u(n+rN) \neq 0$。

又因为 $0 \leqslant n \leqslant N-1$，所以

$$\begin{cases} n+rN \geqslant 0 \\ 0 \leqslant n \leqslant N-1 \end{cases} \to r \geqslant 0，即 \ r \ 只能取正值。所以$$

$$\mathrm{IDFT}[X(k)] = \sum_{r=-\infty}^{\infty} a^{n+rN} = a^n \sum_{r=0}^{\infty} (a^N)^r = \frac{a^n}{1-a^N}, \quad n=0,1,\cdots,N-1$$

3-9 已知序列 $x(n)=a^n R_8(n)$，$X(e^{j\omega})=\text{DTFT}[x(n)]$，对 $X(e^{j\omega})$ 在 ω 的一个周期（$0\leqslant\omega\leqslant 2\pi$）内做等间隔采样，采样点数为 6 点，采样值为

$$X(k) = X(e^{j\omega})\,|_{\omega=2\pi k/6}, \quad k = 0,1,\cdots,5$$

试根据频率采样定理求有限长序列 $x_6(n)=\text{IDFT}[X(k)]$，$n=0,1,\cdots,5$。

解：根据频率采样定理，频域在周期（$0\leqslant\omega\leqslant 2\pi$）内等间隔采样 N 点，则时域是原序列 $x(n)$ 以 N 点为周期的各周期延拓序列混叠相加后的主值序列 $x_N(n)$。这里，原序列 $x(n)$ 长度 $M=8$，频域采样 $N=6$，则在 $0\leqslant n\leqslant 5$ 主值区间内，只需考虑 $x(n)$ 以及左移一个周期（N 点）的序列 $x(n+6)$ 的叠加结果即可。所以

$$x_6(n)= \text{IDFT}[X(k)] = \sum_{r=-\infty}^{\infty} x(n+rN)R_6(n) = [x(n)+x(n+6)]R_6(n)$$

$$= [a^n R_8(n) + a^{n+6}R_8(n+6)]R_6(n)$$

$$= \{1+a^6 \quad a+a^7 \quad a^2 \quad a^3 \quad a^4 \quad a^5\}, \quad n = 0,1,\cdots,5$$

3-10 已知两个序列 $x(n)=\{1,2,3,4,5,0,0\}$，$y(n)=\{1,1,1,1,0,0,0\}$，试求

（1）它们的周期卷积（周期长度为 $N=7$）；

（2）它们的圆周卷积（序列长度为 $N=7$）；

（3）用圆周卷积定理求这两个序列的线性卷积，它与上述两结果又有何不同（请用 $N_1=5$ 和 $N_2=4$ 来做）。

解：（1）$\tilde{\omega}(n) = \sum_{m=0}^{N-1} \tilde{x}(m)\,\tilde{y}(n-m)$

周期卷积（周期为 $N=7$）的运算过程如表 3-5 所示。

表 3-5　题 3-10 周期卷积运算过程（$N=7$）

m	$\cdots-4$	-3	-2	-1	0	1	2	3	4	5	6	7	8	9	$10\cdots$	$\tilde{\omega}(m)$
$\tilde{x}(m)$	$\cdots 4$	5	0	0	1	2	3	4	5	0	0	1	2	3	$4\cdots$	
$\tilde{y}(m)$	$\cdots 1$	0	0	0	1	1	1	1	0	0	0	1	1	1	$1\cdots$	
$\tilde{y}(-m)$	$\cdots 0$	1	1	1	1	0	0	0	1	1	1	1	0	0	$0\cdots$	$\tilde{\omega}(0)=6$
$\tilde{y}(1-m)$	$\cdots 0$	0	1	1	1	1	0	0	0	1	1	1	1	0	$0\cdots$	$\tilde{\omega}(1)=3$
$\tilde{y}(2-m)$	$\cdots 0$	0	0	1	1	1	1	0	0	0	1	1	1	1	$0\cdots$	$\tilde{\omega}(2)=6$
$\tilde{y}(3-m)$	$\cdots 1$	0	0	0	1	1	1	1	0	0	0	1	1	1	$1\cdots$	$\tilde{\omega}(3)=10$
$\tilde{y}(4-m)$	$\cdots 1$	1	0	0	0	1	1	1	1	0	0	0	1	1	$1\cdots$	$\tilde{\omega}(4)=14$
$\tilde{y}(5-m)$	$\cdots 1$	1	1	0	0	0	1	1	1	1	0	0	0	1	$1\cdots$	$\tilde{\omega}(5)=12$
$\tilde{y}(6-m)$	$\cdots 1$	1	1	1	0	0	0	1	1	1	1	0	0	0	$1\cdots$	$\tilde{\omega}(6)=9$

$\tilde{\omega}(n)=\{\cdots 6,3,6,10,14,12,9\cdots\}$ 是周期序列。

（2）$\omega(n) = x(n) \circledast y(n) = \left[\sum_{m=0}^{N-1} \tilde{x}(m)\,\tilde{y}(n-m)\right] \cdot R_N(n)$

7 点（$N=7$）的圆周卷积运算过程如表 3-6 所示。

表 3-6 题 3-10 圆周卷积运算过程($N=7$)

m	0	1	2	3	4	5	6	$\omega(m)$
$x(m)$	1	2	3	4	5	0	0	
$y(m)$	1	1	1	1	0	0	0	
$y((-m))R_N(m)$	1	0	0	0	1	1	1	$\omega(0)=6$
$y((1-m))R_N(m)$	1	1	0	0	0	1	1	$\omega(1)=3$
$y((2-m))R_N(m)$	1	1	1	0	0	0	1	$\omega(2)=6$
$y((3-m))R_N(m)$	1	1	1	1	0	0	0	$\omega(3)=10$
$y((4-m))R_N(m)$	0	1	1	1	1	0	0	$\omega(4)=14$
$y((5-m))R_N(m)$	0	0	1	1	1	1	0	$\omega(5)=12$
$y((6-m))R_N(m)$	0	0	0	1	1	1	1	$\omega(6)=9$

$\omega(n)=\{6,3,6,10,14,12,9\}$ 是有限长序列,对 $\tilde{\omega}(n)$ 截取主值而得。

(3) $N \geqslant N_1+N_2-1=5+4-1=8$

8 点($N=8$)的圆周卷积运算过程如表 3-7 所示。

表 3-7 题 3-10 圆周卷积运算过程($N=8$)

m	0	1	2	3	4	5	6	7	$\omega(m)$
$x(m)$	1	2	3	4	5	0	0	0	
$y(m)$	1	1	1	1	0	0	0	0	
$y((-m))R_N(m)$	1	0	0	0	0	1	1	1	$\omega(0)=1$
$y((1-m))R_N(m)$	1	1	0	0	0	0	1	1	$\omega(1)=3$
$y((2-m))R_N(m)$	1	1	1	0	0	0	0	1	$\omega(2)=6$
$y((3-m))R_N(m)$	1	1	1	1	0	0	0	0	$\omega(3)=10$
$y((4-m))R_N(m)$	0	1	1	1	1	0	0	0	$\omega(4)=14$
$y((5-m))R_N(m)$	0	0	1	1	1	1	0	0	$\omega(5)=12$
$y((6-m))R_N(m)$	0	0	0	1	1	1	1	0	$\omega(6)=9$
$y((7-m))R_N(m)$	0	0	0	0	1	1	1	1	$\omega(7)=5$

$\omega(n)=\{1,3,6,10,14,12,9,5\}$

与上述两个结果比较:

① 当 $N \geqslant N_1+N_2-1$ 时,圆周卷积与线性卷积结果一样。

② 当 $N < N_1+N_2-1$ 时,圆周卷积与线性卷积结果不同。这种差异是由于对线性卷积真正结果周期延拓而产生的叠加失真引起的。

线性卷积结果:1 3 6 10 14 12 9 ⋮ 5

$N=7$ 圆周卷积 ⋮ 1 3 6 10 14 12 9 ⋮ 5

(周期 7 延拓) ⋮ 1 3 6 10 14

叠加结果:十 _____

…14 12 9 ⋮ 6 3 6 10 14 12 9 ⋮ 6 3 6 …

结论:用大于或等于(N_1+N_2-1)点的圆周卷积结果可以代替线性卷积。

3-11 已知两个序列 $x(n)=n+1, 0 \leqslant n \leqslant 3, y(n)=(-1)^n, 0 \leqslant n \leqslant 3$,用圆周卷积法求

这两个序列的线性卷积。

解：因为 $x(n)$ 的长度 $N_1=4$，$y(n)$ 的长度 $N_2=4$，当 $L \geqslant N_1+N_2-1=7$ 时，圆周卷积与线性卷积结果一样，所以计算 $L=7$ 的圆周卷积即可得到两个序列的线性卷积 $g(n)=x(n)*y(n)$。

采用列表法，运算过程如表 3-8 所示。

表 3-8　题 3-11 圆周卷积运算过程（$L=7$）

m	0	1	2	3	4	5	6	$g(n)$
$x(m)$	1	2	3	4	0	0	0	
$y(m)$	1	-1	1	-1	0	0	0	
$y((-m))R_L(m)$	1	0	0	0	-1	1	-1	$g(0)=1$
$y((1-m))R_L(m)$	-1	1	0	0	0	-1	1	$g(1)=1$
$y((2-m))R_L(m)$	1	-1	1	0	0	0	-1	$g(2)=2$
$y((3-m))R_L(m)$	-1	1	-1	1	0	0	0	$g(3)=2$
$y((4-m))R_L(m)$	0	-1	1	-1	1	0	0	$g(4)=-3$
$y((5-m))R_L(m)$	0	0	-1	1	-1	1	0	$g(5)=1$
$y((6-m))R_L(m)$	0	0	0	-1	1	-1	1	$g(6)=-4$

$$g(n)=\{1,1,2,2,-3,1,-4\}, \quad 0 \leqslant n \leqslant 6$$

3-12　已知两个序列 $x_1(n)=(0.5)^n R_4(n)$，$x_2(n)=R_4(n)$，求它们的线性卷积，以及 4 点、6 点和 8 点的圆周卷积。

解：(1) 线性卷积。采用列表法，运算过程如表 3-9 所示。

表 3-9　题 3-12 线性卷积运算过程

m	$\cdots$	-2	-1	0	1	2	3	4	5	$\cdots$	$y(n)$
$x_1(m)$				1	0.5	0.25	0.125				
$x_2(m)$				1	1	1	1				
$x_2(-m)$	1	1	1	1							$y(0)=1$
$x_2(1-m)$		1	1	1	1						$y(1)=1.5$
$x_2(2-m)$			1	1	1	1					$y(2)=1.75$
$x_2(3-m)$				1	1	1	1				$y(3)=1.875$
$x_2(4-m)$					1	1	1	1			$y(4)=0.875$
$x_2(5-m)$						1	1	1	1		$y(5)=0.375$
$x_2(6-m)$							1	1	1	1	$y(6)=0.125$

由此可得

$$y_l(n)=\{1,1.5,1.75,1.875,0.875,0.375,0.125\}, \quad 0 \leqslant n \leqslant 6$$

(2) 4 点圆周卷积（列表法），运算过程如表 3-10 所示。

表 3-10　题 3-12 圆周卷积运算过程($L=4$)

m	0	1	2	3	$y(n)$
$x_1(m)$	1	0.5	0.25	0.125	
$x_2(m)$	1	1	1	1	
$x_2((-m))R_L(m)$	1	1	1	1	$y(0)=1.875$
$x_2((1-m))R_L(m)$	1	1	1	1	$y(1)=1.875$
$x_2((2-m))R_L(m)$	1	1	1	1	$y(2)=1.875$
$x_2((3-m))R_L(m)$	1	1	1	1	$y(3)=1.875$

$$y_c(n)=\{1.875,1.875,1.875,1.875\}, \quad 0 \leqslant n \leqslant 3$$

或者利用线性卷积与圆周卷积的关系

$$L=4 \text{ 时}, y_c(n)=\left[\sum_{r=-\infty}^{\infty} y_l(n+rL)\right]R_L(n)=\left[\sum_{r=-\infty}^{\infty} y_l(n+4r)\right]R_4(n)$$

$$=\{0.875,0.375,0.125,0\}+\{1,1.5,1.75,1.875\}$$

$$=\{1.875,1.875,1.875,1.875\}, \quad 0 \leqslant n \leqslant 3$$

(3) 6 点圆周卷积(列表法),运算过程如表 3-11 所示。

表 3-11　题 3-12 圆周卷积运算过程($L=6$)

m	0	1	2	3	4	5	$y(n)$
$x_1(m)$	1	0.5	0.25	0.125	0	0	
$x_2(m)$	1	1	1	1	0	0	
$x_2((-m))R_L(m)$	1	0	0	1	1	1	$y(0)=1.125$
$x_2((1-m))R_L(m)$	1	1	0	0	1	1	$y(1)=1.5$
$x_2((2-m))R_L(m)$	1	1	1	0	0	1	$y(2)=1.75$
$x_2((3-m))R_L(m)$	1	1	1	1	0	0	$y(3)=1.875$
$x_2((4-m))R_L(m)$	0	1	1	1	1	0	$y(4)=0.875$
$x_2((5-m))R_L(m)$	0	0	1	1	1	1	$y(5)=0.375$

$$y_c(n)=\{1.125,1.5,1.75,1.875,0.875,0.375\}, \quad 0 \leqslant n \leqslant 5$$

或者利用线性卷积与圆周卷积的关系

$$L=6 \text{ 时}, y_c(n)=\left[\sum_{r=-\infty}^{\infty} y_l(n+rL)\right]R_L(n)=\left[\sum_{r=-\infty}^{\infty} y_l(n+6r)\right]R_6(n)$$

$$=\{0.125,0,0,0,0,0\}+\{1,1.5,1.75,1.875,0.875,0.375\}$$

$$=\{1.125,1.5,1.75,1.875,0.875,0.375\}, \quad 0 \leqslant n \leqslant 5$$

(4) 8 点圆周卷积(列表法),运算过程如表 3-12 所示。

表 3-12　题 3-12 圆周卷积运算过程($L=8$)

m	0	1	2	3	4	5	6	7	$y(n)$
$x_1(m)$	1	0.5	0.25	0.125	0	0	0	0	
$x_2(m)$	1	1	1	1	0	0	0	0	
$x_2((-m))R_L(m)$	1	0	0	0	0	1	1	1	$y(0)=1$

续表

m	0	1	2	3	4	5	6	7	$y(n)$
$x_2((1-m))R_L(m)$	1	1	0	0	0	0	1	1	$y(1)-1.5$
$x_2((2-m))R_L(m)$	1	1	1	0	0	0	0	1	$y(2)=1.75$
$x_2((3-m))R_L(m)$	1	1	1	1	0	0	0	0	$y(3)=1.875$
$x_2((4-m))R_L(m)$	0	1	1	1	1	0	0	0	$y(4)=0.875$
$x_2((5-m))R_L(m)$	0	0	1	1	1	1	0	0	$y(5)=0.375$
$x_2((6-m))R_L(m)$	0	0	0	1	1	1	1	0	$y(6)=0.125$
$x_2((7-m))R_L(m)$	0	0	0	0	1	1	1	1	$y(7)=0$

$$y_c(n) = \{1,1.5,1.75,1.875,0.875,0.375,0.125,0\}, \quad 0 \leqslant n \leqslant 7$$

可见，当 $L \geqslant N_1 + N_2 - 1$ 时，圆周卷积与线性卷积结果一样。

或者利用线性卷积与圆周卷积的关系

$$L = 8 \text{ 时}, y_c(n) = \left[\sum_{r=-\infty}^{\infty} y_l(n+rL)\right]R_L(n) = \left[\sum_{r=-\infty}^{\infty} y_l(n+8r)\right]R_8(n)$$
$$= y_l(n) = \{1,1.5,1.75,1.875,0.875,0.375,0.125,0\}, \quad 0 \leqslant n \leqslant 7$$

3-13　已知 $x(n)$ 是长度为 N 的有限长序列，$X(k) = \text{DFT}[x(n)]$，现将长度扩大 r 倍，得长度为 rN 的有限长序列 $y(n)$ 为

$$y(n) = \begin{cases} x(n), & 0 \leqslant n \leqslant N-1 \\ 0, & N \leqslant n \leqslant rN-1 \end{cases}$$

求 $\text{DFT}[y(n)]$ 与 $X(k)$ 的关系。

解：$X(k) = \sum_{n=0}^{N-1} x(n)W_N^{kn}$

$$Y(k) = \sum_{n=0}^{rN-1} y(n)W_{rN}^{kn} = \sum_{n=0}^{N-1} x(n)W_N^{\frac{k}{r}n} = X\left(\frac{k}{r}\right)$$

3-14　有限宽序列的离散傅里叶变换相当于其 Z 变换在单位圆上的取样。例如 10 点序列 $x(n)$ 的离散傅里叶变换相当于 $X(z)$ 在单位圆 10 个均分点上的取样，如图题 3-14(a) 所示，我们希望求出图题 3-14(b) 所示圆周上 $X(z)$ 的等间隔取样，即 $X(z)\big|_{z=0.5e^{j[(2k\pi/10)+(\pi/10)]}}$，如何修改 $x(n)$，才能得到序列 $x_1(n)$，使其离散傅里叶变换相当于上述的 $X(z)$ 取样。

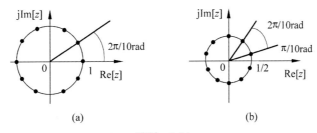

图题　3-14

解：$X_1(k) = \sum_{n=0}^{9} x_1(n)e^{-j\frac{2\pi}{10}nk} = X(z)\big|_{z=0.5e^{j[(2k\pi/10)+(\pi/10)]}} = \sum_{n=0}^{9} x(n)z^{-n}\big|_{z=0.5e^{j[(2k\pi/10)+(\pi/10)]}}$

$$= \sum_{n=0}^{9} x(n)(0.5)^{-n}e^{-j\frac{\pi}{10}n}e^{-j\frac{2\pi}{10}nk}$$

由此可得
$$x_1(n) = (0.5)^{-n} e^{-j\frac{\pi}{10}n} x(n)$$

3-15 (1) 模拟数据以 10.24kHz 速率采样,且计算了 1024 个采样的离散傅里叶变换。求频谱采样之间的频率间隔。

(2) 以上数字数据经处理以后又进行了离散傅里叶反变换,求离散傅里叶反变换后采样点的间隔是多少? 整个 1024 点的时宽为多少?

解:(1) 频率间隔 $F = \dfrac{f_s}{N} = \dfrac{10.24}{1024} = 0.01\text{kHz}$

(2) 采样点的间隔 $T = \dfrac{1}{f_s} = \dfrac{1}{10.24\text{kHz}} = 97.66\mu\text{s}$

整个 1024 点的时宽即为记录长度 $NT = \dfrac{1}{F} = 100\text{ms}$。

3-16 若 $x(n)$ 表示长度为 $N_1 = 8$ 点的有限长序列,$y(n)$ 表示长度为 $N_2 = 20$ 点的有限长序列,$R(k)$ 为两个序列 20 点的离散傅里叶变换相乘,求 $r(n)$,并指出 $r(n)$ 的哪些点与 $x(n)$、$y(n)$ 的线性卷积相等。

解:$x(n)$ 的长度为 8 点,序列 $y(n)$ 的长度为 20 点,故 $x(n) * y(n)$ 的长度为
$$N = N_1 + N_2 - 1 = 27$$
因为计算 $x(n)$ 和 $y(n)$ 的 20 点圆周卷积,即 $L = 20$,所以混淆的长度为 $N - L = 27 - 20 = 7$,当线性卷积以 $L = 20$ 为周期延拓形成圆周卷积序列时,一个周期内在 $n = 0$ 到 $n = N - L - 1 = 27 - 20 - 1 = 6$ 这些点处发生混叠,则 20 点圆周卷积 $r(n)$ 中等于 $x(n)$ 与 $y(n)$ 的线性卷积的范围是 $7 \sim 19$。

其分析示意图如图 3-10 所示。

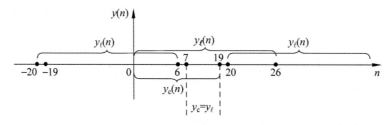

图 3-10   题 3-16 分析示意图

3-17 两个有限长序列 $x(n)$ 和 $y(n)$ 的零值区间为
$$x(n) = 0, \quad n < 0, 8 \leqslant n$$
$$y(n) = 0, \quad n < 0, 20 \leqslant n$$
对每个序列作 20 点 DFT,即
$$X(k) = \text{DFT}[x(n)], \quad k = 0, 1, \cdots, 19$$
$$Y(k) = \text{DFT}[y(n)], \quad k = 0, 1, \cdots, 19$$
如果
$$F(k) = X(k) \cdot Y(k), \quad k = 0, 1, \cdots, 19$$
$$f(n) = \text{IDFT}[F(k)], \quad k = 0, 1, \cdots, 19$$
试问在哪些点上 $f(n) = x(n) * y(n)$? 为什么?

解:由题意可得:$x(n)$ 的长度为 8 点,序列 $y(n)$ 的长度为 20 点,故 $x(n) * y(n)$ 的长度为

$$N = N_1 + N_2 - 1 = 27$$

因为计算 $x(n)$ 和 $y(n)$ 的 20 点圆周卷积,即 $L=20$,所以混淆的长度为 $N-L=27-20=7$,当线性卷积以 $L=20$ 为周期延拓形成圆周卷积序列时,一个周期内在 $n=0$ 到 $n=N-L-1=27-20-1=6$ 这些点处发生混叠,则 20 点圆周卷积 $r(n)$ 中等于 $x(n)$ 与 $y(n)$ 的线性卷积的范围是 $7\sim19$。

实际上,本题和上一题结果一样,只是题目的叙述方式变化了。

3-18　已知序列 $x(n)$ 的长度为 120 点,序列 $y(n)$ 的长度为 185 点,若计算 $x(n)$ 和 $y(n)$ 的 256 点圆周卷积,试分析结果中相当于 $x(n)$ 与 $y(n)$ 的线性卷积的范围是多少?

解:详见典型例题分析例 3-4。

3-19　已知一个有限长序列为 $x(n)=\delta(n-2)+3\delta(n-4)$

(1) 求它的 8 点离散傅里叶变换 $X(k)$;

(2) 已知序列 $y(n)$ 的 8 点离散傅里叶变换为 $Y(k)=W_8^{4k}X(k)$,求序列 $y(n)$。

解:(1) $\displaystyle X(k) = \sum_{n=0}^{N-1} x(n)W_N^{nk} = \sum_{n=0}^{7}[\delta(n-2)+3\delta(n-4)]W_8^{nk}$

$\qquad\qquad = W_8^{2k} + 3W_8^{4k} = e^{-j\frac{2\pi}{8}2k} + 3e^{-j\frac{2\pi}{8}4k}$

$\qquad\qquad = (-j)^k + 3(-1)^k, \quad k=0,1,\cdots,7$

(2) 由 $Y(k)=W_8^{4k}X(k)$ 可知,$y(n)$ 是 $x(n)$ 向右循环移位 4 的结果,则

$$y(n) = x((n-4))_8 R_8(n) = \delta(n-6)+3\delta(n)$$

或者由

$$Y(k) = W_8^{4k}X(k) = W_8^{4k}(W_8^{2k}+3W_8^{4k}) = W_8^{6k} + 3W_8^{8k} = W_8^{6k} + 3$$

所以

$$y(n) = \text{IDFT}[Y(k)] = \delta(n-6)+3\delta(n)$$

3-20　已知一个长度为 10 的有限长序列

$$x(n) = 5\delta(n-4)+\delta(n-5)+4\delta(n-6)$$

(1) 试求它的 10 点离散傅里叶变换 $X(k)$;

(2) 若序列 $y(n)$ 的 10 点离散傅里叶变换为 $Y(k)=W_{10}^{5k}X(k)$,求 $\text{IDFT}[Y(k)]$;

(3) 若已知另一长度为 8 的序列 $g(n)$ 为实序列,其 8 点 DFT 的前 5 点值为 $\{4.161,\ 0.710-j0.926,\ 0.507-j0.406,\ 0.470-j0.171,\ 0.462\}$,写出 8 点 DFT 的后 3 点值。

解:(1)

$$X(k) = \sum_{n=0}^{N-1} x(n)W_N^{nk} = \sum_{n=0}^{9}[5\delta(n-4)+\delta(n-5)+4\delta(n-6)]W_{10}^{nk}$$

$$= 5 \cdot W_{10}^{4k} + W_{10}^{5k} + 4W_{10}^{6k}$$

(2) 由 $Y(k)=W_{10}^{5k}X(k)$ 可知,

$$y(n) = 5\delta(n-9)+\delta(n-10)+4\delta(n-11) = 5\delta(n-9)+\delta(n)+4\delta(n-1)$$

(3) 根据实序列 DFT 的共轭对称性 $X(k)=X^*(N-k)$,$k=0,1,2,\cdots,7$,

得到 8 点 DFT 的后 3 点值为

$$\{0.470+j0.171,\ 0.507+j0.406,\ 0.710+j0.926\}$$

3-21　用微处理机对实数序列作谱分析,要求谱分辨率 $F\leqslant50\text{Hz}$,信号最高频率为

1kHz,试确定以下各参数：

(1) 最小记录时间 T_{pmin}；

(2) 最大取样间隔 T_{max}；

(3) 最少采样点数 N_{min}；

(4) 在频带宽度不变的情况下,将频谱分辨率提高一倍的 N 值。

解：(1)

$$T_p \geqslant \frac{1}{F} = \frac{1}{50} = 0.02\text{s}, \quad \text{因此 } T_{pmin} = 0.02\text{s}$$

(2) 因为要求 $f_s \geqslant 2f_c$,所以

$$T_{max} = \frac{1}{2f_c} = \frac{1}{2000} = 5 \times 10^{-4}\text{s}$$

(3) $N_{min} = \dfrac{2f_c}{F} = \dfrac{2 \times 1000}{50} = 40$ 或 $N_{min} = \dfrac{T_p}{T} = \dfrac{0.02}{5 \times 10^{-4}} = 40$

(4) 频带宽度不变,即信号最高频率 f_c 不变。为使频率分辨率提高一倍(F 为原来的一半),$F = 25\text{Hz}$,即记录时间扩大一倍为 0.04s,则

$$N_{min} = \frac{2f_c}{F} = \frac{2 \times 1000}{25} = 80 \quad \text{或} \quad N_{min} = \frac{T_p}{T} = \frac{0.04}{5 \times 10^{-4}} = 80$$

3-22 已知调幅信号的载波频率 $f_c = 1\text{kHz}$,调制信号频率 $f_m = 100\text{Hz}$,用 FFT 对其进行谱分析,试求：

(1) 最小记录时间 T_p；

(2) 最低采样频率 f_s；

(3) 最少采样点 N。

解：由题意得,调幅信号的最高频率 $f_{max} = 1.1\text{kHz}$,用 FFT 对单音调幅信号进行谱分析,应满足 $100/F =$ 整数,即频率分辨率 $F \leqslant 100\text{Hz}$,所以

(1) $T_{pmin} = \dfrac{1}{F} = \dfrac{1}{100} = 0.01\text{s}$

(2) $f_{smin} = 2f_{max} = 2.2\text{kHz}$

(3) $N_{min} = \dfrac{T_p}{T_{max}} = T_p \cdot f_{smin} = 0.01 \times 2.2 \times 10^3 = 22$

3-23 若 $x_1(n)$ 是长度为 50 点的有限长序列,非零区间为 $0 \leqslant n \leqslant 49$,$x_2(n)$ 是长度为 15 点的有限长序列,非零区间为 $5 \leqslant n \leqslant 19$,两序列做 50 点的圆周卷积,即

$$y(n) = \sum_{m=0}^{49} x_1(m)x_2((n-m))_{50} R_{50}(n)$$

指出 $y(n)$ 的哪些点与 $x_1(n) * x_2(n)$ 的结果相等。

解：$x_1(n)$ 的长度为 50 点,序列 $x_2(n)$ 的长度为 15 点,故 $x_1(n) * x_2(n)$ 的长度为 $N_1 + N_2 - 1 = 64$,且非零区间为 $5 \leqslant n \leqslant 68$,将 $n = 0 \sim 4$ 这 5 个零值加上,则 $x_1(n) * x_2(n)$ 的长度范围为 $n = 0 \sim 68$,$N = 69$。

因为计算 $x_1(n)$ 和 $x_2(n)$ 的 50 点圆周卷积,即 $L = 50$,所以混淆的长度为 $N - L = 69 - 50 = 19$(实际上是 $19 - 5 = 14$)。当线性卷积以 $L = 50$ 为周期延拓形成圆周卷积序列时,一

个周期内在 $n=0$ 到 $n=N-L-1=69-50-1=18$ 这些点处发生混叠（实际上是 $n=5\sim18$），则 50 点圆周卷积 $y(n)$ 中等于 $x_1(n)$ 和 $x_2(n)$ 的线性卷积的范围是 $19\sim49$。

其分析示意图如图 3-11 所示。

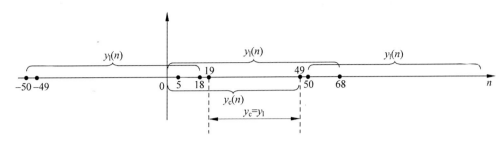

图 3-11 题 3-23 分析示意图

3-24 以 20kHz 的采样率对最高频率为 10kHz 的带限信号 $x_a(t)$ 采样，然后计算 $x(n)$ 的 $N=1000$ 个采样点的 DFT，即

$$X(k)=\sum_{n=0}^{N-1}x(n)\mathrm{e}^{-\mathrm{j}\frac{2\pi}{N}nk},\quad N=1000$$

试问：

（1）$k=150$ 对应的模拟频率是多少？$k=800$ 时又是多少？

（2）频谱采样点之间的间隔是多少？

解：（1）因为 N 点 $X(k)$ 是对序列 $x(n)$ 的傅里叶变换 $X(\mathrm{e}^{\mathrm{j}\omega})$ 在区间 $[0,2\pi]$ 上的等间隔采样，$\omega_k=\dfrac{2\pi}{N}k$，$k=0,1,\cdots,N-1$。

由 $\omega=\Omega T=\dfrac{\Omega}{f_s}=2\pi\dfrac{f}{f_s}$，得 $f=\dfrac{\omega}{2\pi}f_s$

$$f_k=\frac{f_s}{N}k=\frac{20}{1000}\times150=3\mathrm{kHz}$$

对于 $k=800$，注意 $X(\mathrm{e}^{\mathrm{j}\omega})$ 具有周期性，即

$$X(\mathrm{e}^{\mathrm{j}\omega})=X(\mathrm{e}^{\mathrm{j}(\omega+2\pi)})$$

$$\omega_k=\frac{2\pi}{N}k=\frac{2\pi}{N}(k-N)$$

$$f_k=\frac{f_s}{N}k=\frac{f_s}{N}(k-N)=\frac{20}{1000}(800-1000)\mathrm{kHz}=-4\mathrm{kHz}$$

（2）$F=\dfrac{f_s}{N}=\dfrac{20}{1000}=0.02\mathrm{kHz}$

3-25 假设以 8kHz 速率对一段长为 10s 的语音信号采样，现用一个长度为 $L=64$ 的 FIR 滤波器 $h(n)$ 对其进行滤波，若采用 DFT 为 1024 点的重叠保留法，那么共需要多少次 DFT 变换和多少次 IDFT 变换来进行卷积。

解：对一段长为 10s 的语音信号以 8kHz 速率采样，$x(n)$ 共有 $N=10\times8000=8\times10^4$ 个采样点。如果将 $x(n)$ 分成长度为 1024 点的段，然后将这些段与长度为 64 的 $h(n)$ 圆周卷积，卷积结果的前 $64-1=63$ 个值将会叠加，后 $1024-63=961$ 个值等于线性卷积。所以，每一个圆周卷积产生 961 个有效的数据点。滤波后的信号 $y(n)=h(n)*x(n)$ 的长度为

$8 \times 10^4 + 63 = 80\,063$，$x(n)$被分段成 $L = \dfrac{80\,063}{961} = 83.3$ 或 84 个重叠部分。所以为了计算卷积，共需要 85 次 DFT 变换和 84 次 IDFT 变换来进行。

其中：1 次 DFT 用于计算 $H(k)$，84 次用于计算 $X_i(k)$；

84 次用于计算 $Y_i(k) = X_i(k)H(k)$DFT 反变换。

3-26 对一个连续时间信号 $x(t)$ 进行采样，采样频率为 8192Hz，共采样 500 点，得到一个有限长序列 $x(n)$，试分析：

(1) 通过 DFT 方法来分析该序列在 800Hz 频率处的频率特性，应如何做？

(2) 如果只能一次进行 256 点数值的 FFT 运算，用什么办法能实现信号 $x(n)$ 的谱分析？

解：(1) 由于 $f = kF$，$F = \dfrac{f_s}{N}$(频谱分辨率)，得

$$k = f\frac{N}{f_s} = 800 \times \frac{500}{8192} \approx 49$$

(2) 首先将 $x(n)$ 补零到 512 点，即 $x(n)$ 为 $N=512$ 点的实序列，将 $x(n)$ 分解为两个 $N/2=256$ 点的实序列 $x_1(n)$ 和 $x_2(n)$，其中 $x_1(n)$ 为 $x(n)$ 的偶数点序列，$x_2(n)$ 为 $x(n)$ 的奇数点序列。它们分别作为新构造序列 $y(n)$ 的实部和虚部，即

$$x_1(n) = x(2n), x_2(n) = x(2n+1), n = 0, 1, \cdots, N/2 - 1$$
$$y(n) = x_1(n) + \mathrm{j}x_2(n), n = 0, 1, \cdots, N/2 - 1$$

对 $y(n)$ 进行 $N/2$ 点 FFT，即 $Y(k) = \mathrm{DFT}[y(n)]$，则

$$\left.\begin{aligned} X_1(k) = \mathrm{DFT}[x_1(n)] &= Y_{\mathrm{ep}}(k) \\ &= \frac{1}{2}\left[Y(k) + Y^*\left(\frac{N}{2} - k\right)\right] \\ X_2(k) = \mathrm{DFT}[x_2(n)] &= -\mathrm{j}Y_{\mathrm{op}}(k) \\ &= \frac{1}{2\mathrm{j}}\left[Y(k) - Y^*\left(\frac{N}{2} - k\right)\right] \end{aligned}\right\}, \quad k = 0, 1, \cdots, \frac{N}{2} - 1$$

根据 DIT-FFT 的思想及蝶形公式，可得

$$X(k) = X_1(k) + W_N^k X_2(k), \quad k = 0, 1, \cdots, N/2 - 1$$

由于 $x(n)$ 为实序列，所以 $X(k)$ 的另外 $N/2$ 点的值可由共轭对称性求得

$$X(N-k) = X^*(k), \quad k = 0, 1, \cdots, N/2 - 1$$

这样，仅仅做了一次 $N/2$ 点 FFT，却得到了一个 N 点实序列 $x(n)$ 的 FFT 结果，实现了信号 $x(n)$ 的谱分析。

3.6 自测题及参考答案

一、自测题

1. 填空题(10 小题)

(1) 表达式 $X(k) = X(\mathrm{e}^{\mathrm{j}\omega})|_{\omega = \frac{2\pi}{N}k}$ 的物理意义是_____。

(2) 设实序列 $x(n)$ 的 10 点 DFT 为 $X(k)(0 \leqslant k \leqslant 9)$，已知 $X(1) = 3 + \mathrm{j}$，则 $X(9)$ 为_____。

（3）设实连续信号 $x(t)$ 中含有频率 40Hz 的余弦信号，现用 $f_s = 120\text{Hz}$ 的采样频率对其进行采样，并利用 $N = 1024$ 点 DFT 分析信号的频谱，计算频谱的峰值出现在第_____条谱线附近。

（4）已知序列 $x(n)$ 的长度为 130 点，序列 $y(n)$ 的长度为 170 点，若计算 $x(n)$ 和 $y(n)$ 的 256 点圆周卷积，试分析结果中相当于 $x(n)$ 与 $y(n)$ 的线性卷积的范围是_____。

（5）DFT 与 DFS 有密切关系，因为有限长序列可以看成周期序列的_____，而周期序列可以看成有限长序列的_____。

（6）频域 N 点采样造成时域的周期延拓，其周期是_____。

（7）某序列的 DFT 表达式为 $X(k) = \sum_{n=0}^{N-1} x(n)W_M^{nk}$。由此可看出，该序列的时域长度是_____，变换后数字域上相邻两个频率样点之间隔是_____。

（8）补零是改善_____效应的一个方法，通过补零运算可得到高密度谱。

（9）对信号进行频谱分析时，截断信号引起的截断效应表现为_____和_____两方面。

（10）_____序列，存在序列的傅里叶变换（DTFT），不存在 DFT 变换。

2. 判断题（10 小题）

（1）DFS 是一种时域、频谱均为离散和非周期的一种傅里叶变换。（　）

（2）正如连续时间周期信号可以用傅里叶级数表示一样，离散周期序列也可以用离散傅里叶级数表示，即用周期为 N 的复指数序列来表示。（　）

（3）周期卷积的卷积过程只是在一个周期内进行的。在作这类卷积的过程中，当一个周期移出计算区间时，下一周期就移入计算区间。（　）

（4）离散傅里叶变换 DFT 是序列傅里叶变换 DTFT 在区间 $[0, 2\pi]$ 上的采样值。（　）

（5）圆周卷积的计算过程分四步：折叠、移位、相乘、相加。（　）

（6）在 DFT 中，涉及的序列及其离散傅里叶变换均为有限长序列，且定义区间为 0 到 $N-1$，所以这里的对称性是指关于 $N/2$ 点的对称性，称为圆周对称。（　）

（7）一个长度为 M 的有限长序列，对其进行频域采样（采样点数 N）而不产生时域混叠现象的条件是 $M \geqslant N$。（　）

（8）由 $X(e^{j\omega})$ 的内插公式可知，各采样点之间的值 $X(e^{j\omega})$ 精确地等于 $X(k)$，因为其他的内插函数在这些点上的值为零，无影响。（　）

（9）L 点圆周卷积是线性卷积以 L 为周期的周期延拓序列的主值序列。（　）

（10）减小截断效应的唯一方法只能通过加大窗宽 N 来解决。（　）

二、参考答案

1. 填空题答案

（1）$X(k)$ 是序列傅里叶变换 $X(e^{j\omega})$ 在区间 $[0, 2\pi]$ 上的 N 点等间隔采样，其采样间隔为 $\omega = \dfrac{2\pi}{N}$

（2）$X(9) = 3 - j$

（3）$f = kF = k\dfrac{f_s}{N}$，所以 $k = \dfrac{fN}{f_s} \approx 341$

(4) $43 \leqslant n \leqslant 255$

(5) 主值区间,周期延拓

(6) N

(7) $N, 2\pi/M$

(8) 栅栏

(9) 频谱展宽,频谱拖尾

(10) 无限长

2. 判断题答案

$\times \checkmark \checkmark \times \times \checkmark \times \times \checkmark \times$

快速傅里叶变换

4.1　重点与难点

快速傅里叶变换(FFT)是 DFT 的一种快速算法,它在数字信号处理发展史上起到了里程碑的作用。就是由于出现了 FFT,DFT 的理论才能在实际中得到广泛应用。

本章重点:按时间抽取(DIT)的基 2-FFT 算法和按频率抽取(DIF)的基 2-FFT 算法。

本章难点:线性调频 Z 变换(CZT)。

4.2　知识结构

本章包括直接计算 DFT 的问题及改进的途径、基 2-FFT 算法、IDFT 的高效算法、实序列的 FFT 算法、N 为复合数的混合基 FFT 算法、线性调频 Z 变换(CZT)等六部分,其知识结构图如图 4-1 所示。

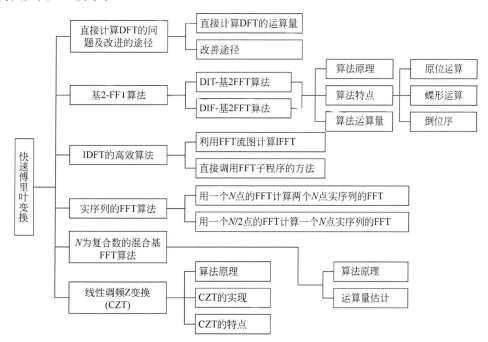

图 4-1　第 4 章的知识结构图

4.3　内容提要

4.3.1　直接计算 DFT 的问题及改进的途径

设 $x(n)$ 为 N 点有限长序列,其 DFT 为

$$X(k) = \sum_{n=0}^{N-1} x(n)W_N^{nk} , \quad k = 0, 1, \cdots, N-1$$

一般来说,$x(n)$ 和 W_N^{nk} 都是复数,$X(k)$ 也是复数,因此每计算一个 $X(k)$ 值,需要 N 次复数乘法和 $N-1$ 次复数加法。复数运算实际上是由实数运算来完成的,整个 DFT 运算总共需要 $4N^2$ 次实数乘法和 $2N(2N-1)$ 次实数加法。所以直接计算离散傅里叶变换要求的算术运算量非常大。

利用系数 W_N^{nk} 的特性来改善离散傅里叶变换的计算效率。

W_N^{nk} 的对称性:$(W_N^{nk})^* = W_N^{-nk}$,$W_N^{(nk+N/2)} = -W_N^{nk}$

W_N^{nk} 的周期性:$W_N^{nk} = W_N^{(n+N)k} = W_N^{n(k+N)}$

利用 W_N^{nk} 的对称性和周期性,可以将大点数的 DFT 分解成若干个小点数的 DFT,快速傅里叶变换正是基于这个基本思路发展起来的。FFT 基本算法可分为两大类,即按时间抽取(DIT-Decimation in Time)算法和按频率抽取(DIF-Decimation in Frequency)算法。

4.3.2　DIT 基 2-FFT 算法与 DIF 基 2-FFT 算法

设序列 $x(n)$ 的长度为 N,且满足 $N = 2^M$,M 为正整数。实际的序列可能不满足此条件,可以人为地在序列尾部加入若干零值点达到这一要求。这种 N 为 2 的整数幂的 FFT,称为基 2-FFT。

DIT 基 2-FFT 算法的特点是,每一步分解都是按输入序列在时间上的奇偶次序,分解成两个半长的子序列,所以称为"按时间抽取算法"。

另外一种 FFT 算法是把输出序列 $X(k)$ 按 k 的奇偶分解成越来越短的序列,称为按频率抽取 FFT 算法。但要注意该算法在把 $X(k)$ 按 k 的奇偶分组之前,要先把 $x(n)$ 按 n 的顺序分解为前后两部分。

DIT 基 2-FFT 算法与 DIF 基 2-FFT 算法的典型流程图分别如图 4-2 和图 4-3 所示。

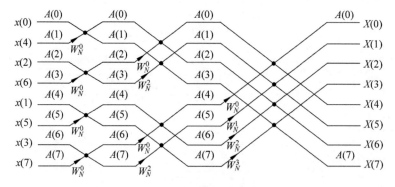

图 4-2　N 点 DIT-FFT 运算流图($N=8$)

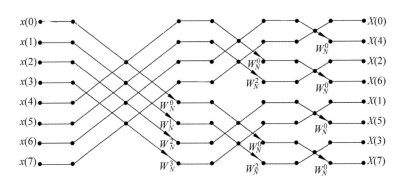

图 4-3　N 点 DIF-FFT 运算流图（$N=8$）

1. 算法流程图特点

1）原位运算

所谓原位运算，就是当数据输入到存储器以后，每一级运算的结果仍然储存在这同一组存储器中，直到最后输出，中间无须其他存储器。

从算法的蝶形流程图可以看出，某一列的任何两个节点 k 和 j 的节点变量进行蝶形运算后，得到结果为下一列 k,j 两节点的节点变量，而和其他节点变量无关，因而可以采用原位运算，即某一列的 N 个数据送到存储器后，经蝶形运算，其结果为下一列数据，它们以蝶形为单位仍存储在这同一组存储器中，直到最后输出，中间无须其他存储器。这种原位运算结构可以节省存储单元，降低设备成本。

2）蝶形运算

如果蝶形运算的两个输入数据相距 B 个点，应用原位运算，则

$$X_L(J) \Leftarrow X_{L-1}(J) + X_{L-1}(J+B)W_N^p$$
$$X_L(J+B) \Leftarrow X_{L-1}(J) - X_{L-1}(J+B)W_N^p$$

式中，第 L 级的旋转因子指数 $p = J \cdot 2^{M-L}$，$J=0,1,2,\cdots,2^{L-1}-1$，$L=1,2,\cdots,M$，$B=2^{L-1}$。

3）倒位序

在 DIT-FFT 蝶形结构中，输出 $X(k)$ 按正常顺序排列在存储单元中，即按 $X(0),X(1),\cdots,X(7)$ 的顺序排列，输入 $x(n)$ 是按 $x(0),x(4),\cdots,x(7)$ 的顺序存入存储单元，按二进制看是"倒序位"排列的。

而 DIF-FFT 蝶形结构输入是正常顺序，输出是倒位序。

需要注意的是，表面上看 DIT-FFT 和 DIF-FFT 是两种不同的算法，但这只是分解的方法不同而已。从两种算法的蝶形流程图来看，根据转置定理，DIT-FFT 和 DIF-FFT 是两种等价的 FFT 运算。

2. 算法运算量

由 FFT 流图可以得到，当 $N=2^M$ 时，M 级运算总共需要：

复乘法次数

$$m_F = \frac{N}{2} \log_2 N$$

复加法次数

$$a_F = N \log_2 N$$

DIT-FFT 和 DIF-FFT 两种算法运算量相同。

例如,利用 FFT 求线性卷积(其实现框图见图 3-6,将图中的 DFT 换为 FFT)——快速卷积,其运算量如下:

复乘次数

$$3 \times \frac{N}{2} \log_2 N + N$$

复加次数

$$3N \log_2 N$$

4.3.3 IDFT 的高效算法

以上所讨论的 FFT 的运算方法同样可用于 IDFT 的运算,简称为 IFFT,即快速傅里叶反变换。从 IDFT 的定义出发,可以导出下列两种利用 FFT 来计算 IFFT 的方法。

1. 利用 FFT 流图计算 IFFT

比较 DFT 和 IDFT 的运算公式

$$\begin{cases} x(n) = \text{IDFT}[X(k)] = \dfrac{1}{N} \sum_{k=0}^{N-1} X(k) W_N^{-nk} \\ X(k) = \text{DFT}[x(n)] = \sum_{k=0}^{N-1} x(n) W_N^{nk} \end{cases}$$

只要把 DFT 运算中的每个系数 W_N^{nk} 改成 W_N^{-nk},将运算结果都除以 N,那么以上讨论的时间抽取或频率抽取 FFT 都可以拿来运算 IDFT,但在命名上应注意区别。

2. 直接调用 FFT 子程序的方法

$$x(n) = \frac{1}{N} \left[\sum_{k=0}^{N-1} X^*(k) W_N^{nk} \right]^* = \frac{1}{N} \{\text{DFT}[X^*(k)]\}^*$$

具体步骤为:①将 $X(k)$ 的虚部乘以 -1,即先取 $X(k)$ 的共轭,得 $X^*(k)$;②将 $X^*(k)$ 直接送入 FFT 程序;③再对运算结果取一次共轭变换,并乘以常数 $1/N$,即可以求出 IFFT 变换的 $x(n)$ 的值。

这种方法虽然用了两次取共轭运算,但可以与 FFT 共用同一子程序,因而使用起来非常方便。

4.3.4 实序列的 FFT 算法

前面介绍的 FFT 流图主要针对的是复序列,对于实序列,若直接按该流图处理,则是将序列看成是虚部为零的复序列,会浪费许多运算时间和存储空间。解决的方法主要有两个:一是用一次 N 点的 FFT 计算两个 N 点实序列的 FFT,一个作为实部,另一个作为虚部,计算后再把输出按共轭对称性加以分离;二是用 $N/2$ 点的 FFT 计算一个 N 点实序列的 FFT,将该序列的偶数点序列置为实部,奇数点序列置为虚部,同样在最后将其分离。

例如方法一:用一个 N 点的 FFT 计算两个 N 点实序列的 DFT。

设 $x_1(n)$ 和 $x_2(n)$ 是两个 N 点实序列,以 $x_1(n)$ 作实部,$x_2(n)$ 作虚部,构造一个复序列 $y(n)$,即

$$y(n) = x_1(n) + \text{j} x_2(n)$$

求出 $y(n)$ 的 N 点 FFT,即

$$Y(k) = \mathrm{DFT}[y(n)] = Y_{\mathrm{ep}}(k) + Y_{\mathrm{op}}(k)$$

由对称性,可求得

$$X_1(k) = \mathrm{DFT}[x_1(n)] = Y_{\mathrm{ep}}(k) = \frac{1}{2}[Y(k) + Y^*(N-k)]$$

$$X_2(k) = \mathrm{DFT}[x_2(n)] = -\mathrm{j}Y_{\mathrm{op}}(k) = \frac{1}{2\mathrm{j}}[Y(k) - Y^*(N-k)]$$

可见,该方法仅仅做了一次 N 点 FFT 求出 $Y(k)$,再分别提取 $Y(k)$ 中的圆周共轭对称分量和圆周共轭反对称分量,则得到了两个 N 点实序列的 FFT 结果,即 $X_1(k)$ 和 $X_2(k)$,提高了运算效率。

方法二原理与方法一类似,这里不再赘述。它仅仅做了一次 $N/2$ 点 FFT,却得到了一个 N 点实序列的 FFT 结果,运算速度同样提高近一倍。

4.3.5 线性调频 Z 变换(CZT)

DFT 实质上是对有限长序列的 Z 变换沿单位圆从正实轴开始做等间隔采样,实现对信号进行频谱离散化分析。线性调频 Z 变换算法是一个一般化的 DFT,它可以沿螺线轨迹等分角采样,起始点任意,同时可以利用 FFT 算法实现快速计算。

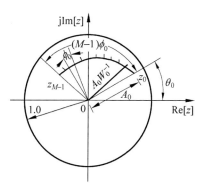

图 4-4 CZT 的螺线采样

1. CZT 定义

已知有限长序列 $x(n)(0 \leqslant n \leqslant N-1)$,沿 z 平面的一段螺线作等分角的采样,如图 4-4 所示,采样点数为 M,则序列 $x(n)$ 的 Z 变换在采样点 z_k 处的值可表示为

$$X(z_k) = \sum_{n=0}^{N-1} x(n) A^{-n} W^{nk}, \quad k = 0,1,\cdots,M-1$$

式中 $A = A_0 \mathrm{e}^{\mathrm{j}\theta_0}$,表示采样的起始点位置,$W = W_0 \mathrm{e}^{-\mathrm{j}\phi_0}$,$W$ 为螺线参数,W_0 表示螺线的伸展率,$W_0 > 1$ 时,螺线内缩,$W_0 < 1$,螺线外伸。ϕ_0 是采样点间的角度间隔。

$$z_k = AW^{-k} = A_0 \mathrm{e}^{\mathrm{j}\theta_0} W_0^{-k} \mathrm{e}^{\mathrm{j}k\phi_0} = A_0 W_0^{-k} \mathrm{e}^{\mathrm{j}(\theta_0 + k\phi_0)}, \quad k = 0,1,\cdots,M-1$$

2. CZT 的高效运算

为了提高运算速度,可对上式做进一步分析处理,变换为

$$X(z_k) = W^{\frac{k^2}{2}} \sum_{n=0}^{N-1} g(n) h(k-n) = W^{\frac{k^2}{2}}[g(k) * h(k)], \quad k = 0,1,\cdots,M-1$$

其中

$$g(n) = x(n) A^{-n} W^{\frac{n^2}{2}}, \quad n = 0,1,\cdots,N-1$$

$$h(n) = W^{-\frac{n^2}{2}}$$

上式表明,如果我们对信号先进行一次加权处理,加权系数为 $A^{-n} W^{n^2/2}$;然后,通过一个单位脉冲响应为 $h(n)$ 的线性系统即求 $g(n)$ 与 $h(n)$ 的线性卷积;最后,对该系统的前 M 点输出再做一次加权,这样就得到了全部 M 点螺线采样值 $X(z_k)$ $(k = 0,1,\cdots,M-1)$。该过程如图 4-5 所示。这里 $g(n)$ 与 $h(n)$ 的线性卷积可以用 FFT

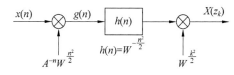

图 4-5 CZT 的线性系统表示

的方法求得,即

$$g(n) * h(n) = \text{IFFT}[G(k)H(k)]$$
$$= \text{IFFT}\{\text{FFT}[g(n)]\text{FFT}[h(n)]\}$$

可见,运算的主要部分是由线性系统来完成的。由于系统的单位脉冲响应 $h(n) = W^{-\frac{n^2}{2}}$ 可以想象为频率随时间(n)呈线性增长的复指数序列,在雷达系统中,这种信号称为线性调频信号(Chirp Signal),因此,这里的变换称为线性调频 Z 变换。

4.4 典型例题分析

例 4-1 设已有一个用来计算下列 N 点离散傅里叶变换的 FFT 程序,试设计利用该 FFT 程序来计算下列 N 点离散傅里叶反变换的方法。

N 点离散傅里叶变换
$$X(k) = \sum_{n=0}^{N-1} x(n)W_N^{nk}$$

N 点离散傅里叶反变换
$$x(n) = \frac{1}{N}\sum_{k=0}^{N-1} X(k)W_N^{-nk}$$

解:(1) 令 $g(n) = \dfrac{1}{N}\displaystyle\sum_{k=0}^{N-1} X(k)W_N^{nk}$,则

$$\frac{1}{N}g(N-n) = \frac{1}{N}\sum_{k=0}^{N-1} X(k)W_N^{(N-n)k} = \frac{1}{N}\sum_{k=0}^{N-1} X(k)W_N^{-nk} = x(n)$$

由此得满足题意的第 1 种方法计算步骤如下:

先用 FFT 程序由 $X(k)$ 计算 $g(n)$,然后计算 $\dfrac{1}{N}g(N-n)$,即可得到 $x(n)$。

(2) 令 $g(n) = \displaystyle\sum_{k=0}^{N-1} X^*(k)W_N^{nk}$,则

$$\frac{1}{N}g^*(n) = \frac{1}{N}\sum_{k=0}^{N-1}[X^*(k)W_N^{nk}]^* = \frac{1}{N}\sum_{k=0}^{N-1} X(k)W_N^{-nk} = x(n)$$

由此可得第 2 种方法计算步骤如下:

先用 FFT 程序由 $X^*(k)$ 计算 $g(n)$,然后计算 $\dfrac{1}{N}g^*(n)$,即可得到 $x(n)$。

例 4-2 画出基 2 时间抽取 4 点 FFT 的运算流图,并利用流图计算 4 点序列 $x(n) = \{1, 2, -4, 2\}$,$n = 0, 1, 2, 3$ 的 DFT。

解:基 2 时间抽取 4 点 FFT 的运算流图如图 4-6 所示。

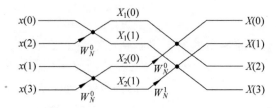

图 4-6 例 4-2 运算流图

$$X_1(0) = x(0) + W_N^0 x(2) = 1 + (-4) = -3$$
$$X_1(1) = x(0) - W_N^0 x(2) = 1 - (-4) = 5$$
$$X_2(0) = x(1) + W_N^0 x(3) = 2 + 2 = 4$$
$$X_2(1) = x(1) - W_N^0 x(3) = 2 - 2 = 0$$
$$X(0) = X_1(0) + W_N^0 X_2(0) = -3 + 4 = 1$$
$$X(1) = X_1(1) + W_N^1 X_2(1) = 5$$
$$X(2) = X_1(0) - W_N^0 X_2(0) = -3 - 4 = -7$$
$$X(3) = X_1(1) - W_N^1 X_2(1) = 5$$

所以

$$X(k) = \{1, 5, -7, 5\}, \quad 0 \leqslant k \leqslant 3$$

例 4-3 对 $N_1 = 64$ 和 $N_2 = 48$ 的两个复序列进行线性卷积。求采用基 2-FFT 进行快速卷积时的总的乘法和加法运算量是多少?

解：采用基 2-FFT 进行快速卷积的框图如图 4-7 所示。这里取 $L = 128 = 2^7$，IFFT 也通过 FFT 程序计算。

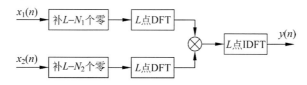

图 4-7　基 2-FFT 进行快速卷积的实现框图

复乘次数

$$3 \times \frac{L}{2} \log_2 L + L = \frac{3}{2} \times 128 \times 7 + 128 = 1472(\text{次})$$

复加次数

$$3L \log_2 L = 3 \times 128 \times 7 = 2688(\text{次})$$

4.5　习题解答

4-1　如果通用计算机的速度为平均每次复数乘需要 $5\mu s$，每次复数加需要 $1\mu s$，用来计算 $N = 1024$ 点 DFT，问直接计算需要多少时间? 用 FFT 计算呢? 照这样计算，用 FFT 进行快速卷积对信号进行处理时，估计可实现实时处理的信号最高频率。

解：当 $N = 1024 = 2^{10}$，直接计算需要的复数乘法运算次数为

$$N^2 = 1024^2$$

复数加法运算次数为

$$N(N-1) = 1024 \times 1023 = 1\,047\,552$$

直接计算需要时间为

$$T = 5 \times 10^{-6} \times 1024^2 + 1\,047\,552 \times 10^{-6} = 6.29\text{s}$$

用 FFT 计算 1024 点 DFT 所需计算时间为

$$T_F = 5 \times 10^{-6} \times \frac{N}{2} \log_2 N + N \log_2 N \times 10^{-6}$$

$$= 5 \times 10^{-6} \times \frac{1024}{2} \times 10 + 1024 \times 10 \times 10^{-6}$$

$$= 35.84 \text{ms}$$

4-2 对一个连续时间信号 $x_a(t)$ 采样 1s 得到一个 4096 个采样点的序列:

(1) 若采样后没有发生频谱混叠,$x_a(t)$ 的最高频率是多少?

(2) 若计算采样信号的 4096 点 DFT,DFT 系数之间的频率间隔是多少 Hz?

(3) 假定我们仅仅对 $200 \leqslant f \leqslant 300$Hz 频率范围所对应的 DFT 采样点感兴趣,若直接用 DFT,要计算这些值需要多少次复乘? 若用 DIT-FFT 则需要多少次?

(4) 为了使 FFT 算法比直接计算 DFT 效率更高,需要多少个频率采样点?

解:(1) 在 1s 内采样 4096 点,说明采样频率 $f_s = 4096$Hz。若采样后没有发生频谱混叠,则必须满足 $f_s \geqslant 2f_{max}$,所以 $x_a(t)$ 的最高频率 $f_{max} = 2048$Hz。

(2) 对于 4096 点 DFT,我们在 $0 \sim 2\pi$ 内对 $X(e^{j\omega})$ 等间隔采样 4096 点,相当于在 $0 \leqslant f \leqslant 4096$Hz 采样 4096 点,因此频率间隔 $\Delta f = 1$Hz。

(3) 在 $200 \leqslant f \leqslant 300$Hz 频率有 101 个 DFT 采样点。因为计算每一个 DFT 系数需要 4096 次复乘,那么仅仅计算这些频率点所需要的乘法次数是 $101 \times 4096 = 413\ 696$。

另外,若采用 FFT,则所需要的乘法次数是 $2048 \times \log_2 4096 = 24\ 576$。所以即使 FFT 计算了 $0 \leqslant f \leqslant 4096$Hz 的所有频率采样点,但仍然比直接计算这 101 个采样点效率高。

(4) 一个 N 点 FFT 需要 $\frac{1}{2} N \log_2 N$ 次复乘,直接计算 M 个 DFT 需要 $M \cdot N$ 次复乘,只要

$$M \cdot N > \frac{1}{2} N \log_2 N$$

或

$$M > \frac{1}{2} \log_2 N$$

求 M 个采样点时 FFT 就会更有效。$N = 4096$ 时,频率采样点数为 $M = 6$。

4-3 一个长度为 $N = 8192$ 的复序列 $x(n)$ 与一个长度为 $L = 512$ 的复序列 $h(n)$ 卷积。试求:

(1) 直接进行卷积所需(复)乘法次数;

(2) 若用 1024 点按时间抽取的基 2-FFT 重叠相加法计算卷积,重复问题(1)。

解:(1) 若 $x(n)$ 长度为 $N = 8192$,$h(n)$ 长度为 $N = 512$,则直接进行卷积所需复乘法为

$$512 \times 8192 = 4\ 194\ 304$$

(2) 用 1024 点 FFT 的重叠相加法,乘法次数如下:由于 $h(n)$ 长度为 $N = 512$,我们可以将 $x(n)$ 分成长度为 $N = 512$ 的序列 $x_i(n)$,这样 $h(n)$ 和 $x_i(n)$1024 点的圆周卷积与线性卷积相等(虽然可以将分段的长度取为 513,但这样不会节约任何计算量)。$x(n)$ 的长度为 8192,这就意味着将会有 16 个长度为 512 点的序列,所以为了进行卷积,我们必须计算 17 个 DFT 变换和 16 个 DFT 反变换。此外,还要计算乘积 $Y_i(k) = H(k) X_i(k)$,$i = 1$,$2, \cdots, 16$。这样全部的复数乘法次数为

$$33 \times 512 \times \log_2 1024 + 16 \times 1024 = 185\ 342$$

大约是直接进行卷积所需复乘次数的 4.5%。

4-4　设计一个频率抽取的 8 点 FFT 流图，输入是码位倒置，而输出是自然顺序。

解：设计原则是，对于任何流图，只要保持各节点所连的支路及其传输系数不变，则不论节点位置怎么排列，所得流图总是等效的。最后所得结果都是 $x(n)$ 的离散傅里叶变换的正确结果，只是数据的提取和存放的次序不同。

按题意设计的流图如图 4-8 所示，它可看成频率抽取的 8 点 FFT 标准流图的变形。

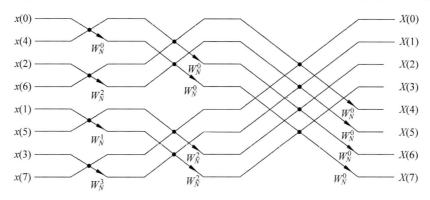

图 4-8　题 4-4 的 FFT 流图

4-5　已知 $X(k)$ 和 $Y(k)$ 是两个 N 点实序列 $x(n)$ 和 $y(n)$ 的 DFT，若要从 $X(k)$ 和 $Y(k)$ 求 $x(n)$ 和 $y(n)$，为提高运算效率，试设计用一次 N 点 IFFT 来完成。

解：方法 1：设计思路和步骤为

(1) 用两个 N 点实序列 $x(n)$ 和 $y(n)$ 组成序列 $g(n)=x(n)+jy(n)$，求该序列的 FFT，根据 DFT 的线性性质，得 $G(k)=X(k)+jY(k)$。所以依题意首先构造频域序列 $G(k)=X(k)+jY(k)$。

(2) 对 $G(k)$ 调用一次 N 点 IFFT 得到 $g(n)$，则可得到

$$\begin{cases} x(n) = \dfrac{1}{2}\big[g(n)+g^{*}(n)\big] = \mathrm{Re}[g(n)] \\[2mm] y(n) = \dfrac{1}{2j}\big[g(n)-g^{*}(n)\big] = \mathrm{Im}[g(n)] \end{cases}$$

方法 2：因为 $x(n)$ 和 $y(n)$ 都是实序列，所以 $X(k)$ 和 $Y(k)$ 为共轭对称序列，$jY(k)$ 为共轭反对称序列。可令 $X(k)$ 和 $jY(k)$ 分别作为复序列 $G(k)$ 的共轭对称分量和共轭反对称分量。即

$$G(k) = X(k)+jY(k) = G_{\mathrm{ep}}(k)+G_{\mathrm{op}}(k)$$

对 $G(k)$ 进行 N 点 IFFT 得到

$$g(n) = \mathrm{IFFT}[G(k)] = \mathrm{Re}[g(n)]+j\mathrm{Im}[g(n)]$$

由 DFT 的共轭对称性知

$$\mathrm{Re}[g(n)] = \mathrm{IDFT}[G_{\mathrm{ep}}(k)] = \mathrm{IDFT}[X(k)] = x(n)$$

$$j\mathrm{Im}[g(n)] = \mathrm{IDFT}[G_{\mathrm{op}}(k)] = \mathrm{IDFT}[jY(k)] = jy(n)$$

所以

$$\begin{cases} x(n) = \dfrac{1}{2}\big[g(n)+g^{*}(n)\big] \\[2mm] y(n) = \dfrac{1}{2j}\big[g(n)-g^{*}(n)\big] \end{cases}$$

4-6 设 $x(n)$ 是长度为 $2N$ 的有限长实序列,$X(k)$ 为 $x(n)$ 的 $2N$ 点 DFT。

(1) 试设计用一次 N 点 FFT 完成计算 $X(k)$ 的高效算法。

(2) 若已知 $X(k)$,试设计用一次 N 点 IFFT 实现求 $x(n)$ 的 $2N$ 点 IDFT 运算。

解:(1) 在时域分别抽取偶数点和奇数点 $x(n)$ 得到两个 N 实序列 $x_1(n)$ 和 $x_2(n)$:

$$x_1(n) = x(2n), \quad n = 0,1,\cdots,N-1$$

$$x_2(n) = x(2n+1), \quad n = 0,1,\cdots,N-1$$

根据 DIT-FFT 的思想,只要求得 $x_1(n)$ 和 $x_2(n)$ 的 N 点 DFT,再经过简单一次蝶形运算就可得到 $x(n)$ 的 $2N$ 点 DFT。因为 $x_1(n)$ 和 $x_2(n)$ 均为实序列,所以根据 DFT 的共轭对称性,可用一次 N 点 FFT 求得 $X_1(k)$ 和 $X_2(k)$。具体方法如下:

令

$$y(n) = x_1(n) + jx_2(n)$$

$y(n)$ 的 N 点 FFT,即 $Y(k)=\mathrm{DFT}[y(n)]=Y_{\mathrm{ep}}(k)+Y_{\mathrm{op}}(k)$,由对称性可求得

$$X_1(k) = \mathrm{DFT}[x_1(n)] = Y_{\mathrm{ep}}(k) = \frac{1}{2}[Y(k) + Y^*(N-k)]$$

$$X_2(k) = \mathrm{DFT}[x_2(n)] = -jY_{\mathrm{op}}(k) = \frac{1}{2j}[Y(k) - Y^*(N-k)]$$

$2N$ 点 $\mathrm{DFT}[x(n)]=X(k)$ 可由 $X_1(k)$ 和 $X_2(k)$ 得到

$$\begin{cases} X(k) = X_1(k) + W_{2N}^k X_2(k) \\ X(k+N) = X_1(k) - W_{2N}^k X_2(k) \end{cases}, \quad k = 0,1,\cdots,N-1$$

这样,通过一次 N 点 IFFT 计算就完成了计算 $2N$ 点 DFT 结果。当然还要进行运算量相对很少的由 $Y(k)$ 求 $X_1(k)$、$X_2(k)$ 和 $X(k)$ 的运算。

(2) 与第(1)问相同,设

$$x_1(n) = x(2n), \quad n = 0,1,\cdots,N-1$$

$$x_2(n) = x(2n+1), \quad n = 0,1,\cdots,N-1$$

$$X_1(k) = \mathrm{DFT}[x_1(n)], \quad k = 0,1,\cdots,N-1$$

$$X_2(k) = \mathrm{DFT}[x_2(n)], \quad k = 0,1,\cdots,N-1$$

则应满足以下关系式

$$\begin{cases} X(k) = X_1(k) + W_{2N}^k X_2(k) \\ X(k+N) = X_1(k) - W_{2N}^k X_2(k) \end{cases}, \quad k = 0,1,\cdots,N-1$$

由上式可解出

$$X_1(k) = \frac{1}{2}[X(k) + X(N+k)]$$

$$X_2(k) = \frac{1}{2}[X(k) - X(N+k)]W_{2N}^{-k}$$

总结以上分析可得运算过程如下:

① 由 $X(k)$ 计算 $X_1(k)$ 和 $X_2(k)$,即

$$X_1(k) = \frac{1}{2}[X(k) + X(N+k)]$$

$$X_2(k) = \frac{1}{2}[X(k) - X(N+k)]W_{2N}^{-k}$$

② 由 $X_1(k)$ 和 $X_2(k)$ 构成 N 点频域序列 $Y(k)$:

$$Y(k) = X_1(k) + \mathrm{j}X_2(k) = Y_{\mathrm{ep}}(k) + Y_{\mathrm{op}}(k)$$

其中 $Y_{\mathrm{ep}}(k) = X_1(k)$, $Y_{\mathrm{op}}(k) = \mathrm{j}X_2(k)$, 进行 N 点 IFFT 得到

$$y(n) = \mathrm{IFFT}[Y(k)] = \mathrm{Re}[y(n)] + \mathrm{jIm}[y(n)], \quad n = 0,1,\cdots,N-1$$

由 DFT 的共轭对称性知

$$\mathrm{Re}[y(n)] = \frac{1}{2}[y(n) + y^*(n)] = \mathrm{IDFT}[Y_{\mathrm{ep}}(k)] = x_1(n)$$

$$\mathrm{jIm}[y(n)] = \frac{1}{2}[y(n) - y^*(n)] = \mathrm{IDFT}[Y_{\mathrm{op}}(k)] = \mathrm{j}x_2(n)$$

③ 由 $x_1(n)$ 和 $x_2(n)$ 合成 $x(n)$

$$x(n) = \begin{cases} x_1\left(\dfrac{n}{2}\right), & n = \text{偶数} \\ x_2\left(\dfrac{n-1}{2}\right), & n = \text{奇数} \end{cases}, \quad 0 \leqslant n \leqslant 2N-1$$

说明：该题也可以按照 4-5 题的方法 1 进行，这样会更简便，留给读者自己练习。

4-7　若已知有限长序列 $x(n) = \{2, -1, 1, 1\}$，画出其按时间抽取的基 2-FFT 流图，并按 FFT 运算流程计算 $X(k)$ 的值。

解：基 2 时间抽取 4 点 FFT 的运算流图如图 4-9 所示。

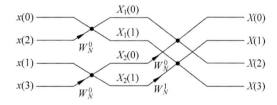

图 4-9　题 4-7 流图

$$X_1(0) = x(0) + W_N^0 x(2) = 2 + 1 = 3$$
$$X_1(1) = x(0) - W_N^0 x(2) = 2 - 1 = 1$$
$$X_2(0) = x(1) + W_N^0 x(3) = -1 + 1 = 0$$
$$X_2(1) = x(1) - W_N^0 x(3) = -1 - 1 = -2$$
$$X(0) = X_1(0) + W_N^0 X_2(0) = 3 + 0 = 3$$
$$X(1) = X_1(1) + W_N^1 X_2(1) = 1 + 2\mathrm{j}$$
$$X(2) = X_1(0) - W_N^0 X_2(0) = 3 - 0 = 3$$
$$X(3) = X_1(1) - W_N^1 X_2(1) = 1 - 2\mathrm{j}$$

所以

$$X(k) = \{3, 1+2\mathrm{j}, 3, 1-2\mathrm{j}\}, \quad 0 \leqslant k \leqslant 3$$

4-8　证明 $x(n)$ 的 IDFT 有以下算法

$$x(n) = \mathrm{IDFT}[X(k)] = \frac{1}{N}\{\mathrm{DFT}[X^*(k)]\}^*$$

证明：由于

$$x(n) = \frac{1}{N}\sum_{k=0}^{N-1} X(k)W_N^{-nk}$$

所以

$$x^*(n) = \frac{1}{N}\sum_{k=0}^{N-1} X^*(k)W_N^{nk}$$

对上式两边同时取共轭,得

$$x(n) = \frac{1}{N}\left[\sum_{k=0}^{N-1} X^*(k)W_N^{nk}\right]^* = \frac{1}{N}\{\mathrm{DFT}[X^*(k)]\}^*$$

4-9 设 $x(n)$ 是一个 M 点 $0\leqslant n\leqslant M-1$ 的有限长序列,其 Z 变换为

$$X(z) = \sum_{n=0}^{M-1} x(n)z^{-n}$$

今欲求 $X(z)$ 在单位圆上 N 个等距离点上的采样值 $X(z_k)$

$$z_k = \mathrm{e}^{\mathrm{j}\frac{2\pi}{N}k}, \quad k = 0,1,\cdots,N-1$$

问在 $N\leqslant M$ 和 $N>M$ 两种情况下,应如何用一个 N 点 FFT 算出全部 $X(z_k)$ 值。

解:(1) $N\leqslant M$

由题意知

$$X(k) = X(z)\big|_{z=\mathrm{e}^{\mathrm{j}\frac{2\pi}{N}k}} = \sum_{n=0}^{M-1} x(n)\mathrm{e}^{-\mathrm{j}\frac{2\pi}{N}nk}$$

设一序列 $y(n)$,$0\leqslant n\leqslant N-1$,其 N 点 DFT 与 $X(k)$ 相同。即

$$X(k) = \sum_{n=0}^{N-1} y(n)\mathrm{e}^{-\mathrm{j}\frac{2\pi}{N}nk}$$

其反变换为

$$y(n) = \frac{1}{N}\sum_{k=0}^{N-1} X(k)\mathrm{e}^{\mathrm{j}\frac{2\pi}{N}nk}$$

将 $X(k)$ 代入,并 $n\to m$,得

$$y(n) = \frac{1}{N}\sum_{k=0}^{N-1}\sum_{m=0}^{M-1} x(m)\mathrm{e}^{-\mathrm{j}\frac{2\pi}{N}mk}\mathrm{e}^{\mathrm{j}\frac{2\pi}{N}nk} = \sum_{m=0}^{M-1} x(m)\frac{1}{N}\sum_{k=0}^{N-1}\mathrm{e}^{-\mathrm{j}\frac{2\pi}{N}(m-n)k}$$

因为

$$\frac{1}{N}\sum_{k=0}^{N-1}\mathrm{e}^{-\mathrm{j}\frac{2\pi}{N}(m-n)k} = \begin{cases} 1, & m-n = lN \\ 0, & m-n \neq lN \end{cases}, \quad l \text{ 为整数}$$

所以

$$y(n) = \sum_{l=0}^{i} x(n+lN)$$

式中,$0\leqslant n+lN\leqslant M-1$,即 $l=0,1,\cdots,i$;$i<\dfrac{(M-1)-n}{N}$ 且取整数。

由此构造的 $y(n)$,求其一次 N 点的 FFT 就可以得到全部 $X(z_k)$ 的 N 个采样值。

(2) $N>M$

可将 $x(n)$ 后补零,得

$$y(n) = \begin{cases} x(n), & 0\leqslant n\leqslant M-1 \\ 0, & M\leqslant n\leqslant N-1 \end{cases}$$

求 $y(n)$ 作一次 N 点的 FFT 就可以得到全部 $X(z_k)$ 的 N 个采样值。

4-10 若 $h(n)$ 是按窗口法设计的 FIR 滤波器的 M 点单位脉冲响应,现希望检验设计效果,要观察滤波器的频响 $H(e^{j\omega})$。一般可以采用观察 $H(e^{j\omega})$ 的 N 个采样点值来代替观察的 $H(e^{j\omega})$ 连续曲线。如果 N 足够大,$H(e^{j\omega})$ 的细节就可以清楚地表现出来。设 N 是整数次方,且 $N > M$,试用 FFT 运算来完成这个工作。

解:对 M 点的 $h(n)$ 补零到 N 点,得到 $h_1(n)$;对 $h_1(n)$ 调用 N 点 FFT,算出 N 个采样值,即可得到 $H(e^{j\omega})$ 的 N 个采样点值。

4-11 若 $H(k)$ 是按频率采样法设计的 FIR 滤波器的 M 点采样值。为检验设计效果,需要观察更密的 N 点频率响应值。若 N、M 都是 2 的整数次方,且 $N > M$,试用 FFT 运算来完成这个工作。

解:用 FFT 运算来完成这个工作,需三步:

(1) 调用 M 点 IFFT 得到 M 点的 $h(n)$;

(2) 对 M 点的 $h(n)$ 补零到 N 点,得到 $h_1(n)$;

(3) 对 $h_1(n)$ 调用 N 点 FFT,算出 N 各采样值的 $H_1(e^{j\omega})$,$H_1(e^{j\omega})$ 就是采样更密的 N 点频率响应值。

4-12 在下列说法中选择正确的结论。线性调频 Z 变换可以用来计算一个有限长序列 $h(n)$ 在 z 平面实轴上诸点 $\{z_k\}$ 的 Z 变换 $H(z_k)$,使

(1) $z_k = a^k, k = 0, 1, \cdots, N-1, a$ 为实数,$a \neq 1$;

(2) $z_k = ak, k = 0, 1, \cdots, N-1, a$ 为实数,$a \neq 1$;

(3) 线性调频 Z 变换不能计算 $H(z)$ 在 z 平面实轴上的取样值,即(1)和(2)都不行。

解:在线性调频 Z 变换中,设 N 为采样点数,采样点 z_k 可表示为

$$z_k = AW^{-k}, \quad k = 0, 1, \cdots, N-1$$

其中

$$A = A_0 e^{j\theta_0}, \quad W = W_0 e^{-j\phi_0}$$

则

$$z_k = A_0 e^{j\theta_0} W_0^{-k} e^{jk\phi_0}, \quad k = 0, 1, \cdots, N-1$$

当 $A_0 = 1, \phi_0 = 0, \theta_0 = 0, W_0 = a^{-1}$ 时,$z_k = a^k, k = 0, 1, \cdots, N-1$。

所以第 1 种说法是正确的。

4-13 $X(e^{j\omega})$ 表示长度为 10 的有限时宽序列 $x(n)$ 的傅里叶变换。我们希望计算 $X(e^{j\omega})$ 在频率 $\omega = \left(\frac{2\pi k^2}{100}\right)(k = 0, 1, \cdots, 9)$ 时的 10 个取样。计算时不能采取先算出比要求数多的取样然后再丢掉一些的办法。讨论采用下列方法的可能性:

(1) 直接利用 10 点傅里叶变换算法;

(2) 利用线性调频 Z 变换算法。

解:(1) 若直接用 10 点傅里叶变换算法,则

$$X(e^{j\omega_k}) = \sum_{n=0}^{9} x(n) e^{-jn\omega_k} = \sum_{n=0}^{9} x(n) e^{-jn\frac{2\pi k^2}{100}}$$

因为 $\omega_k = \left(\frac{2\pi k^2}{100}\right) = \frac{2\pi}{N^2} k^2$,不是均匀取样,不满足周期性 $\omega_{k+N} = \omega_k$,所以不能用 FFT,只能

直接计算,计算量为:对每个 k,$X(\mathrm{e}^{\mathrm{j}\omega_k}) = \sum_{n=0}^{9} x(n)\mathrm{e}^{-\mathrm{j}n\omega_k}$,有 $(N-1) = 9$ 次复数乘法;对 10 个 k 值,复数乘法为 $N(N-1) = 90$,则实数乘法为 $90 \times 4 = 360$ 次。

(2) 若利用线性调频 Z 变换算法,则

$$X(z_k) = \sum_{n=0}^{9} x(n)A^{-n}W^{nk}$$

在应用这种算法时,W 必须不是 k 的函数,而此题

$$X(z_k) = \sum_{n=0}^{9} x(n)A^{-n}W^{nk} = \sum_{n=0}^{9} x(n)\,(\mathrm{e}^{-\mathrm{j}\frac{2\pi k}{100}})^{nk}\,,W 是 k 的函数,因而不能用线性调频 Z$$

变换。

4-14 设 $x(t) = \sin(2\pi f_1 t) + \sin(2\pi f_2 t) + \sin(2\pi f_3 t)$,其中 $f_1 = 78\mathrm{Hz}$,$f_2 = 82\mathrm{Hz}$,$f_3 = 100\mathrm{Hz}$,采样频率是 $500\mathrm{Hz}$,$N = 128$。

(1) 采用 FFT 分析该信号的频谱,频谱采样点之间的间隔是多少?

(2) 利用 MATLAB 画出信号的 FFT 频谱,会产生什么结果? 分析其原因。应如何克服?

解:(1) 频谱分辨率 $F = \dfrac{f_s}{N} = \dfrac{500}{128} = 3.906\mathrm{Hz}$

(2) 因为 $f_2 - f_1 = 82 - 78 = 4\mathrm{Hz} > F$,理论上,应能分辨出来这两个频率分量,但由于栅栏效应,应能看到的分量看不到了,通过补零来克服。补零前后的仿真波形如图 4-10 所示。

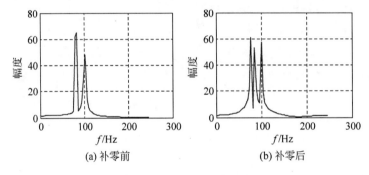

(a) 补零前   (b) 补零后

图 4-10   题 4-14 仿真波形

由图 4-10(b)可以看到,补零后,原来没有分辨出来的两个频率分量分辨出来了。

MATLAB 程序为:

```
clc;clear;close all;
N = 128;f1 = 78;f2 = 82;f3 = 100;fs = 500;
n = 0:N - 1;t = n/fs;
stepf = fs/N;
f = 0:stepf:fs/2 - stepf;
x = sin(2 * pi * f1 * t) + sin(2 * pi * f2 * t) + sin(2 * pi * f3 * t);
Y1 = fft(x);
subplot(221); plot(f,abs(Y1(1:N/2))); grid on;
xlabel('f/Hz');ylabel('幅度')
x1 = [x(1:1:128),zeros(1,3)] ;              % 补零
N = length(x1);                             % 实际上 N = 131
Y2 = abs(fft(x1));
stepf = fs/N;
```

```
f = 0:stepf:fs/2 – stepf;
subplot(222); plot(f,abs(Y2(1:N/2)));grid on;
xlabel('f/Hz');ylabel('幅度')
```

4-15　给定信号 $x(t)=\sin(2\pi f_1 t)+\sin(2\pi f_2 t)+\sin(2\pi f_3 t)$，其中 $f_1=10.8\mathrm{Hz}$，$f_2=11.75\mathrm{Hz}$，$f_3=12.55\mathrm{Hz}$，对 $x(t)$ 采样后得 $x(n)$，采样频率为 $40\mathrm{Hz}$，$N=64$。

（1）采用 FFT 分析该信号的频谱，分析三个谱峰的分辨情况。

（2）在 $x(n)$ 后面补 $2N$ 个零、$5N$ 个零，再做 DFT，观察补零的效果。

（3）采用 CZT 分析该信号的频谱，并与前面结果进行比较。其中参数选取：M 取 60，谱分析起始频率为 8Hz，谱分辨率为 0.12Hz。

解：（1）频谱分辨率 $F=\dfrac{f_s}{N}=\dfrac{40}{64}=0.625\mathrm{Hz}$。因为 $f_3-f_2=12.55-11.75=0.80\mathrm{Hz}>F$，理论上，应能分辨出来这两个频率分量，但是由于栅栏效应，应能看到的分量看不到了，仿真波形如图 4-11(a)所示，通过补零来克服。

（2）$x(n)$ 后面补 $2N$ 个零，再做 DFT，其频谱如图 4-11(b)所示。由图可以清楚地看到 3 个谱峰的存在，对应的频率可以读出，分别是 10.83Hz，11.67Hz 和 12.71Hz，它们和真实的频率已经很接近，但有一点偏差，在后面补 $5N$ 个零时，如图 4-11(c)，对应的频率可以读出分别为 10.83Hz，11.77Hz 和 12.60Hz，这和真实的频率更加接近。

（3）采用 CZT 分析该信号的频谱如图 4-11(d)所示，可以看出 CZT 进行谱分析的好处是：①频谱的频率范围可以任意选取，如本题中的范围是 8～15.2Hz，也可以选取其他相近范围，而采用普通的 FFT，频率范围只能为 0～f_s，如本题为 0～20Hz；②可以在所选频率范围内对频谱进行局部放大和细化，提高了计算分辨率。例如本题的 CZT 谱分辨率为 0.12Hz，而普通 FFT 的谱分辨率为 0.625Hz。因此，CZT 是一种非常灵活有效的频谱分析算法。

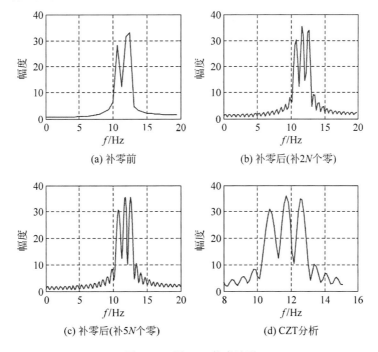

(a) 补零前　　(b) 补零后(补2N个零)

(c) 补零后(补5N个零)　　(d) CZT分析

图 4-11　题 4-15 仿真波形

MATLAB 程序为:

```
fs = 40; N = 64;
n = 0:N-1;t = n/fs;
f1 = 10.8;f2 = 11.75;f3 = 12.55;
x = sin(2 * pi * f1 * t) + sin(2 * pi * f2 * t) + sin(2 * pi * f3 * t);
stepf = fs/N; f = 0:stepf:fs/2 - stepf;
Y1 = fft(x);
subplot(221);plot(f,abs(Y1(1:N/2)));xlabel('f/Hz');ylabel('幅度'); grid on;
x1 = [x, zeros(1, 2 * N)];
N1 = length(x1);
Y2 = fft(x1);
stepf = fs/N1;f = 0:stepf:fs/2 - stepf;
subplot(222);plot(f,abs(Y2(1:N1/2)));xlabel('f/Hz');ylabel('幅度');grid on;
x2 = [x, zeros(1, 4 * N)];
N2 = length(x2);
Y3 = fft(x2);
stepf = fs/N2;f = 0:stepf:fs/2 - stepf;
subplot(223);plot(f,abs(Y3(1:N2/2)));xlabel('f/Hz');ylabel('幅度');grid on;
M = 60;
W = exp( - i * 2 * pi * 0.12 / fs);
A = exp(i * 2 * pi * 8/ fs);
x_czt = czt(x, M, W, A);f = 8:0.12:8 + 0.12 * (M - 1);
subplot(224);plot(f,abs(x_czt));xlabel('f/Hz');ylabel('幅度');grid on;
```

4.6 自测题及参考答案

一、自测题

1. 填空题(10 小题)

(1) N 点 FFT 的运算量大约是_____次复乘和 _____次复加。

(2) 基 2 DIT-FFT 算法是将序列 $x(n)(n=0,1,\cdots,N-1)$ 按照_____的奇偶来分解的,其流程图的特点是输入_____,输出_____。

(3) 基 2-FFT 算法计算 $N = 2^{L}$(L 为整数)点 DFT 需_____级蝶形,每级由_____个蝶形运算组成。8 点序列 $x(n)$ 的自然序为 $x(0)$、$x(1)$、$\cdots$、$x(7)$,其"倒位序"为_____。

(4) CZT 变换用来计算沿 z 平面一段_____线作等分角的采样,其起始点位置可以_____。

(5) 基 2 DIT-FFT 算法流程图的三个特点是_____、_____、_____。

(6) _____算法是按输出 $X(k)$ 在频域的顺序上是属于偶数还是奇数来分解的。

(7) FFT 的应用主要有_____、_____。(列出 2 个)

(8) 若对非单位圆上的某段围线上 Z 变换采样感兴趣,则可以采用_____变换。

(9) 什么是快速卷积?_____。

(10) 一个长 100 点与另一个长 25 点的复序列进行线性卷积。若采用基 2-FFT 进行快速卷积,则得到与线性卷积同样结果所需要的 FFT 次数是 _____(IFFT 可以通过 FFT

计算),总的乘法计算量是_____。

2. 判断题(10 小题)

(1) DFT 运算总共需要 $4N^2$ 次实数乘法和 $2N(2N-1)$ 次实数加法。 （ ）

(2) 利用 W_N^{nk} 的对称性和周期性,将大点数的 DFT 分解成若干个小点数的 DFT,FFT 正是基于这个基本思路发展起来的。 （ ）

(3) DIT-FFT 算法和直接计算 DFT 相比,运算量下降很明显,但点数 N 比较大时,优势却不明显了。 （ ）

(4) 虽然 DIT-FFT 和 DIF-FFT 是两种等价的 FFT 运算,但两种算法运算量不相同。

（ ）

(5) 若计算两个 N 点实序列的 DFT,高效方法是:先构造一个 N 点复序列,然后做一次 N 点 FFT 求出 $Y(k)$,再分别提取 $Y(k)$ 中的圆周共轭对称和反对称分量,则得到这两个 N 点实序列的 FFT 结果。 （ ）

(6) 在把 $X(k)$ 按 k 的奇偶分组之前,先把 $x(n)$ 按 n 的奇偶分解为两部分。 （ ）

(7) DIT-FFT 算法全部计算分解为 M 级,每级都包含 $N/2$ 个蝶形单元。 （ ）

(8) 实序列的 DFT 只有圆周共轭反对称分量。 （ ）

(9) 与 DFT 一样,做 CZT 时也需要输入序列长与输出序列长是相等的。 （ ）

(10) CZT 的具体实现是采用高效算法,即采用快速卷积的方法来减小运算量的。

（ ）

二、参考答案

1. 填空题答案

(1) $m_F = \dfrac{N}{2}\log_2 N$，$a_F = N\log_2 N$

(2) n,倒位序,正常顺序

(3) L，$N/2$，$x(0)$、$x(4)$、$x(2)$、$x(6)$、$x(1)$、$x(5)$、$x(3)$、$x(7)$

(4) 螺旋,任意

(5) 原位运算、蝶形运算、倒位序

(6) DIF-FFT

(7) 信号频谱分析,快速卷积

(8) CZT

(9) 利用圆周卷积代替线性卷积,通常用快速算法(FFT)来实现,故圆周卷积也称为快速卷积

(10) 3 次,1472

2. 判断题答案

√ √ × × √ × √ × × √

第 5 章
CHAPTER 5

IIR 数字滤波器的设计

5.1 重点与难点

本章重点：数字滤波器的基本概念，巴特沃思模拟低通滤波器的设计方法，以及常用模拟低通滤波器的频域特性；脉冲响应不变法和双线性变换法的基本思路、方法及优缺点；利用模拟滤波器设计 IIR 数字低通、高通、带通、带阻滤波器的一般步骤。

本章难点：双线性变换法中的预畸变，为什么要"预畸"，以及如何"预畸"；不同频率变换后，滤波器所属类型（低通、高通、带通和带阻）的判别方法。

5.2 知识结构

本章主要介绍数字滤波器的基本概念，模拟滤波器的设计过程，利用模拟滤波器的理论设计 IIR 数字滤波器的方法，IIR 数字滤波器的直接设计方法以及相位补偿问题等，其知识结构图如图 5-1 所示。

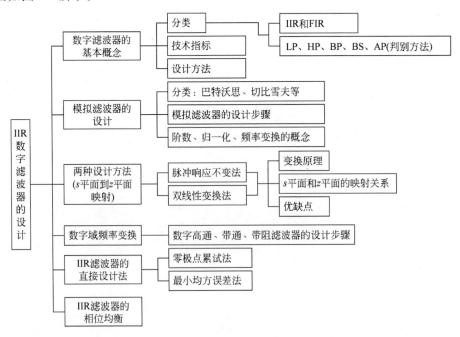

图 5-1   第 5 章的知识结构图

5.3 内容提要

5.3.1 数字滤波器的基本概念

滤波器可广义的理解为一个信号选择系统,它使输入信号中某些频率分量充分地衰减。在更多的情况下,被理解为选频系统,如低通、高通、带通、带阻和全通滤波器。

滤波器可分为模拟滤波器和数字滤波器两种,本章讨论的是数字滤波器。

1. 数字滤波原理

线性时不变系统的时域输入输出关系为 $y(n)=x(n)*h(n)$,频域输入输出关系为 $Y(e^{j\omega})=X(e^{j\omega})H(e^{j\omega})$。在某种意义下,$H(e^{j\omega})$ 相当于对输入信号的不同频率分量的加权函数或者谱成形函数。一个理想滤波器具有能让某些频率成分无失真的通过而完全阻碍其他频率成分通过的特性。因此,只要按照输入信号频谱的特点和处理信号的目的,设计出合适的 $H(e^{j\omega})$,就可以得到不同的滤波结果,从而使滤波后的输出 $X(e^{j\omega})H(e^{j\omega})$ 符合人们的要求,这就是数字滤波器的滤波原理。

2. 数字滤波器的分类

(1) 按单位脉冲响应 $h(n)$ 的长度分为无限脉冲响应数字滤波器(IIR)和有限脉冲响应数字滤波器(FIR)。

IIR 的系统函数为有理分式,$H(z)=\dfrac{\sum\limits_{r=0}^{M}b_r z^{-r}}{1+\sum\limits_{k=0}^{N}a_k z^{-k}}$,需用递归型结构实现。

FIR 的系统函数为多项式,$H(z)=\sum\limits_{r=0}^{M}b_r z^{-r}$,用非递归型结构实现,也可用递归型结构实现。

(2) 按频率响应的通带特性分为低通、高通、带通、带阻滤波器。

要点:

① 所谓低通、高通、带通、带阻和全通,都是针对 $\omega=[0\sim\pi]$ 一段的幅频特性而言的。其中,数字频率 π 对应于 $f_s/2$,即滤波器的最高模拟频率。

② 由于数字滤波器的频率响应具有以 2π 为周期的特点,所以低频在 ω 为 $0,2\pi,4\pi,\cdots$ 附近,高频在 ω 为 $\pi,3\pi,5\pi,\cdots$ 附近。

3. 数字滤波器的技术指标

数字滤波器的频响 $H(e^{j\omega})$ 一般为复函数,表示为

$$H(e^{j\omega})=|H(e^{j\omega})|e^{j\theta(\omega)}$$

其中,$|H(e^{j\omega})|$ 称为幅频响应;$\theta(\omega)$ 称为相频响应。对 IIR 滤波器,重点讨论幅频特性,其相频特性一般为非线性相位。对 FIR 滤波器,除要求幅频特性外,一般还要求相频特性为线性相位。

以低通滤波器为例:

(1) 理想低通滤波器的技术指标:设通带截止频率为 ω_p,则

$$
幅频特性\begin{cases}通带(0\sim\omega_p)幅度为常数\\阻带(\omega_p\sim\pi)幅度为零\\过渡带宽度为零\end{cases}
$$

理想低通滤波器的 $h(n)$ 非因果且无限长,不可物理实现,所以实际设计的滤波器只能用因果系统去逼近理想滤波器。

(2) 实际滤波器的指标:设通带截止频率为 ω_p,允许波动为 δ_1,阻带截止频率为 ω_s,允许波动为 δ_2,如图 5-2 所示,则

$$
幅频特性\begin{cases}通带(0\sim\omega_p), & 1-\delta_1<|H(e^{j\omega})|\leqslant1,允许波动\\阻带(\omega_s\sim\pi), & |H(e^{j\omega})|\leqslant\delta_2,允许波动\\过渡带(\omega_p\sim\omega_s), & 有一定宽度,但单调下降\end{cases}
$$

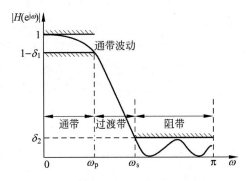

图 5-2 典型 IIR 低通滤波器的幅频响应

实际工程设计中,波动 δ_1,δ_2 一般用 dB 表示。若幅频特性归一化,则
通带最大衰减:

$$
\alpha_p = 20\lg\frac{1}{|H(e^{j\omega_p})|_{归一化}} = -20\lg(1-\delta_1)\text{dB}
$$

阻带最小衰减:

$$
\alpha_s = 20\lg\frac{1}{|H(e^{j\omega_s})|_{归一化}} = -20\lg\delta_2\text{dB}
$$

4. 数字滤波器的设计方法与常用模拟滤波器

1) 数字滤波器的设计方法

(1) 根据实际需要确定滤波器的技术指标: $\omega_p,\alpha_p,\omega_s,\alpha_s$;

(2) 设计一个因果稳定的系统函数 $H(z)$,使 $H(e^{j\omega})$ 的幅频特性满足性能要求;

(3) 用一个有限精度的算法去实现这个系统函数。

2) 数字滤波器的设计流程

IIR 滤波器是利用模拟滤波器理论来设计数字滤波器,具体设计流程如图 5-3 所示。

3) 常用的模拟滤波器

模拟滤波器是设计数字滤波器的基础。

(1) 巴特沃思滤波器

通带具有最大平坦度,但从通带到阻带衰减较慢,幅频响应如图 5-4 所示。

巴特沃思低通滤波器幅度平方函数为

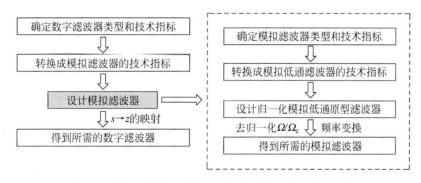

图 5-3 利用模拟滤波器设计 IIR 数字滤波器的设计流程

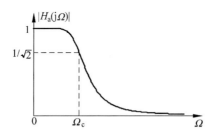

图 5-4 巴特沃思滤波器的幅频响应

$$| H_a(j\Omega) |^2 = \frac{1}{1 + (\Omega/\Omega_c)^{2N}} \qquad (5\text{-}10)$$

式中，N 为正整数，代表滤波器的阶数。Ω_c 为 3dB 截止频率。

（2）切比雪夫滤波器

切比雪夫滤波器的幅频特性在通带或阻带内具有等波纹特性。其中，切比雪夫 I 型为通带等纹波，阻带单调；切比雪夫 II 型为通带单调，阻带等纹波。幅频响应如图 5-5 所示。

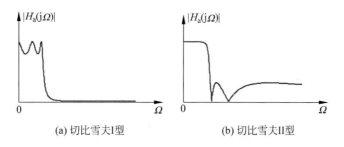

(a) 切比雪夫 I 型   (b) 切比雪夫 II 型

图 5-5 切比雪夫滤波器的幅频特性

椭圆滤波器在通带和阻带内均为等波纹幅频特性，而贝塞尔滤波器着重相频响应，通带内有较好的线性相位特性。

要点：

（1）滤波器的阶数通常定义为传输函数的极点数；

（2）模拟滤波器的传输函数可通过查表获得。表格给出的均是归一化的传输函数。所谓归一化，即选择一个参考频率（通常为 Ω_c），令 $p = s/\Omega_c$，即实现了模拟频率 s 的归一化。在得到归一化传输函数 $H_a(p)$ 后，需去归一化，即把 $p = s/\Omega_c$ 代入 $H_a(p)$，得到实际的滤波

器传输函数 $H_a(s)$。

（3）非低通滤波器的传输函数都可经频率变换从低通滤波器求得,低通滤波器是其他类型滤波器设计的桥梁,为此把低通滤波器称为原型低通滤波器,它通常也经过了归一化处理,也称为归一化低通原型滤波器。

5.3.2 模拟滤波器的设计

根据模拟低通原型的 4 个参数 $f_p,f_s,\alpha_p,\alpha_s$,求出相应模拟低通滤波器的传输函数,使其幅频特性逼近理想低通的幅频特性。设计低通滤波器时常用逼近理想幅频特性的函数是巴特沃思函数、切比雪夫多项式和椭圆函数。

1. 巴特沃思低通滤波器

巴特沃思滤波器的设计步骤如下:

（1）由技术指标 $\Omega_p,\Omega_s,\alpha_p,\alpha_s$ 求出 ε 和 N。

$$\varepsilon = \sqrt{10^{0.1\alpha_p}-1}$$

$$N \geqslant \frac{\lg\left(\frac{10^{0.1\alpha_s}-1}{\varepsilon^2}\right)}{2\lg\Omega_s/\Omega_p}$$

（2）求归一化传输函数 $H_a(p)$

$$H_a(p) = \frac{1}{(p-p_0)(p-p_1)\cdots(p-p_{N-1})}$$

其中

$$p_k = \frac{1}{\sqrt[N]{\varepsilon}}e^{j\frac{\pi}{2}}e^{j\frac{(2k+1)\pi}{2N}}, \quad k=0,1,\cdots,N-1$$

（3）去归一化,即把 $p=s/\Omega_p$ 代入 $H_a(p)$,得到实际的滤波器传输函数 $H_a(s)$。

2. 切比雪夫低通滤波器

切比雪夫 I 型滤波器的幅度平方函数为

$$|H_a(j\Omega)|^2 = \frac{1}{1+\varepsilon^2 C_N^2(\Omega/\Omega_p)}$$

式中,ε 为小于1的正数,表示通带波纹的大小,$C_N(\Omega/\Omega_p)$ 是 N 阶切比雪夫多项式。

切比雪夫 I 型滤波器振幅平方函数的极点分布在 s 平面的一个椭圆上,取左半平面的极点构成 $H_a(s)$。两个参数 ε 和 N 可由设计指标 $\Omega_p,\Omega_s,\alpha_p,\alpha_s$ 确定,即

$$\varepsilon = \sqrt{10^{0.1\alpha_p}-1}$$

$$N \geqslant \frac{\text{arcosh}(\sqrt{10^{0.1\alpha_s}-1}/\varepsilon)}{\text{arcosh}(\Omega_s/\Omega_p)}$$

由 ε,N,Ω_p 可求出切比雪夫滤波器的极点,从而得到其传输函数 $H_a(s)$。也可直接查表获得 $H_a(s)$。具体设计步骤与巴特沃斯滤波器类似。

3. 椭圆滤波器

椭圆(Elliptic)滤波器的特点是在通带和阻带内都具有等波纹幅频特性。它的幅度平方函数为

$$|H_a(j\Omega)|^2 = \frac{1}{1+\varepsilon^2 J_N^2(\Omega)}$$

式中，ε 是波纹系数；$J_N(\Omega)$ 是雅可比椭圆函数。

以上三种滤波器的幅频特性如图 5-6 所示。

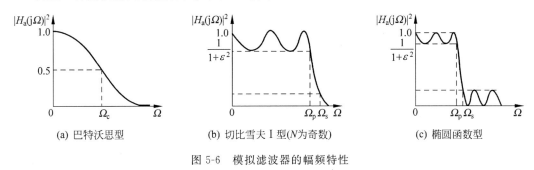

   (a) 巴特沃思型   (b) 切比雪夫 I 型(N为奇数)   (c) 椭圆函数型

图 5-6　模拟滤波器的幅频特性

要点：

（1）就同一滤波器而言，三种滤波器总是阶数越高，过渡带越窄，曲线越陡。

（2）三种滤波器之间比较，如果对过渡带的要求相同，则选用椭圆滤波器所需要的阶数最低，切比雪夫滤波器次之，巴特沃思滤波器最高。若从设计的复杂性和参数的灵敏度来看，情况正好相反。

5.3.3　用脉冲响应不变法设计 IIR 数字滤波器

1. 变换原理

$$H_a(s) \xrightarrow{\text{拉普拉斯逆变换}} h_a(t) \xrightarrow{\text{时域采样}} h_a(nT) = h(n) \xrightarrow{\text{Z变换}} H(z)$$

当 $H_a(s)$ 只有单阶极点，以上过程可以简化。设 $H_a(s)$ 分母多项式和分子多项式的阶数分别是 N 和 $M(N>M)$，则 $H_a(s)$ 可以分解为 N 个部分分式之和

$$H_a(s) = \sum_{i=1}^{N} \frac{A_i}{s - s_i}$$

将 $H_a(s)$ 的极点 s_i 和部分分式的系数 A_i 直接代入下式

$$H(z) = \sum_{i=1}^{N} \frac{A_i}{1 - e^{s_i T} z^{-1}}$$

即得到 $H(z)$，此时不必经过 $H_a(s) \to h_a(t) \to h_a(nT) \to H(z)$ 的过程。

当 $H_a(s)$ 含有高阶极点时，没有简单对应关系，仍需按步骤 $H_a(s) \to h_a(t) \to h_a(nT) \to H(z)$ 进行。

2. s 平面与 z 平面的映射关系

$$z = e^{sT} \Rightarrow re^{j\omega} = e^{\sigma T} e^{j\Omega T} \begin{cases} r = e^{\sigma T} \\ \omega = \Omega T \end{cases}$$

s 平面虚轴映射为 z 平面的单位圆；s 平面的左半平面映射到 z 平面的单位圆内部，这样的映射可以保证稳定的模拟滤波器变换成数字滤波器后仍然是稳定的。

另外，需特别注意的是，s 平面到 z 平面是非单值映射关系，s 平面上每一条宽为 $2\pi/T$ 的横带，都将重复地映射到整个 z 平面上。所以，当模拟滤波器的最高频率高于 $\Omega_s = \pi/T$ 时，便会产生频率混叠现象，如图 5-7 所示。

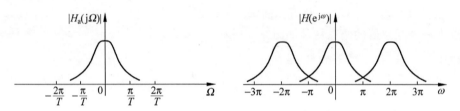

图 5-7　脉冲响应不变法中的频率混叠现象

3. 优缺点

优点：(1) 时域逼近良好；

　　　　(2) 模拟频率 Ω 与数字频率 ω 之间呈线性关系 $\omega = \Omega T$。

缺点：会产生频率混叠现象，只适用于带限模拟滤波器的设计，如低通、带通滤波器。

5.3.4　用双线性变换法设计 IIR 数字滤波器

1. 变换原理

针对脉冲响应不变法映射关系的多值性，先将 s 平面压缩成 s_1 平面上一个宽度为 $2\pi/T$ 的水平带状区域，然后通过 $z = e^{s_1 T}$ 将这个带状区域映射成 z 平面，从而实现 s 平面到 z 平面的单值映射，如图 5-8 所示。

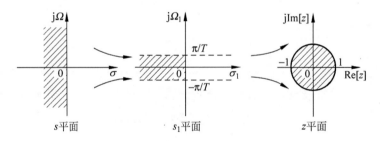

图 5-8　双线性变换法的映射关系

实际运算时，只要将 $s = \dfrac{2}{T} \cdot \dfrac{1-z^{-1}}{1+z^{-1}}$ 代入 $H_a(s)$，即可得到数字滤波器的系统函数，即

$$H(z) = H_a(s)\ \Big|_{s=\frac{2}{T}\cdot\frac{1-z^{-1}}{1+z^{-1}}}$$

2. s 平面与 z 平面的映射关系

$$z = \frac{2/T + s}{2/T - s} \Rightarrow r e^{j\omega} = \frac{2/T + \sigma + j\Omega}{2/T - \sigma - j\Omega}$$

s 平面的虚轴与 z 平面的单位圆相对应，s 平面的左半平面映射到 z 平面的单位圆内部。这些映射关系与脉冲响应不变法类似，不同的是在双线性变换下，模拟滤波器的复频率 s 与数字滤波器的复频率 z 之间的映射是单值的对应关系，不存在频率混叠现象。

3. 优缺点

优点：不会产生频率混叠现象，适用具有分段常数频率特性的任意滤波器的设计。

缺点：模拟频率 Ω 与数字频率 ω 是非线性关系，$\Omega = \dfrac{2}{T}\tan\dfrac{\omega}{2}$。

4. 预畸变

由双线性变换法所得的数字频响将产生"畸变"，可以采用"预畸变"的方法来补偿。

　　模拟滤波器的临界频率 Ω_p，如按线性变换关系 $\omega=\Omega T$，应该变换到数字频率 ω_p。但双线性变换法的频率变换是按 $\omega=2\arctan(\Omega T/2)$ 的曲线进行的，所以实际变换到 ω_p'，这就是畸变。由于从 Ω_p 变不到 ω_p，可以设想，一开始就把目标修正为 Ω_p' 而不是 Ω_p，这样，双线性变换后，Ω_p' 正好"畸变"到 ω_p。把目标从 Ω_p 修正为 Ω_p' 就称为"预畸"。因此，"预畸"就是将临界模拟频率事先加以畸变，然后经变换后正好映射到所需要的数字频率上。

　　以上我们提到了线性变换关系 $\omega=\Omega T$，这是信号从模拟域映射为数字域频率间的对应关系，而滤波器经双线性变换法产生的频率间对应关系是 $\omega=2\arctan(\Omega T/2)$。为保证相同的数字频率，解决办法即"预畸变"，如图 5-9 所示。

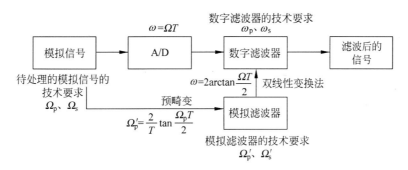

图 5-9　双线性变换法的预畸变

要点：

　　(1) 预畸不能消除在整个频率段的非线性失真，只是消除了模拟和数字滤波器在临界频率上的畸变。

　　(2) "预畸"方法：先由 Ω_p 按线性变换关系求出 ω_p $(\omega=\Omega T)$，再代入式 $\Omega=\dfrac{2}{T}\tan\dfrac{\omega}{2}$，求出 $\Omega_p'=\dfrac{2}{T}\tan\dfrac{\omega_p}{2}=\dfrac{2}{T}\tan\dfrac{\Omega_p T}{2}$。

　　这一点，在利用双线性变换法来设计数字滤波器时一定要注意！

5. 双线性变换法设计数字低通滤波器的步骤

　　IIR 的主要设计方法是先设计模拟低通 $H_a(s)$，再将其转换成数字滤波器 $H(z)$，设计步骤归纳如下：

　　(1) 对通带截止频率 Ω_p 和阻带截止频率 Ω_s 进行预畸

$$\Omega_p'=\frac{2}{T}\tan\frac{\Omega_p T}{2}, \qquad \Omega_s'=\frac{2}{T}\tan\frac{\Omega_s T}{2}$$

　　(2) 以预畸后的参数 Ω_p'，Ω_s'，α_p 和 α_s 为目标，设计模拟滤波器的传输函数 $H_a(s)$；

　　(3) 将模拟滤波器 $H_a(s)$，从 s 平面转换到 z 平面，得到数字低通滤波器系统函数 $H(z)$。

5.3.5　IIR 数字滤波器的频率变换

　　非低通滤波器的设计方法可通过频率变换实现。有两种变换方法，一种频率变换发生在模拟域，另一种发生在数字域，如图 5-10 所示。

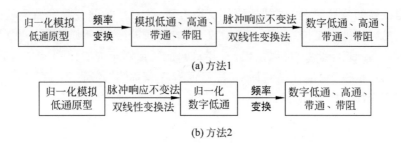

图 5-10　数字高通、带通及带阻滤波器的设计方法

以模拟域频率变换为例,具体方法如下:

(1) 将所需类型数字滤波器的技术指标转换成模拟滤波器的技术指标;

(2) 由频率变换将所需类型模拟滤波器技术指标转换成模拟低通原型滤波器指标;

(3) 设计满足指标的模拟低通原型滤波器 $G(p)$;

(4) 将模拟低通原型通过频率变换,转换成所需类型的模拟滤波器;

(5) 选择合适的变换方法(脉冲响应不变法或双线性变换法),将 $H_a(s)$ 映射为 $H(z)$。

模拟域频率变换关系如表 5-1 所示。

表 5-1　模拟域的频率变换

滤波器类型	归一化低通滤波器 $G(p)$ 的技术指标要求	要求设计的滤波器 $H_a(s)$
低通 $G(p)\to$低通 $H_a(s)$	$\lambda_p=\dfrac{1}{a}$, $\lambda_s=\dfrac{1}{a}\dfrac{\Omega_s}{\Omega_p}$	$p=\dfrac{1}{a}\dfrac{s}{\Omega_p}$
低通 $G(p)\to$高通 $H_a(s)$	$\lambda_p=\dfrac{1}{a}$, $\lambda_s=\dfrac{1}{a}\dfrac{\Omega_p}{\Omega_s}$	$p=\dfrac{1}{a}\dfrac{\Omega_p}{s}$
低通 $G(p)\to$带通 $H_a(s)$	$\lambda_p=\dfrac{1}{a}$, $\lambda_s=\dfrac{1}{a}\dfrac{\Omega_{s2}-\Omega_{s1}}{\Omega_{p2}-\Omega_{p1}}$	$p=\dfrac{1}{a}\dfrac{s^2+\Omega_0^2}{Bs}$
低通 $G(p)\to$带阻 $H_a(s)$	$\lambda_p=\dfrac{1}{a}$, $\lambda_s=\dfrac{1}{a}\dfrac{\Omega_{p2}-\Omega_{p1}}{\Omega_{s2}-\Omega_{s1}}$	$p=\dfrac{1}{a}\dfrac{Bs}{s^2+\Omega_0^2}$

表中,归一化参数 a 的取值,要视所设计滤波器类型而定。对于巴特沃思或切比雪夫滤波器,$a=1$。对于椭圆滤波器,低通时 a 取 $\sqrt{\Omega_s/\Omega_p}$;高通时 a 取 $\sqrt{\Omega_p/\Omega_s}$;带通时 a 取 $\sqrt{\dfrac{\Omega_{s2}-\Omega_{s1}}{\Omega_{p2}-\Omega_{p1}}}$;带阻则 a 取 $\sqrt{\dfrac{\Omega_{p2}-\Omega_{p1}}{\Omega_{s2}-\Omega_{s1}}}$。

5.3.6　IIR 数字滤波器的直接设计法

脉冲响应不变法和双线性变换均属于数字滤波器的一种间接设计方法,幅频特性受到所选模拟滤波器特性的限制。对于要求任意幅度特性的滤波器,可采用在数字域直接设计 IIR 滤波器的方法,这种算法需要借助于最优化设计理论和迭代算法来逼近所需的滤波器。常用方法包括零极点累试法、最小均方误差设计法等。

1. 零极点累试法

利用系统函数的零极点分布对系统频率响应具有影响的特点,先根据滤波器的幅频响应确定零极点位置,再按照确定的零极点位置写出系统函数,画出幅频特性曲线,并与希望得到的 IIR 数字滤波器进行比较,如果不满足要求,可以通过移动零极点位置或增减零极点数量进行修正。这种修正是多次的,因此称为零极点累试法。零极点位置并不是随意确定的,需要注意以下几点:

(1) 极点必须位于 z 平面单位圆内,以保证数字滤波器的因果稳定性;

(2) 零极点若为复数必须共轭成对,以保证系统函数为 z 的有理分式。

2. 最小均方误差法

已知在一组离散频率点 $\omega_i(i=1,2,\cdots,N)$ 上所要求的频率响应 $H_d(e^{j\omega})$ 的值为 $H_d(e^{j\omega_i})$,假定实际求出的频率响应为 $H(e^{j\omega})$,那么,在这些给定离散频率点上,所要求的频响幅值与实际频响幅值的均方误差为 $E=\sum_{i=1}^{N}\left[\mid H(e^{j\omega_i})\mid-\mid H_d(e^{j\omega_i})\mid\right]^2$,设计的目的是调整各 $H(e^{j\omega_i})$,即调整 $H(e^{j\omega})$ 的系数,使 E 为最小,这样得到的 $H(e^{j\omega})$ 作为 $H_d(e^{j\omega_i})$ 的逼近值,称为最小均方误差法。

5.3.7 IIR 数字滤波器的相位均衡

IIR 数字滤波器的设计,由于只考虑了幅频特性,没有考虑相位特性。因此,所设计的 IIR 数字滤波器的相位特性一般都是非线性的。为了补偿这种相位失真,可以给滤波器级联一个时延均衡器,常用均衡器为全通滤波器。全通滤波器的幅频特性对所有频率均为常数或 1,而其相位特性却随频率变化而变化,即 $H_{ap}(e^{j\omega})=\mid H_{ap}(e^{j\omega})\mid e^{j\varphi(\omega)}=e^{j\varphi(\omega)}$。信号通过全通滤波器后,幅度谱不发生变化,仅相位谱发生变化,形成纯相位滤波。因此,全通滤波器是一种纯相位滤波器,经常用于相位均衡,以使系统的群延时特性保持为一个常数,故又称为时延均衡器。

5.4 典型例题分析

例 5-1 已知归一化模拟低通原型滤波器的传输函数为 $H_a(s)=\dfrac{1}{s^2+\sqrt{3}s+3}$,试用双线性变换法设计一个数字低通滤波器,其 3dB 截止频率 $f_c=1kHz$,采样频率 $f_s=6kHz$,写出数字低通滤波器的系统函数 $H(z)$。

分析:题目给出的是归一化模拟低通传输函数,为了得到满足指标要求的模拟低通传输函数,需要"去归一化",方法是用 s/Ω_c 代替 $H_a(s)$ 中的 s。同时,由于要求采用双线性变化法来设计数字滤波器,因此去归一化中的 Ω_c 应用"畸变"后的 Ω_c' 代替。

本题需先对 Ω_c 进行"预畸变"得到 Ω_c',然后将 s/Ω_c' 代入 $H_a(s)$"去归一化"得到新的 $H_a(s)$,最后对新的 $H_a(s)$ 进行双线性变换。

解:(1) 预畸变

$$\Omega_c'=\frac{2}{T}\tan\frac{2\pi f_c T}{2}=\frac{2}{T}\tan\frac{2\pi\times1000}{2\times6000}=\frac{2}{T}\cdot\frac{\sqrt{3}}{3}$$

(2) 去归一化,用 s/Ω'_c 代替 $H_a(s)$ 中的 s

$$H_a(s) = \frac{1}{\left(\dfrac{s}{\Omega'_c}\right)^2 + \sqrt{3}\left(\dfrac{s}{\Omega'_c}\right) + 3} = \frac{1}{3\left(\dfrac{T}{2}\right)^2 s^2 + 3\left(\dfrac{T}{2}\right)s + 3}$$

(3) 双线性变换法

$$H(z) = H_a(s)\Big|_{s=\frac{2}{T}\cdot\frac{1-z^{-1}}{1+z^{-1}}} = \frac{1}{3\left(\dfrac{1-z^{-1}}{1+z^{-1}}\right)^2 + 3\left(\dfrac{1-z^{-1}}{1+z^{-1}}\right) + 3} = \frac{1}{9}\cdot\frac{1+2z^{-1}+z^{-2}}{1+\dfrac{1}{3}z^{-2}}$$

例 5-2 数字高通滤波器可用如下变换由一个模拟低通滤波器求得

$$H(z) = H_a(s)\Big|_{s=\frac{1+z^{-1}}{1-z^{-1}}}$$

(1) 证明上述变换将 s 平面的虚轴映射成 z 平面的单位圆。

(2) 证明如果 $H_a(s)$ 是一个所有极点均在 s 平面左半平面上的有理函数,则 $H(z)$ 将是所有极点均在 z 平面单位圆内的有理函数。

(3) 为了得到所要求的数字高通滤波器的技术指标

$$|H(e^{j\omega})| \leqslant 0.01, \quad |\omega| \leqslant \pi/3$$

$$0.95 \leqslant |H(e^{j\omega})| \leqslant 1.05, \quad \pi/2 \leqslant |\omega| \leqslant \pi$$

求相应的模拟低通滤波器的技术指标。

分析:频率变换是滤波器设计中的一个重要内容,为了找出频率间的对应关系,一般是由 s 与 z 之间的关系得到 Ω 与 ω 之间的关系。如果仅是判断频率变换后滤波器所属类型(低通、高通、带通和带阻),可以从几个特殊点(如通带、阻带)作为切入点。同时要注意,频率变换前后,滤波器在原频率处的幅度大小不受影响。

解:(1) $s = \dfrac{1+z^{-1}}{1-z^{-1}} \Rightarrow z = \dfrac{s+1}{s-1}$

为了研究 s 平面虚轴的映射,令 $s = j\Omega$,则

$$z = \frac{j\Omega+1}{j\Omega-1} \Rightarrow |z| = 1$$

(2) 令 $s = \sigma + j\Omega$,则

$$z = \frac{\sigma+j\Omega+1}{\sigma+j\Omega-1} \Rightarrow |z| = \frac{\sqrt{(\sigma+1)^2+\Omega^2}}{\sqrt{(\sigma-1)^2+\Omega^2}}$$

若 $|z| < 1$,则

$$(\sigma+1)^2 + \Omega^2 < (\sigma-1)^2 + \Omega^2 \Rightarrow \sigma < 0$$

从而说明,如果 $H_a(s)$ 极点均在 s 平面左半平面,则 $H(z)$ 极点均在 z 平面单位圆内。

(3) 由 $s = \dfrac{1+z^{-1}}{1-z^{-1}}$,可得

$$j\Omega = \frac{1+e^{-j\omega}}{1-e^{-j\omega}} = \frac{e^{j\omega/2}+e^{-j\omega/2}}{e^{j\omega/2}-e^{-j\omega/2}} \Rightarrow \Omega = -\cot(\omega/2)$$

当 $\omega = \pi/3$ 时,$|\Omega| = |\cot(\pi/6)| = \sqrt{3}$

当 $\omega = \pi/2$ 时,$|\Omega| = |\cot(\pi/4)| = 1$

当 $\omega = \pi$ 时,$|\Omega| = |\cot(\pi/2)| = 0$

因此,所求模拟低通滤波器的技术指标为

$$0.95 \leqslant |H_a(j\Omega)| \leqslant 1.05, \quad 0 \leqslant |\Omega| \leqslant 1$$

$$|H_a(j\Omega)| \leqslant 0.01, \quad |\Omega| \geqslant \sqrt{3}$$

5.5　习题解答

5-1　设 $H_a(s) = \dfrac{1}{s^2 + 5s + 6}$，试用脉冲响应不变法和双线性变换法将其转换为数字滤波器，采样周期 $T = 2\text{s}$。

解：脉冲响应不变法是先求极点，再将 s 平面极点 s_i 映射为 z 平面极点 $\text{e}^{s_i T}$；而双线性变换法只需用 $s = \dfrac{2}{T} \cdot \dfrac{1 - z^{-1}}{1 + z^{-1}}$ 替换。

（1）脉冲响应不变法：

$$H_a(s) = \frac{1}{(s+2)(s+3)} = \frac{1}{s+2} - \frac{1}{s+3}$$

$H_a(s)$ 的极点为

$$s_1 = -2, \quad s_2 = -3$$

由式 $H(z) = \displaystyle\sum_{i=1}^{N} \frac{A_i}{1 - \text{e}^{s_i T} z^{-1}}$，得

$$H(z) = \frac{1}{1 - \text{e}^{-2T} z^{-1}} - \frac{1}{1 - \text{e}^{-3T} z^{-1}} = \frac{1}{1 - \text{e}^{-4} z^{-1}} - \frac{1}{1 - \text{e}^{-6} z^{-1}}$$

（2）双线性变换法：

$$H(z) = H_a(s) \Big|_{s = \frac{2}{T} \cdot \frac{1 - z^{-1}}{1 + z^{-1}}} = \frac{1}{s^2 + 5s + 6} \Big|_{s = \frac{1 - z^{-1}}{1 + z^{-1}}}$$

$$= \frac{1}{\left(\dfrac{1 - z^{-1}}{1 + z^{-1}}\right)^2 + 5 \cdot \dfrac{1 - z^{-1}}{1 + z^{-1}} + 6} = \frac{1 + 2z^{-1} + z^{-2}}{12 + 10z^{-1} + 2z^{-2}}$$

5-2　设 $h_a(t)$ 表示一模拟滤波器的单位冲激响应

$$h_a(t) = \begin{cases} \text{e}^{-0.9t}, & t \geqslant 0 \\ 0, & t < 0 \end{cases}$$

用脉冲响应不变法，将此模拟滤波器转换成数字滤波器。确定系统函数 $H(z)$，并把 T 作为参数，证明：T 为任何值时，数字滤波器都是稳定的，并说明数字滤波器近似为低通滤波器还是高通滤波器。

解：根据脉冲响应不变法的变换方法，首先对 $h_a(t)$ 采样得到 $h_a(nT)$ 和 $h(n)$。

$$h(n) = h_a(t) \big|_{t = nT} = \text{e}^{-0.9t} u(t) \big|_{t = nT} = \text{e}^{-0.9nT} u(nT) = \text{e}^{-0.9nT} u(n)$$

然后，对 $h(n)$ 进行 Z 变换，得到所需的数字滤波器系统函数 $H(z)$

$$H(z) = \frac{1}{1 - \text{e}^{-0.9T} z^{-1}}, \quad |z| > \text{e}^{-0.9T}$$

因为无论 T 为何值（正值），$H(z)$ 的极点 $|\text{e}^{-0.9T}| < 1$，收敛域包括单位圆，所以数字滤波器是稳定的。

由于数字滤波器只有一个极点，因而其频率响应只有一个峰值，因此该滤波器只能是低通或高通滤波器，而不可能是带通或带阻滤波器。为了判断数字滤波器是低通还是高通，只

需比较 $H(\mathrm{e}^{\mathrm{j}\omega})$ 在 $\omega=0$ 和 $\omega=\pi$ 两点处值的大小。若 $H(\mathrm{e}^{\mathrm{j}0})>H(\mathrm{e}^{\mathrm{j}\pi})$，为低通滤波器；反之，则为高通滤波器。

根据 $H(z)$ 和 $H(\mathrm{e}^{\mathrm{j}\omega})$ 的对应关系 $H(\mathrm{e}^{\mathrm{j}\omega})=H(z)|_{z=\mathrm{e}^{\mathrm{j}\omega}}$，$\omega=0$ 对应 $z=1$，$\omega=\pi$ 对应 $z=-1$，因而本题转而比较 $H(z)$ 在 $z=1$ 和 $z=-1$ 两点处值的大小。

当 $z=1$ 时，$H(z)=\dfrac{1}{1-\mathrm{e}^{-0.9T}}$；当 $z=-1$ 时，$H(z)=\dfrac{1}{1+\mathrm{e}^{-0.9T}}$。

因为 $\dfrac{1}{1-\mathrm{e}^{-0.9T}}>\dfrac{1}{1+\mathrm{e}^{-0.9T}}$，所以为低通。

5-3 一个采样数字处理低通滤波器如图题 5-3 所示，$H(z)$ 的截止频率 $\omega_c=0.2\pi$，整个系统相当于一个模拟低通滤波器，今采样频率 $f_s=1\mathrm{kHz}$，问等效于模拟低通的截止频率 $f_c=?$ 若采样频率 f_s 分别改变为 $5\mathrm{kHz}$、$200\mathrm{Hz}$，而 $H(z)$ 不变，问这时等效于模拟低通的截止频率又各为多少?

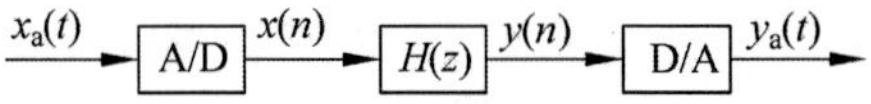

$$x_a(t) \xrightarrow{\quad} \boxed{\mathrm{A/D}} \xrightarrow{\ x(n)\ } \boxed{H(z)} \xrightarrow{\ y(n)\ } \boxed{\mathrm{D/A}} \xrightarrow{\ y_a(t)\ }$$

图题 5-3

解：等效模拟低通的截止频率等于采样前模拟信号的边界频率。

根据采样前后数字频率 ω 与模拟频率 Ω 之间的对应关系

$$\omega = \Omega T$$

当采样频率 $f_s=1\mathrm{kHz}$，等效模拟低通的截止频率

$$f_c = \Omega_c/2\pi = \omega_c f_s/2\pi = 100\mathrm{Hz}$$

相应的，当采样频率 f_s 分别为 $5\mathrm{kHz}$、$200\mathrm{Hz}$ 时，等效模拟低通的截止频率 f_c 分别为 $500\mathrm{Hz}$ 和 $20\mathrm{Hz}$。

5-4 图题 5-4 所示是由 RC 组成的模拟滤波器。

(1) 写出传输函数 $H_a(s)$，判断并说明是低通还是高通滤波器；

(2) 选用一种合适的转换方法将 $H_a(s)$ 转换成数字滤波器 $H(z)$，设采样周期为 T；

(3) 比较脉冲响应不变法和双线性变换法的优缺点。

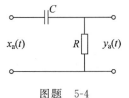

图题 5-4

解：(1) 先写出电压放大倍数 A_u 的表达式

$$A_u = \frac{y_a(t)}{x_a(t)} = \frac{R}{R+\dfrac{1}{\mathrm{j}\Omega C}} = \frac{\mathrm{j}\Omega RC}{\mathrm{j}\Omega RC+1}$$

然后，令 $s=\mathrm{j}\Omega$，即可得到传输函数 $H_a(s)$

$$H_a(s) = \frac{sRC}{sRC+1} = \frac{s}{s+\dfrac{1}{RC}}$$

由于 $H_a(s)$ 只含有一个极点，因而只能是低通或高通滤波器。

当 $s=0$ 时，$H_a(s)=0$；当 $s=\infty$ 时，$H_a(s)=1$。

因为 $H_a(0)<H_a(\infty)$，所以为高通滤波器。

(2) 因为是高通滤波器，所以采用双线性变换法。若选用脉冲响应不变法，会在高频处

发生频率混叠现象。

$$H(z) = H_a(s)\big|_{s=\frac{2}{T}\frac{1-z^{-1}}{1+z^{-1}}} = \frac{2RC(1-z^{-1})}{2RC + T + (T-2RC)z^{-1}}$$

（3）脉冲响应不变法：

优点：时域逼近良好，$\omega = \Omega T$。

缺点：容易产生混叠失真，只适用于带限滤波器。

双线性变换法：

优点：设计运算简单；避免了频谱的混叠效应，适合各种类型滤波器。

缺点：$\Omega = \frac{2}{T}\tan\frac{\omega}{2}$，会产生非线性频率失真。

5-5 某数字滤波器的系统函数为

$$H(z) = \frac{2}{1-0.5z^{-1}} - \frac{1}{1-0.25z^{-1}}$$

如果该滤波器是用双线性变换法设计得到的，且 $T=2\mathrm{s}$，求可以作为原型的模拟滤波器的传输函数 $H_a(s)$。

解：根据双线性变换法 s 平面与 z 平面的映射关系 $s=\frac{2}{T}\cdot\frac{1-z^{-1}}{1+z^{-1}}=\frac{1-z^{-1}}{1+z^{-1}}$，可得 $z=\frac{1+s}{1-s}$，代入 $H(z)$ 的表达式即可得到作为原型的模拟滤波器的传输函数 $H_a(s)$ 表达式。

$$H_a(s) = H(z)\big|_{z=\frac{1+s}{1-s}} = \frac{4+4s}{1+3s} - \frac{4+4s}{3+5s}$$

5-6 一个二阶连续时间滤波器的系统函数为 $H_a(s)=\frac{1}{s-a}+\frac{1}{s-b}$，其中，$a<0,b<0$ 都是实数。用脉冲响应不变法将模拟滤波器 $H_a(s)$ 变换为数字滤波器 $H(z)$，采样周期 $T=2\mathrm{s}$，并确定 $H(z)$ 的极点和零点位置。

解：极点

$$s_1 = a, \quad s_2 = b$$

其相应数字滤波器的极点为

$$z_1 = e^{2a}, \quad z_2 = e^{2b}$$

$$H(z) = \frac{1}{1-e^{2a}z^{-1}} + \frac{1}{1-e^{2b}z^{-1}} = \frac{2-(e^{2a}+c^{2b})z^{-1}}{(1-e^{2a}z^{-1})(1-e^{2b}z^{-1})}$$

零点

$$z = \frac{e^{2a}+e^{2b}}{2}$$

5-7 用脉冲响应不变法设计一个数字低通滤波器，已知模拟低通原型滤波器传输函数为 $H_a(s)=\frac{2}{s^2+3s+2}$，模拟截止频率 $f_c=1\mathrm{kHz}$，采样频率 $f_s=4\mathrm{kHz}$。

（1）求数字低通滤波器的系统函数 $H(z)$；

（2）该数字滤波器的截止频率为多少？

（3）一个以 $2\mathrm{kHz}$ 频率采样的输入信号通过该数字滤波器后，输出信号的最大频率范围为多少 Hz？

(4) 若保持 $H(z)$ 不变,采样频率 f_s 提高到原来的 4 倍,则该低通滤波器截止频率有什么变化?

解:(1) $\Omega_c = 2\pi f_c = 2\pi \times 1000 = 2000\pi\,\text{rad/s}$

$$H_a(s) = \frac{2}{\left(\dfrac{s}{\Omega_c}\right)^2 + 3 \times \left(\dfrac{s}{\Omega_c}\right) + 2} = \frac{-2}{s/\Omega_c + 2} + \frac{2}{s/\Omega_c + 1} = \frac{-2\Omega_c}{s + 2\Omega_c} + \frac{2\Omega_c}{s + \Omega_c}$$

极点 $s_1 = -2\Omega_c$,$s_2 = -\Omega_c$,$T = \dfrac{1}{f_s} = \dfrac{1}{4000}\,\text{s}$

$$H(z) = \frac{-2\Omega_c}{1 - e^{-2\Omega_c T}z^{-1}} + \frac{2\Omega_c}{1 - e^{-\Omega_c T}z^{-1}} = \frac{-4000\pi}{1 - e^{-\pi}z^{-1}} + \frac{4000\pi}{1 - e^{-\pi/2}z^{-1}}$$

(2) $\omega_c = \Omega_c T = 2\pi f_c / f_s = \dfrac{\pi}{2}$

(3) 数字滤波器的截止频率 $\omega_c = \dfrac{\pi}{2}$,输入信号采样频率 $f_s = 2\text{kHz}$,根据 $\omega_c = 2\pi f_c / f_s$,可得输出信号的最大频率 $f_c = 0.5\text{kHz}$。

(4) 保持 $H(z)$ 不变,即保持 $\omega_c = 2\pi f_c / f_s$ 不变,当采样频率 f_s 提高到原来的 4 倍,则该低通滤波器的截止频率 f_c 也要提高到原来的 4 倍。

本题也可以这样理解:

保持 $H(z)$ 不变,即 $z_i = e^{s_i T}$ 不变。根据(1)中所求的 s_i 可知,$s_i \propto \Omega_c$,因此当 f_s 提高到原来的 4 倍,Ω_c 也提高到原来的 4 倍。

5-8 某二阶模拟低通滤波器的传输函数为 $H_a(s) = \dfrac{\Omega_c^2}{s^2 + \sqrt{3}\,\Omega_c s + 3\Omega_c^2}$,试用双线性变换法设计一个数字低通滤波器,其 3dB 截止频率 $f_c = 1\text{kHz}$,采样频率 $f_s = 4\text{kHz}$,写出数字低通滤波器的系统函数 $H(z)$。

解:本题和 5-7 题的不同之处在于要先对 Ω_c 进行预畸变得到 Ω_c',再将 Ω_c' 代入 $H_a(s)$ 得到新的 $H_a(s)$,然后对新的 $H_a(s)$ 进行双线性变换。

$$\Omega_c' = \frac{2}{T}\tan\frac{2\pi f_c T}{2} = \frac{2}{T}\tan\frac{2\pi \times 1000}{2 \times 4000} = \frac{2}{T}$$

将 Ω_c' 代入 $H_a(s)$ 得

$$H_a(s) = \frac{1}{(s/\Omega_c')^2 + \sqrt{3}(s/\Omega_c') + 3} = \frac{1}{\left(\dfrac{T}{2}\right)^2 s^2 + \sqrt{3}\left(\dfrac{T}{2}\right)s + 3}$$

$$H(z) = H_a(s)\Big|_{s = \frac{2}{T}\cdot\frac{1-z^{-1}}{1+z^{-1}}} = \frac{1}{\left(\dfrac{1-z^{-1}}{1+z^{-1}}\right)^2 + \sqrt{3}\left(\dfrac{1-z^{-1}}{1+z^{-1}}\right) + 3}$$

$$= \frac{1 + 2z^{-1} + z^{-2}}{4 + \sqrt{3} + 4z^{-1} + (4 - \sqrt{3})z^{-2}}$$

5-9 用双线性变换法设计一个三阶巴特沃思高通数字滤波器(要求预畸),采样频率 $f_s = 6\text{kHz}$,3dB 截止频率为 1.5kHz,已知三阶巴特沃思滤波器的归一化低通原型为 $H_a(s) = \dfrac{1}{s^3 + 2s^2 + 2s + 1}$,求高通滤波器的系统函数 $H(z)$。

解：预畸变

$$\Omega'_c = \frac{2}{T}\tan\frac{\Omega_c T}{2} = \frac{2}{T}$$

去归一化，将 $s = \dfrac{\Omega'_c}{s}$ 代入 $H_a(s)$，得三阶巴特沃思模拟高通滤波器的传输函数

$$H_a(s) = \frac{1}{\left(\dfrac{\Omega'_c}{s}\right)^3 + 2\left(\dfrac{\Omega'_c}{s}\right)^2 + 2\left(\dfrac{\Omega'_c}{s}\right) + 1}$$

再由变换式 $s = \dfrac{2}{T}\cdot\dfrac{1-z^{-1}}{1+z^{-1}}$，可得数字高通滤波器的系统函数 $H(z)$ 为

$$H(z) = \frac{1}{\left(\dfrac{1+z^{-1}}{1-z^{-1}}\right)^3 + 2\left(\dfrac{1+z^{-1}}{1-z^{-1}}\right)^2 + 2\left(\dfrac{1+z^{-1}}{1-z^{-1}}\right) + 1}$$

5-10　用脉冲响应不变法设计一个数字低通滤波器，已知模拟低通原型滤波器传输函数为 $H_a(s) = \dfrac{2}{s^2+3s+2}$，模拟截止频率 $f_c = 1\text{kHz}$，采样频率 $f_s = 4\text{kHz}$。

（1）求数字低通滤波器的系统函数 $H(z)$；

（2）如果采用双线性变换法设计该数字低通滤波器，求预畸变后的模拟低通截止频率 Ω'_c。

解：（1）去归一化

$$\Omega_c = 2\pi f_c = 2\pi\times1000 = 2000\pi\text{rad/s}$$

$$H_a(s) = \frac{2}{\left(\dfrac{s}{\Omega_c}\right)^2 + 3\times\left(\dfrac{s}{\Omega_c}\right) + 2} = \frac{-2}{s/\Omega_c+2} + \frac{2}{s/\Omega_c+1} = \frac{-2\Omega_c}{s+2\Omega_c} + \frac{2\Omega_c}{s+\Omega_c}$$

极点 $s_1 = -2\Omega_c$，$s_2 = -\Omega_c$，$T = \dfrac{1}{f_s} = \dfrac{1}{4000}$(s)

$$H(z) = \frac{-2\Omega_c}{1-e^{-2\Omega_c T}z^{-1}} + \frac{2\Omega_c}{1-e^{-\Omega_c T}z^{-1}} = \frac{-4000\pi}{1-e^{-\pi}z^{-1}} + \frac{4000\pi}{1-e^{-\pi/2}z^{-1}}$$

（2）$\Omega'_c = \dfrac{2}{T}\tan\dfrac{2\pi f_c T}{2} = \dfrac{2}{T}\tan\dfrac{2\pi\times1000}{2\times4000} = \dfrac{2}{T} = 8000\text{rad/s}$

5-11　用双线性变换法设计 IIR 数字滤波器时，为什么要"预畸"，如何"预畸"？

解：模拟滤波器的临界频率 Ω_p，如按线性变换关系 $\omega = \Omega T$，应该变换到数字频率 ω_p。但双线性变换法的频率变换是按 $\omega = 2\arctan(\Omega T/2)$ 的曲线进行的，所以实际变换到 ω'_p，这就是畸变。由于从 Ω_p 变不到 ω_p，可以设想，一开始就把目标修正为 Ω'_p 而不是 Ω_p，这样，双线性变换后，Ω'_p 正好"畸变"到 ω_p。因此，"预畸"就是将临界模拟频率事先加以畸变，然后经变换后正好映射到所需要的数字频率上。

"预畸"方法：先由 Ω_p 按线性变换关系求出 $\omega_p(\omega = \Omega T)$，再代入式 $\Omega = \dfrac{2}{T}\tan\dfrac{\omega}{2}$，求出 $\Omega'_p = \dfrac{2}{T}\tan\dfrac{\omega_p}{2} = \dfrac{2}{T}\tan\dfrac{\Omega_p T}{2}$。

5-12　试从以下几个方面比较脉冲响应不变法和双线性变换法的特点：基本思路，如何从 s 平面映射到 z 平面，频率变换的线性关系。

解：脉冲响应不变法和双线性变换法的特点比较见表 5-2。

表 5-2　脉冲响应不变法和双线性变换法的特点比较

	脉冲响应不变法	双线性变换法
基本思路	通过对模拟滤波器的单位冲激响应 $h_a(t)$ 的等间隔采样来获得数字滤波器的单位脉冲响应 $h(n)$	利用数值积分将模拟系统变换为数字系统
s 平面到 z 平面的映射	多一映射，$z = e^{sT}$	一一映射，$s = \dfrac{2}{T} \cdot \dfrac{z-1}{z+1}$
频率变换关系	线性，$\omega = \Omega T$	非线性，$\Omega = \dfrac{2}{T}\tan\dfrac{\omega}{2}$

5-13　给定滤波器参数 f_p、f_s、α_p、α_s、T(通带截止频率、阻带截止频率、通带最大衰减、阻带最小衰减、采样周期)，说明采用双线性变换法设计 IIR 数字滤波器的步骤(假设滤波器的阶数 N，各种归一化模拟原型 LPF 的传输函数 $H_a(s)$ 都可以查表得到)。

解：用双线性变换法设计 IIR 数字滤波器的步骤如下：

(1) 确定数字滤波器的技术指标。

(2) 将数字滤波器的技术指标转换成模拟滤波器的技术指标。对通带截止频率、阻带截止频率进行预畸变：

$$\Omega'_p = \frac{2}{T}\tan\frac{\Omega_p T}{2} = \frac{2}{T}\tan\frac{2\pi f_p T}{2}, \quad \Omega'_s = \frac{2}{T}\tan\frac{\Omega_s T}{2} = \frac{2}{T}\tan\frac{2\pi f_s T}{2}$$

(3) 以预畸变后的参数为目标参数，求出模拟滤波器传输函数 $H_a(s)$。

(4) 用双线性变换法 $\left(s = \dfrac{2}{T} \cdot \dfrac{z-1}{z+1}\right)$ 将 $H_a(s) \to H(z)$。

5-14　图题 5-14 所示为一个数字滤波器的频率响应。

(1) 当采用脉冲响应不变法时，求原型模拟滤波器的频率响应。

(2) 当采用双线性变换法时，求原型模拟滤波器的频率响应。

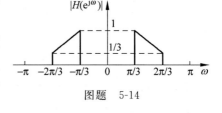

图题　5-14

解：题目给出的是数字滤波器 $H(e^{j\omega})$ 与 ω 之间的关系曲线，可根据不同变换法模拟频率 Ω 与数字频率 ω 之间的变换关系，确定其相应的原型模拟滤波器的频率响应。

如果是脉冲响应不变法，频率间的变换关系为 $\Omega = \omega/T$，因此变换后的曲线仍为线性关系；如果是双线性变换法，频率间的变换关系为 $\Omega = \dfrac{2}{T}\tan\dfrac{\omega}{2}$，变换后的曲线将不再是线性关系。两种变换其临界频率间的映射关系如表 5-3 所示，相应的原型模拟滤波器的频率响应如图 5-11 所示。

表 5-3　临界频率间的映射关系

ω	Ω(脉冲响应不变法)	Ω(双线性变换法)
$-\dfrac{2\pi}{3}$	$-\dfrac{2\pi}{3T}$	$-\dfrac{2\sqrt{3}}{T}$

续表

ω	Ω（脉冲响应不变法）	Ω（双线性变换法）
$-\dfrac{\pi}{3}$	$-\dfrac{\pi}{3T}$	$-\dfrac{2\sqrt{3}}{3T}$
0	0	0
$\dfrac{\pi}{3}$	$\dfrac{\pi}{3T}$	$\dfrac{2\sqrt{3}}{3T}$
$\dfrac{2\pi}{3}$	$\dfrac{2\pi}{3T}$	$\dfrac{2\sqrt{3}}{T}$

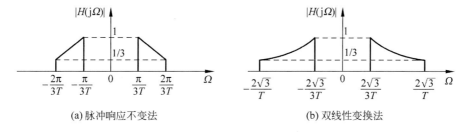

(a) 脉冲响应不变法   (b) 双线性变换法

图 5-11 原型模拟滤波器的频率响应

5-15 假设某模拟滤波器 $H_a(s)$ 是一个低通滤波器，又知 $H(z)=H_a(s)\big|_{s=\frac{z+1}{z-1}}$，数字滤波器 $H(z)$ 的通带中心位于下面哪种情况？并说明原因。

（1）$\omega=0$（低通）；

（2）$\omega=\pi$（高通）；

（3）除 0 或 π 以外的某一频率（带通）。

解：模拟滤波器为低通，通带中心在 $\Omega=0$ 处，因此只要找到 ω 与 Ω 的关系，就可得到数字滤波器的通带中心。

由题意，s 与 z 的关系为

$$s=\frac{z+1}{z-1}$$

由于 s 平面虚轴映射为 z 平面的单位圆，取 $s=\mathrm{j}\Omega$，$z=\mathrm{e}^{\mathrm{j}\omega}$，得

$$\mathrm{j}\Omega=\frac{\mathrm{e}^{\mathrm{j}\omega}+1}{\mathrm{e}^{\mathrm{j}\omega}-1}\Rightarrow\mathrm{e}^{\mathrm{j}\omega}=\frac{\mathrm{j}\Omega+1}{\mathrm{j}\Omega-1}$$

频率间的对应关系见表 5-4。

表 5-4 特征频率间的映射关系

s 平面	z 平面
$\Omega=0$	$\omega=\pi$
$\Omega=\infty$	$\omega=0$

即将模拟低通中心频率 $\Omega=0$ 映射到 $\omega=\pi$ 处，故（2）是正确的，数字滤波器为高通滤波器，如图 5-12 所示。

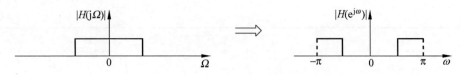

图 5-12　模拟频响和数字频响的对应关系

5-16　系统函数为 $H(z)$,单位脉冲响应为 $h(n)$ 的一个数字滤波器的频率响应

$$H(e^{j\theta}) = \begin{cases} A, & |\theta| \leqslant \theta_c \\ 0, & \theta_c < |\theta| \leqslant \pi \end{cases}$$

其中,$0 < \theta_c < \pi$,通过变换 $z = -z_1^2$,将这个滤波器变换成一个新滤波器,即

$$H_1(z_1) = H(z) \mid_{z=-z_1^2}$$

（1）求原低通滤波器 $H(z)$ 的频率变量 θ 与新滤波器 $H_1(z_1)$ 的频率变量 ω 之间的关系式;

（2）画出新滤波器的频率响应 $H_1(e^{j\omega})$,并判断这是哪一种通带滤波器;

（3）写出用 $h(n)$ 表示 $h_1(n)$ 的表达式。

解：（1）$z = -z_1^2 \Rightarrow e^{j\theta} = -e^{j2\omega} \Rightarrow \theta = 2\omega + \pi$

（2）判断 $H_1(e^{j\omega})$ 的通带范围

令

$$|2\omega + \pi| \leqslant \theta_c \Rightarrow -\frac{1}{2}\theta_c - \frac{\pi}{2} \leqslant \omega \leqslant \frac{1}{2}\theta_c - \frac{\pi}{2}$$

这是带通滤波器,频率响应如图 5-13 所示。

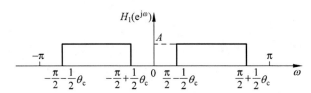

图 5-13　新滤波器的频率响应

（3）两种滤波器的时频对应关系：

$$h(n) \leftrightarrow H(e^{j\theta})$$
$$h_1(n) \leftrightarrow H_1(e^{j\omega})$$

由

$$H_1(z_1) = H(z) \mid_{z=-z_1^2} \Rightarrow H_1(e^{j\omega}) = H(e^{j\theta}) \mid_{\theta=2\omega+\pi} = H(e^{j(2\omega+\pi)})$$

因此

$$h_1(n) = \frac{1}{2\pi}\int_{-\pi}^{\pi} H_1(e^{j\omega}) e^{j\omega n} d\omega = \frac{1}{2\pi}\int_{-\pi}^{\pi} H(e^{j(2\omega+\pi)}) e^{j\omega n} d\omega = (-1)^n h(n/2)$$

$$= \begin{cases} (-1)^n h(n/2), & n \text{ 为偶数} \\ 0, & n \text{ 为奇数} \end{cases}$$

5-17　在利用脉冲响应不变法和双线性变换法将一个模拟滤波器变换为数字滤波器时,针对下面列出的几种情况,试分析采用哪一种(或两种)变换方法可以得出要求的结果。

（1）最小相位模拟滤波器(所有极点和零点均在 s 左半平面上)变换为最小相位数字滤波器。

(2) 模拟全通滤波器(极点在左半平面$-s_i$处,而零点在对应的右半平面s_i处)变换为数字全通滤波器。

(3) $H(\mathrm{e}^{\mathrm{j}\omega})\big|_{\omega=0} = H_\mathrm{a}(\mathrm{j}\Omega)\big|_{\Omega=0}$。

(4) 模拟带阻滤波器变换为数字带阻滤波器。

(5) 设 $H_1(z)$、$H_2(z)$ 和 $H(z)$ 分别由 $H_{\mathrm{a}1}(s)$、$H_{\mathrm{a}2}(s)$ 和 $H_\mathrm{a}(s)$ 变换得到,若 $H_\mathrm{a}(s) = H_{\mathrm{a}1}(s)H_{\mathrm{a}2}(s)$,则 $H(z) = H_1(z)H_2(z)$。

(6) 设 $H_1(z)$、$H_2(z)$ 和 $H(z)$ 分别由 $H_{\mathrm{a}1}(s)$、$H_{\mathrm{a}2}(s)$ 和 $H_\mathrm{a}(s)$ 变换得到,若 $H_\mathrm{a}(s) = H_{\mathrm{a}1}(s)+H_{\mathrm{a}2}(s)$,则 $H(z) = H_1(z)+H_2(z)$。

解: (1) 最小相位数字滤波器的极点和零点都在单位圆内,而脉冲和双线性两种变换方法都可以将 s 左平面的极点映射到 z 平面单位圆内,因此本题的关键是确定位于 s 左平面的零点能否映射到 z 平面的单位圆内。

对于脉冲响应不变法,一个模拟滤波器的系统函数为

$$H_\mathrm{a}(s) = \sum_{i=1}^{N} \frac{A_i}{s-s_i}$$

映射为数字滤波器的系统函数为

$$H(z) = \sum_{i=1}^{N} \frac{A_i}{1-\mathrm{e}^{s_i T}z^{-1}}$$

$H(z)$ 的零点位置取决于 $H_\mathrm{a}(s)$ 的零点和极点位置,无法保证零点位于单位圆内。所以,脉冲响应不变法不一定将最小相位的模拟滤波器映射为最小相位的数字滤波器。

对于双线性不变法,s 与 z 的关系可写为

$$z = \frac{2/T+s}{2/T-s}$$

设 $H_\mathrm{a}(s)$ 在 $s=s_i$ 处有一个零点,且 $s_i = \sigma_i + \mathrm{j}\Omega_i$,那么

$$|z_i| = \left[\frac{(2/T+\sigma_i)^2+\Omega_i^2}{(2/T-\sigma_i)^2+\Omega_i^2}\right]^{1/2}$$

当 $H_\mathrm{a}(s)$ 为稳定的最小相位系统时,有 $\sigma_i<0$,由上式,此时 $|z_i|<1$,从而说明 $H(z)$ 也是最小相位系统。

(2) 假设原滤波器为全通,脉冲响应不变法中,由于 $H(\mathrm{e}^{\mathrm{j}\omega}) = \sum_{k=-\infty}^{\infty} H_\mathrm{a}\left(\mathrm{j}\dfrac{\omega}{T}-\mathrm{j}\dfrac{2\pi}{T}k\right)$,因此重叠相加项会破坏全通特性。双线性变换法由于只改变频率的坐标,幅度响应不受影响,因此全通滤波器还会映射为全通。

(3) 只有双线性变换法可以保证 $H(\mathrm{e}^{\mathrm{j}\omega})\big|_{\omega=0} = H_\mathrm{a}(\mathrm{j}\Omega)\big|_{\Omega=0}$。在脉冲响应不变法中,由于 $H(\mathrm{e}^{\mathrm{j}\omega})\big|_{\omega=\Omega T} = \sum_{k=-\infty}^{\infty} H_\mathrm{a}\left(\mathrm{j}\Omega-\mathrm{j}\dfrac{2\pi}{T}k\right)$,若 $H(\mathrm{e}^{\mathrm{j}\omega})\big|_{\omega=0} = H_\mathrm{a}(\mathrm{j}\Omega)\big|_{\Omega=0}$,则

$$H(\mathrm{e}^{\mathrm{j}0}) = \sum_{k=-\infty}^{\infty} H_\mathrm{a}\left(\mathrm{j}\frac{2\pi}{T}k\right) = H_\mathrm{a}(0) \Rightarrow \sum_{\substack{k=-\infty\\k\neq0}}^{\infty} H_\mathrm{a}\left(\mathrm{j}\frac{2\pi}{T}k\right) = 0$$

通常这是不可能的。所以,不能保证 $H(\mathrm{e}^{\mathrm{j}\omega})\big|_{\omega=0} = H_\mathrm{a}(\mathrm{j}\Omega)\big|_{\Omega=0}$。

对于双线性变换法,既然 $\Omega=0$ 映射到 $\omega=0$,因此 $H(\mathrm{e}^{\mathrm{j}\omega})\big|_{\omega=0} = H_\mathrm{a}(\mathrm{j}\Omega)\big|_{\Omega=0}$。

(4) 脉冲响应不变法由于存在频率混叠现象,因此不适合带阻滤波器的设计;而双线性变换法则适合任意滤波器的设计。

(5) 只有双线性变换法可以满足此条性质。对于双线性变换法：

$$H(z) = H_a(s)\,|_{s=\frac{2}{T}\cdot\frac{1-z^{-1}}{1+z^{-1}}} = H_{a1}(s)\cdot H_{a2}(s)\,|_{s=\frac{2}{T}\cdot\frac{1-z^{-1}}{1+z^{-1}}} = H_1(z)\cdot H_2(z)$$

(6) 两种变换均可满足。对于脉冲响应不变法：

$$H(e^{j\omega}) = \sum_{k=-\infty}^{\infty} H_a\left(j\frac{\omega}{T}-j\frac{2\pi}{T}k\right)$$

$$= \sum_{k=-\infty}^{\infty} H_{a1}\left(j\frac{\omega}{T}-j\frac{2\pi}{T}k\right) + \sum_{k=-\infty}^{\infty} H_{a2}\left(j\frac{\omega}{T}-j\frac{2\pi}{T}k\right)$$

$$= H_1(e^{j\omega}) + H_2(e^{j\omega})$$

对于双线性变换法：

$$H(z) = H_a(s)\,|_{s=\frac{2}{T}\cdot\frac{1-z^{-1}}{1+z^{-1}}} = \left[H_{a1}(s)+H_{a2}(s)\right]\,|_{s=\frac{2}{T}\cdot\frac{1-z^{-1}}{1+z^{-1}}} = H_1(z)+H_2(z)$$

5-18　已知某数字滤波器的系统函数为 $H(z) = \dfrac{1+z^{-1}}{1+0.5z^{-1}}$：

(1) 画出系统的频率响应,并分析这一系统是哪一种通带滤波器?

(2) 在上述系统中,用下列差分方程表示的网络代替它的 z^{-1} 延时单元

$$y(n) = x(n-1) - \frac{1}{2}x(n) + \frac{1}{2}y(n-1)$$

试问变换后的数字滤波器又是哪一种通带滤波器? 为什么?

解：(1) 由于 $H(z)$ 只含有一个极点,因而只能是低通或高通滤波器。

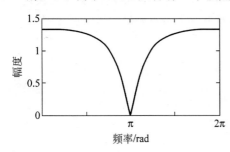

当 $z=1$ 时,$H(z)=4/3$; 当 $z=-1$ 时,$H(z)=0$。因为 $H(z)|_{z=1} > H(z)|_{z=-1}$,所以为低通滤波器,频率响应如图 5-14 所示。

(2) 差分方程 $y(n)=x(n-1)-\dfrac{1}{2}x(n)+\dfrac{1}{2}y(n-1)$ 的系统函数为

图 5-14　低通滤波器的频率响应

$$H_1(z_1) = \frac{-0.5+z_1^{-1}}{1-0.5z_1^{-1}}$$

用差分方程表示的网络代替 $H(z)$ 的 z^{-1} 延时单元,即令 $z^{-1}=H(z_1)$

$$z^{-1} = \frac{-0.5+z_1^{-1}}{1-0.5z_1^{-1}} \Rightarrow z_1^{-1} = \frac{0.5+z^{-1}}{1+0.5z^{-1}} \Rightarrow e^{-j\omega_1} = \frac{0.5+e^{-j\omega}}{1+0.5e^{-j\omega}}$$

频率间的对应关系为如表 5-5 所示。

表 5-5　频率间的对应关系

ω 平面	ω_1 平面
$\omega=0$	$\omega_1=0$
$\omega=\pi$	$\omega_1=\pi$

这是一种低通到低通的映射,所以变换后数字网络仍是低通滤波器。

5-19　已知模拟滤波器的幅度平方函数为 $|H_a(j\Omega)|^2 = \dfrac{4}{6+5\Omega^2+\Omega^4}$,求 $H_a(s)$,画出它的零、极点分布图,并用脉冲响应不变法将其转换为数字滤波器(已知 $T=10^{-4}\text{s}$)。

解: 将 $\Omega = s/j$ 代入 $|H_a(j\Omega)|^2$ 的表达式,可得

$$H_a(s)H_a(-s) = \frac{4}{(s^2-2)(s^2-3)} = \frac{4}{(s+\sqrt{2})(s-\sqrt{2})(s+\sqrt{3})(s-\sqrt{3})}$$

选择左半平面极点 $s = -\sqrt{2}$, $s = -\sqrt{3}$ 作为 $H_a(s)$ 的极点,则

$$H_a(s) = \frac{2}{(s+\sqrt{2})(s+\sqrt{3})} = \frac{2(\sqrt{3}+\sqrt{2})}{s+\sqrt{2}} - \frac{2(\sqrt{3}+\sqrt{2})}{s+\sqrt{3}}$$

零、极点分布如图 5-15 所示。

数字滤波器的系统函数:

$$H(z) = \frac{2(\sqrt{3}+\sqrt{2})}{1-\mathrm{e}^{-\sqrt{2}/10^4}z^{-1}} - \frac{2(\sqrt{3}+\sqrt{2})}{1-\mathrm{e}^{-\sqrt{3}/10^4}z^{-1}}$$

5-20 用双线性变换法设计一个巴特沃思数字低通滤波器,截止频率为 $f_c = 1\mathrm{kHz}$,采样频率 $f_s = 25\mathrm{kHz}$,在 $12\mathrm{kHz}$ 处阻带衰减为 $-30\mathrm{dB}$。求其差分方程,并画出滤波器的幅频响应。

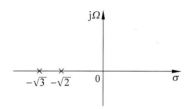

图 5-15 零、极点分布图

解: 由给定的参数可以得到所求滤波器的幅度平方函数为

$$|H_a(j\Omega)|^2 = \frac{1}{1+\varepsilon^2(\Omega/\Omega_p)^{2N}} = \frac{1}{1+\varepsilon^2(\Omega/2000\pi)^{2N}}$$

$$\varepsilon = \sqrt{10^{0.1a_p}-1} = \sqrt{10^{0.1\times3}-1} = 1$$

$$N \geqslant \frac{\lg\left(\dfrac{10^{0.1a_s}-1}{\varepsilon^2}\right)}{2\lg\Omega_s/\Omega_p} = \frac{\lg\left(\dfrac{10^{0.1\times30}-1}{\varepsilon^2}\right)}{2\lg 12} = 1.39, \text{取} N = 2$$

$$p_k = \frac{1}{\sqrt[N]{\varepsilon}}\mathrm{e}^{j\frac{\pi}{2}}\mathrm{e}^{j\frac{(2k+1)\pi}{2N}} = \mathrm{e}^{j\frac{\pi}{2}}\mathrm{e}^{j\frac{(2k+1)\pi}{4}}, \quad k = 0,1$$

$$H_a(p) = \frac{1}{(p-\mathrm{e}^{j3\pi/4})(p-\mathrm{e}^{j5\pi/4})} = \frac{1}{p^2+\sqrt{2}p+1}$$

预畸变:

$$\Omega_p' = \frac{2}{T}\tan\frac{\Omega_p T}{2} = \frac{2}{T}\tan\frac{\pi}{25}$$

去归一化:

$$H_a(s) = H_a(p)\big|_{p=s/\Omega_p'} = \frac{\Omega_p'^2}{s^2+\sqrt{2}\Omega_p's+\Omega_p'^2}$$

采用双线性变换方法,数字滤波器的系统函数为

$$H(z) = H_a(s)\big|_{s=\frac{2}{T}\cdot\frac{1-z^{-1}}{1+z^{-1}}} = \frac{\Omega_p'^2}{\left(\dfrac{2}{T}\cdot\dfrac{1-z^{-1}}{1+z^{-1}}\right)^2+\sqrt{2}\Omega_p'\cdot\dfrac{2}{T}\cdot\dfrac{1-z^{-1}}{1+z^{-1}}+\Omega_p'^2}$$

$$= \frac{0.1122+0.1122z^{-1}}{1-0.7757z^{-1}}$$

差分方程

$$y(n) - 0.7757y(n-1) = 0.1122x(n) + 0.1122x(n-1)$$

幅频响应

$$|H(e^{j\omega})| = \frac{0.1122\sqrt{2+2\cos\omega}}{\sqrt{1.6017-1.5514\cos\omega}}$$

5-21 用脉冲响应不变法设计一个三阶巴特沃思数字低通滤波器,截止频率为 $f_c=$ 1kHz,设采样频率 $f_s=6.283$kHz。

解:利用查表法

$$H_a(p) = \frac{1}{(p^2+p+1)(p+1)}$$

去归一化

$$H_a(s) = H_a(p)\big|_{p=s/\Omega_c} = \frac{1}{\left[\left(\dfrac{s}{\Omega_c}\right)^2+\dfrac{s}{\Omega_c}+1\right]\left(\dfrac{s}{\Omega_c}+1\right)} = \frac{\Omega_c^3}{(s^2+\Omega_c s+\Omega_c^2)(s+\Omega_c)}$$

$$= \frac{\left(-\dfrac{1}{2}+\dfrac{\sqrt{3}}{6}j\right)\Omega_c}{s+\dfrac{1+\sqrt{3}j}{2}\Omega_c} - \frac{\left(\dfrac{1}{2}+\dfrac{\sqrt{3}}{6}j\right)\Omega_c}{s+\dfrac{1-\sqrt{3}j}{2}\Omega_c} + \frac{\Omega_c}{s+\Omega_c}$$

由于

$$\Omega_c T = \Omega_c/f_s = \frac{2\pi\times1}{6.283} = 1$$

因此

$$H(z) = 2\pi\times10^3\left[\frac{-\dfrac{1}{2}+\dfrac{\sqrt{3}}{6}j}{1-e^{-\frac{1+\sqrt{3}j}{2}}z^{-1}} - \frac{\dfrac{1}{2}+\dfrac{\sqrt{3}}{6}j}{1-e^{-\frac{1-\sqrt{3}j}{2}}z^{-1}} + \frac{1}{1-e^{-1}z^{-1}}\right]$$

5-22 用双线性变换法设计一个三阶切比雪夫数字高通滤波器,采样频率为 $f_s=$ 8kHz,截止频率分别为 $f_c=2$kHz,通带波动 3dB。

解:利用查表法,三阶切比雪夫模拟低通原型滤波器的传输函数为

$$H_a(p) = \frac{0.2505943}{p^3+0.5972404p^2+0.92834805p+0.2505943}$$

预畸变

$$\Omega_c' = \frac{2}{T}\tan\frac{\Omega_c T}{2} = \frac{2}{T}$$

去归一化,将 $p=\dfrac{\Omega_c'}{s}$ 代入 $H_a(p)$,得三阶切比雪夫模拟高通滤波器的传输函数 $H_a(s)$, 再由变换式

$$s = \frac{2}{T}\cdot\frac{1-z^{-1}}{1+z^{-1}}$$

可得数字高通滤波器的系统函数 $H(z)$ 为

$$H(z) = \frac{0.2505943}{0.2505943+0.9283480\dfrac{1+z^{-1}}{1-z^{-1}}+0.5972404\left(\dfrac{1+z^{-1}}{1-z^{-1}}\right)^2+\left(\dfrac{1+z^{-1}}{1-z^{-1}}\right)^3}$$

化简可得

$$H(z) = \frac{0.0902658(1-3z^{-1}+3z^{-2}-z^{-3})}{1+0.6905560z^{-1}+0.8018905z^{-2}+0.3892083z^{-3}}$$

5-23　用双线性变换法设计一个满足下面指标要求的数字带阻巴特沃思滤波器：通带上下边带各为 $0\sim95\mathrm{Hz}$ 和 $105\sim500\mathrm{Hz}$，通带波动 $3\mathrm{dB}$，阻带为 $99\sim101\mathrm{Hz}$，阻带衰减 $13\mathrm{dB}$，采样频率为 $1\mathrm{kHz}$。

解：数字带阻滤波器的设计仍是先设计模拟低通原型滤波器，然后经频率变换得到所需的数字滤波器。

（1）预畸变：

通带上限截止频率 $\varOmega'_{\mathrm{p2}}=\dfrac{2}{T}\tan\dfrac{\varOmega_{\mathrm{p2}}T}{2}=11.515\mathrm{rad/s}$

通带下限截止频率 $\varOmega'_{\mathrm{p1}}=\dfrac{2}{T}\tan\dfrac{\varOmega_{\mathrm{p1}}T}{2}=10.418\mathrm{rad/s}$

阻带上限截止频率 $\varOmega'_{\mathrm{s2}}=\dfrac{2}{T}\tan\dfrac{\varOmega_{\mathrm{s2}}T}{2}=11.076\mathrm{rad/s}$

阻带下限截止频率 $\varOmega'_{\mathrm{s1}}=\dfrac{2}{T}\tan\dfrac{\varOmega_{\mathrm{s1}}T}{2}=10.857\mathrm{rad/s}$

因此，通带中心频率 $\varOmega_0=\sqrt{\varOmega_{\mathrm{p1}}\varOmega_{\mathrm{p2}}}=10.953\mathrm{rad/s}$

通带带宽 $B=\varOmega_{\mathrm{p2}}-\varOmega_{\mathrm{p1}}=1.097\mathrm{rad/s}$

（2）模拟带阻技术指标转换成归一化模拟低通滤波器技术指标：

由表 5-1，归一化阻带截止频率

$$\lambda_{\mathrm{s}}=\frac{\varOmega_{\mathrm{p2}}-\varOmega_{\mathrm{p1}}}{\varOmega_{\mathrm{s2}}-\varOmega_{\mathrm{s1}}}=5.009$$

归一化通带截止频率

$$\lambda_{\mathrm{p}}=1,\quad \alpha_{\mathrm{p}}=3\mathrm{dB},\quad \alpha_{\mathrm{s}}=13\mathrm{dB}$$

（3）设计归一化模拟低通滤波器：

$$\varepsilon=\sqrt{10^{0.1\alpha_{\mathrm{p}}}-1}=\sqrt{10^{0.1\times3}-1}=1$$

$N\geqslant\dfrac{\lg(10^{0.1\alpha_{\mathrm{s}}}-1)}{2\lg\lambda_{\mathrm{s}}/\lambda_{\mathrm{p}}}=0.913$，取 $N=1$。

归一化低通传输函数

$$H_{\mathrm{a}}(p)=\frac{1}{p+1}$$

（4）频率变换，将归一化模拟低通滤波器转换为模拟带阻滤波器

$$H_{\mathrm{a}}(s)=H_{\mathrm{a}}(p)\mid_{p=\frac{sB}{s^2+\varOmega_0^2}}=\frac{s^2+\varOmega_0^2}{s^2+sB+\varOmega_0^2}$$

（5）利用双线性变换法，将 $H_{\mathrm{a}}(s)$ 映射为 $H(z)$

$$H(z)=H_{\mathrm{a}}(s)\mid_{s=\frac{2}{T}\cdot\frac{1-z^{-1}}{1+z^{-1}}}=\frac{0.969(1-1.619z^{-1}+z^{-2})}{1-1.569z^{-1}+0.939z^{-2}}$$

5.6　自测题及参考答案

一、自测题

1. 填空题（10 小题）

（1）数字域 $\omega=2\pi$ 所对应的信号的实际频率为 _____ 。

（2）脉冲响应不变法的缺点是会产生 _____ 现象，优点是 _____ ，因此只适

合_____滤波器的设计。双线性变换法的优点是不会产生_____现象,付出的代价是_____,因此适合于_____滤波器的设计。

(3) 借助模拟滤波器的 $H_a(s)$ 设计一个 IIR 数字高通滤波器,如果没有强调特殊要求,宜选用_____法。

(4) 数字滤波器的传输函数 $H(e^{j\omega})$ 的周期为_____,低通滤波器的通带处于_____附近,而高通滤波器的通带处于_____附近,这一点和模拟滤波器是有区别的。

(5) 某一模拟滤波器系统函数的极点位于 s 平面左半平面,采用脉冲响应不变法映射为数字滤波器,则所得数字滤波器系统函数的极点位于 z 平面_____。

(6) 设理想低通数字滤波器的截止频率 $\omega_c = \pi/2$,该滤波器是在 $T = 0.1\text{ms}$ 时用脉冲响应不变法转换理想低通滤波器得到的,则该模拟滤波器的截止频率 $\Omega_c =$ _____。

(7) 数字带通滤波器的通带范围为 $0.3\pi \sim 0.4\pi\text{rad}$,$0.2\pi\text{rad}$ 以下和 $0.5\pi\text{rad}$ 以上为阻带,采用双线性变换法设计,取 $T = 1\text{s}$ 时,原型模拟带通滤波器的通带带宽 $B =$ _____。

(8) 双线性变换是一种从 s 平面到 z 平面的映射,若 $s = \sigma + j\Omega$,则 $|z| =$ _____。

(9) 脉冲响应不变法是从时域出发,利用 $h(n)$ 来模仿 $h_a(t)$,即使 $h(n)$ 等于 $h_a(t)$ 的_____。设某一模拟滤波器的传输函数 $H_a(s) = \dfrac{1}{s+1} + \dfrac{1}{s+2}$,则利用脉冲响应不变法得到的数字滤波器系统函数 $H(z) =$ _____。(设采样周期 $T = 0.1\text{s}$)

(10) 假设某模拟滤波器 $H_a(s)$ 是一个高通滤波器,通过 $s = \dfrac{z+1}{z-1}$ 映射为数字滤波器 $H(z)$,则所得数字滤波器 $H(z)$ 为_____滤波器。若 $H(z)$ 是一个低通滤波器,则 $H(-z)$ 是一个_____滤波器。

2. 判断题(10 小题)

(1) 滤波器是指能够使输入信号中某些频率分量充分地衰减,同时保留那些需要的频率分量的一类系统,因此一个离散时间系统并不一定可以作为一个滤波器。（　）

(2) 经典滤波器只能处理加性噪声,并且有用和无用成分不能占据相同的频带。

（　）

(3) 切比雪夫滤波器是通带或阻带等波纹,其阶数是传输函数的极点数。（　）

(4) 脉冲响应不变法将 s 平面的每一个单极点(或零点)$s = s_k$ 变换到 z 平面上 $z = e^{s_k T}$ 处的单极点(或零点)。（　）

(5) 当模拟滤波器的频响在折叠频率以上处衰减越大时,混叠失真就越小。因此,脉冲响应不变法可以通过增大采样频率来避免混叠失真。（　）

(6) 利用双线性变化法设计 IIR 滤波器时,只要将 s 与 z 的代数关系代入模拟滤波器的传输函数即可得到数字滤波器的系统函数。（　）

(7) 双线性变换法利用 Ω 与 ω 的非线性映射关系,消除了频谱混叠,但引入了非线性频率失真。（　）

(8) 双线性变换法是 s 平面到 z 平面的多值映射,不宜用来设计高通和带阻滤波器。

（　）

(9) 利用 AF 设计 IIR 数字低通滤波器时,数字滤波器的边界频率和衰减都应转换成模拟滤波器的技术指标。（　）

（10）在将数字滤波器的技术指标转换为模拟滤波器的技术指标时，首先要进行预畸变。 （ ）

二、参考答案

1. 填空题答案

（1）采样频率 f_s。

（2）频率混叠，ω 和 Ω 呈线性关系，低通和带通，频率混叠，ω 和 Ω 的非线性关系，片段常数特性

（3）双线性变换

（4）2π，2π 的整数倍，π 的奇数倍

（5）单位圆内

（6）$5000\pi \text{rad/s}$

（7）0.434rad/s

（8）$\sqrt{\dfrac{(1+\sigma T/2)^2+(\Omega T/2)^2}{(1-\sigma T/2)^2+(\Omega T/2)^2}}$

（9）采样值，$\dfrac{1}{1-\mathrm{e}^{-0.1}z^{-1}}+\dfrac{1}{1-\mathrm{e}^{-0.2}z^{-1}}$

（10）低通，高通

2. 判断题答案

$\times\ \checkmark\ \checkmark\ \times\ \times\ \checkmark\ \checkmark\ \times\ \times\ \times$

第 6 章

FIR 数字滤波器的设计

6.1　重点与难点

　　与 IIR 数字滤波器相比,FIR 数字滤波器能够比较容易地实现严格的线性相位,而且总是可实现和稳定的。当然,FIR 滤波器的优点是用较高阶数的代价换来的,因而要求很大的处理量,不过采用 FFT 算法,可以解决这一问题。本章是数字信号处理的重点内容。

　　本章重点:线性相位 FIR 滤波器的条件、特点,以及两种主要的设计方法:窗函数法、频率采样法。

　　本章难点:窗函数法设计时,吉布斯效应的产生及其改善;频率采样法设计时,过渡带采样的优化设计;等波纹逼近法设计时,利用 Remez 算法逐次迭代求出交错频率组的具体解法。

6.2　知识结构

　　本章包括线性相位 FIR 滤波器的条件与特点,及其窗函数法、频率采样法、等波纹逼近法和简单整系数法等四种设计方法,其知识结构图如图 6-1 所示。

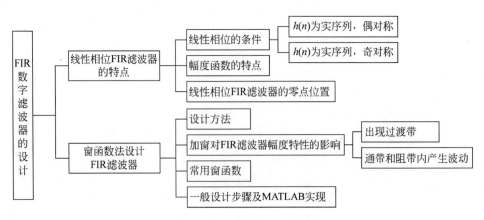

图 6-1　第 6 章的知识结构图

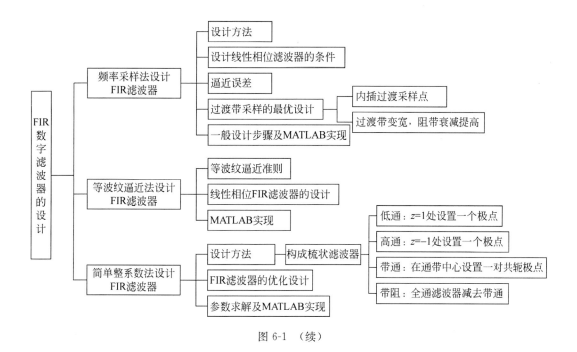

图 6-1 （续）

6.3 内容提要

6.3.1 线性相位 FIR 滤波器的条件和特点

1. 线性相位的条件

如果 FIR 滤波器的单位脉冲响应 $h(n)$ 为实序列，而且满足以下任意条件：

$$偶对称 \quad h(n) = h(N-1-n)$$

$$奇对称 \quad h(n) = -h(N-1-n)$$

其对称中心在 $n=(N-1)/2$ 处，则滤波器就具有准确的线性相位。其中满足偶对称为第一类线性相位，满足奇对称为第二类线性相位。

2. 幅度特性

四种线性相位 FIR 滤波器的幅度特性，如表 6-1 所示。在实际使用时，一般来说，Ⅰ型适合构成低通、高通、带通、带阻滤波器；Ⅱ型适合构成低通、带通滤波器；Ⅲ型适合构成带通滤波器；Ⅳ型适合构成高通、带通滤波器。

3. 线性相位 FIR 滤波器的零点位置

由公式 $H(z) = \pm z^{-(N-1)} H(z^{-1})$ 可得：

若 $z=z_i$ 是 $H(z)$ 的零点，即 $H(z_i)=0$，则它的倒数 $z=1/z_i=z_i^{-1}$ 也一定是 $H(z)$ 的零点，因为 $H(z_i^{-1}) = \pm z_i^{(N-1)} H(z_i) = 0$；由于 $h(n)$ 是实序列，$H(z)$ 的零点必成共轭对出现，所以 $z=z_i^*$ 及 $z=(z_i^*)^{-1}$ 也一定是 $H(z)$ 的零点，因而线性相位 FIR 滤波器的零点必是互为倒数的共轭对。这种互为倒数的共轭对有四种可能性，如表 6-2 所示。

表 6-1　四种线性相位 FIR 滤波器的幅度特性

		偶对称单位脉冲响应　　$h(n)=h(N-1-n)$	
I 型	相位响应 $\theta(\omega)=-\omega\left(\dfrac{N-1}{2}\right)$ 	N 为奇数 	$H(\omega)=\displaystyle\sum_{n=0}^{(N-1)/2}a(n)\cos(n\omega)$ $H(\omega)$关于 $\omega=0$、π、2π 偶对称
II 型		N 为偶数 	$H(\omega)=\displaystyle\sum_{n=1}^{N/2}b(n)\cos\left[\left(n-\dfrac{1}{2}\right)\omega\right]$ $H(\omega)$关于 $\omega=0$、2π 偶对称，关于 $\omega=\pi$ 奇对称
		奇对称单位脉冲响应　　$h(n)=-h(N-1-n)$	
III 型	相位响应 $\theta(\omega)=-\omega\left(\dfrac{N-1}{2}\right)+\dfrac{\pi}{2}$ 	N 为奇数 	$H(\omega)=\displaystyle\sum_{n=1}^{(N-1)/2}c(n)\sin(n\omega)$ $H(\omega)$关于 $\omega=0$、π、2π 奇对称
IV 型		N 为偶数 	$H(\omega)=\displaystyle\sum_{n=1}^{N/2}d(n)\sin\left[\omega\left(n-\dfrac{1}{2}\right)\right]$ $H(\omega)$关于 $\omega=0$、2π 奇对称，关于 $\omega=\pi$ 偶对称

表 6-2 线性相位 FIR 滤波器的零点位置

z_i 位置	零点位置
z_i 不在实轴,也不在单位圆上	零点是互为倒数的两组共轭对
z_i 不在实轴上,但在单位圆上	共轭对的倒数是它们本身,此时零点是一组共轭对
z_i 在实轴上,但不在单位圆上	只有倒数部分,无复共轭部分
z_i 既在实轴上又在单位圆上	只有一个零点,或位于 $z=1$,或位于 $z=-1$

6.3.2 窗函数法设计 FIR 滤波器

1. 设计原理

1) 设计思路

(1) 先给定所要求设计的理想滤波器的频率响应 $H_d(e^{j\omega})$;

(2) 设计的 FIR 滤波器频率响应 $H(e^{j\omega})$;

(3) 设计是在时域中进行的,是让实际设计滤波器的单位脉冲响应 $h(n)$ 去逼近已知滤波器的单位脉冲响应 $h_d(n)$。

2) 设计流程

具体设计流程如图 6-2 所示。

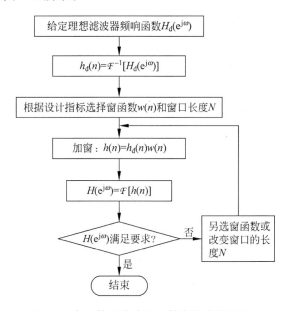

图 6-2 窗函数法设计 FIR 数字滤波器流程图

注意:如果要求设计具有线性相位的 FIR 数字滤波器,上述的 $h(n)$ 就必须满足线性相位条件。

2. 窗函数选择

窗函数法设计中最关键的一步是窗函数的选择,即确定窗口长度、形状及位置。

1) 窗口截断的影响

对 $h_d(n)$ 加窗函数处理后,$H(e^{j\omega})$ 与 $H_d(e^{j\omega})$ 差别有以下几点影响:

(1) 形成一个过渡带,过渡带的宽度等于窗谱的主瓣宽度,即正肩峰与负肩峰的间隔。

窗函数的主瓣越宽,过渡带也越宽。

(2) 通带、阻带产生振荡,其振荡幅度取决于旁瓣的相对幅度,而振荡的多少,则取决于旁瓣的多少。

以上两点就是对 $h_d(n)$ 加窗截断后在频域的反应,称为截断效应。

要点:调整窗口长度 N 可以有效地控制过渡带的宽度,减小带内波动以及加大阻带衰减只能从改变窗函数的形状上找解决方法。

2) 对窗函数的要求

(1) 窗谱主瓣尽可能窄,以获取较陡的过渡带;

(2) 尽量减少窗谱的最大旁瓣的相对幅度。也就是能量尽量集中于主瓣,这样使肩峰和波纹减小,就可增大阻带的衰减。

3) 常用窗函数

常用窗函数有:矩形窗、三角形窗、汉宁窗、海明窗、布莱克曼窗、凯塞窗;几种常用窗函数的技术指标如表 6-3 所示。

表 6-3 常用窗函数技术指标

窗 函 数	旁瓣峰值幅度/dB	主瓣宽度 $\Delta\omega$	所设计滤波器的阻带最小衰减/dB
矩形窗	-13	$4\pi/N$	-21
三角形窗	-25	$8\pi/N$	-25
汉宁窗	-31	$8\pi/N$	-44
海明窗	-41	$8\pi/N$	-53
布莱克曼窗	-57	$12\pi/N$	-74
凯塞窗($\beta=7.865$)	-57	$10\pi/N$	-80

3. 窗函数设计法的优缺点

优点:设计简单、方便、实用。

缺点:①如果 $H_d(e^{j\omega})$ 很复杂或不能直接计算积分,则 $h_d(n)$ 只能取近似值;②很难精确控制滤波器的通、阻带边界频率。

6.3.3 频率采样法设计 FIR 滤波器

1. 设计原理

1) 设计思路

(1) 由设计要求选择滤波器的种类;

(2) 根据线性相位的约束条件,确定 H_k 和 θ_k,进而得到 $H(k)$;

(3) 由 $H(k)$ 求 IDFT 得到 $h(n)$,再由 $h(n)$ 求 $H(e^{j\omega})$;或将 $H(k)$ 代入内插公式得到 $H(e^{j\omega})$。

2) 设计流程

具体设计流程如图 6-3 所示。

注意:如果我们设计的是线性相位 FIR 滤波器,则必须保证 $H(k)$ 的幅度和相位满足线性相位的约束条件。

2. 线性相位 FIR 滤波器的条件

如果我们设计的是线性相位的 FIR 滤波器,则其采样值 $H(k)$ 的幅度和相位一定要满

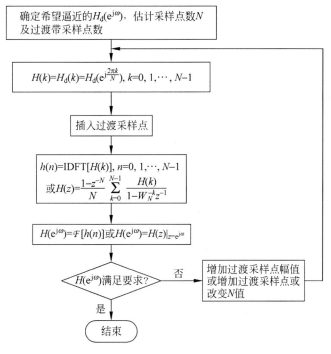

图 6-3　频率采样法设计 FIR 数字滤波器流程图

足表 6-1 中的四种线性相位滤波器的约束条件。由 $H(e^{j\omega})=H(\omega)e^{j\theta(\omega)}\big|_{\omega=\frac{2\pi}{N}k}$，近而表示成 $H(k)=H_k e^{j\theta_k}$。最终利用频率采样法设计线性相位滤波器的条件归结成表 6-4 所示。

表 6-4　频率采样法设计线性相位滤波器的条件

线性相位 FIR 滤波器类型	$h(n)$特点	幅　度	相　位
Ⅰ 型	$h(n)$偶对称，N 为奇数	$H_k=H_{N-k}$	$\theta_k=-\pi k\left(1-\dfrac{1}{N}\right)$
Ⅱ 型	$h(n)$偶对称，N 为偶数	$H_k=-H_{N-k}$	$\theta_k=-\pi k\left(1-\dfrac{1}{N}\right)$
Ⅲ 型	$h(n)$奇对称，N 为奇数	$H_k=-H_{N-k}$	$\theta_k=-\pi k\left(1-\dfrac{1}{N}\right)+\dfrac{\pi}{2}$
Ⅳ 型	$h(n)$奇对称，N 为偶数	$H_k=H_{N-k}$	$\theta_k=-\pi k\left(1-\dfrac{1}{N}\right)+\dfrac{\pi}{2}$

频率采样法设计比较简单，所得的系统频率响应 $H(e^{j\omega})$ 在每个频率采样点上严格与理想特性一致，各采样点之间的频响则是由各采样点的内插函数延伸叠加而成。

3. 过渡带采样的优化设计

为了提高逼近质量，减小在通带边缘由于采样点之间的骤然变化而引起频响的起伏振荡（致使阻带衰减很小），可在通、阻带交界处人为加入几个过渡采样点，以减小样点间幅度值的落差，使过渡平缓，反冲减小，阻带最小衰耗增大。

要点：在理想特性不连续点处人为加入过渡采样点，这样虽然加宽了过渡带，但缓和了边缘上两采样点之间的突变,因而将有效地减少起伏振荡,提高阻带衰减。

4. 频率采样法的优缺点

优点:①在频域直接设计,适合于最优化设计;②特别适用于设计窄带选频滤波器,这时只有少数几个非零值的 $H(k)$,因而设计计算量小。

缺点:采样频率只能等于 $\dfrac{2\pi}{N}$ 的整数倍,因而不能确保截止频率的自由取值。要想实现自由选择截止频率,需增加采样点数,使得计算量加大。

6.3.4 等波纹逼近法设计 FIR 滤波器

1. 等波纹逼近准则

设希望设计的滤波器幅度特性为 $H_d(\omega)$,实际设计的滤波器幅度特性为 $H(\omega)$,其加权误差 $E(\omega)$ 可表示为 $E(\omega)=W(\omega)\,|\,H_d(\omega)-H(\omega)\,|$,在设计滤波器时 $W(\omega)$ 可以假设为

$$W(\omega)=\begin{cases}\dfrac{1}{k}, & 0\leqslant|\omega|\leqslant\omega_p, k=\dfrac{\delta_1}{\delta_2} \\ 0, & \omega_s<|\omega|\leqslant\pi\end{cases}$$,其中 δ_1 为通带波纹峰值,δ_2 为阻带波纹峰值。

为设计具有线性相位的 FIR 滤波器,其单位脉冲响应 $h(n)$ 必须有限长且满足线性相位条件,例如当 $h(n)=h(N-1-n)$,N 为奇数情况,有 $E(\omega)=W(\omega)\left|H_d(\omega)-\displaystyle\sum_{n=0}^{L}a(n)\cos\omega n\right|$,切比雪夫逼近的问题是选择 $L+1$ 个系数 $a(n)$,目的是使 $\min\left\{\displaystyle\max_{0\leqslant\omega\leqslant\pi}|E(\omega)|\right\}$。

2. 线性相位 FIR 滤波器的设计

设单位脉冲响应长度为 N。如果知道了 ω 在 $[0,\pi]$ 上的 $L+2$ 个交错点频率 $\omega_0,\omega_1,\cdots,\omega_{L+1}$,可以得到 $W(\omega_k)\,|\,H_d(\omega_k)-H(\omega_k)\,|=(-1)^k\delta,k=0,1,\cdots,L+1$,式中 $\delta=\displaystyle\max_{0\leqslant\omega\leqslant\pi}|E(\omega)|$,是最大的加权误差绝对值,这些关于未知数 $a(0),a(1),\cdots,a(L)$ 以及 δ 的方程可以写成下面矩阵的形式:

$$\begin{bmatrix}1 & \cos(\omega_0) & \cdots & \cos(L\omega_0) & 1/W(\omega_0) \\ 1 & \cos(\omega_1) & \cdots & \cos(L\omega_1) & -1/W(\omega_1) \\ \vdots & \vdots & & \vdots & \vdots \\ 1 & \cos(\omega_L) & \cdots & \cos(L\omega_1) & (-1)^L/W(\omega_L) \\ 1 & \cos(\omega_{L+1}) & \cdots & \cos(L\omega_{L+1}) & (-1)^{L+1}/W(\omega_{L+1})\end{bmatrix}\begin{bmatrix}a(0) \\ a(1) \\ \vdots \\ a(L) \\ \varepsilon\end{bmatrix}=\begin{bmatrix}H_d(\omega_0) \\ H_d(\omega_1) \\ \vdots \\ H_d(\omega_L) \\ H_d(\omega_{L+1})\end{bmatrix}$$

解上式可以唯一地求出系数 $a(n)$,$n=0,1,\cdots,L$ 以及误差 ε,由 $a(n)$ 可以求出最佳滤波器的单位脉冲响应 $h(n)$,但直接求解这个式子是困难的,可以按照 J. H. Mollellan 等人的 Remez 算法靠逐次迭代来求出交错频率组。

6.3.5 简单整系数法设计 FIR 滤波器

1. 设计方法

在梳状滤波器的相应零点处加入必要的极点,进行零极点相互抵消,就可以设计各种简单整系数线性相位 FIR 滤波器。

1) 线性相位 FIR 低通滤波器

如果在 $z=1$ 处设置一个极点,抵消该处的零点,则构成低通滤波器,其系统函数为 $H_{LP}(z)=\dfrac{1-z^{-N}}{1-z^{-1}}$。

2) 线性相位 FIR 高通滤波器

如果在 $z=-1$ 处设置一个极点,抵消该处的零点,则构成高通滤波器,其系统函数为 $H_{HP}(z)=\dfrac{1-z^{-N}}{1+z^{-1}}$,但 N 为偶数时才能保证 $H_{HP}(z)$ 在 $z=-1$ 处有零点。

3) 线性相位 FIR 带通滤波器

构成简单整系数带通滤波器需要在通带中心设置一对共轭极点,抵消掉梳状滤波器的一对零点,形成带通特性,假设带通滤波器的中心频率为 $\omega_0(0<\omega_0<\pi)$,设置的一对共轭极点为 $z=\mathrm{e}^{\pm\mathrm{j}\omega_0}$,其系统函数为 $H_{BP}(z)=\dfrac{1-z^{-N}}{1-2\cos\omega_0 z^{-1}+z^{-2}}$。为了保证 $H_{BP}(z)$ 的系数均为整数,式中 $2\cos\omega_0$ 只能取 $1,0,-1$,ω_0 只能对应取 $\pi/3,\pi/2$ 和 $2\pi/3$,即 ω_0 对应的中心模拟频率 f_0 只能位于 $f_s/6,f_s/4$ 和 $f_s/3$ 处,f_s 为采样频率。

4) 线性相位 FIR 带阻滤波器

一个中心频率为 ω_0 的简单整系数带阻滤波器,可以用一个全通滤波器减去一个中心频率为 ω_0 的带通滤波器构成。

2. 简单整系数 FIR 滤波器的优化设计

用极、零点抵消方法设计的低通、高通、带通数字滤波器的阻带性能均很差,这是由 sinc 函数较大的旁瓣引起的。那么,为了加大阻带衰减,就要减少旁瓣与主瓣的相对幅度,可以在单位圆上设置二阶以上的高阶零点,而另外加上二阶以上的高阶极点来抵消一个或几个高阶零点,这样做能使滤波器阻带衰减加大。例如,在单位圆 $z=1$ 处安排一个 k 阶零点,且在单位圆 $z=1$ 处安排一个 k 阶极点,即此低通滤波器的系统函数为 $H_{LP}(z)=\left(\dfrac{1-z^{-N}}{1-z^{-1}}\right)^k$,$k$ 为滤波器的阶数。同样,用极、零点抵消方法设计高通、带通数字滤波器时均可以取上述 $H_{HP}(z)$、$H_{BP}(z)$ 的 k 次方来改善阻带衰减性能。

3. 参数求解

以设计低通滤波器为例,根据给定的设计指标如:通带衰减 α_p、阻带衰减 α_s、通带带宽 BW、阻带截止频率 ω_s 等确定 N 和 k。

1) 由阻带指标确定 k

$$\alpha_s=20\lg\left|\dfrac{H_{LP}(0)}{H_{LP}(\omega_s)}\right|^k=20\lg\left|\dfrac{N}{H_{LP}(\omega_s)}\right|^k=20\lg\left|\dfrac{3\pi/2}{\sin(3\pi/2)}\right|^k$$

2) 由通带指标确定 N

$$\alpha_p=20\lg\left|\dfrac{H_{LP}(0)}{H_{LP}(\mathrm{BW})}\right|^k=20\lg\left|\dfrac{H_{LP}(0)}{H_{LP}(\omega_p)}\right|^k=20\lg\left|\dfrac{N\sin(\omega_p/2)}{\sin(N\omega_p/2)}\right|^k$$

6.3.6 FIR 与 IIR 数字滤波器的比较

FIR 与 IIR 数字滤波器的比较,如表 6-5 所示。

表 6-5　FIR 与 IIR 数字滤波器的比较

	FIR	IIR
设计方法	一般无解析的设计公式,要借助计算机程序完成	利用 AF 的成果,可简单、有效地完成设计
设计结果	可得到任意幅度特性和线性相位(最大优点)	相频特性非线性,如需要线性相位,须用全通网络校准,但增加滤波器阶数和复杂性
稳定性	极点全部在原点(永远稳定),无稳定性问题	有稳定性问题
阶数	高	低
结构	一般情况非递归	递归系统
运算误差	一般无反馈,运算误差小	有反馈,由于运算中的四舍五入会产生极限环
快速算法	可用 FFT 实现,减少运算量	无快速运算方法

6.4　典型例题分析

例 6-1　设某 FIR 数字滤波器的冲激响应,$h(0)=h(7)=1,h(1)=h(6)=3,h(2)=h(5)=5,h(3)=h(4)=6$,其他 n 值时 $h(n)=0$。试写出 $H(e^{j\omega})$ 的幅度特性和相位特性的表示式,并画出相应的相位特性曲线示意图。

分析:此题主要考察具有线性相位 FIR 数字滤波器的相位形式,给出离散时间傅里叶变换公式,由 $h(n)$ 找到 $H(e^{j\omega})$,从而得出 $H(e^{j\omega})$ 的幅度特性和相位特性的表示式即可。

解:(1) $h(n)=\{1,3,5,6,6,5,3,1\}$,$0 \leqslant n \leqslant 7$

$$H(e^{j\omega}) = \sum_{n=0}^{N-1} h(n)e^{-j\omega n}$$

$$= 1 + 3e^{-j\omega} + 5e^{-j2\omega} + 6e^{-j3\omega} + 6e^{-j4\omega} + 5e^{-j5\omega} + 3e^{-j6\omega} + e^{-j7\omega}$$

$$= e^{-j\frac{7}{2}\omega}(e^{j\frac{7}{2}\omega} + e^{-j\frac{7}{2}\omega}) + 3e^{-j\frac{7}{2}\omega}(e^{j\frac{5}{2}\omega} + e^{-j\frac{5}{2}\omega}) + 5e^{-j\frac{7}{2}\omega}(e^{j\frac{3}{2}\omega} + e^{-j\frac{3}{2}\omega}) +$$

$$6e^{-j\frac{7}{2}\omega}(e^{j\frac{1}{2}\omega} + e^{-j\frac{1}{2}\omega})$$

$$= \left[12\cos\left(\frac{\omega}{2}\right) + 10\cos\left(\frac{3\omega}{2}\right) + 6\cos\left(\frac{5\omega}{2}\right) + 2\cos\left(\frac{7\omega}{2}\right) \right] e^{-j\frac{7}{2}\omega} = H(\omega)e^{j\theta(\omega)}$$

幅度特性为

$$H(\omega) = \left[12\cos\left(\frac{\omega}{2}\right) + 10\cos\left(\frac{3\omega}{2}\right) + 6\cos\left(\frac{5\omega}{2}\right) + 2\cos\left(\frac{7\omega}{2}\right) \right] e^{-j\frac{7}{2}\omega}$$

相位特性为

$$\theta(\omega) = -\frac{7}{2}\omega$$

(2) 相位特性曲线示意图为

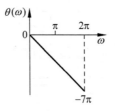

例 6-2　采用 FIR 窗口法设计 DF 时，常用的几个窗函数及其特性如表 6-6 所示。

表 6-6　窗函数及其特性

窗　函　数	旁瓣峰值幅度/dB	过渡带宽 $\Delta\omega$	阻带最小衰减/dB
矩形窗	-13	$4\pi/N$	-21
三角形窗	-25	$8\pi/N$	-25
汉宁窗	-31	$8\pi/N$	-44
海明窗	-41	$8\pi/N$	-53

现需要设计满足下列特性的 LPF 滤波器，通带截止频率 $f_c=1\text{kHz}$，阻带边界频率 $f_s\leqslant 2\text{kHz}$，抽样频率 $F_s=16\text{kHz}$，通带最大波动 $A_p\leqslant 0.2\text{dB}$，阻带衰减绝对值 $A_s\geqslant 20\text{dB}$。请回答下列问题：

（1）你选择什么窗函数？为什么？

（2）窗函数长度 N 如何选择？

（3）如果需要确保实际得到的滤波器的 f_c 值准确，则选择加窗前的理想滤波器的 ω_c（数字域截止频率）等于多少？

分析：根据阻带最小衰耗指标 $A_s\geqslant 20\text{dB}$，可看出表中的几个窗函数都满足要求。接下来需验证通带最大波动是否满足 $A_p\leqslant 0.2\text{dB}$，$A_p$ 可以从窗函数给定的 A_s 中反推。

解：（1）A_p 可以从窗函数给定的 A_s 中反推，因为 $A_s=-20\log x$（x 即肩峰值），所以 $x=10^{-A_s/20}$，即 $A_p=20\log(1+x)=20\log(1+10^{-A_s/20})$。

若选用矩形窗：$A_p=20\log(1+10^{-A_s/20})=20\log(1+10^{-21/20})=0.742\text{dB}$，不满足 $A_p\leqslant 0.2\text{dB}$ 的指标，所以选用别的窗函数。

若选用三角窗：$A_p=20\log(1+10^{-A_s/20})=20\log(1+10^{-25/20})=0.475\text{dB}$，也不满足 $A_p\leqslant 0.2\text{dB}$ 的指标，所以选用别的窗函数。

若选用汉宁窗：$A_p=20\log(1+10^{-A_s/20})=20\log(1+10^{-44/20})=0.055\text{dB}$，满足 $A_p\leqslant 0.2\text{dB}$ 的指标，由表看出，海明窗也满足指标。因此，可选用汉宁窗和海明窗。

（2）过渡带宽指标为 $\Delta f=f_s-f_c=2000-1000=1000\text{Hz}$，加汉宁窗和海明窗的过渡带宽均为 $\Delta\omega=\dfrac{8\pi}{N}$（$N$ 为窗函数的长度）。

因为 $\Delta\omega\leqslant\dfrac{2\pi\times\Delta f}{F_s}$，所以 $\dfrac{8\pi}{N}\leqslant\dfrac{2\pi}{16000}\times 1000$，解得 $N\geqslant 64$，故窗函数长度 $N\geqslant 64$。

（3）$f_c=1\text{kHz}$，对应数字域截止频率为

$$\omega_c=\frac{2\pi\times f_c}{F_s}=\frac{2\pi}{16000}\times 1000=0.125\pi$$

例 6-3　试用频率采样法设计一个线性相位 FIR 数字低通滤波器。截止频率 $\omega_c=\dfrac{3\pi}{4}$，频率采样间隔 $\omega_0=\dfrac{\pi}{2}$。

分析：频率采样法的范围是 $0\sim 2\pi$，此题要求设计一个线性相位 FIR 数字低通滤波器，因此选表 6-1 中的 Ⅰ 型或 Ⅱ 型均可，即 $h(n)$ 偶对称，N 为奇数或偶数无限制。无论选 Ⅰ 型或 Ⅱ 型设计方法是一致的，只是结果不同。本题解答选择 Ⅱ 型，下面进行说明。

解：方法1：

(1)确定理想低通滤波器的幅度特性及相位特性为

$$H(\omega) = \begin{cases} 1, & 0 \leqslant \omega \leqslant \dfrac{3\pi}{4} \\ 0, & \dfrac{3\pi}{4} \leqslant \omega \leqslant \pi \end{cases}$$

$$\theta = -\frac{N-1}{2}\omega$$

(2)由于在 $0 \sim 2\pi$ 采样间隔为 $\omega_0 = \dfrac{\pi}{2}$，所以采样点数

$$N = \frac{2\pi}{\omega_0} = \frac{2\pi}{\pi/2} = 4$$

(3)根据线性相位条件,确定采样值 $H(k)$。由于 N 为偶数

$$\begin{cases} H(k) = -H(N-k), & k = 0,1,2,\cdots,\dfrac{N}{2}-1 \\ \theta(k) = -\dfrac{N-1}{N}\pi k, & k = 0,1,2,\cdots,N-1 \end{cases}$$

此时 $H(\omega)$ 以 π 为中心奇对称。因截止频率前的采样点数为

$$k = \frac{N}{2\pi} \cdot \omega_c = \frac{4}{2\pi} \cdot \frac{3\pi}{4} = 1.5$$

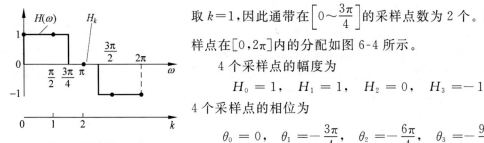

图 6-4 例 6-3 题的频率采样点分配

取 $k=1$,因此通带在 $\left[0 \sim \dfrac{3\pi}{4}\right]$ 的采样点数为 2 个。频率采样点在 $[0,2\pi]$ 内的分配如图 6-4 所示。

4 个采样点的幅度为

$$H_0 = 1, \quad H_1 = 1, \quad H_2 = 0, \quad H_3 = -1$$

4 个采样点的相位为

$$\theta_0 = 0, \quad \theta_1 = -\frac{3\pi}{4}, \quad \theta_2 = -\frac{6\pi}{4}, \quad \theta_3 = -\frac{9\pi}{4}$$

可得 4 点的采样值 $H(k) = H_k \mathrm{e}^{\mathrm{j}\theta_k}$,即

$$H(0) = 1, \quad H(1) = \mathrm{e}^{-\mathrm{j}\frac{3\pi}{4}}, \quad H(2) = 0, \quad H(3) = -\mathrm{e}^{-\mathrm{j}\frac{9\pi}{4}} = -\mathrm{e}^{-\mathrm{j}\pi}\mathrm{e}^{-\mathrm{j}\frac{5\pi}{4}} = \mathrm{e}^{\mathrm{j}\frac{3\pi}{4}}$$

(4)由 $H(k)$ 求 IDFT 得到 $h(n)$。

$$h(n) = \frac{1}{N}\sum_{k=0}^{N-1} H(k)\mathrm{e}^{\mathrm{j}\frac{\pi}{N}kn} = \frac{1}{4}\sum_{k=0}^{3} H(k)\mathrm{e}^{\mathrm{j}\frac{\pi}{2}kn}$$

$$h(0) = \frac{1}{4}\sum_{k=0}^{3} H(k) = \frac{1}{4}(1 + \mathrm{e}^{-\mathrm{j}\frac{3\pi}{4}} + \mathrm{e}^{\mathrm{j}\frac{3\pi}{4}}) = \frac{1}{4}\left(1 + 2\cos\frac{3\pi}{4}\right) = -0.104$$

$$h(1) = \frac{1}{4}\sum_{k=0}^{3} H(k)\mathrm{e}^{\mathrm{j}\frac{\pi}{2}k} = \frac{1}{4}(1 + \mathrm{e}^{-\mathrm{j}\frac{\pi}{4}} + \mathrm{e}^{\mathrm{j}\frac{\pi}{4}}) = \frac{1}{4}\left(1 + 2\cos\frac{\pi}{4}\right) = 0.604$$

$$h(2) = \frac{1}{4}\sum_{k=0}^{3} H(k)\mathrm{e}^{\mathrm{j}\pi k} = 0.604$$

$$h(3) = \frac{1}{4}\sum_{k=0}^{3} H(k)\mathrm{e}^{\mathrm{j}\frac{3\pi}{2}k} = -0.104$$

可见满足偶对称条件 $h(n)=h(N-1-n)$，只要采样值按要求确定，求 $h(n)$ 时只需求出 $h(0)$、$h(1)$，而 $h(2)$、$h(3)$ 可由对称性得出。

（5）由 $h(n)$ 求系统函数 $H(z)$ 和频率响应 $H(e^{j\omega})$。

$$H(z)=\sum_{n=0}^{N-1}h(n)z^{-n}=\sum_{n=0}^{3}h(n)z^{-n}=-0.104+0.604z^{-1}+0.604z^{-2}-0.104z^{-3}$$

$$=-0.104(1+z^{-3})+0.604(z^{-1}+z^{-2})$$

可见用该方法设计出的 FIR 滤波器适合采用线性相位结构实现。

$$H(e^{j\omega})=H(z)\mid_{z=e^{j\omega}}=-0.104(1+e^{-j3\omega})+0.604(e^{-j\omega}+e^{-j2\omega})$$

$$=e^{-j\frac{3}{2}\omega}(-0.208\cos\frac{3}{2}\omega+1.208\cos\frac{1}{2}\omega)$$

说明设计满足线性相位要求，$\theta(\omega)=-\dfrac{3}{2}\omega$。在采样点 $\omega=0,\dfrac{\pi}{2},\pi,\dfrac{3\pi}{2}$ 上，逼近误差为 0。

方法 2：

前 3 步与方法 1 相同，第 4 步可直接由内插公式得

$$H(z)=\frac{1-z^{-N}}{N}\sum_{k=0}^{N-1}\frac{H(k)}{1-e^{j\frac{2\pi}{N}k}z^{-1}}$$

再由公式 $H(e^{j\omega})=H(z)\mid_{z=e^{j\omega}}$ 得到 $H(e^{j\omega})$。可见用该方法设计出的 FIR 滤波器适合用频率采样结构实现。

6.5 习题解答

6-1 设 FIR 滤波器的系统函数为

$$H(z)=\frac{1}{10}(1+0.9z^{-1}+2.1z^{-2}+0.9z^{-3}+z^{-4})$$

求出该滤波器的单位脉冲响应 $h(n)$，判断是否具有线性相位，求出其幅度特性和相位特性。

解：（1）利用 Z 变换的移位性质，可以直接求出

$$h(n)=0.1\{\delta(n)+0.9\delta(n-1)+2.1\delta(n-2)+0.9\delta(n-3)+\delta(n-4)\}$$

（2）由（1）的表达式可见，$h(n)$ 满足实序列偶对称条件，该滤波器具有线性相位。

（3）

$$H(e^{j\omega})=H(z)\mid_{z=e^{j\omega}}=e^{-j2\omega}[0.2\cos2\omega+0.18\cos\omega+0.21]$$

因此幅度特性和相位特性分别为

$$H(\omega)=0.2\cos2\omega+0.18\cos\omega+0.21$$

$$\theta(\omega)=-2\omega$$

6-2 已知一个线性相位 FIR 系统有零点 $z=1,z=e^{j\frac{2\pi}{3}},z=0.5e^{-j\frac{3\pi}{4}},z=\dfrac{1}{4}$

（1）还会有其他零点吗？如果有，请写出。

（2）这个系统的极点在 z 平面的什么地方？它是稳定系统吗？

（3）这个系统的冲激响应 $h(n)$ 的长度最少是多少？

解：（1）由于零点成倒数共轭关系，因此由已知零点，可知其他零点为

$$z=e^{j\frac{2\pi}{3}}\rightarrow z=e^{-j\frac{2\pi}{3}}$$

$$z = 0.5\mathrm{e}^{-\mathrm{j}\frac{3\pi}{4}} \to z = 0.5\mathrm{e}^{\mathrm{j}\frac{3\pi}{4}}, 2\mathrm{e}^{\mathrm{j}\frac{3\pi}{4}}, 2\mathrm{e}^{-\mathrm{j}\frac{3\pi}{4}}$$

$$z = \frac{1}{4} \to z = 4$$

(2) 因为是 FIR 系统,极点位于坐标原点($z=0$),系统稳定。

(3) 假设 $h(n)$ 长度为 N,那么该系统有 $N-1$ 个零点;反之亦然。现在共有 9 个零点,因此推得 $h(n)$ 长度为 10。

6-3 已知第一类线性相位 FIR 滤波器的单位脉冲响应长度为 16,其 16 个频域幅度采样值中的前 9 个为:$H(0)=12, H(1)=8.34, H(2)=3.79, H(3)\sim H(8)=0$。根据第一类线性相位 FIR 滤波器幅度特性 $H(\omega)$ 的特点,求其余 7 个频域幅度采样值。

解:

因为 $N=16$ 是偶数(Ⅱ型),所以 FIR 滤波器幅度特性 $H(\omega)$ 关于 $\omega=\pi$ 点奇对称,即 $H(2\pi-\omega)=-H(\omega)$。

其 N 点采样关于 $k=N/2$ 点奇对称,即 $H(N-k)=-H(k)$,其中 $k=1,2,\cdots,15$。

综上所述,可知其余 7 个频域幅度采样值:$H(15)=-H(1)=-8.34, H(14)=-H(2)=-3.79, H(13)\sim H(9)=0$。

6-4 用矩形窗设计线性相位低通滤波器,逼近滤波器传输函数 $H_\mathrm{d}(\mathrm{e}^{\mathrm{j}\omega})$ 为

$$H_\mathrm{d}(\mathrm{e}^{\mathrm{j}\omega}) = \begin{cases} \mathrm{e}^{-\mathrm{j}\omega a}, & 0 \leqslant |\omega| \leqslant \omega_\mathrm{c} \\ 0, & \omega_\mathrm{c} < |\omega| \leqslant \pi \end{cases}$$

(1) 求相对应于理想低通的单位脉冲响应 $h_\mathrm{d}(n)$;

(2) 写出利用矩形窗设计的 $h(n)$ 表达式,确定 α 与 N 之间的关系;

(3) N 取奇数或偶数对滤波特性有什么影响。

解:(1) $h_\mathrm{d}(n) = \dfrac{1}{2\pi}\displaystyle\int_{-\omega_\mathrm{c}}^{\omega_\mathrm{c}} \mathrm{e}^{-\mathrm{j}\omega a}\,\mathrm{e}^{\mathrm{j}\omega n}\,\mathrm{d}\omega = \dfrac{\sin[\omega_\mathrm{c}(n-\alpha)]}{\pi(n-\alpha)}$

(2) $h(n) = h_\mathrm{d}(n) R_\mathrm{N}(n), \quad \alpha = \dfrac{N-1}{2}$

(3) 此时 $h_\mathrm{d}(n)$ 偶对称,$h(n)$ 也只能偶对称,故设计时可以选择 Ⅰ 型或 Ⅱ 型;同时设计的是低通滤波器,Ⅰ 型和 Ⅱ 型都满足要求,即 N 取奇数、偶数均可。

6-5 利用矩形窗,升余弦窗,改进余弦窗和布莱克曼窗设计线性相位 FIR 低通滤波器。要求通带截止频率 $\omega_\mathrm{c}=\dfrac{\pi}{4}\mathrm{rad}, N=21$。求出分别对应的单位脉冲响应,绘出它们的幅频特性并进行比较。

解: 用理想低通作为逼近滤波器,按照公式 $h_\mathrm{d}(n) = \dfrac{1}{2\pi}\displaystyle\int_{-\pi}^{\pi} H_\mathrm{d}(\mathrm{e}^{\mathrm{j}\omega})\mathrm{e}^{\mathrm{j}\omega n}\,\mathrm{d}\omega$,有

$$h_\mathrm{d}(n) = \frac{\sin(\omega_\mathrm{c}(n-\alpha))}{\pi(n-\alpha)}, \quad 0 \leqslant n \leqslant 20$$

$$\alpha = \frac{1}{2}(N-1) = 10$$

$$h_\mathrm{d}(n) = \frac{\sin\left(\frac{\pi}{4}(n-10)\right)}{\pi(n-10)}, \quad 0 \leqslant n \leqslant 20$$

矩形窗设计

$$h(n) = h_d(n)w_R(n), \quad 0 \leqslant n \leqslant 20$$

$$w_R(n) = R_N(n) = \begin{cases} 1, & 0 \leqslant n \leqslant 20 \\ 0, & \text{其他} \end{cases}$$

升余弦窗（又称汉宁窗）设计

$$h(n) = h_d(n)w_{Hn}(n), \quad 0 \leqslant n \leqslant 20$$

$$w_{Hn}(n) = 0.5\left(1 - \cos\frac{2\pi n}{N-1}\right)R_{21}(n)$$

改进的升余弦窗（又称海明窗）设计

$$h(n) = h_d(n)w_{Hm}(n), \quad 0 \leqslant n \leqslant 20$$

$$w_{Hm}(n) = \left[0.54 - 0.46\cos\left(\frac{2\pi n}{N-1}\right)\right]R_{21}(n)$$

布莱克曼窗设计

$$h(n) = h_d(n)w_{Bl}(n), \quad 0 \leqslant n \leqslant 20$$

$$w_{Bl}(n) = \left(0.42 - 0.5\cos\frac{2\pi n}{N-1} + 0.08\cos\frac{2\pi n}{N-1}\right)R_{21}(n)$$

幅频特性图如图6-5所示。由图可见，分别采用矩形窗、升余弦窗（汉宁窗）、改进的升余弦窗（海明窗）和布莱克曼窗设计出来的低通滤波器阻带衰减越来越大，但代价是过渡带也越来越宽。

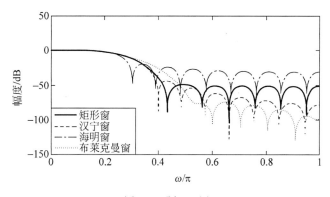

图6-5 题6-5图

6-6 利用频率采样法设计一线性相位 FIR 低通滤波器，给定 $N=21$，通带截止频率 $\omega_c = 0.15\pi\text{rad}$，求出 $h(n)$，为了改善其频率响应应采取什么措施？

解：（1）首先选择滤波器的种类。由于要设计的是低通，且 N 为奇数，故选择 1 型滤波器，于是有

$$\theta_k = -k\pi\left(1 - \frac{1}{N}\right) = \frac{20}{21}k\pi, \quad k = 0, 1, \cdots, 20$$

由 $\omega_c = \frac{2\pi}{N}k$，确定通带内的采样点数。

因为 $0.15\pi = \frac{2\pi}{21}k$，所以

$$k = \frac{\omega_c}{2\pi/N} = \frac{0.15\pi}{2\pi/21} = 1.575$$

取 $k=1$,应在通带内设置 2 个采样点($k=0\sim1$),第 2 个采样点已在通带截止频率之外,处于阻带内。

根据 $H_k=H_{N-k}$,可得 H_k 为

$$H_k=\begin{cases}1, & k=0\sim1,k=20\\0, & k=2\sim19\end{cases}$$

因此

$$H(k)=\begin{cases}\mathrm{e}^{-\mathrm{j}\frac{20}{21}k\pi}, & k=0\sim1,k=20\\0, & k=2\sim19\end{cases}$$

$$h(n)=\mathrm{IDFT}[H(k)]=\frac{1}{N}\sum_{k=0}^{N-1}H(k)\mathrm{e}^{\mathrm{j}\frac{2\pi}{N}nk}$$

$$=\frac{1}{21}\big[1+\mathrm{e}^{-\mathrm{j}\frac{2\pi}{21}(\pi-10)}+\mathrm{e}^{\mathrm{j}\frac{2\pi}{21}(\pi-10)}\big]R_{21}(n)$$

$$=\frac{1}{21}\Big[1+2\cos\Big(\frac{2\pi}{21}(n-10)\Big)\Big]R_{21}(n)$$

(2)改善措施:在理想特性不连续点处人为加入过渡采样点,虽然加宽了过渡带,但缓和了边缘上两采样点之间的突变,将有效地减少起伏振荡,提高阻带衰减。

6-7 有两个滤波器,其单位脉冲响应分别为 $h_1(n)$ 和 $h_2(n)$,它们之间的关系是 $h_1(n)=(-1)^n h_2(n)$。若 $h_2(n)$ 为一低通滤波器,试证明滤波器 $h_1(n)$ 是一个高通滤波器。

证明: $H_1(\mathrm{e}^{\mathrm{j}\omega})=\sum\limits_{n=-\infty}^{\infty}h_1(n)\mathrm{e}^{-\mathrm{j}\omega n}=\sum\limits_{n=-\infty}^{\infty}(-1)^n h_2(n)\mathrm{e}^{-\mathrm{j}\omega n}=\sum\limits_{n=-\infty}^{\infty}h_2(n)\mathrm{e}^{-\mathrm{j}(\omega-\pi)n}=$

$H_2\big[\mathrm{e}^{\mathrm{j}(\omega-\pi)}\big]$ 又有:$h_2(n)$ 为一低通滤波器,即 $H_2(\mathrm{e}^{\mathrm{j}\omega})=\begin{cases}\text{有值}, & \omega=0\\0, & \omega=\pi\end{cases}$,所以 $H_1(\mathrm{e}^{\mathrm{j}\omega})=$

$H_2\big[\mathrm{e}^{\mathrm{j}(\omega-\pi)}\big]=\begin{cases}\text{有值}, & \omega=\pi\\0, & \omega=0\end{cases}$,即 $h_1(n)$ 是一个高通滤波器。

6-8 用矩形窗设计一线性相位 FIR 高通滤波器,逼近滤波器传输函数 $H_d(\mathrm{e}^{\mathrm{j}\omega})$ 为

$$H_d(\mathrm{e}^{\mathrm{j}\omega})=\begin{cases}\mathrm{e}^{-\mathrm{j}\omega\alpha}, & \omega_c\leqslant|\omega|\leqslant\pi\\0, & \text{其他}\end{cases}$$

(1)求该理想高通的单位脉冲响应 $h_d(n)$;

(2)写出用矩形窗设计的 $h(n)$ 表达式,并确定 α 与 N 的关系;

(3)试分析当 N 取奇数或偶数时有无限制。

解:(1)$h_d(n)=\dfrac{1}{2\pi}\displaystyle\int_{\omega_c}^{\pi}\mathrm{e}^{-\mathrm{j}\omega\alpha}\mathrm{e}^{\mathrm{j}\omega n}\mathrm{d}\omega+\dfrac{1}{2\pi}\displaystyle\int_{-\pi}^{-\omega_c}\mathrm{e}^{-\mathrm{j}\omega\alpha}\mathrm{e}^{\mathrm{j}\omega n}\mathrm{d}\omega=\dfrac{\sin[\pi(n-\alpha)]}{\pi(n-\alpha)}-\dfrac{\sin[\omega_c(n-\alpha)]}{\pi(n-\alpha)}$

(2)$h(n)=h_d(n)R_N(n)$,$\quad\alpha=\dfrac{N-1}{2}$

(3)此时 $h_d(n)$ 偶对称,$h(n)$ 也只能偶对称,故设计时能选择 Ⅰ 型或 Ⅱ 型;又因为已知设计的是高通滤波器,所以只能选择 Ⅰ 型,即 N 取奇数。

6-9 图题 6-9 所示分别为两个系统的单位脉冲响应 $h(n)$,试说明哪一个系统可以实现线性相位滤波器?为什么?若为线性相位滤波器,画出其相应的相位特性曲线,并指出时

延为多少?

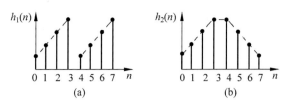

图题　6-9

解：(1) $h_2(n)$ 可以实现线性相位滤波器,原因：$h_1(n)$ 不对称,$h_2(n)$ 实序列、偶对称。

(2) 相位特性曲线如图 6-6 所示。

(3) $\tau = -\dfrac{\mathrm{d}\theta(\omega)}{\mathrm{d}\omega} = \dfrac{N-1}{2} = \dfrac{7}{2}$。

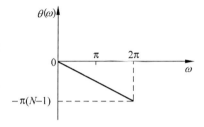

图 6-6　题 6-9 相位特性曲线

6-10　用汉宁窗设计一个线性相位 FIR 低通数字滤波器,截止频率 $\omega_c = \pi/4\mathrm{rad}$,窗口长度 $N = 15, 33$。要求在两种窗口长度下,分别求出 $h(n)$,绘出对应的幅度特性和相位特性,观察 3dB 和阻带最小衰减,总结窗口函数长度对滤波特性的影响。

解：(1) 用理想低通作为逼近滤波器,按照公式 $h_d(n) = \dfrac{1}{2\pi} \displaystyle\int_{-\pi}^{\pi} H_d(\mathrm{e}^{\mathrm{j}\omega}) \mathrm{e}^{\mathrm{j}\omega n} \mathrm{d}\omega$,得

$$h_d(n) = \frac{\sin(\omega_c(n-\alpha))}{\pi(n-\alpha)}$$

$N = 15$ 的汉宁窗设计：

$$\alpha = \frac{1}{2}(N-1) = 7$$

$$h_d(n) = \frac{\sin\left(\dfrac{\pi}{4}(n-7)\right)}{\pi(n-7)}, \quad 0 \leqslant n \leqslant 14$$

$$h(n) = h_d(n) w_{Hn}(n), \quad 0 \leqslant n \leqslant 14$$

$$w_{Hn}(n) = 0.5\left(1 - \cos\frac{2\pi n}{14}\right) R_{15}(n)$$

$N = 33$ 的汉宁窗设计：

$$\alpha = \frac{1}{2}(N-1) = 16$$

$$h_d(n) = \frac{\sin\left(\dfrac{\pi}{4}(n-16)\right)}{\pi(n-16)}, \quad 0 \leqslant n \leqslant 32$$

$$h(n) = h_d(n) w_{Hn}(n), \quad 0 \leqslant n \leqslant 32$$

$$w_{Hn}(n) = 0.5\left(1 - \cos\frac{2\pi n}{32}\right) R_{33}(n)$$

(2) 幅度特性和相位特性如图 6-7 所示。

总结：调整窗口长度 N 可以有效地控制过渡带的宽度,但对减小带内波动以及提高阻

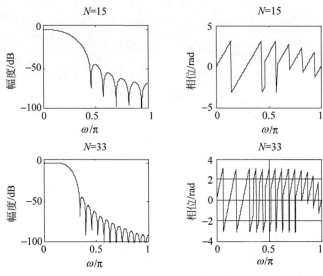

图 6-7　题 6-10 波形图

带衰减作用不大。

6-11　用窗函数法设计一线性相位 FIR 低通滤波器,设计指标为

$$\omega_{\mathrm{p}} = 0.25\pi, \quad \omega_{\mathrm{s}} = 0.3\pi, \quad \alpha_{\mathrm{p}} = 0.25\text{dB}, \quad \alpha_{\mathrm{s}} = 50\text{dB}$$

选择一个适当的窗函数,确定脉冲响应,并给出所设计的滤波器的频率响应图。

解:(1) 根据阻带最小衰耗指标 $\alpha_{\mathrm{s}} = 50\text{dB}$,由表 6-3 可看出常用的海明窗和布莱克曼窗都满足要求。接下来需验证通带最大波动是否满足 $\alpha_{\mathrm{p}} = 0.25\text{dB}$。$\alpha_{\mathrm{p}}$ 可以从窗函数给定的 α_{s} 中反推,即

因为 $\alpha_{\mathrm{s}} = -20\log x$($x$ 即肩峰值),所以 $x = 10^{-\alpha_{\mathrm{s}}/20}$

$$\alpha_{\mathrm{p}} = 20\log(1+x) = 20\log(1+10^{-\alpha_{\mathrm{s}}/20})$$

若选用海明窗:$\alpha_{\mathrm{p}} = 20\log(1+10^{-\alpha_{\mathrm{s}}/20}) = 20\log(1+10^{-53/20}) = 0.019\text{dB}$,满足 $\alpha_{\mathrm{p}} \leqslant 0.25\text{dB}$ 的指标,由表看出,布莱克曼窗也满足指标。因此,可选用海明窗和布莱克曼窗。

(2) 幅频特性和频率特性如图 6-8 所示。

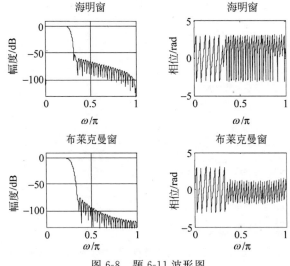

图 6-8　题 6-11 波形图

6-12 用频率采样法设计线性相位 FIR 低通滤波器,要求通带截止频率为 $\omega_c = \dfrac{\pi}{16} \pm$ $\dfrac{\pi}{32}$rad,过渡带宽度 $\Delta\omega \leqslant \dfrac{\pi}{32}$,阻带最小衰减 $\alpha_s = 40$dB。写出采样点 $H(k)$ 的表达式。

分析:本题同典型例题例 6-3 一样,可选 Ⅰ 型或 Ⅱ 型,此题选 Ⅱ 型,即 N 为偶数。题目要求采用过渡点才能达到阻带衰减的要求,可由阻带衰减决定采用的过渡点数和点值;由过渡带决定阶数 N。

解:因设计要求 $\alpha_s \geqslant 40$dB,需增加 1 个过渡点,且取优化后的值 0.3904,此时阻带衰减超过 40dB,可满足要求。

因设计要求 $\Delta\omega \leqslant \dfrac{\pi}{32}$,当有一个过渡点时,$N = \dfrac{4\pi}{\Delta\omega} = \dfrac{4\pi}{\pi/32} = 128$。当 N 为偶数时

$$H_k = -H_{N-k}$$

$$\theta_k = -k\pi\left(1 - \dfrac{1}{N}\right)$$

对低通滤波器,则

$$k = \dfrac{\omega_c}{2\pi/N} = \dfrac{\dfrac{\pi}{16}}{2\pi/128} = 4$$

$$H(k) = \begin{cases} e^{-j\frac{127}{128}k\pi}, & k = 0,1,2,3,4 \\ 0.3904e^{-j\frac{127}{128}\times 5\pi}, & k = 5 \\ 0, & k = 6,7,\cdots,122 \\ -0.3904e^{-j\frac{127}{128}\times 123\pi}, & k = 123 \\ -e^{-j\frac{127}{128}k\pi}, & k = 124,125,126,127 \end{cases}$$

6-13 利用频率采样法设计一个线性相位 FIR 低通滤波器,要求写出 $H(k)$ 的具体表达式。已知条件分别为

(1) 采样点数 $N = 33$,$\omega_c = 0.2\pi$。

(2) 采样点数 $N = 33$,$\omega_c = 0.2\pi$;设置一个过渡点 $|H(k)| = 0.42$。

(3) 采样点数 $N = 34$,$\omega_c = 0.2\pi$,设置两个过渡点 $|H_1(k)| = 0.6125$,$|H_2(k)| = 0.1109$。

解:(1) 首先选择滤波器的种类。由于要设计的是低通,且 N 为奇数,故选择 Ⅰ 型滤波器,于是有

$$\theta_k = -k\pi\left(1 - \dfrac{1}{N}\right) = -\dfrac{32}{33}k\pi, \quad k = 0,1,\cdots,32$$

由 $\omega_c = \dfrac{2\pi}{N}k$,确定通带内的采样点数。

因为 $0.2\pi = \dfrac{2\pi}{33}k$,所以 $k = \dfrac{33}{10}$。

取整数 $k = 3$,应在通带内设置 4 个采样点($k = 0 \sim 3$),第 5 个采样点已在通带截止频率之外,处于阻带内。

根据 $H_k = H_{N-k}$,可得 H_k 为

$$H_k = \begin{cases} 1, & k = 0 \sim 3, k = 30 \sim 32 \\ 0, & k = 4 \sim 29 \end{cases}$$

因此
$$H(k) = \begin{cases} \mathrm{e}^{-\mathrm{j}\frac{32}{33}k\pi}, & k = 0 \sim 3, k = 30 \sim 32 \\ 0, & k = 4 \sim 29 \end{cases}$$

将 $H(k)$ 代入 $H(\mathrm{e}^{\mathrm{j}\omega})$ 内插公式即得所设计滤波器的频率响应。

(2) 选择滤波器的种类。由于要设计的是低通,且 N 为奇数,故选择 I 型滤波器,于是有

$$\theta_k = -k\pi\left(1 - \frac{1}{N}\right) = -\frac{32}{33}k\pi, \quad k = 0, 1, \cdots, 32$$

由 $\omega_c = \frac{2\pi}{N}k$,确定通带内的采样点数。

因为 $0.2\pi = \frac{2\pi}{33}k$,所以 $k = \frac{33}{10}$。

取整数 $k=3$,应在通带内设置 4 个采样点($k=0\sim3$),第 5 个采样点已在通带截止频率之外,处于阻带内,可将第 5 点设为过渡点。

根据 $H_k = H_{N-k}$,可得 H_k 为

$$H_k = \begin{cases} 1, & k = 0 \sim 3, k = 30 \sim 32 \\ 0.42, & k = 4, 29 \\ 0, & k = 5 \sim 28 \end{cases}$$

因此

$$H(k) = \begin{cases} \mathrm{e}^{-\mathrm{j}\frac{32}{33}k\pi}, & k = 0 \sim 3, k = 30 \sim 32 \\ 0.42\mathrm{e}^{-\mathrm{j}\frac{32}{33}k\pi}, & k = 4, 29 \\ 0, & k = 5 \sim 28 \end{cases}$$

将 $H(k)$ 代入 $H(\mathrm{e}^{\mathrm{j}\omega})$ 内插公式即得所设计滤波器的频率响应。

(3) 选择滤波器的种类。由于要设计的是低通,且 N 为偶数,故选择 II 型滤波器,于是有

$$\theta_k = -k\pi\left(1 - \frac{1}{N}\right) = -\frac{33}{34}k\pi, \quad k = 0, 1, \cdots, 33$$

由 $\omega_c = \frac{2\pi}{N}k$,确定通带内的采样点数。

因为 $0.2\pi = \frac{2\pi}{34}k$,所以 $k = \frac{34}{10}$。

取整数 $k=3$,应在通带内设置 4 个采样点($k=0\sim3$),第 5 个采样点已在通带截止频率之外,可将第 5、6 点设为过渡点。

根据 $H_k = -H_{N-k}$,可得 H_k 为: $H_k = 1(k=0\sim3)$,$0.6125(k=4)$,$0.1109(k=5)$,$-0.1109(k=29)$,$-0.6125(k=30)$,$-1(k=31\sim33)$,0(其他)。

因此

$$H(k) = \begin{cases} \mathrm{e}^{-\mathrm{j}\frac{33}{34}k\pi}, & k = 0 \sim 3 \\ 0.6125\mathrm{e}^{-\mathrm{j}\frac{33}{34}k\pi}, & k = 4 \\ 0.1109\mathrm{e}^{-\mathrm{j}\frac{33}{34}k\pi}, & k = 5 \\ -0.1109\mathrm{e}^{-\mathrm{j}\frac{33}{34}k\pi}, & k = 29 \\ -0.6125\mathrm{e}^{-\mathrm{j}\frac{33}{34}k\pi}, & k = 30 \\ -\mathrm{e}^{-\mathrm{j}\frac{33}{34}k\pi}, & k = 31 \sim 33 \\ 0, & \text{其他} \end{cases}$$

将 $H(k)$ 代入 $H(\mathrm{e}^{\mathrm{j}\omega})$ 内插公式即得所设计滤波器的频率响应。

6-14　设计一个低通 FIR 数字滤波器,其截止频率为 1500Hz,阻带的起始频率为 2000Hz,通带的最大纹波为 0.01,阻带的衰减为 60dB,采样频率为 8000Hz。

解:(1)选择窗函数:

由通带最大波动为 $x = 0.01$ 可得

$$\alpha_\mathrm{p} = 20\log(1 + x) = 20\log(1 + 0.01) = 0.09\mathrm{dB}$$

根据阻带最小衰耗指标 $\alpha_\mathrm{s} = 60\mathrm{dB}$,由表 6-3 可看出常用的布莱克曼窗满足要求。接下来需验证通带最大波动是否满足 $\alpha_\mathrm{p} \leqslant 0.09\mathrm{dB}$。

若选用布莱克曼窗: $\alpha_\mathrm{p} = 20\log(1 + 10^{-\alpha_\mathrm{s}/20}) = 20\log(1 + 10^{-74/20}) = 0.0018\mathrm{dB}$,满足 $\alpha_\mathrm{p} \leqslant 0.09\mathrm{dB}$ 的指标。因此,可选用布莱克曼窗。

根据题意,所要设计的滤波器的过渡带为

$$\Delta\omega = \omega_\mathrm{s} - \omega_\mathrm{p} = \frac{4}{8}\pi - \frac{3}{8}\pi = \frac{1}{8}\pi$$

由表 6-3 可知,利用布莱克曼窗设计的滤波器的过渡带宽 $\Delta\omega = 12\pi/N$,所以低通滤波器单位脉冲响应的长度为

$$N = \frac{12\pi}{\Delta\omega} = \frac{12\pi}{\frac{1}{8}\pi} = 96$$

3dB 通带截止频率为

$$\omega_\mathrm{c} = \frac{\omega_\mathrm{s} + \omega_\mathrm{p}}{2} = 0.44\pi$$

(2)滤波器设计:

由式 $h_\mathrm{d}(n) = \frac{1}{2\pi}\int_{-\pi}^{\pi} H_\mathrm{d}(\mathrm{e}^{\mathrm{j}\omega})\mathrm{e}^{\mathrm{j}\omega n}\mathrm{d}\omega$ 可知理想低通滤波器的单位脉冲响应为

$$h_\mathrm{d}(n) = \frac{\sin[0.44\pi(n - \alpha)]}{\pi(n - \alpha)}, \quad \alpha = \frac{N-1}{2} = \frac{95}{2}$$

布莱克曼窗为

$$w(n) = \left[0.42 - 0.5\cos\left(\frac{2\pi n}{N-1}\right) + 0.08\cos\left(\frac{4\pi n}{N-1}\right)\right]R_N(n)$$

则所设计的滤波器的单位脉冲响应为

$$h(n) = \frac{\sin[0.44\pi(n - 95/2)]}{\pi(n - 95/2)} \cdot \left[0.42 - 0.5\cos\left(\frac{2\pi n}{95}\right) + 0.08\cos\left(\frac{4\pi n}{95}\right)\right]R_{96}(n)$$

所设计的滤波器的频率响应为 $H(\mathrm{e}^{\mathrm{j}\omega}) = \mathrm{DTFT}[h(n)]$。

6-15 如图题 6-15 所示,两长度为 8 的有限长序列 $h_1(n)$ 和 $h_2(n)$ 是循环位移关系,试问:

(1) 它们的 8 点离散傅里叶变换的幅度是否相等?

(2) 用 $h_1(n)$ 和 $h_2(n)$ 作为单位脉冲响应,可构成两个低通 FIR 数字滤波器,试问这两个滤波器的性能是否相同?并比较。

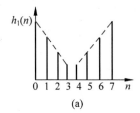
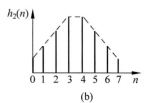

图题　6-15

解:(1) 等式成立,证明如下:

$$h_2(n) = h_1\left(\left(n - \frac{N}{2}\right)\right)_N R_N(n)$$

$$H_2(k) = H_1(k)W_N^{k\frac{N}{2}}$$

$$|H_2(k)| = \left|H_1(k)W_N^{k\frac{N}{2}}\right| = |H_1(k)|$$

(2) 由图题 6-15 所示,根据 $h_1(n)$ 和 $h_2(n)$ 均关于 $n = \frac{N-1}{2} = \frac{7}{2}$ 偶对称,且 $h_1(n)$ 和 $h_2(n)$ 均为实序列可知,由它们构成的滤波器都属于线性相位 FIR 滤波器,但是性能如何不好直接下结论,要比较一下它们的幅度特性。使用 MATLAB 画出如图 6-9 所示的仿真图,可以看出这两个滤波器的幅频特性不一样。系统 2 的阻带衰减比系统 1 大,但过滤带也比系统 1 要宽。

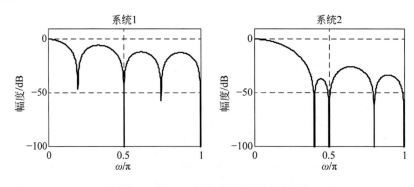

图 6-9　题 6-15 两个滤波器的幅频特性

6-16 设低通滤波器与传输函数分别为 $h(n)$ 和 $H(e^{j\omega})$,截止频率为 ω_c。如果另一个滤波器的单位脉冲响应为 $h_1(n)$,它与其 $h(n)$ 的关系是 $h_1(n) = 2h(n)\cos\omega_0 n$,且 $\omega_c < \omega_0 < (\pi - \omega_c)$,试问滤波器 $h_1(n)$ 是一个什么滤波器?

解:$H_1(e^{j\omega}) = \sum\limits_{n=-\infty}^{\infty} h_1(n)e^{-j\omega n} = \sum\limits_{n=-\infty}^{\infty} 2h(n)\cos\omega_0 n e^{-j\omega n} = \sum\limits_{n=-\infty}^{\infty} h(n)(e^{j\omega_0 n} + e^{-j\omega_0 n})e^{-j\omega n}$

$$= H[\mathrm{e}^{\mathrm{j}(\omega+\omega_0)}] + H[\mathrm{e}^{\mathrm{j}(\omega-\omega_0)}]$$

因为 $h(n)$ 为一低通滤波器,即在 $\omega=[-\pi,\pi]$ 的一个周期内有

$$H(\mathrm{e}^{\mathrm{j}\omega}) = \begin{cases} \text{有值}, & \omega = 0 \\ 0, & \omega = \pm\pi \end{cases}, \quad \text{且 } \omega_c < \omega_0 < (\pi-\omega_c)$$

所以在 $\omega=[-\pi,\pi]$ 的一个周期内,可以得到:

$$H_1(\mathrm{e}^{\mathrm{j}\omega}) = H[\mathrm{e}^{\mathrm{j}(\omega+\omega_0)}] + H[\mathrm{e}^{\mathrm{j}(\omega-\omega_0)}] = \begin{cases} \text{有值}, & \omega = \pm\omega_0 \\ 0, & \omega = \pm\pi, 0 \end{cases}$$

即 $h_1(n)$ 是一个带通滤波器。

6-17 用矩形窗设计线性相位 FIR 数字高通滤波器,要求过渡带不超过 $\pi/8\mathrm{rad}$,希望逼近的理想高通滤波器频率响应函数 $H_d(\mathrm{e}^{\mathrm{j}\omega})$ 为

$$H_d(\mathrm{e}^{\mathrm{j}\omega}) = \begin{cases} \mathrm{e}^{-\mathrm{j}\omega\alpha}, & \omega_c \leqslant |\omega| \leqslant \pi \\ 0, & \text{其他} \end{cases}$$

(1) 写出所设计的线性相位高通滤波器的单位脉冲响应 $h(n)$ 的表达式;

(2) 说明 N 的选取原则,并确定 α 为多少?(已知矩形窗过渡带宽度近似值为 $4\pi/N$)。

解:

(1) $h_d(n) = \dfrac{1}{2\pi}\displaystyle\int_{-\pi}^{\pi} H_d(\mathrm{e}^{\mathrm{j}\omega})\mathrm{e}^{\mathrm{j}\omega n}\,\mathrm{d}\omega$

$\qquad = \dfrac{1}{2\pi}\displaystyle\int_{\omega_c}^{\pi} \mathrm{e}^{-\mathrm{j}\omega\alpha}\mathrm{e}^{\mathrm{j}\omega n}\,\mathrm{d}\omega + \dfrac{1}{2\pi}\displaystyle\int_{-\pi}^{-\omega_c} \mathrm{e}^{-\mathrm{j}\omega\alpha}\mathrm{e}^{\mathrm{j}\omega n}\,\mathrm{d}\omega$

$\qquad = \dfrac{\sin[\pi(n-\alpha)] - \sin[\omega_c(n-\alpha)]}{\pi(n-\alpha)}$

所以 $\quad h(n) = h_d(n)R_N(n)$。

(2) 因为 $\dfrac{4\pi}{N} \leqslant \dfrac{\pi}{8}$,所以 $N \geqslant 32$,且用窗函数法,线性相位高通滤波器只能选 I 型,则 N 只能取奇数,同时兼顾滤波器阶数最小原则,取 $N=33$。

所以 $\quad \alpha = \dfrac{N-1}{2} = 16$。

6-18 试证明在用等波纹逼近法设计线性相位 FIR 滤波器时,如果冲激响应 $h(n)$ 奇对称,并且其长度 N 为偶数,那么幅度特性函数 $H(\omega)$ 的极值数 Ne 的约束条件为 $Ne \leqslant \dfrac{N}{2}$。

证明: $h(n)$ 奇对称,N 为偶数,是 IV 型线性相位滤波器

$$H(\omega) = \sum_{n=1}^{N/2} d(n)\sin\left[\omega\left(n-\frac{1}{2}\right)\right] = \sin\frac{\omega}{2}\sum_{n=0}^{\frac{N}{2}-1} \hat{d}(n)\cos[\omega n]$$

又因为 $\qquad\qquad \cos[\omega n] = \displaystyle\sum_{m=0}^{n} d_{mn}\,\cos^m\omega$

得到 $\qquad\qquad H(\omega) = \sin\dfrac{\omega}{2}\displaystyle\sum_{n=0}^{\frac{N}{2}-1} \hat{d}(n)\left(\sum_{m=0}^{n} d_{mn}\cos^m\omega\right)$

$$\qquad\qquad = \sin\frac{\omega}{2}\sum_{k=0}^{\frac{N}{2}-1} \bar{d}(k)\cos^k\omega$$

其中系数 $\bar{d}(k)$ 是通过合并 $\cos^k\omega$ 的同幂次项而得到的,现在通过求导来考察极值点。

$$\frac{\mathrm{d}}{\mathrm{d}\omega}H(\omega) = \frac{1}{2}\cos\frac{\omega}{2}\sum_{k=0}^{\frac{N}{2}-1}\bar{d}(k)\cos^k\omega + \sin\frac{\omega}{2}\sum_{k=0}^{\frac{N}{2}-1}k\,\bar{d}(k)\cos^{k-1}\omega(-\sin\omega)$$

令 $\dfrac{\mathrm{d}}{\mathrm{d}\omega}H(\omega)=0$,则有

$$\frac{1}{2}\cos\frac{\omega}{2}\sum_{k=0}^{\frac{N}{2}-1}\bar{d}(k)\cos^k\omega = \sin\frac{\omega}{2}\cdot\frac{\sin\omega}{\cos\omega}\sum_{k=0}^{\frac{N}{2}-1}k\,\bar{d}(k)\cos^k\omega$$

两边同除以 $\dfrac{1}{2}\cos\dfrac{\omega}{2}$,有

$$\tan\frac{\omega}{2} = \frac{1-\cos\omega}{\sin\omega}$$

则上式变为

$$\frac{1}{2}\cos\frac{\omega}{2}\sum_{k=0}^{\frac{N}{2}-1}\bar{d}(k)\cos^k\omega = \frac{1-\cos\omega}{\cos\omega}\sum_{k=0}^{\frac{N}{2}-1}k\,\bar{d}(k)\cos^k\omega$$

令 $x=\cos\omega$,则上式变为

$$\frac{1}{2}\sum_{k=0}^{\frac{N}{2}-1}\bar{d}(k)x^{k+1} = \sum_{k=0}^{\frac{N}{2}-1}k\,\bar{d}(k)x^k - \sum_{k=0}^{\frac{N}{2}-1}k\,\bar{d}(k)x^{k+1}$$

将 x 的同次幂的系数合并,则上式可以写为

$$\sum_{k=0}^{\frac{N}{2}-1}g(k)x^{k+1} = 0$$

显然,上式左边是一个 x 的 $N/2$ 次多项式,它有 $N/2$ 个根,也就是说,$\dfrac{\mathrm{d}}{\mathrm{d}\omega}H(\omega)$ 有 $N/2$ 个零点,或者说 $H(\omega)$ 至多有 $N/2$ 个极值。设 Ne 为 $H(\omega)$ 的极值数,因此对于 Ⅳ 型线性相位应该有 $Ne \leqslant \dfrac{N}{2}$。

6-19 设计一个简单整系数低通数字滤波器,要求截止频率 $f_\mathrm{p}=400\mathrm{Hz}$,抽样频率 $f_\mathrm{s}=1200\mathrm{Hz}$,通带最大衰减 3dB,阻带最小衰减 40dB,并作频响图。

解:(1) 由阻带指标确定 k:

$\alpha_\mathrm{s}=40\mathrm{dB}$ 对应的频点 ω_s 应满足 $\omega_\mathrm{s}=3\pi/N$

$$\alpha_\mathrm{s} = 20\lg\left|\frac{H_{\mathrm{LP}}(0)}{H_{\mathrm{LP}}(\omega_\mathrm{s})}\right|^k = 40\mathrm{dB}$$

其中 $\quad |H_{\mathrm{LP}}(0)|=N$

$$|H_{\mathrm{LP}}(\omega_\mathrm{s})| = \left|\frac{\sin(\omega N/2)}{\sin(\omega/2)}\right| = \left|\frac{\sin\left(\dfrac{3\pi}{N}\cdot\dfrac{N}{2}\right)}{\sin\left(\dfrac{3\pi}{N}\cdot\dfrac{1}{2}\right)}\right| = \left|\frac{\sin\left(\dfrac{3\pi}{2}\right)}{\sin\left(\dfrac{3\pi}{2N}\right)}\right|$$

所以 $\quad \alpha_s = 20k\lg\left|\dfrac{3\pi/2}{\sin(3\pi/2)}\right| = 40 \Rightarrow k=1.142$,取 $k=1$。

（2）由通带指标确定 N：

通带

$$\text{BW}=2\pi\left(\frac{1}{2}f_\text{s}-f_\text{P}\right)\Big/f_\text{s}=\frac{2\pi(600-400)}{1200}=\frac{\pi}{3}$$

$$\alpha_\text{p}=20\lg\left|\frac{H_\text{LP}(0)}{H_\text{LP}(\omega_\text{p})}\right|^k=20k\lg\left|\frac{N\sin(\omega_\text{p}/2)}{\sin(N\omega_\text{p}/2)}\right|=3\text{dB}$$

同时

$$|H_\text{LP}(\omega_\text{p})|=|H_\text{LP}(\text{BW})|=\left|\frac{\sin(N\cdot\text{BW}/2)}{\sin(\text{BW}/2)}\right|$$

所以

$$\alpha_\text{p}=20k\lg\left|\frac{H_\text{LP}(0)}{H_\text{LP}(\text{BW})}\right|=20\lg\left|\frac{N\sin(\text{BW}/2)}{\sin(N\text{BW}/2)}\right|=3$$

当 BW 较小时，$\sin(\text{BW}/2)\approx\text{BW}/2$，令 $N\cdot\text{BW}/2=x$，则

$$\alpha_\text{p}\approx20k\lg\left|\frac{x}{\sin x}\right|=-20k\lg\left|\frac{\sin x}{x}\right|$$

在 BW 处 $\dfrac{\sin x}{x}$ 恒为正，所以有

$$\frac{\sin x}{x}=10^{-\alpha_\text{p}/20k}=10^{-3/20}=0.7079$$

将 $\dfrac{\sin x}{x}$ 展成泰勒级数

$$\frac{\sin x}{x}=1-\frac{x^2}{3!}+\frac{x^4}{5!}-\cdots$$

取前两项近似得到

$$1-\frac{x^2}{3!}\approx0.7079$$

解得 $x=1.3238=N\cdot\text{BW}/2=N\dfrac{\pi}{6}$，$N=3.14$，取 $N=4$。

由此设计的低通滤波器系统函数为

$$H_\text{LP}(z)=\frac{1-z^{-N}}{1-z^{-1}}=\frac{1-z^{-4}}{1-z^{-1}}$$

6-20　简述两个主要分类 IIR 和 FIR 滤波器的特点。

解：IIR 数字滤波器：

（1）相位一般是非线性的；

（2）不一定稳定；

（3）不能用 FFT 做快速卷积；

（4）系统函数存在极点，差分方程有 $y(n)$ 的反馈项，一定是递归结构；

（5）主要用于设计分段常数的标准低通、高通、带通、带阻和全通滤波器；

（6）因果稳定的 IIR 滤波器，极点一定在单位圆内。

FIR 数字滤波器：

（1）相位可以做到严格线性；

（2）一定是稳定的；

（3）信号通过系统可采用快速卷积；

（4）系统函数除原点处有极点外，不存在其他极点，差分方程无 $y(n)$ 的反馈项，一般是非递归结构；

(5) 相同性能下阶次高;

(6) 因果稳定的 FIR 滤波器,极点一定在原点($z=0$)处。

6.6 自测题及参考答案

一、自测题

1. 填空题(10 小题)

(1) Ⅱ型线性相位 FIR 滤波器($h(n)$偶对称,N 为偶数)一定不能用作_____特性的滤波系统,Ⅲ型线性相位 FIR 滤波器($h(n)$奇对称,N 为奇数)一定不能用作_____特性的滤波系统。

(2) 线性相位 FIR 滤波器传递函数的零点呈现_____的特性。

(3) 设计一个带阻滤波器,宜用_____型 FIR 滤波器。

(4) FIR 滤波器的第一类线性相位条件为_____,若在该条件下设计一个 FIR 高通滤波器,则 N 的取值应为奇数还是偶数_____。

(5) 窗函数法设计 FIR 数字滤波器时,调整_____可以有效地控制过渡带的宽度,减小带内波动以及加大阻带衰减只能从_____上找解决方法。

(6) 利用窗函数法设计 FIR 滤波器时,选取窗函数应满足的两个基本要求是_____,_____。

(7) 用频率抽样法设计数字滤波器时,增大取样点数 N 能使频响 $H(e^{j\omega})$ 在更多的点上更精确地逼近目标频响 $H_d(e^{j\omega})$,并使滤波器过渡带_____,过渡带附近的频响波动_____。

(8) 利用频率采样法设计线性相位 FIR 低通滤波器,若截止频率 $\omega_c=\pi/4$rad,采样点数 $N=33$,则应采用_____型滤波器,此时 $h(n)$ 满足_____对称条件;通带 $\left(\omega\in\left[0,\dfrac{\pi}{4}\right]\right)$ 内应取_____个采样点,其计算过程为_____。

(9) 用频域采样值 $X(k)$ 表示 $X(z)$ 的内插公式为

$$X(z)=\sum_{k=0}^{N-1}X(k)\varphi_k(z)=\frac{1}{N}\sum_{k=0}^{N-1}X(k)\ \frac{1-z^{-N}}{1-W_N^{-k}z^{-1}}$$

它表明在每个采样点上的 $X(z)$ 值等于_____,而采样点之间的 $X(z)$ 值是由_____。

(10) 某理想滤波器的单位脉冲响应 $h_d(n)=\{\cdots,-0.145,0,0.075,0.159,0.225,0,0.225,0.159,0.075,0,-0.145,\cdots\}$,用窗函数法设计一个线性相位 FIR 低通数字滤波器(用 $N=7$ 的矩形窗),则应采用_____型滤波器,所设计滤波器的单位脉冲响应 $h(n)=$_____。

2. 判断题(10 小题)

(1) FIR 滤波器较 IIR 滤波器的最大优点是可以方便地实现线性相位。 (   )

(2) FIR 离散系统都具有严格的线性相位。 (   )

(3) 若设计满足第一类线性相位条件的 FIR 高通滤波器,则 N 的取值应为偶数。

(   )

(4) FIR 滤波器(单位脉冲序列 $h(n)$ 为偶对称且其长度 N 为偶数)的幅度函数 $H(\omega)$ 对

π 点奇对称,这说明这类滤波器不宜做高通、带阻滤波器。 （　）

（5）线性相位 FIR 滤波器的零点为互为倒数的共轭对,若有一零点为复数,则必存在另外相对应的三个零点。 （　）

（6）窗函数法设计 FIR 滤波器的实质是时域上的移位和加窗截断。 （　）

（7）用窗函数法设计线性相位 FIR 滤波器时,"窗"的中心不一定位于 $(N-1)/2$。

（　）

（8）吉布斯效应的改善不仅取决于窗函数的类型,也与窗口的宽度 N 有关。 （　）

（9）内插过渡采样点,虽然加宽了过渡带,但缓和了边缘上两采样点之间的突变,有效地减少起伏振荡,提高阻带衰减。 （　）

（10）利用频率采样法所设计的滤波器的频率响应在每个频率采样点上严格与理想特性一致,各采样点之间的频率响应是由各采样点的内插函数延伸叠加而成,因此一定产生逼近误差。 （　）

二、参考答案

1. 填空题答案

（1）高通、带阻;低通、高通、带阻

（2）互为倒数的共轭对（四零点组、二零点组或单零点组）

（3）Ⅰ型

（4）$h(n)$ 为实序列,且 $h(n)=h(N-1-n)$;奇数

（5）窗口长度 N;窗函数形状

（6）窗谱主瓣尽可能窄;能量尽量集中于主瓣

（7）变窄;不变

（8）Ⅰ型;偶;5;$\omega_c=\dfrac{2\pi}{33}k\Rightarrow k\approx4$

（9）采样值 $X(k)$;内插函数波形延伸叠加

（10）Ⅰ型;$h(n)=\{0.075,0.159,0.225,0,0.225,0.159,0.075\}$

2. 判断题答案

√××√√√××√√

第7章

CHAPTER 7

数字滤波器结构与
有限字长效应

7.1　重点与难点

本章主要讲述数字滤波器的实现结构。数字滤波器是通过离散时间系统来实现的，在实现过程中表现出不同的运算结构，为了简单起见，常用信号流图来表示。

本章重点：IIR 数字滤波器的直接型结构；FIR 数字滤波器的线性相位结构；数字滤波器的格型结构；有限字长效应。

本章难点：IIR 结构中的全通滤波器；数字滤波器的格型结构。

7.2　知识结构

本章包括 IIR 数字滤波器的结构、FIR 数字滤波器的结构、数字滤波器的格型结构及有限字长效应等四部分，其知识结构图如图 7-1 所示。

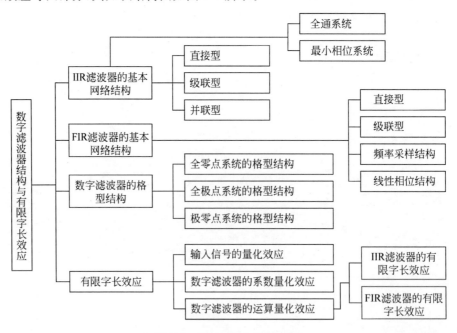

图 7-1　第 7 章的知识结构图

7.3 内容提要

7.3.1 基本结构单元

线性时不变数字滤波器的算法可以用延时单元、乘法器、加法器这三个基本单元来描述,如图 7-2 所示。

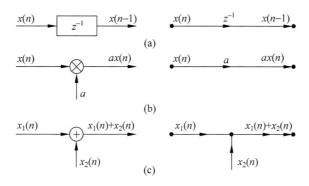

图 7-2 基本运算的方框图表示及流图表示

运算结构不同,所需的存储单元及乘法次数不同,前者影响运算的复杂性,后者影响运算的速度。此外在有限精度情况下,运算结构的误差、稳定性也是不同的。

一般将数字滤波器网络结构分为两类,一类称为有限长脉冲响应网络,简称 FIR;另一类称为无限长脉冲响应网络,简称 IIR。

7.3.2 无限长脉冲响应(IIR)滤波器的基本网络结构

无限长脉冲响应滤波器具有以下特点:

(1) 系统的单位冲激响应 $h(n)$ 是无限长的;

(2) 信号流图中含有反馈支路;

(3) 系统函数 $H(z)$ 在有限 z 平面($0<|z|<\infty$)上有极点,存在不稳定现象。

对于同一种 IIR 滤波器的函数 $H(z)$,基本网络结构有三种:直接型、级联型和并联型,其中直接型又分为直接 I 型和直接 II 型。

1. 直接型

直接由系统函数或差分方程画出其结构图,又分为直接 I 型和直接 II 型,一个 N 阶 IIR 滤波器的系统函数为

$$H(z) = \frac{\sum_{r=0}^{M} b_r z^{-r}}{1 + \sum_{k=1}^{N} a_k z^{-k}}$$

其对应的差分方程为

$$y(n) = \sum_{r=0}^{M} b_r x(n-r) - \sum_{k=1}^{N} a_k y(n-k)$$

假设 $M=N$,其直接 I 型结构如图 7-3 所示。

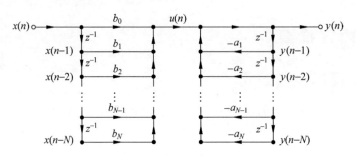

图 7-3 直接Ⅰ型网络结构

结构特点

优点：由差分方程或系统函数直接实现，方便简单。

缺点：直接Ⅰ型结构需要 $2N$ 个延时器和 $2N+1$ 个乘法器。另外该结构的系数 a_k、b_r 不能单独控制零极点，因而不能很好地进行滤波器性能控制。

由于系统是线性的，改变其级联次序不会影响其总的效果，因此有直接Ⅱ型结构如图 7-4 所示。

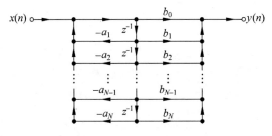

图 7-4 直接Ⅱ型网络结构

结构特点

优点：实现 N 阶滤波器(一般 $N \geqslant M$)只需 N 级延时单元，所需延时单元最少，故又称典范型。

缺点：该结构的系数 a_k、b_r 不能单独控制零极点，因而不能很好地进行滤波器性能控制。

2. 级联型

对系统函数 $H(z)$ 进行因式分解，由于 a_k，b_r 均为实数，因此零点 c_r 和极点 d_k 或者为实根，或者为共轭复根。将每一对共轭因子合并起来，构成一个实系数的二阶因子，滤波器就可以用若干个二阶子网络级联而成。

$$H(z) = A \prod_{i=1}^{M} \frac{(1 + b_{1i}z^{-1} + b_{2i}z^{-2})}{(1 + a_{1i}z^{-1} + a_{2i}z^{-2})}$$

其结构图如图 7-5 所示。

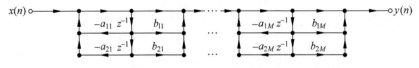

图 7-5 二阶节级联网络结构

结构特点

优点：每个二阶节系数单独控制一对零点或一对极点，有利于控制频率响应调整方便。级联结构中后面的网络输出不会再流到前面，运算误差的积累比直接型小。

缺点：需要进行因式分解运算，计算烦琐，需要借助工具。

3. 并联型

将系统函数 $H(z)$ 展开成部分分式的形式，就得到并联型的 IIR 滤波器的结构：

$$H(z) = A_0 + \sum_{k=1}^{L} \frac{A_k}{1 - d_k z^{-1}} + \sum_{k=1}^{M} \frac{b_{0k} + b_{1k} z^{-1}}{1 + a_{1k} z^{-1} + a_{2k} z^{-2}}$$

根据上式画出其并联型结构，如图 7-6 所示。

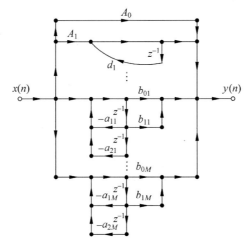

图 7-6　并联型结构图

结构特点

优点：可以单独调整极点位置，误差最小，因为并联型各基本节的误差互不影响，所以比级联型误差还少；并联型结构运算速度高，因为可同时对输入信号进行运算。

缺点：不能像级联型那样直接控制零点，因为零点只是各二阶节网络的零点，并非整个系统函数的零点；需要进行部分分式展开运算，计算烦琐，需要借助工具。

4. 全通系统

全通系统的频响函数为 $H(\mathrm{e}^{\mathrm{j}\omega}) = k\mathrm{e}^{\mathrm{j}\varphi(\omega)}$，$k$ 通常取 1，表明通过全通系统后，不会改变信号幅度谱的相对关系，改变的仅是信号的相位谱。

全通系统的系统函数一般形式为

$$H(z) = \frac{\displaystyle\sum_{k=0}^{N} a_k z^{-N+k}}{\displaystyle\sum_{k=0}^{N} a_k z^{-k}}$$

全通系统的零、极点互为倒数关系，即若 z_k 是 $H(z)$ 的实零点，则 $1/z_k$ 必为 $H(z)$ 的实极点 p_k，满足关系 $z_k p_k = 1$。

N 阶全通系统的相位函数为

$$\varphi(\omega) = N\pi$$

利用相位函数的变化,全通系统可作相位校正或相位平衡。例如,一个衰减特性良好、相位特性较差的 IIR 滤波器可以与全通系统级联,使得所实现的系统幅度与相位均满足设计要求。

5. 最小相位系统

所有极点在单位圆内的因果稳定系统,若所有零点也在单位圆内,则称为最小相位系统,记为 $H_{\min}(z)$;而所有零点在单位圆外,则为最大相位系统,记为 $H_{\max}(z)$;零点在单位圆内、外的则为"混合相位"系统。

一个非最小相位系统可以由一个最小相位系统与一个全通系统级联组合,即

$$H(z) = H_{\min}(z) H_{\mathrm{ap}}(z)$$

式中,$H_{\mathrm{ap}}(z)$ 是全通系统函数。

7.3.3 有限长脉冲响应(FIR)滤波器的基本网络结构

有限长脉冲响应滤波器具有以下特点:

(1) 系统的单位冲激响应 $h(n)$ 是有限长的;

(2) 系统函数 $H(z)$ 在 $|z|>0$ 平面上,只有零点,没有极点,所有极点都在 $z=0$ 处,滤波器永远是稳定的;

(3) 结构上主要是非递归结构,但有些结构也包含反馈的递归部分,例如频率采样型结构。

一个有限长脉冲响应滤波器有如下形式的系统函数:

$$H(z) = b_0 + b_1 z^{-1} + \cdots + b_{N-1} z^{1-N} = \sum_{n=0}^{N-1} b_n z^{-n}$$

其脉冲响应

$$h(n) = \begin{cases} b_n, & 0 \leqslant n \leqslant N-1 \\ 0, & 其他 \end{cases}$$

对应的差分方程表示为

$$y(n) = b_0 x(n) + b_1 x(n-1) + \cdots + b_{N-1} x(n-N+1)$$

FIR 滤波器有直接型、级联型、频率采样型和线性相位型四种结构。

1. 直接型(卷积型)

系统函数

$$H(z) = \sum_{n=0}^{N-1} h(n) z^{-n}$$

其差分方程

$$y(n) = \sum_{m=0}^{N-1} h(m) x(n-m)$$

按照系统函数 $H(z)$ 或其差分方程直接画出结构图如图 7-7 所示,这种结构称为直接型网络结构或者称为卷积型结构。

2. 级联型

将 FIR 滤波器的系统函数 $H(z)$ 进行因式分解,可得

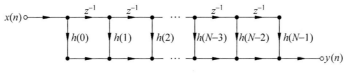

图 7-7 直接型结构图

$$H(z) = \prod_{i=1}^{M} (a_{0i} + a_{1i}z^{-1} + a_{2i}z^{-2})$$

即可以由多个二阶节级联实现,每个二阶节用直接型结构实现,如图 7-8 所示。

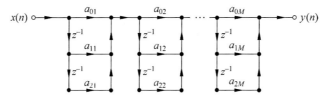

图 7-8 级联型结构

结构特点

优点:这种结构的每个二阶节控制一对零点,因而可在需要控制零点时使用。

缺点:所需要的系数比直接型多,所以乘法运算量也比较大。

3. 频率采样型

把一个 N 点有限长序列的 Z 变换 $H(z)$ 在单位圆上做 N 等分抽样得到 $\tilde{H}(k)$,其主值序列就等于 $h(n)$ 的离散傅里叶变换 $H(k)$。用 $H(k)$ 表示 $H(z)$ 的内插公式为

$$H(z) = (1 - z^{-N}) \cdot \frac{1}{N} \cdot \sum_{k=0}^{N-1} \frac{H(k)}{1 - W_N^{-k}z^{-1}}$$

其称作频率采样型的网络结构,可以看成两部分的级联,第一部分是一个由 N 节延时单元组成的梳状滤波器;第二部分是由一组谐振器并联而成,如图 7-9 所示。

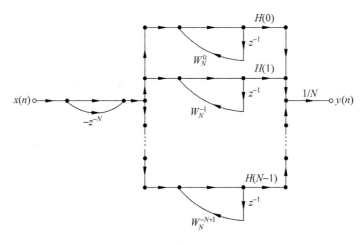

图 7-9 频率采样型结构

结构特点

优点：在窄带低通或带通滤波器的情况下，大部分频率采样值 $H(k)$ 均为零，从而减少运算量；频率采样结构的极点和零点数目取决于单位脉冲响应的长度，只要适当改变加权值，就可得到各种不同的滤波器，便于集成。

缺点：所有的相乘系数都是复数，增加了运算复杂性；由于极点在单位圆上，量化时容易造成系统的不稳定。

4. 线性相位型

FIR 滤波器的一个突出优点就是可以被设计成具有线性相位的滤波器，此时 $h(n)$ 为实序列，并且 $h(n)=\pm h(N-n-1)$；"＋"号代表第一类线性相位；"－"号代表第二类线性相位。

其实线性相位结构并不是什么新型结构，只是直接型结构的一种特殊形式。

设 FIR 滤波器的单位脉冲响应为 $h(n)$，$0 \leqslant n \leqslant N-1$，且 $h(n)$ 满足以上任一种对称条件。其系统函数为

$$H(z) = \sum_{n=0}^{N-1} h(n)z^{-n}$$

下面对 N 为奇数及 N 为偶数两种情况进行分析。

N 为奇数时，经过变换得

$$H(z) = \sum_{n=0}^{\frac{N-1}{2}-1} h(n)\left[z^{-n} \pm z^{-(N-1-n)}\right] + h\left(\frac{N-1}{2}\right)z^{-\frac{N-1}{2}}$$

根据上式画出其线性相位结构，如图 7-10 所示。

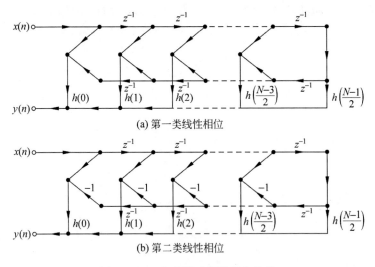

(a) 第一类线性相位

(b) 第二类线性相位

图 7-10 N 为奇数时线性相位结构

N 为偶数时

$$H(z) = \sum_{n=0}^{\frac{N}{2}-1} h(n)\left[z^{-n} \pm z^{-(N-1-n)}\right]$$

根据上式画出其线性相位结构，如图 7-11 所示。

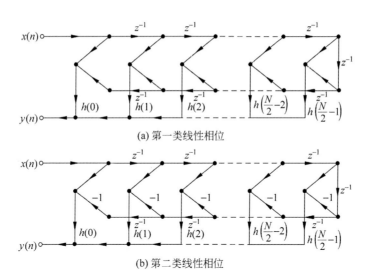

(a) 第一类线性相位

(b) 第二类线性相位

图 7-11 N 为偶数时线性相位结构

7.3.4 数字滤波器的格型结构

格型滤波器具有三个主要优点：其一，具有模块化结构，便于实现高速并行处理；其二，一个 m 阶格型滤波器可以产生从 1 阶到 m 阶的 m 个横向滤波器的输出性能；其三，格型滤波器对有限字长的舍入误差不敏感。以上优点使格型滤波器在现代谱估计、语音信号处理、自适应滤波器等方面得到了广泛应用。

1. 全零点（FIR）系统的格型结构

一个 N 阶 FIR 滤波器的转移函数为

$$H(z) = B(z) = \sum_{i=0}^{N} b_i z^{-i} = 1 + \sum_{i=1}^{N} b_N^{(i)} z^{-i} = B_N(z)$$

系数 $b_N^{(i)}$ 表示 N 阶 FIR 系统的第 i 个系数，并假定式中 $H(z)=B(z)$ 的首项系数为 1，该系统的格型结构如图 7-12 所示。

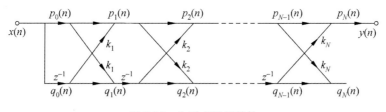

图 7-12 全零点格型结构

2. 全极点（IIR）系统的格型结构

全极点 IIR 滤波器的格型结构可以根据 FIR 格型结构开发。设一个全极点系统函数由下式给定：

$$H(z) = \frac{1}{A(z)} = \frac{1}{1 + \sum_{i=1}^{N} a_N^{(i)} z^{-i}} = \frac{1}{A_N(z)}$$

与 FIR 滤波器的转移函数 $H(z)$ 比较可知,$H(z)=\dfrac{1}{A_N(z)}$ 是 FIR 系统 $B_N(z)=A_N(z)$ 的逆系统。因此可以按照系统求逆准则得到 $H(z)=\dfrac{1}{A_N(z)}$ 的格型结构如图 7-13 所示。

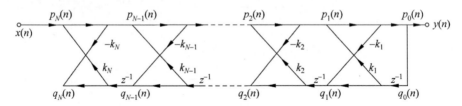

图 7-13　全极点(IIR)滤波器的格型结构

3. 极零点(IIR)系统的格型结构

一般的滤波器系统既包含零点,又包含极点,其系统函数为

$$H(z)=\frac{B(z)}{A(z)}=\frac{\displaystyle\sum_{r=0}^{N}b_N^{(r)}z^{-r}}{1+\displaystyle\sum_{k=1}^{N}a_N^{(k)}z^{-k}}$$

这样的极零点系统的格型结构如图 7-14 所示,分析可以看出:若 $c_1=c_2=\cdots=c_N=0$,而 $c_0=1$,图 7-14 就变成了全极点系统的格型结构;若 $k_1=k_2=\cdots=k_N=0$,那么图 7-14 则变成一个 N 阶的 FIR 系统直接形式。

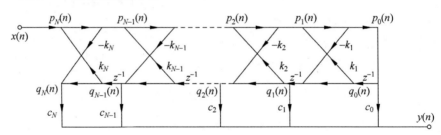

图 7-14　极零点系统的格型结构

7.3.5　有限字长效应

1. 输入信号的量化效应

如果信号 $x(n)$ 值量化后,用 $\hat{x}(n)$ 表示,量化误差用 $e(n)$ 表示,即

$$e(n)=\hat{x}(n)-x(n)$$

设采用定点补码制,截尾法的统计平均值为 $-q/2$,方差为 $q^2/12$;舍入法的统计平均值为 0,方差也为 $q^2/12$,这里 $q=2^{-b}$。

在对模拟采样信号进行数字处理时,对于舍入情况,功率信噪比为

$$\frac{\sigma_x^2}{\sigma_e^2}=\frac{\sigma_x^2}{q^2/12}=12q^{-2}\sigma_x^2=(12\times 2^{2b})\sigma_x^2$$

用分贝(dB)表示为

$$\mathrm{SNR}=10\lg\left(\frac{\sigma_x^2}{\sigma_e^2}\right)=6.02b+10.79+10\lg(\sigma_x^2)$$

可见,字长每增加 1 位,SNR 约增加 6dB。

当输入信号超过 A/D 转换器的量化动态范围时,必须压缩输入信号幅度,因而待量化的信号是 $Ax(n)(0<A<1)$,而不是 $x(n)$,而 $Ax(n)$ 的方差是 $A^2\sigma_r^2$,故有

$$\text{SNR} = 10\lg\left(\frac{A^2\sigma_x^2}{\sigma_e^2}\right) = 6.02b + 10.79 + 10\lg\sigma_x^2 + 20\lg A$$

当已量化的信号通过一线性系统时,输入的误差或量化噪声也会以误差或噪声的形式在最后的输出中表现出来。在一个线性系统 $H(z)$ 的输入端,加上一个量化序列 $\hat{x}(n) = x(n) + e(n)$,如图 7-15 所示,则系统的输出为

$$\hat{y}(n) = \hat{x}(n) * h(n) = [x(n) + e(n)] * h(n) = x(n) * h(n) + e(n) * h(n)$$

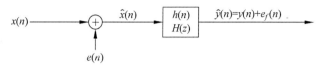

图 7-15　量化噪声通过线性系统

输出噪声的方差为

$$\sigma_f^2 = \sigma_e^2 \cdot \frac{1}{2\pi j} \oint_C H(z)H(z^{-1}) \frac{\mathrm{d}z}{z}$$

或

$$\sigma_f^2 = \frac{\sigma_e^2}{2\pi} \cdot \int_{-\pi}^{\pi} |H(e^{j\omega})|^2 \mathrm{d}\omega$$

式中,$H(z)$ 的全部极点在单位圆内,$\oint_C$ 是沿单位圆逆时针方向的积分。

2. 数字滤波器的系数量化效应

系数量化与字长、极点位置和滤波器的结构有关。若 N 阶直接型结构的 IIR 滤波器的系统函数为

$$H(z) = \frac{\sum_{r=0}^{N} b_r z^{-r}}{1 + \sum_{k=1}^{N} a_k z^{-k}} = \frac{B(z)}{A(z)}$$

当系统的结构形式不同时,系统在系数"量化宽度"值相同的情况下受系数量化影响的大小是不同的,这就是系数对系数量化的灵敏度。设 b_r 和 a_k 是按直接型结构设计定下来的上式中的系数,经过量化后的系数用 $\hat{b}_r$ 和 $\hat{a}_k$ 表示,量化误差用 Δb_r 和 Δa_k 表示,那么

$$\hat{a}_k = a_k + \Delta a_k$$

$$\hat{b}_r = b_r + \Delta b_r$$

则实际实现的系统函数为

$$\hat{H}(z) = \frac{\sum_{r=0}^{N} \hat{b}_r z^{-r}}{1 + \sum_{k=1}^{N} \hat{a}_k z^{-k}}$$

设 $\hat{H}(z)$ 的极点为 $z_i + \Delta z_i$,$i = 1, 2, \cdots, N$。Δz_i 为极点位置偏差量,它是由于系数偏差 Δa_k 引起的,经过推导可以得到 a_k 系数的误差引起的第 i 个极点位置的变化量:

$$\Delta z_i = \sum_{k=1}^{N} \frac{z_i^{N-k}}{\prod\limits_{\substack{l=1 \\ l \neq i}}^{N}(z_i - z_l)} \Delta a_k \quad (i = 1, 2, \cdots, N)$$

式中,分母中每一个因子 $z_i - z_l$ 是一个由极点 z_l 指向极点 z_i 的矢量,而整个分母正是所有其他极点 $z_l(l \neq i)$ 指向该极点 z_i 的矢量积。这些矢量越长,即极点彼此间的距离越远时,极点位置灵敏度就越低;这些矢量越短,即极点彼此越密集时,极点位置灵敏度越高。

3. 数字滤波器的运算量化效应

运算过程中的有限字长效应与所用的数制(定点制、浮点制)、码制(反码、补码)及量化方式(舍入、截尾处理)都有复杂的关系。使用定点制时,每次乘法之后,会引入误差;使用浮点制时,每次加法和乘法之后均会引入误差。下面仅给出定点运算中的有限字长效应。

设舍入误差 $e(n)$ 在 $\left(-\frac{1}{2}2^{-b}, \frac{1}{2}2^{-b}\right]$ 内是均匀分布的,则平均值 $E[e(n)] = 0$,方差为 $\sigma_e^2 = \dfrac{2^{-2b}}{12}$。

如果输出 $y(n)$ 是没有进行尾数处理而是由 $x(n)$ 产生的输出,则经过定点舍入处理后的实际输出可表示为

$$y(n) = \hat{y}(n) + e_f(n)$$

式中,$e_f(n)$ 是各噪声源 $e(n)$ 所造成的总输出误差。

1) IIR 滤波器的有限字长效应

采用统计方法分析 IIR 滤波器有限字长效应时,将每次乘法运算后舍入处理带来的舍入误差看作是叠加在信号上的独立噪声。由于研究的系统是线性的,只要计算出每个噪声源通过系统后的输出噪声,利用叠加原理就可得到总的输出噪声。

比较直接型、并联型、级联型三种结构的输出误差大小,可知直接型最大,并联型最小。这是因为直接型结构中所有舍入误差都要经过全部网络的反馈环节,因此,这些误差在反馈过程中积累起来,致使总误差很大。在级联型结构中,每个舍入误差只通过其后面的反馈环节,而不通过它前面的反馈环节,因而误差比直接型小。在并联结构中,每个并联网络的舍入误差仅仅通过本网络的反馈环节,与其他并联网络无关,因此积累作用最小,误差最小。

2) FIR 滤波器有限字长效应

FIR 滤波器没有反馈环节,因而舍入误差不会引起非线性振荡,显然,也没有反馈造成的误差积累。

图 7-16 所示为直接型 FIR 滤波器的舍入噪声模型。观察图中的噪声项容易看出,所有的舍入噪声均直接加在输出端,因而输出噪声只是这些噪声的简单相加。所以输出噪声总方差为

$$\sigma_f^2 = N\sigma_e^2 = N\frac{q^2}{12}$$

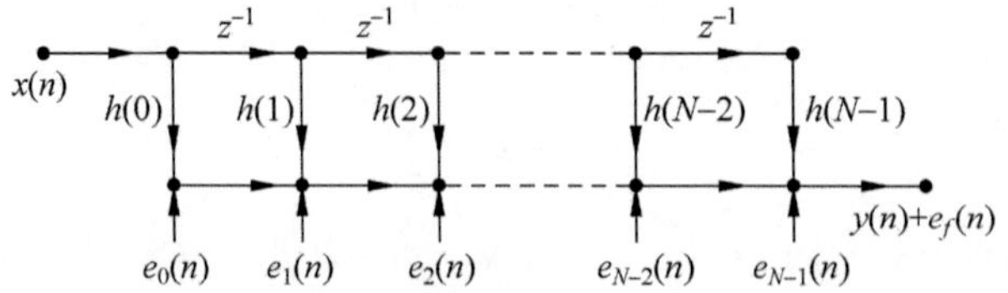

图 7-16　直接型 FIR 滤波器的舍入噪声模型

输出噪声方差与字长有关,也与阶数有关,N 越高,运算误差越大,或者说在运算精度相同的情况下,阶数越高的滤波器需要的字长越长。

7.4　典型例题分析

例 7-1　设滤波器差分方程为

$$y(n) = x(n) + x(n-1) + \frac{3}{4}y(n-1) + \frac{1}{4}y(n-2)$$

试用直接Ⅰ型、直接Ⅱ型及一阶节的级联型、一阶节的并联型结构实现此差分方程。

分析：如题所示,给出了滤波器的差分方程,可以根据滤波器差分方程,直接画出直接Ⅰ型结构,并根据转置定理得到其直接Ⅱ型结构。而要画其级联型结构,首先利用 Z 变换的性质和系统函数的定义,求出该系统函数,对于级联结构,将系统函数进行因式分解,用直接Ⅱ型画出各个子因式,然后将其连接;而对其并联结构,首先将系统函数进行部分分式展开,然后画出各个子因式,并将其并联。

解：根据差分方程所描述的输入输出的关系,画出其直接Ⅰ型结构,如图 7-17 所示。

图 7-17　例 7-1 直接Ⅰ型结构图

改变其级联次序,系统函数不变,得直接Ⅱ型结构,如图 7-18 所示。

$$H(z) = \frac{1+z^{-1}}{1-\dfrac{3}{4}z^{-1}-\dfrac{1}{4}z^{-2}} = \frac{1+z^{-1}}{(1-z^{-1})\left(1+\dfrac{1}{4}z^{-1}\right)}$$

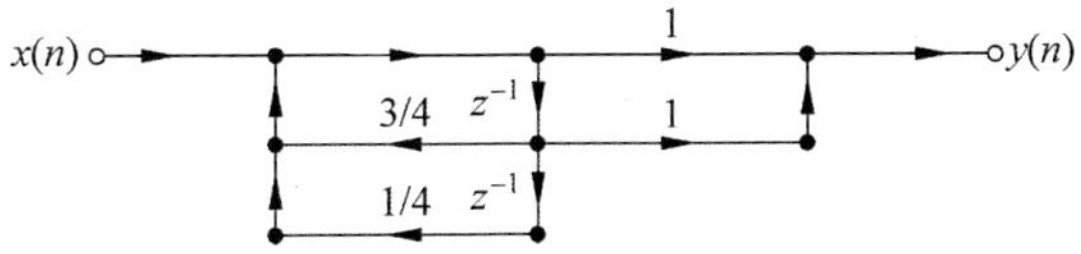

图 7-18　例 7-1 直接Ⅱ型结构图

按照上式可以有两种级联结构:

$$H(z) = \frac{1+z^{-1}}{1-z^{-1}} \cdot \frac{1}{1+\dfrac{1}{4}z^{-1}}$$

$$H(z) = \frac{1}{1-z^{-1}} \cdot \frac{1+z^{-1}}{1+\dfrac{1}{4}z^{-1}}$$

其级联结构图(1),如图 7-19 所示。

图 7-19　例 7-1 级联型结构图(1)

其级联结构图(2),如图 7-20 所示。

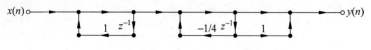

图 7-20 例 7-1 级联型结构图(2)

将 $H(z)$ 进行部分分式展开

$$H(z) = \frac{1 + z^{-1}}{(1 - z^{-1})(1 + \frac{1}{4}z^{-1})} = \frac{z^2 + z}{(z-1)\left(z + \frac{1}{4}\right)}$$

$$\frac{H(z)}{z} = \frac{z + 1}{(z-1)\left(z + \frac{1}{4}\right)} = \frac{A}{z-1} + \frac{B}{z + \frac{1}{4}}$$

$$A = \frac{z + 1}{(z-1)\left(z + \frac{1}{4}\right)}(z-1)\Big|_{z=1} = \frac{8}{5}$$

$$B = \frac{z + 1}{(z-1)\left(z + \frac{1}{4}\right)}\left(z + \frac{1}{4}\right)\Big|_{z=-\frac{1}{4}} = -\frac{3}{5}$$

$$\frac{H(z)}{z} = \frac{\frac{8}{5}}{z-1} + \frac{-\frac{3}{5}}{z + \frac{1}{4}}$$

$$H(z) = \frac{\frac{8}{5}z}{z-1} + \frac{-\frac{3}{5}z}{z + \frac{1}{4}} = \frac{\frac{8}{5}}{1 - z^{-1}} + \frac{-\frac{3}{5}}{1 + \frac{1}{4}z^{-1}}$$

其并联结构如图 7-21 所示。

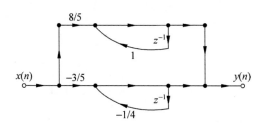

图 7-21 例 7-1 并联型结构图

例 7-2 设滤波器差分方程为

$$y(n) = x(n) + 3x(n-1) + 2x(n-2) + 3x(n-3) + x(n-4)$$

(1) 试求系统的单位脉冲响应及系统函数;

(2) 试画出其直接型及级联型、线性相位型及频率抽样型结构实现此差分方程。

分析:要求系统的单位脉冲响应,根据其定义,可知输入为 $\delta(n)$ 时,系统的响应即为 $h(n)$。而对 $h(n)$ 进行 Z 变换,得到系统函数 $H(z)$,将 $H(z)$ 进行因式分解,然后将它们级联,得到其级联结构。而对于其线性相位结构,实际上就是变形的直接型结构;要画出其频率抽样型结构,首先求 $H(k)$,然后代入频率抽样公式,画出其结构。

解：(1) 根据单位脉冲响应的定义，当输入 $x(n)=\delta(n)$ 时，系统的输出就是 $h(n)$

$$h(n)=\delta(n)+3\delta(n-1)+2\delta(n-2)+3\delta(n-3)+\delta(n-4)$$

对上式两边进行 Z 变换

$$H(z)=1+3z^{-1}+2z^{-2}+3z^{-3}+z^{-4}$$

(2) 对应的直接型结构如图 7-22 所示。

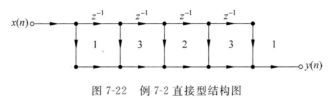

图 7-22　例 7-2 直接型结构图

要求其级联型结构，将系统函数进行因式分解，得

$$H(z)=(1-1.2721z^{-1}+7.2973z^{-2})(1+4.2721z^{-1}+0.1370z^{-2})$$

其结构如图 7-23 所示。

由前面可知，线性相位结构是利用系统的单位脉冲响应的对称性而形成的一种特有形式，由题可知 $N=5$，且 $h(n)=h(N-n-1)$，则系统函数可以改写为

$$H(z)=(1+z^{-4})+3(z^{-1}+z^{-3})+2z^{-2}$$

其对应的线性相位结构如图 7-24 所示。

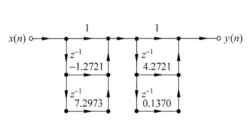

图 7-23　例 7-2 级联型结构图

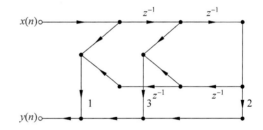

图 7-24　例 7-2 线性相位型结构图

求其频率抽样型结构，则首先由 $h(n)$ 来求 $H(k)$，然后代入频率采样公式可得其结构函数。

$$H(k)=\sum_{n=0}^{N-1}h(n)W_N^{nk}=\sum_{n=0}^{4}h(n)W_5^{nk}=h(0)+h(1)W_5^{k}+h(2)W_5^{2k}+h(3)W_5^{3k}+h(4)W_5^{4k}$$

$$=1+3W_5^{k}+2W_5^{2k}+3W_5^{3k}+W_5^{4k}$$

则

$$H(0)=10, H(1)=-1.8090-\text{j}1.3143, H(2)=-0.6910-\text{j}2.1266$$

$$H(3)=-0.6910+\text{j}2.1266, H(4)=-1.8090+\text{j}1.3143$$

由以下两式

$$H(z)=\frac{1}{5}(1-z^{-5})\sum_{k=0}^{N-1}\frac{H(k)}{1-W_N^{-k}z^{-1}}$$

$$H_k(z)=\frac{H(k)}{1-W_N^{-k}z^{-1}}+\frac{H(N-k)}{1-W_N^{-(N-k)}z^{-1}}=\frac{\beta_{0k}+\beta_{1k}z^{-1}}{1-2r\cos\left(\frac{2\pi}{N}k\right)z^{-1}+r^2z^{-2}}$$

式中，$\beta_{0k} = 2\mathrm{Re}[H(k)]$，$\beta_{1k} = -2\mathrm{Re}[H(k)W_N^k]$（其中 $r=1$）。

可以解出

$$\beta_{01} = 2\mathrm{Re}[H(1)] = -3.618$$

$$\beta_{02} = 2\mathrm{Re}[H(2)] = -1.382$$

$$\beta_{11} = -2\mathrm{Re}[H(1)W_N^1] = -2\mathrm{Re}\left[(-1.8090 - \mathrm{j}1.3143)\left(\cos\frac{2\pi}{5} - \mathrm{j}\sin\frac{2\pi}{5}\right)\right] = 3.618$$

$$\beta_{12} = -2\mathrm{Re}[H(1)W_N^2] = -2\mathrm{Re}\left[(-0.6910 + \mathrm{j}2.1266)\left(\cos\frac{4\pi}{5} - \mathrm{j}\sin\frac{4\pi}{5}\right)\right] = 1.382$$

则

$$H(z) = \frac{1}{5}(1 - z^{-5})\left[\frac{10}{1-z^{-1}} + \frac{-3.618 + 3.618z^{-1}}{1 - 0.618z^{-1} + z^{-2}} + \frac{-1.382 + 1.382z^{-1}}{1 - 1.618z^{-1} + z^{-2}}\right]$$

频率采样型结构的第二种解法，采用 MATLAB 来实现。

```
[h] = [1,3,2,3,1];
[C,B,A] = dir2fs(h)
```

运行结果：

```
C = 4.4721
    4.4721
    10.0000
B = - 0.8090  0.8090
    - 0.3090  0.3090
A = 1.0000  - 0.6180  1.0000
    1.0000    1.6180  1.0000
    1.0000  - 1.0000  0
```

从而得频率采样型结构

$$H(z) = \frac{1}{5}(1 - z^{-5})\left[4.4721 \times \frac{-0.809 + 0.809z^{-1}}{1 - 0.618z^{-1} + z^{-2}} + \right.$$

$$\left. 4.4721 \times \frac{-0.309 + 0.309z^{-1}}{1 + 1.618z^{-1} + z^{-2}} + \frac{10}{1-z^{-1}}\right]$$

其结构如图 7-25 所示。

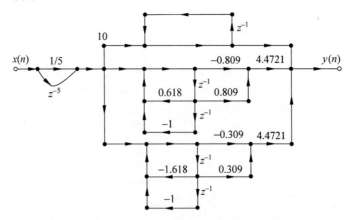

图 7-25 例 7-2 频率采样型结构图

7.5 习题解答

7-1 按照下面所给的系统函数,求出该系统的两种形式的实现方案:直接Ⅰ型和直接Ⅱ型。

$$H(z) = \frac{2 + 0.6z^{-1} + 3z^{-2}}{1 + 5z^{-1} + 0.8z^{-2}}$$

解:根据系统函数,可以直接画出直接Ⅰ型结构,如图 7-26 所示。

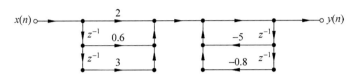

图 7-26 题 7-1 直接Ⅰ型结构

将系统的级联次序改变,得系统的直接Ⅱ型结构,如图 7-27 所示。

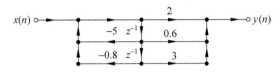

图 7-27 题 7-1 直接Ⅱ型结构

7-2 已知某数字系统的系统函数为

$$H(z) = \frac{z^3}{(z - 0.4)(z^2 - 0.6z + 0.25)}$$

试分别画出其级联型、并联型结构。

解:将系统函数展开,按 z^{-1} 次序由低到高排列。

$$H(z) = \frac{z^3}{(z - 0.4)(z^2 - 0.6z + 0.5)} = \frac{z^3}{z^3 - z^2 + 0.01z - 0.1}$$
$$= \frac{1}{1 - z^{-1} + 0.01z^{-2} - z^{-3}}$$

调用 dir2cas

```
b = [1];
a = [1, -1, 0.01, -1];
[b0, B, A] = dir2cas(b, a)          % 直接型到级联型的形式转换
```

运行结果

```
b0 = 1
B =  1   0   0
     1   0   0
A = 1.0000   0.4614   0.6843
    1.0000  -1.4614   0
```

则

$$H(z) = \frac{1}{1 + 0.4614z^{-1} + 0.6843z^{-2}} \cdot \frac{1}{1 - 1.4614z^{-1}}$$

级联型结构如图 7-28 所示。

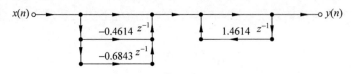

图 7-28　题 7-2 级联型结构

调用 dir2par

```
b = [1];
a = [1, -1, 0.01, -1];
[b0, B, A] = dir2par(b, a)        % 直接型到并联型的形式转换
```

运行结果

```
b0 = []
B =   0.3888    0.2862
      0.6112    0
A =   1.0000    0.4614    0.6843
      1.0000   -1.4614    0
```

其并联型结构函数

$$H(z) = \frac{0.3888 + 0.2862z^{-1}}{1 + 0.4614z^{-1} + 0.6843z^{-2}} + \frac{0.6112}{1 - 1.4614z^{-1}}$$

由结构函数画出其并联结构图,如图 7-29 所示。

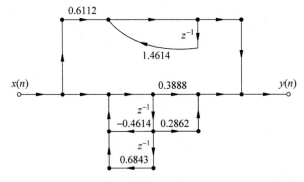

图 7-29　题 7-2 并联型结构

7-3　已知 FIR 滤波器的单位脉冲响应为

$$h(n) = \delta(n) + 0.3\delta(n-1) + 0.7\delta(n-2) + 0.11\delta(n-3) + 0.12\delta(n-4)$$

(1) 试求出该滤波器的系统函数;

(2) 试分别画出其直接型、级联型结构。

解:(1) $H(z) = 1 + 0.3z^{-1} + 0.7z^{-2} + 0.11z^{-3} + 0.12z^{-4}$

(2) 根据系统函数,画出直接型结构如图 7-30 所示。

下面讨论级联型结构。

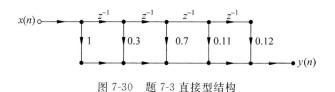

图 7-30 题 7-3 直接型结构

调用 dir2cas

$b = [1, 0.3, 0.7, 0.11, 0.12]$
$[C, B, A] = dir2cas(b, 1)$

运行结果

```
C = 1
B = 1.0000   0.2796   0.3246
    1.0000   0.0204   0.3697
A = 1        0        0
    1        0        0
```

$$H(z) = (1 + 0.2796z^{-1} + 0.3246z^{-2})(1 + 0.0204z^{-1} + 0.3697z^{-2})$$

根据系统函数,画出级联型结构如图 7-31 所示。

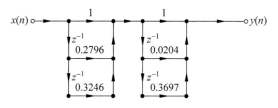

图 7-31 题 7-3 级联型结构

7-4 设滤波器差分方程为

$$y(n) = x(n) + x(n-1) + \frac{1}{3}y(n-1) + \frac{1}{4}y(n-2)$$

(1) 试求该滤波器的系统函数;
(2) 画出该滤波器的直接Ⅰ型、直接Ⅱ型实现结构。

解:利用 Z 变换的性质可得系统函数

$$H(z) = \frac{1 + z^{-1}}{1 - \dfrac{1}{3}z^{-1} - \dfrac{1}{4}z^{-2}}$$

由系统函数或差分方程画出其直接Ⅰ型结构,如图 7-32 所示。

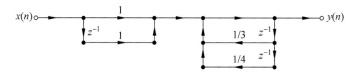

图 7-32 题 7-4 直接Ⅰ型结构

改变其级联次序,得直接Ⅱ型,如图 7-33 所示。

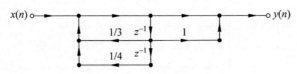

图 7-33　题 7-4 直接 Ⅱ 型结构

7-5　设某 FIR 数字滤波器的系统函数为

$$H(z) = \frac{1}{6}(1 + 5z^{-1} + 7z^{-2} + 5z^{-3} + z^{-4})$$

试画出该滤波器的线性相位结构。

解：该滤波器的线性相位结构如图 7-34 所示。

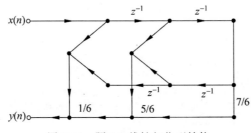

图 7-34　题 7-5 线性相位型结构

7-6　一个线性时不变系统的单位脉冲响应为

$$h(n) = \begin{cases} a^n, & 0 \leqslant n \leqslant 7 \\ 0, & 其他 \end{cases}$$

(1) 画出该系统的直接型 FIR 结构图；

(2) 证明该系统的系统函数为

$$H(z) = \frac{1 - a^8 z^{-8}}{1 - az^{-1}}$$

并由该系统函数画出由 FIR 系统和 IIR 系统级联而成的结构图；

(3) 比较(1)和(2)两种系统实现方法，哪一种需要较多的延迟器？哪一种实现需要较多的运算次数？

解：

(1) 直接型结构如图 7-35 所示。

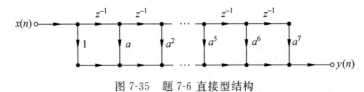

图 7-35　题 7-6 直接型结构

(2) $H(z) = 1 + az^{-1} + a^2 z^{-2} + a^3 z^{-3} + a^4 z^{-4} + a^5 z^{-5} + a^6 z^{-6} + a^7 z^{-7}$

$$= \frac{(1 - az^{-1})(1 + az^{-1} + a^2 z^{-2} + a^3 z^{-3} + a^4 z^{-4} + a^5 z^{-5} + a^6 z^{-6} + a^7 z^{-7})}{1 - az^{-1}}$$

$$= \frac{1 - a^8 z^{-8}}{1 - az^{-1}} = (1 - a^8 z^{-8}) \cdot \frac{1}{1 - az^{-1}}$$

其级联结构如图 7-36 所示。

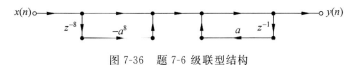

图 7-36 题 7-6 级联型结构

(3) 比较(1)和(2)可以看出,(1)需要 7 个延时器,乘法 7 次,加法 7 次;(2)需要 9 个延时器,乘法 2 次,加法 2 次。

7-7 设滤波器差分方程为

$$y(n) = x(n) + \frac{1}{3}x(n-1) + \frac{3}{4}y(n-1) - \frac{1}{8}y(n-2)$$

用直接 I 型、II 型以及全部一阶节的级联型、并联型结构实现它。

解:$H(z) = \dfrac{1 + \dfrac{1}{3}z^{-1}}{1 - \dfrac{3}{4}z^{-1} + \dfrac{1}{8}z^{-2}} = \dfrac{1 + \dfrac{1}{3}z^{-1}}{\left(1 - \dfrac{1}{2}z^{-1}\right)\left(1 - \dfrac{1}{4}z^{-1}\right)}$

根据差分方程,画出其直接 I 型结构,如图 7-37 所示。

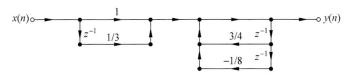

图 7-37 题 7-7 直接 I 型结构

改变级联次序,得直接 II 型结构,如图 7-38 所示。

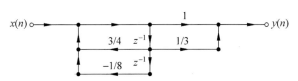

图 7-38 题 7-7 直接 II 型结构

按照上式可以有两种级联结构:

$$H(z) = \frac{1 + \dfrac{1}{3}z^{-1}}{1 - \dfrac{1}{2}z^{-1}} \cdot \frac{1}{1 - \dfrac{1}{4}z^{-1}}$$

其级联结构如图 7-39 所示。

$$H(z) = \frac{1}{1 - \dfrac{1}{2}z^{-1}} \cdot \frac{1 + \dfrac{1}{3}z^{-1}}{1 - \dfrac{1}{4}z^{-1}}$$

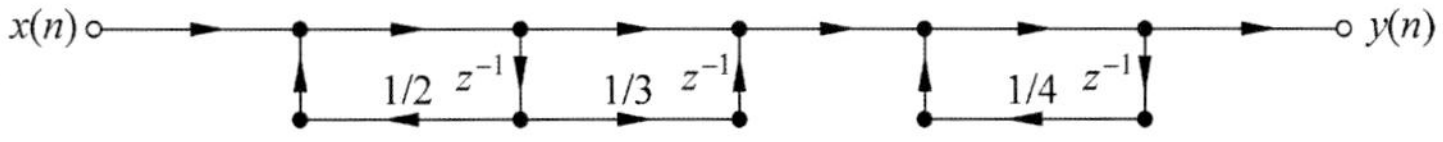

图 7-39 题 7-7 级联型结构

其级联结构如图 7-40 所示。

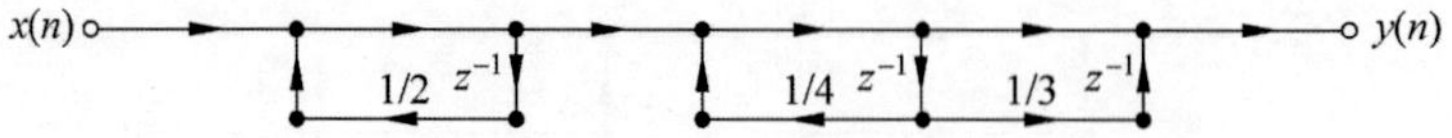

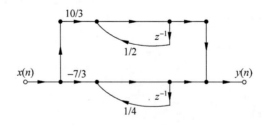

图 7-40　题 7-7 级联型结构

将 $H(z)$ 进行部分分式展开

$$H(z) = \frac{1 + \frac{1}{3}z^{-1}}{\left(1 - \frac{1}{2}z^{-1}\right)\left(1 - \frac{1}{4}z^{-1}\right)} = \frac{z^2 + \frac{1}{3}z}{\left(z - \frac{1}{2}\right)\left(z - \frac{1}{4}\right)}$$

$$\frac{H(z)}{z} = \frac{z + \frac{1}{3}}{\left(z - \frac{1}{2}\right)\left(z - \frac{1}{4}\right)} = \frac{A}{\left(z - \frac{1}{2}\right)} + \frac{B}{\left(z - \frac{1}{4}\right)}$$

$$A = \frac{z + \frac{1}{3}}{\left(z - \frac{1}{2}\right)\left(z - \frac{1}{4}\right)}\left(z - \frac{1}{2}\right)\Bigg|_{z = \frac{1}{2}} = \frac{10}{3}$$

$$B = \frac{z + \frac{1}{3}}{\left(z - \frac{1}{2}\right)\left(z - \frac{1}{4}\right)}\left(z - \frac{1}{4}\right)\Bigg|_{z = \frac{1}{2}} = -\frac{7}{3}$$

$$\frac{H(z)}{z} = \frac{\frac{10}{3}}{z - \frac{1}{2}} + \frac{-\frac{7}{3}}{z - \frac{1}{4}}$$

$$H(z) = \frac{\frac{10}{3}z}{z - \frac{1}{2}} + \frac{-\frac{7}{3}z}{z - \frac{1}{4}} = \frac{\frac{10}{3}}{1 - \frac{1}{2}z^{-1}} + \frac{-\frac{7}{3}}{1 - \frac{1}{4}z^{-1}}$$

其并联结构如图 7-41 所示。

图 7-41　题 7-7 并联型结构

7-8　已知滤波器单位脉冲响应为 $h(n) = \begin{cases} 0.2^n, & 0 \leqslant n \leqslant 5 \\ 0, & \text{其他 } n \end{cases}$，试画出直接型结构。

解：根据单位脉冲响应，画出其直接型结构，如图 7-42 所示。

7-9　用直接型和级联型结构实现以下系统函数：

$$H(z) = (1 - 1.4142z^{-1} + z^{-2})(1 + z^{-1})$$

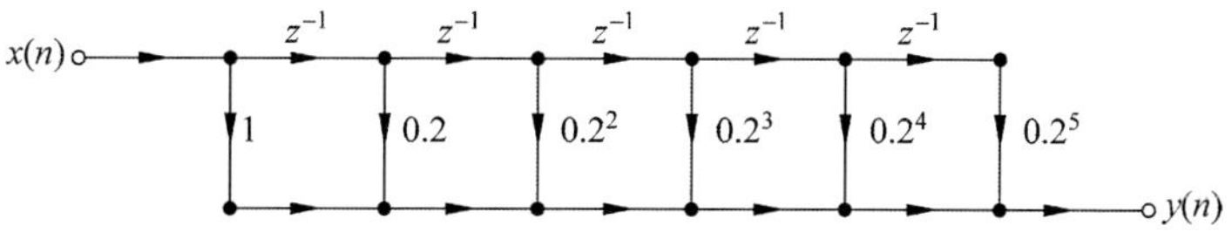

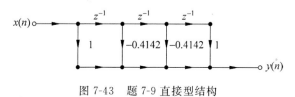

图 7-42 题 7-8 直接型结构

解：要求直接型结构，将系统函数按 z^{-1}，由低到高排列

$$H(z) = (1 - 1.4142z^{-1} + z^{-2})(1 + z^{-1}) = 1 - 0.4142z^{-1} - 0.4142z^{-2} + z^{-3}$$

画出其直接型结构，如图 7-43 所示。

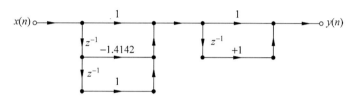

图 7-43 题 7-9 直接型结构

由于题目给出的就是系统函数的级联形式，根据系统函数，画出级联结构，如图 7-44 所示。

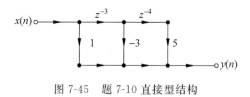

图 7-44 题 7-9 级联型结构

7-10 试问：用什么结构可以实现以下单位脉冲响应

$$h(n) = \delta(n) - 3\delta(n-3) + 5\delta(n-7)$$

解：由单位脉冲响应 $h(n)$ 可求得 $H(z) = 1 - 3z^{-3} - 5z^{-7}$，采用直接型结构实现，如图 7-45 所示。

图 7-45 题 7-10 直接型结构

7-11 某 FIR 滤波器系统函数为 $H(z) = (2 + z^{-1})(b_1 + 2z^{-1} + b_2 z^{-2})$

(1) 试求 b_1, b_2，使该 FIR 滤波器具有第一类线性相位（b_1, b_2 为实数）；

(2) 画出该滤波器的直接型结构。

解：

(1) 系统函数为

$$H(z) = 2b_1 + (4 + b_1)z^{-1} + (2 + 2b_2)z^{-2} + b_2 z^{-3}$$

因为第一类线性相位，$h(n)$ 具有偶对称特性，则

$$\begin{cases} 2b_1 = b_2 \\ 4 + b_1 = 2 + 2b_2 \end{cases} \quad 得到 \quad \begin{cases} b_1 = \dfrac{2}{3} \\ b_2 = \dfrac{4}{3} \end{cases}$$

（2）该滤波器的直接型结构如图 7-46 所示。

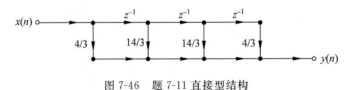

图 7-46　题 7-11 直接型结构

7-12　一个 IIR 滤波器由以下系统函数表征：

$$H(z) = 2\left(\frac{1 + z^{-2}}{1 - 0.6z^{-1} + 0.36z^{-2}}\right)\left(\frac{3 - z^{-1}}{1 - 0.65z^{-1}}\right)\left(\frac{1 + 2z^{-1} + z^{-2}}{1 + 0.49z^{-2}}\right)$$

试用 MATLAB 方法确定并画出直接Ⅱ型、包含二阶直接Ⅱ型基本节的级联型和并联型结构流图。

解：

（1）直接根据系统函数可画出其包含二阶直接Ⅱ型基本节的级联型结构，如图 7-47 所示。

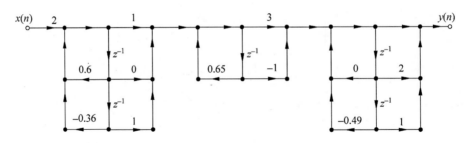

图 7-47　题 7-12 级联型结构

（2）利用 MATLAB 方法画直接Ⅱ型结构。

MATLAB 程序为：

```
b0 = 2;
B = [1 0 1;3 -1 0;1 2 1];
A = [1 -0.6 0.36;1 -0.65,0;1 0 0.49];
[b,a] = cas2dir(b0,B,A)
```

运行结果为：

```
b =
    6    10    8    8    2    -2    0
a =
 1.0000    -1.2500    1.2400    -0.8465    0.3675    -0.1147    0
```

根据运行结果可以写出系统函数为：

$$H(z) = \frac{6 + 10z^{-1} + 8z^{-2} + 8z^{-3} + 2z^{-4} - 2z^{-5}}{1 - 1.25z^{-1} + 1.24z^{-2} - 0.8465z^{-3} + 0.3675z^{-4} - 0.1147z^{-5}}$$

其直接Ⅱ型结构如图 7-48 所示。

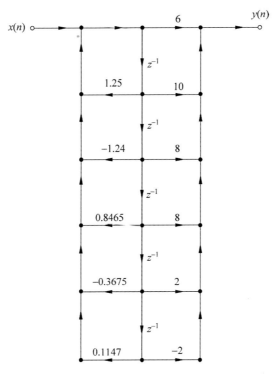

图 7-48 题 7-12 直接Ⅱ型结构

（3）利用 MATLAB 方法画并联型结构。

MATLAB 程序为：

```
b = [6,10,8,8,2, - 2]
a = [1.0000, - 1.2500,1.2400, - 0.8465,0.3675, - 0.1147];
[C,B,A] = dir2par(b,a)
```

运行结果：

```
C =
    17.4368
B =
    16.1189     4.1684
  - 59.1536    28.2794
    31.5979        0
A =
    1.0000     0.0001     0.4899
    1.0000   - 0.5999     0.3601
    1.0000   - 0.6501        0
```

根据运行结果可以写出系统函数为：

$$H(z) = 17.4368 + \frac{16.12 + 4.174z^{-1}}{1 + 0.49z^{-2}} + \frac{-59.15 + 28.28z^{-1}}{1 - 0.6z^{-1} + 0.36z^{-2}} + \frac{31.6}{1 - 0.65z^{-1}}$$

其并联型结构如图 7-49 所示。

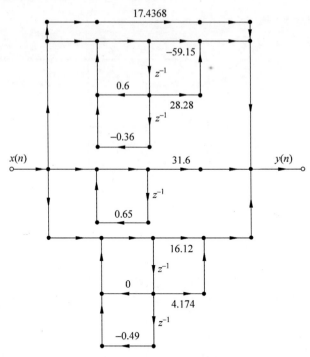

图 7-49 题 7-12 并联型结构

7-13 已知 FIR 滤波器的 16 个频率采样值为

$H(0) = 12, H(1) = 3 - \mathrm{j}\sqrt{3}, H(2) = 1 + \mathrm{j}, H(3)$ 到 $H(13)$ 都为零，$H(14) = 1 - \mathrm{j}$，
$H(15) = 3 + \mathrm{j}\sqrt{3}$

求滤波器的采样结构（设选择修正半径 $r = 1$，即不修正极点位置）。

解：由以下两式

$$H(z) = \frac{1}{16}(1 - z^{-16}) \sum_{k=0}^{N-1} \frac{H(k)}{1 - W_N^{-k}z^{-1}}$$

$$H_k(z) = \frac{H(k)}{1 - W_N^{-k}z^{-1}} + \frac{H(N-k)}{1 - W_N^{-(N-k)}z^{-1}} = \frac{\beta_{0k} + \beta_{1k}z^{-1}}{1 - 2r\cos\left(\dfrac{2\pi}{N}k\right)z^{-1} + r^2 z^{-2}}$$

式中，$\beta_{0k} = 2\mathrm{Re}[H(k)]$，$\beta_{1k} = -2r\mathrm{Re}[H(k)W_N^k]$。

可以得出

$$\beta_{01} = 2\mathrm{Re}[H(1)] = -6$$

$$\beta_{02} = 2\mathrm{Re}[H(2)] = 2$$

$$\beta_{11} = -2\mathrm{Re}[H(1)W_N^1] = -2\mathrm{Re}\left[(-3 - \mathrm{j}\sqrt{3})\left(\cos\frac{\pi}{8} - \mathrm{j}\sin\frac{\pi}{8}\right)\right] = 6.86$$

$$\beta_{12} = -2\mathrm{Re}[H(2)W_N^2] = -2\mathrm{Re}\left[(1 + \mathrm{j})\left(\cos\frac{\pi}{4} - \mathrm{j}\sin\frac{\pi}{4}\right)\right] = -2.83$$

$$H(z) = \frac{1}{16}(1 - z^{-16})\left[\frac{12}{1 - z^{-1}} + \frac{-6 + 6.86z^{-1}}{1 - 1.85z^{-1} + z^{-2}} + \frac{2 - 2.83z^{-1}}{1 - 1.414z^{-1} + z^{-2}}\right]$$

滤波器的频率采样结构如图 7-50 所示。

7-14 用频率采样结构实现传递函数 $H(z) = \dfrac{5 - 2z^{-3} - 3z^{-6}}{1 - z^{-1}}$，$N = 6$，修正半径 $r = 0.9$。

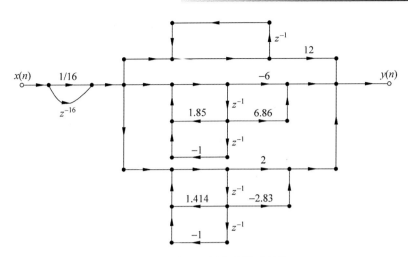

图 7-50　题 7-13 频率采样型结构

解：$H(z) = \dfrac{5 - 2z^{-3} - 3z^{-6}}{1 - z^{-1}} = 5 + 5z^{-1} + 5z^{-2} + 3z^{-3} + 3z^{-4} + 3z^{-5}$

$h(n) = 5\delta(n) + 5\delta(n-1) + 5\delta(n-2) + 3\delta(n-3) + 3\delta(n-4) + 3\delta(n-5)$

先求修正半径 $r = 1$ 的结构。

解法 1：

MATLAB 编程

```
[h] = [5,5,5,3,3,3];
[C,B,A] = dir2fs(h)
```

运行结果

```
C = 8.0000
    0
    24.0000
    2.0000
B = 0.5000    0.5000
    1.0000    0.5000
A = 1.0000  - 1.0000   1.0000
    1.0000    1.0000   1.0000
    1.0000  - 1.0000   0
    1.0000    1.0000   0
```

$$H(z) = \frac{1}{6}(1 - z^{-6})\left[8 \cdot \frac{0.5 + 0.5z^{-1}}{1 - z^{-1} + z^{-2}} + \frac{24}{1 - z^{-1}} + \frac{2}{1 + z^{-1}}\right]$$

解法 2：

由 $H(k) = H(z)\big|_{z = W_N^{-k}}$ 或 $H(k) = \sum\limits_{n=0}^{N-1} h(n)W_N^{nk}$ 解出

$$H(0) = H(z)\big|_{z = W_N^{-0}} = 5 + 5z^{-1} + 5z^{-2} + 3z^{-3} + 3z^{-4} + 3z^{-5}\big|_{z = W_N^{-0}} = 24$$

$$H(1) = H(z)\big|_{z = W_N^{-1}} = \frac{5 - 2z^{-3} - 3z^{-6}}{1 - z^{-1}}\bigg|_{z = W_N^{-1}} = \frac{5 - 2W_N^{3} - 3W_N^{6}}{1 - W_N^{1}} = 2 - j3.464$$

$$H(2) = H(z)\big|_{z = W_N^{-2}} = \frac{5 - 2z^{-3} - 3z^{-6}}{1 - z^{-1}}\bigg|_{z = W_N^{-2}} = \frac{5 - 2W_N^{6} - 3W_N^{12}}{1 - W_N^{2}} = 0$$

$$H(3) = H(z)\big|_{z=w_N^{-3}} = \frac{5 - 2z^{-3} - 3z^{-6}}{1 - z^{-1}}\big|_{z=w_N^{-3}} = \frac{5 - 2W_N^9 - 3W_N^{18}}{1 - W_N^3} = 2$$

$$H(4) = H(z)\big|_{z=w_N^{-4}} = \frac{5 - 2z^{-3} - 3z^{-6}}{1 - z^{-1}}\big|_{z=w_N^{-4}} = \frac{5 - 2W_N^{12} - 3W_N^{24}}{1 - W_N^4} = 0$$

$$H(5) = H(z)\big|_{z=w_N^{-5}} = \frac{5 - 2z^{-3} - 3z^{-6}}{1 - z^{-1}}\big|_{z=w_N^{-5}} = \frac{5 - 2W_N^{15} - 3W_N^{30}}{1 - W_N^5} = 2 + j3.464$$

再由

$$H(z) = \frac{1}{6}(1 - z^{-6}) \sum_{k=0}^{N-1} \frac{H(k)}{1 - W_N^{-k}z^{-1}}$$

及

$$H_k(z) = \frac{H(k)}{1 - W_N^{-k}z^{-1}} + \frac{H(N-k)}{1 - W_N^{-(N-k)}z^{-1}}$$

$$= \frac{\beta_{0k} + \beta_{1k}z^{-1}}{1 - z^{-1}2r\cos\left(\frac{2\pi}{N}k\right) + r^2z^{-2}}, \begin{cases} k = 1, 2, \cdots, \dfrac{N-1}{2}, & N \text{ 为奇数} \\ k = 1, 2, \cdots, \dfrac{N}{2} - 1, & N \text{ 为偶数} \end{cases}$$

式中，$\beta_{0k} = 2\mathrm{Re}[H(k)]$，$\beta_{1k} = -2r\mathrm{Re}[H(k)W_N^k]$。若 $r=1$，有

$$\beta_{01} = 2\mathrm{Re}[H(1)] = 4$$

$$\beta_{11} = -2\mathrm{Re}[H(1)W_N^1] = -2\mathrm{Re}\left[(2 - j3.464)\left(\cos\frac{\pi}{3} - j\sin\frac{\pi}{3}\right)\right] = 4$$

$$\beta_{02} = \beta_{12} = 0$$

可得

$$H(z) = \frac{1}{6}(1 - z^{-6})\left[\frac{24}{1 - z^{-1}} + \frac{2}{1 + z^{-1}} + \frac{4 + 4z^{-1}}{1 - z^{-1} + z^{-2}}\right]$$

若取 $r=0.9$，β_{01} 和 β_{02}、β_{12} 的值同上，β_{11} 重新计算得

$$\beta_{11} = -2r\mathrm{Re}[H(1)W_N^1] = -2 \times 0.9\mathrm{Re}\left[(2 - j3.464)\left(\cos\frac{\pi}{3} - j\sin\frac{\pi}{3}\right)\right] = 3.6$$

由

$$H(z) = (1 - r^N z^{-N})\frac{1}{N}\left[\frac{H(0)}{1 - rz^{-1}} + \frac{H\left(\frac{N}{2}\right)}{1 + rz^{-1}} + \sum_{k=1}^{\frac{N}{2}-1} \frac{\beta_{0k} + \beta_{1k}z^{-1}}{1 - z^{-1}2r\cos\left(\frac{2\pi}{N}k\right) + r^2z^{-2}}\right]$$

得

$$H(z) = \frac{1}{6}(1 - 0.9^6 z^{-6})\left[\frac{24}{1 - 0.9z^{-1}} + \frac{2}{1 + 0.9z^{-1}} + \frac{4 + 3.6z^{-1}}{1 - 0.9z^{-1} + 0.81z^{-2}}\right]$$

由该系统函数画出的滤波器频率采样修正结构如图 7-51 所示。

7-15 FIR 滤波器 $N=5$，$h(n) = \delta(n) - \delta(n-1) + \delta(n-4)$，计算一个 $N=5$ 的采样结构，修正半径 $r=0.9$。

解：

$$H(k) = \sum_{n=0}^{N-1} h(n)W_N^{nk} = 1 - W_N^k + W_N^{4k} = 1 - e^{-j\frac{2\pi}{5}k} + e^{-j\frac{2\pi}{5}k \times 4}$$

$$= 1 - e^{-j\frac{2\pi}{5}k} + e^{j\frac{2\pi}{5}k} = 1 + j2\sin\frac{2\pi}{5}k$$

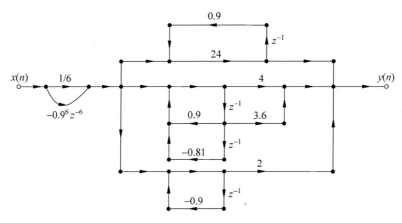

图 7-51　题 7-14 频率采样型结构

由此可得

$$H(0) = 1 + \mathrm{j}2\sin\frac{2\pi}{5} \times 0 = 1$$

$$H(1) = 1 + \mathrm{j}2\sin\frac{2\pi}{5} \times 1 \approx 1 + \mathrm{j}1.9$$

$$H(2) = 1 + \mathrm{j}2\sin\frac{2\pi}{5} \times 2 \approx 1 + \mathrm{j}1.1756$$

$$H(3) = 1 + \mathrm{j}2\sin\frac{2\pi}{5} \times 3 \approx 1 - \mathrm{j}1.1756$$

$$H(4) = 1 + \mathrm{j}2\sin\frac{2\pi}{5} \times 4 \approx 1 - \mathrm{j}1.9$$

由

$$H(z) = \frac{1}{5}(1 - z^{-5}) \sum_{k=0}^{N-1} \frac{H(k)}{1 - W_N^{-k} z^{-1}}$$

及

$$H_k(z) = \frac{H(k)}{1 - W_N^{-k} z^{-1}} + \frac{H(N-k)}{1 - W_N^{-(N-k)} z^{-1}} = \frac{\beta_{0k} + \beta_{1k} z^{-1}}{1 - 2r\cos\left(\frac{2\pi}{N}k\right)z^{-1} + r^2 z^{-2}}$$

式中，$\beta_{0k} = 2\mathrm{Re}[H(k)]$，$\beta_{1k} = -2r\mathrm{Re}[H(k)W_N^k]$。$r=1$ 时，解出：

$$\beta_{01} = 2\mathrm{Re}[H(1)] = 2, \beta_{02} = 2\mathrm{Re}[H(2)] = 2$$

$$\beta_{11} = -2\mathrm{Re}[H(1)W_N^1] = -2\mathrm{Re}\left[(1 + \mathrm{j}1.9)\left(\cos\frac{2\pi}{5} - \mathrm{j}\sin\frac{2\pi}{5}\right)\right] = -4.2$$

$$\beta_{12} = -2\mathrm{Re}[H(2)W_N^2] = -2\mathrm{Re}\left[(1 + \mathrm{j}1.1756)\left(\cos\frac{4\pi}{5} - \mathrm{j}\sin\frac{4\pi}{5}\right)\right] = 0.2367$$

可得

$$H(z) = \frac{1}{5}(1 - z^{-5})\left[\frac{1}{1 - z^{-1}} + \frac{2 - 4.2z^{-1}}{1 - 0.618z^{-1} + z^{-2}} + \frac{2 + 0.2367z^{-1}}{1 - 1.618z^{-1} + z^{-2}}\right]$$

若 $r = 0.9$，则

$$H(z) = \frac{1}{5}(1 - 0.9^5 z^{-5})\left[\frac{1}{1 - z^{-1}} + \frac{2 - 3.78z^{-1}}{1 - 0.556z^{-1} + z^{-2}} + \frac{2 + 0.21z^{-1}}{1 - 1.456z^{-1} + z^{-2}}\right]$$

由系统函数,画出滤波的频率采样修正结构如图 7-52 所示。

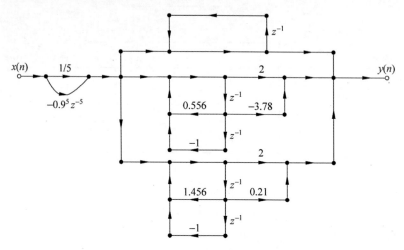

图 7-52　题 7-15 频率采样型结构

7-16　假设低通滤波器的系统函数为

$$H(z) = \frac{1}{1 - 2.9425z^{-1} + 2.8934z^{-2} - 0.9508z^{-3}}$$

分析系统量化对极点位置的影响。

解：分母多项式一般形式

$$P(z) = 1 - 2.9425z^{-1} + 2.8934z^{-2} - 0.9508z^{-3}$$

其中：$a_1 = -2.9425, a_2 = 2.8934, a_3 = -0.9508$。

$$P(z) = (1 - 0.9872z^{-1})[1 - (0.9776 - 0.0856j)z^{-1}][1 - (0.9776 + 0.0856j)z^{-1}]$$

$$z_1 = 0.9872, z_2 = 0.9776 - 0.0856j, z_3 = 0.9776 + 0.0856j$$

从 Δz_i 公式看,应该是所有系数量化引起的第 i 个极点 z_i 移动的情况,从一般的情况考虑,总的移动是所有 a_k 的变化导致 z_i 的变化之和。这样各系数 z_i 量化引起总的移动。为了既简化讨论,又说明问题,提出已假设 $\Delta a_1 = \Delta a_2 = \Delta a_3$,在此条件下,讨论将 z_1 移至单位圆上需要的字长。这可令 $|\Delta z_1| = 0.0128$,求出 $|\Delta a_2|$,即 $|\Delta a_2|$ 有多大时, $|\Delta z_1| = 0.0128$,使 $z_1 \rightarrow \hat{z}_1 = 1$,导致系统不稳定。

将给定条件代入 $\Delta z_i = \displaystyle\sum_{k=1}^{N} \frac{z_i^{N-k}}{\displaystyle\prod_{\substack{l=1 \\ l \neq i}}^{N} (z_i - z_l)} \Delta a_k \quad i = 1, 2, \cdots, N$ 且 $N=3, k=2$,有

$$|\Delta z_1| = 0.0128 = \left| \frac{z_1^{N-k}}{\displaystyle\prod_{\substack{l=2 \\ l \neq 1}}^{N} (z_1 - z_l)} \Delta a_k \right|$$

$$= \left| \frac{0.9872}{[0.9872 - (0.9776 - 0.0856j)][0.9872 - (0.9776 + 0.0856j)]} \Delta a_2 \right|$$

$$|\Delta a_2| = \left| \frac{0.0128[0.9872 - (0.9776 - 0.0856j)][0.9872 - (0.9776 + 0.0856j)]}{0.9872} \right|$$

$$= 9.62 \times 10^{-5}$$

计算结果说明,a_2 的量化误差为 9.62×10^{-5},就会使系统的极点 z_1 移到单位圆上,因为 $2^{-14} < 9.62 \times 10^{-5}$,所以要满足量化误差不至于引起该系统不稳定的要求,从计算的结果可知字长只是要 14 位。一个三阶系统对字长的要求尚且如此,高阶系统对字长的要求可想而知。

如果不采用直接形式结构,而是采用基本二阶节(一阶节是二阶节的特例)的级联或并联实现。由基本二阶节分别实现每一对共轭极点,使一个已知极点的误差与它到系统其他基本节极点的距离无关。那么,由于每一个基本节的极点稳定性变化不会影响另一节,因此所需字长可以低得多。所以对于高阶网络,一般不用直接形式的结构,而是分解为基本二阶节的级联或并联形式。级联或并联形式的量化误差效应优于直接形式,对零、极点聚在一起的窄带滤波器,这种优点尤为突出。

7-17 已知网络系统函数为

$$H(z) = \frac{0.4 + 0.2z^{-1}}{1 - 1.7z^{-1} + 0.72z^{-2}}$$

网络采用定点补码制,尾数处理采用舍入法。分别计算直接型、级联型和并联型结构输出噪声功率。

解:(1)直接型结构:

$$H(z) = \frac{0.4 + 0.2z^{-1}}{1 - 1.7z^{-1} + 0.72z^{-2}}$$

其信号流图如图 7-53 所示。

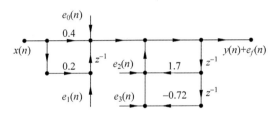

图 7-53　题 7-17 直接型结构舍入噪声

图 7-53 中 $e_0(n)$、$e_1(n)$、$e_2(n)$、$e_3(n)$ 分别是系数 0.4、0.2、1.7、-0.72 相乘后引入的舍入噪声。采用线性叠加的方法,从图 7-53 可看出,$e_0(n)$、$e_1(n)$、$e_2(n)$、$e_3(n)$ 均通过网络 $H(z)$,因此输出噪声的功率为

$$\sigma_f^2 = \frac{4\sigma_e^2}{2\pi j} \oint_c H(z)H(z^{-1}) \frac{dz}{z} = 4\sigma_e^2 I$$

将 $\sigma_e^2 = q^2/12$ 和 $H(z)$ 代入,利用留数定理

$$A(z) = H(z)H(z^{-1})z^{-1} = z^{-1} \cdot \frac{0.4 + 0.2z^{-1}}{(1 - 0.9z^{-1})(1 - 0.8z^{-1})} \cdot \frac{0.4 + 0.2z}{(1 - 0.9z)(1 - 0.8z)}$$

$$I = \frac{1}{2\pi j} \oint_c A(z)dz = \text{Res}[A(z), z = 0.9] + \text{Res}[A(z), z = 0.8]$$

$$= z^{-1} \cdot \frac{0.4z + 0.2}{(z - 0.9)(z - 0.8)} \cdot \frac{0.4 + 0.2z}{(1 - 0.9z)(1 - 0.8z)} \cdot (z - 0.9) \Big|_{z=0.9} +$$

$$z^{-1} \cdot \frac{0.4z + 0.2}{(z - 0.9)(z - 0.8)} \cdot \frac{0.4 + 0.2z}{(1 - 0.9z)(1 - 0.8z)} \cdot (z - 0.8) \Big|_{z=0.8}$$

$$= 32.164$$

$$\sigma_f^2 = 4 \times 32.164q^2/12 = 10.721q^2$$

（2）级联型结构：将 $H(z)$ 分解为部分分式，即

$$H(z) = \frac{0.4 + 0.2z^{-1}}{1 - 1.7z^{-1} + 0.72z^{-2}} = \frac{1}{1 - 0.9z^{-1}} \cdot \frac{0.4 + 0.2z^{-1}}{1 - 0.8z^{-1}}$$

其信号流图如图 7-54 所示。

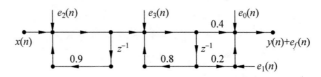

图 7-54　题 7-17 级联型结构舍入噪声

图 7-54 中 $e_0(n)$、$e_1(n)$、$e_2(n)$、$e_3(n)$ 分别是系数 0.4、0.2、0.9、0.8 相乘后引入的舍入噪声。采用线性叠加的方法，从图 7-54 上可看出，$e_2(n)$ 通过网络 $H(z)$，$e_0(n)$、$e_1(n)$、$e_3(n)$ 通过网络 $H_1(z)$，其中网络 $H_1(z)$ 为

$$H_1(z) = \frac{0.4 + 0.2z^{-1}}{1 - 0.8z^{-1}}$$

则输出噪声的功率为

$$\sigma_f^2 = \frac{\sigma_e^2}{2\pi j} \oint_c H(z)H(z^{-1}) \frac{dz}{z} + \frac{3\sigma_e^2}{2\pi j} \oint_c H_1(z)H_1(z^{-1}) \frac{dz}{z} = \sigma_e^2[I + 3I_1]$$

上面已求得 $I = 32.164$，I_1 应用留数定理来求。设

$$B(z) = H_1(z)H_1(z^{-1})z^{-1} = z^{-1} \cdot \frac{0.4 + 0.2z^{-1}}{(1 - 0.8z^{-1})} \cdot \frac{0.4 + 0.2z}{(1 - 0.8z)}$$

$$= \frac{1}{z} \cdot \frac{0.4z + 0.2}{(z - 0.8)} \cdot \frac{0.4 + 0.2z}{(1 - 0.8z)}$$

$$I_1 = \frac{1}{2\pi j} \oint_c B(z)B(z^{-1}) \frac{dz}{z} dz = Res[B(z), z = 0] + Res[B(z), z = 0.8]$$

$$= z^{-1} \cdot \frac{0.4z + 0.2}{(z - 0.8)} \cdot \frac{0.4 + 0.2z}{(1 - 0.8z)} \cdot z \Big|_{z=0} +$$

$$z^{-1} \cdot \frac{0.4z + 0.2}{(z - 0.8)} \cdot \frac{0.4 + 0.2z}{(1 - 0.8z)} \cdot (z - 0.8) \Big|_{z=0.8}$$

$$= 0.9111$$

$$\sigma_f^2 = \sigma_e^2[I + 3I_1] = \sigma_e^2[32.164 + 3 \times 0.9111] = 34.89731\sigma_e^2 = 2.908q^2$$

（3）并联型结构：将 $H(z)$ 分解为部分分式，即

$$H(z) = \frac{5.6}{1 - 0.9z^{-1}} + \frac{-5.2}{1 - 0.8z^{-1}}$$

其信号流图如图 7-55 所示。

由图 7-55 可知，并联型结构总共有 4 个系数，也就是有 4 个噪声系数，其中噪声 $e_0(n)$、$e_1(n)$ 通过网络 $A_1(z)$，$e_2(n)$、$e_3(n)$ 通过网络 $A_2(z)$，因此输出噪声的方差为

$$\sigma_f^2 = \frac{2\sigma_e^2}{2\pi j} \oint_c A_1(z)A_1(z^{-1}) \frac{dz}{z} + \frac{2\sigma_e^2}{2\pi j} \oint_c A_2(z)A_2(z^{-1}) \frac{dz}{z}$$

$$= \sigma_e^2[2I_1 + 2I_2]$$

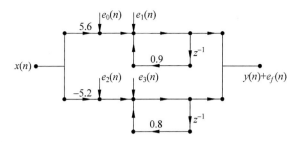

图 7-55　题 7-17 并联型结构舍入噪声

将 $\sigma_e^2=q^2/12$ 和 $A_1(z)=1/(1-0.9z^{-1})$、$A_2(z)=1/(1-0.8z^{-1})$ 代入,并令 $B_1(z)=A_1(z)A_1(z^{-1})z^{-1}$,$B_2(z)=A_2(z)A_2(z^{-1})z^{-1}$,利用留数定理,可得到

$$I_1=\frac{1}{2\pi\mathrm{j}}\oint_c B_1(z)\mathrm{d}z=\mathrm{Res}[B_1(z),z=0.9]$$

$$=z^{-1}\cdot\frac{1}{(1-0.9z^{-1})}\cdot\frac{1}{(1-0.9z)}\cdot(z-0.9)\Big|_{z=0.9}$$

$$=5.263$$

$$I_2=\frac{1}{2\pi\mathrm{j}}\oint_c B_2(z)\mathrm{d}z=\mathrm{Res}[B_2(z),z=0.8]$$

$$=z^{-1}\cdot\frac{1}{(1-0.8z^{-1})}\cdot\frac{1}{(1-0.8z)}\cdot(z-0.8)\Big|_{z=0.8}$$

$$=2.778$$

$$\sigma_f^2=\sigma_e^2[2I_1+2I_2]=[2\times5.263+2\times2.778]\sigma_e^2=1.34q^2$$

比较这三种结构的输出误差大小,可知直接型最大,并联型最小。

7.6　自测题及参考答案

一、自测题

1. 填空题(10 小题)

(1) 运算结构不同,所需的存储单元及乘法次数不同,前者影响运算的_____,后者影响运算的_____。

(2) 在 IIR 滤波器中的几种结构中,_____结构所用的延时器最少,_____结构可以灵活控制零极点特性,_____结构量化误差累计最小。

(3) 已知信号 $x(n)$ 的 Z 变换为 $X(z)=\dfrac{(1+az^{-1})(1+bz^{-1})}{(1+cz^{-1})(1+dz^{-1})}$,假设 $x(n)$ 为最小相位信号,则 a,b 的取值范围为_____,假如 $x(n)$ 为最大相位信号,则 a,b 的取值范围为_____。

(4) 线性时不变数字滤波器的算法可以用_____、_____和_____这三个基本单元来描述。

(5) 已知系统函数 $H(z)$ 为全通系统,若 z_k 是 $H(z)$ 的实零点,p_k 为 $H(z)$ 的实极点,则 z_k,p_k 应满足_____。

(6) 一般情况下,从结构流图上看,FIR 滤波器与 IIR 滤波器的结构最大不同在于_____。

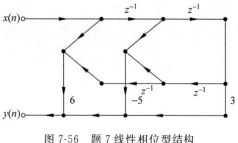

图 7-56　题 7 线性相位型结构

(7) 已知一滤波器的结构如图 7-56 所示,其系统函数为_____。

(8) 频率采样型结构可以看成两个系统的级联,其中第一部分为_____;第二部分为_____。

(9) 已知一滤波器的结构如图 7-57 所示,其系统函数为_____。

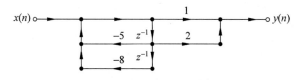

图 7-57　题 9 直接 II 型结构

(10) 已知系统单位脉冲响应为 $h(n)=\delta(n)-\delta(n-3)+\delta(n-7)$,求其系统函数_____。

2. 判断题(10 小题)

(1) IIR 数字滤波器的直接型结构都是由横向网络和反馈网络构成的。　　(　)

(2) IIR 数字滤波器的直接型结构便于控制系统的零、极点。　　(　)

(3) IIR 数字滤波器的级联型结构可通过系统函数 Z 反变换来实现。　　(　)

(4) 线性相位 FIR 滤波器结构比直接型结构节省一半数量的乘法次数。　　(　)

(5) FIR 数字滤波器的级联型结构便于控制调节零点。　　(　)

(6) FIR 数字滤波器的频率采样型结构由谐振器和谐振柜级联构成。　　(　)

(7) FIR 数字滤波器的谐振器在频率 $\omega=\dfrac{2\pi}{N}k$ 处响应为无穷大。　　(　)

(8) FIR 数字滤波器的线性相位型结构本质上属于级联型。　　(　)

(9) IIR 数字滤波器的级联型结构运算误差的积累比直接型大。　　(　)

(10) 数字滤波器的系数量化效应不仅与字长有关,还与系统的网络结构有关。(　)

二、参考答案

1. 填空题答案

(1) 复杂性,速度

(2) 直接 II 型或典范型,级联型,并联型

(3) $|a|<1,|b|<1$；$|a|>1,|b|>1$

(4) 加法器,乘法器,延时器

(5) $z_k p_k=1$

(6) 不存在反馈

（7）$H(z)=6-5z^{-1}+3z^{-2}-5z^{-3}+6z^{-4}$

（8）$1-z^{-N}$，$\dfrac{1}{N}\displaystyle\sum_{k=0}^{N-1}\dfrac{H(k)}{1-W_N^{-k}z^{-1}}$

（9）$H(z)=\dfrac{1+2z^{-1}}{1+5z^{-1}+8z^{-2}}$

（10）$H(z)=1-z^{-3}+z^{-7}$

2. 判断题答案

√××√√×√××√

第8章
CHAPTER 8

多采样率数字信号处理

8.1 重点与难点

本章主要介绍序列的整数倍抽取与插值和有理倍数改变采样率的基本概念、理论和方法以及它们的高效结构等。

本章重点：序列的整数倍抽取与插值以及有理倍数改变采样率的基本概念、基本理论。

本章难点：多采样转换滤波器的设计。

8.2 知识结构

本章包括序列的整数倍抽取与插值、有理倍数的采样率转换和多采样转换滤波器的设计等三部分，其知识结构图如图 8-1 所示。

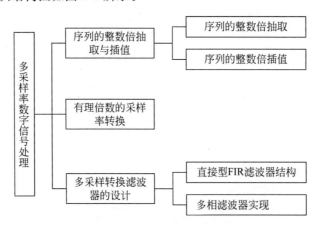

图 8-1 第 8 章的知识结构图

8.3 内容提要

8.3.1 序列的整数倍抽取与插值

减小采样率的过程称为信号的"抽取"（Decimation）；增加采样率的过程称为信号的

"插值"(Interpolation)。抽取和插值是多采样率数字信号处理的基本环节。

1. 序列的整数倍抽取

若想把信号采样率减小为原来的 $1/M$(M 为整数),即实现序列的整数倍抽取,最简单的方法是将 $x(n)$ 中每 M 个点中抽取一个,依次组成一个新的序列。$M=5$ 时,序列的抽取过程如图 8-2 所示。其中图 8-2(a)为原序列,图 8-2(b)为抽取后的序列。

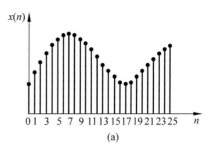

序列抽取前后的频谱即 $X(e^{j\omega})$ 与 $X_d(e^{j\omega})$ 的关系为

$$X_d(e^{j\omega}) = \frac{1}{M}\sum_{k=0}^{M-1}X(e^{j(\omega-2\pi k)/M})$$

该式表明,抽取后的信号序列的频谱 $X_d(e^{j\omega})$ 是原序列频谱 $X(e^{j\omega})$ 先做 M 倍的扩展再在 ω 轴上每隔 $2\pi/M$ 的移位叠加。

当 $f_s \geqslant 2Mf_c$ 时,抽取的结果不会发生频谱的混叠,如图 8-3(b)所示。但由于 M 是可变的,所以很难要求在不同的 M 下都能保证 $f_s \geqslant 2Mf_c$,例如,图 8-3(c)中,当 $M=4$ 时,结果就出现了频谱的混叠。

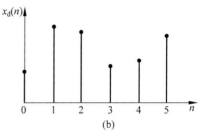

图 8-2 序列的抽取示意图($M=5$)

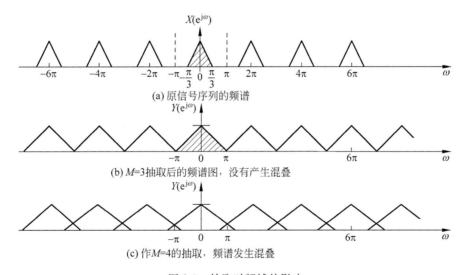

图 8-3 抽取对频域的影响

为了防止混叠,在抽取前加一个反混叠滤波器 $h(n)$,如图 8-4 所示,压缩其频带,即在下采样前用一个截止频率为 $\omega_c = \dfrac{\pi}{M}$ 的低通滤波器对 $x(n)$ 进行滤波,去除 $X(e^{j\omega})$ 中 $|\omega| > \dfrac{\pi}{M}$ 的成分。这样做虽然失去了一部分高频内容,但总比混叠失真好。

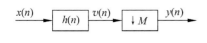

图 8-4 抽取器

2. 序列的整数倍插值

若把序列 $x(n)$ 的采样频率 f_s 增大为原来的 L 倍(L 为整数),即完成 L 倍插值,最简单的方法是在 $x(n)$

每相邻两个点之间补 $L-1$ 个零,然后再对该信号作低通滤波处理,即可求得 L 倍插值的结果。插值系统的框图如图 8-5 所示,图中 ↑L 表示在 $x(n)$ 的相邻采样点间补 $L-1$ 个零,称为零值插值器或上采样器,即

$$v(n) = \begin{cases} x(n/L), & n = 0, \pm L, \pm 2L, \cdots \\ 0, & \text{其他} \end{cases}$$

图 8-5　插值系统的框图

序列的插值示意图如图 8-6 所示。可以看出,序列的插值是靠先插入 $L-1$ 个零值得到 $v(n)$,然后将 $v(n)$ 通过数字低通滤波器,通过此低通滤波器后,这些零值点将不再是零,从而得到插值的输出 $y(n)$。

信号插值前后频域的关系为

$$V(\mathrm{e}^{\mathrm{j}\omega_y}) = X(\mathrm{e}^{\mathrm{j}L\omega_y}) = X(\mathrm{e}^{\mathrm{j}\omega_x})$$

上式说明,$V(\mathrm{e}^{\mathrm{j}\omega_y})$ 在 $(-\pi/L \sim \pi/L)$ 内等于 $X(\mathrm{e}^{\mathrm{j}\omega})$,这相当于将 $X(\mathrm{e}^{\mathrm{j}\omega})$ 作了周期压缩,如图 8-7(b)所示。可以看到,插值后,会出现 $X(\mathrm{e}^{\mathrm{j}\omega})$ 的镜像。去除镜像的目的实质上是解决所插值的为零的点的问题,方法为滤波。滤波器的特性为

$$H(\mathrm{e}^{\mathrm{j}\omega_y}) = \begin{cases} G, & |\omega_y| \leqslant \dfrac{\pi}{L} \\ 0, & \text{其他} \end{cases}$$

式中,滤波器增益 G 为常数,一般取 $G=L$。

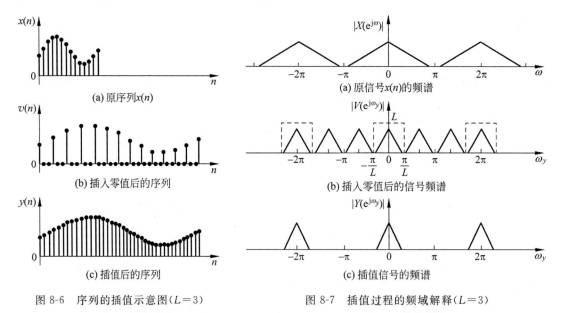

图 8-6　序列的插值示意图($L=3$)　　　图 8-7　插值过程的频域解释($L=3$)

插值后的频谱波形如图 8-7(c)所示。实际上,图 8-7 所示的插值过程的频域过程(a)~(c)与图 8-6 所示的插值时域过程(a)~(c)是对应的。

8.3.2　有理倍数的采样率转换

对给定的信号 $x(n)$,若希望将采样率转换为 L/M 倍,一般来说,合理的方法是先对信号作插值,然后再抽取,且插值和抽取中所用的滤波器是工作在同样的采样频率下,所以可

将它们合并成一个,如图 8-8 所示。

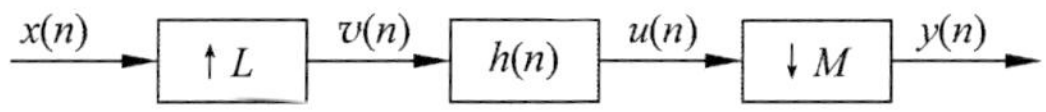

$$x(n) \rightarrow \boxed{\uparrow L} \xrightarrow{v(n)} \boxed{h(n)} \xrightarrow{u(n)} \boxed{\downarrow M} \rightarrow y(n)$$

图 8-8　插值和抽取的级联实现

$y(n)$ 和 $x(n)$ 的时域关系为

$$y(n) = u(Mn) = \sum_{k=-\infty}^{\infty} h(Mn - Lk) x(k)$$

$y(n)$ 和 $x(n)$ 的频域关系为

$$Y(e^{j\omega_y}) = \frac{1}{M} \sum_{k=0}^{M-1} X(e^{j(\omega_y L - 2\pi k)/M}) H(e^{j(\omega_y - 2\pi k)/M})$$

其中 $\omega_y = M\omega_v = \dfrac{M}{L}\omega_x$。

当滤波器频率响应 $H(e^{j\omega_v})$ 逼近理想特性(注意其幅值为 L)时,可以写为

$$Y(e^{j\omega_y}) = \begin{cases} \dfrac{L}{M} X(e^{j\omega_y L/M}), & 0 \leqslant |\omega_y| \leqslant \min\left(\pi, \dfrac{M\pi}{L}\right) \\ 0, & 其他 \end{cases}$$

8.3.3　多采样转换滤波器的设计

采样率转换的问题主要为抗混叠滤波器和镜像滤波器的设计问题。而 FIR 滤波器具有绝对稳定,容易实现线性相位特性,特别是容易实现高效结构等突出优点,因此一般多采用 FIR 滤波器来实现采样率转换滤波器。

1. 直接型 FIR 滤波器结构

直接型 FIR 滤波器结构概念清楚,实现简单,但该系统存在资源浪费、运算效率低的问题。解决方法是,设法将乘法运算移到系统中采样率最低处,以使每秒钟内的乘法次数最小,最大限度减小无效的运算,则可得到高效结构。具体原则是,插值时,乘以零的运算不要做;抽取前,要舍弃的点就不要再计算。

例如,整倍数 M 抽取系统的直接型 FIR 滤波器结构及高效结构如图 8-9 所示,整倍数 L 插值的直接型 FIR 滤波器实现及高效结构如图 8-10 所示。

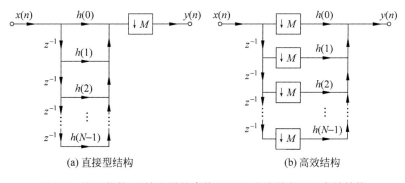

(a) 直接型结构　　　　　　　　　(b) 高效结构

图 8-9　按整倍数 M 抽取器的直接型 FIR 滤波器实现及高效结构

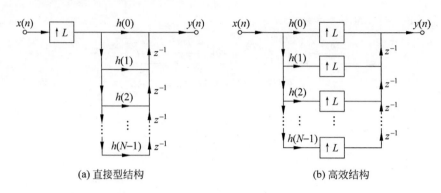

图 8-10 按整倍数 L 插值的直接型 FIR 滤波器实现及高效结构

2. 多相滤波器实现

多相滤波器组是按整数因子内插或抽取的另一种高效实现结构。多相滤波器组由 k 个长度为 $N/k(k=M$ 或 $L)$ 的子滤波器构成,且这 k 个子滤波器轮流分时工作,所以称为多相滤波器。

8.4 典型例题分析

例 8-1 已知序列 $x(n)$ 的傅里叶变换如图 8-11 所示,试画出下列三组序列所对应的傅里叶变换:

$$x_1(n) = \begin{cases} x(n), & n = 3k, k = 0, \pm 1, \pm 2, \cdots \\ 0, & n \neq 3k \end{cases}$$

$$x_2(n) = x(3n)$$

$$x_3(n) = \begin{cases} x\left(\dfrac{n}{3}\right), & n = 3k, k = 0, \pm 1, \pm 2, \cdots \\ 0, & n \neq 3k \end{cases}$$

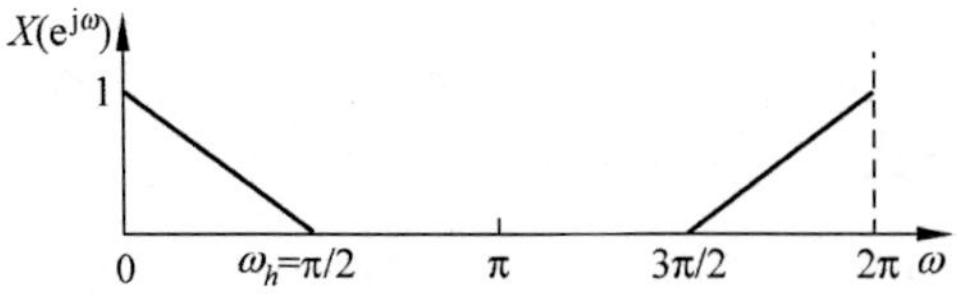

图 8-11 某序列的频谱图

分析:本题主要理解两个概念,$x_1(n)$ 是当抽样周期为 3 时对 $x(n)$ 抽样得到的,而 $x_2(n)$ 则是对 $x(n)$ 进行 3 倍抽取得到的,所以这两个序列的频谱是不一样的。$X_1(e^{j\omega})$ 是 $X(e^{j\omega})$ 以 $2\pi/M$ 为周期延拓得到的,而 $X_2(e^{j\omega})$ 是将 $X(e^{j\omega})$ 进行 M 倍扩展得到的。

解:首先根据 $X(e^{j\omega})$ 的周期性画出其波形(见图 8-12),然后按照分析要点画出 $X_1(e^{j\omega})$ 和 $X_2(e^{j\omega})$,表面看频谱形状一样,但要注意它们的频率坐标值是不一样的。$X_3(e^{j\omega})$ 是对 $X(e^{j\omega})$ 的 3 倍压缩得到的。

例 8-2 数字录音带(DAT)驱动器的采样频率为 48kHz,而光盘(CD)播放机则以 44.1kHz 的采样频率工作。为了直接把声音从 CD 录制到 DAT,需要把采样频率从 44.1kHz

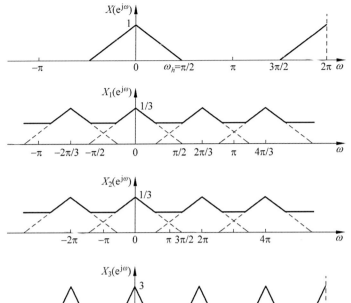

图 8-12 例 8-1 图的频谱图

转换为 48kHz。为此,考虑如图 8-13 所示系统完成这个采样率转换。求 L 和 M 的最小可能值以及适当的滤波器 $H(e^{j\omega})$ 完成这个转换。

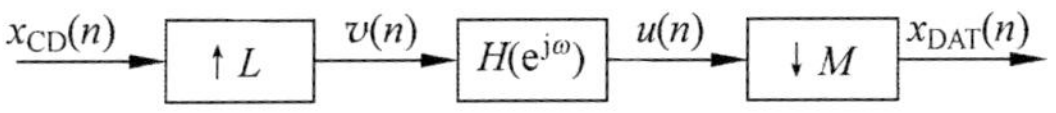

$$x_{CD}(n) \rightarrow \boxed{\uparrow L} \xrightarrow{v(n)} \boxed{H(e^{j\omega})} \xrightarrow{u(n)} \boxed{\downarrow M} \xrightarrow{x_{DAT}(n)}$$

图 8-13 采样率转换系统

分析:根据题意,这是一个典型的采样率转换实际问题。

解:为改变采样频率,需要

$$\frac{L}{M} = \frac{48000}{44100} = \frac{160 \times 300}{147 \times 300} = \frac{160}{147}$$

所以,如果以 $L=160$ 上采样和以 $M=147$ 下采样,便得所求采样率转换,且所求的滤波器截止频率为

$$\omega_c = \min\left(\frac{\pi}{L}, \frac{\pi}{M}\right) = \frac{\pi}{160}$$

其增益应为 $L=160$。

8.5 习题解答

8-1 已知序列 $x(n)$ 的傅里叶变换如图题 8-1 所示,试画出下列三组序列所对应的傅里叶变换:

$$x_1(n) = \begin{cases} x(n), & n = 3k, k = 0, \pm 1, \pm 2, \cdots \\ 0, & n \neq 3k \end{cases}$$

$$x_2(n) = x(3n)$$

$$x_3(n) = \begin{cases} x\left(\dfrac{n}{3}\right), & n = 3k, k = 0, \pm 1, \pm 2, \cdots \\ 0, & n \neq 3k \end{cases}$$

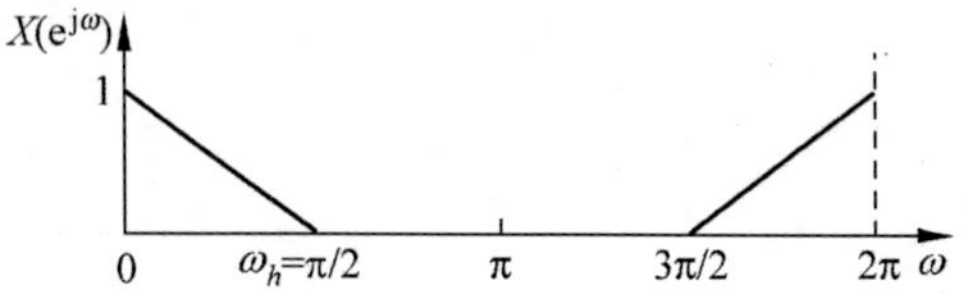

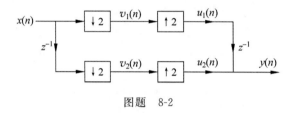

图题 8-1

解：详见典型例题 8-1。

8-2 什么叫信号的抽取和插值？若一个多采样率系统如图题 8-2 所示，请说明若输入信号已知，试将该系统的工作过程填入表题 8-2 中。

图题 8-2

表题 8-2 系统的工作过程

n	0	1	2	3	4	5	6	7
$x(n)$	$x(0)$	$x(1)$	$x(2)$	$x(3)$	$x(4)$	$x(5)$	$x(6)$	$x(7)$
$v_1(n)$								
$v_2(n)$								
$u_1(n)$								
$u_2(n)$								
$u_1(n-1)$								
$y(n)$								

解：把信号的采样率减小为原来的 $1/M$（M 为整数），这样的抽取称为信号的整数倍抽取。而把信号的采样频率增大为原来的 L 倍（L 为整数），称为信号的整数倍插值。图题 8-2 所示多采样率系统的工作过程结果如表 8-1 所示。

表 8-1 系统的工作过程结果

n	0	1	2	3	4	5	6	7
$x(n)$	$x(0)$	$x(1)$	$x(2)$	$x(3)$	$x(4)$	$x(5)$	$x(6)$	$x(7)$
$v_1(n)$	$x(0)$	$x(2)$	$x(4)$	$x(6)$	$x(8)$	$x(10)$	$x(12)$	$x(14)$
$v_2(n)$	$x(-1)$	$x(1)$	$x(3)$	$x(5)$	$x(7)$	$x(9)$	$x(11)$	$x(13)$
$u_1(n)$	$x(0)$	0	$x(2)$	0	$x(4)$	0	$x(6)$	0
$u_2(n)$	$x(-1)$	0	$x(1)$	0	$x(3)$	0	$x(5)$	0
$u_1(n-1)$	0	$x(0)$	0	$x(2)$	0	$x(4)$	0	$x(6)$
$y(n)$	$x(-1)$	$x(0)$	$x(1)$	$x(2)$	$x(3)$	$x(4)$	$x(5)$	$x(6)$

8-3 某插值系统如图题 8-3(a)所示,系统中的 $h(n)$ 是图题 8-3(a)右边所示的 5 点序列。图题 8-3(b)是图题 8-3(a)的等效实现,其中 $h_1(n),h_2(n),h_3(n)$ 的长度不超过 3 点 $(0 \leqslant n \leqslant 2)$。试求:对任意给定的 $x(n)$,正确选择 $h_1(n),h_2(n),h_3(n)$ 与 $h(n)$ 的关系,使两系统等效,即输出 $y_1(n) = y_2(n)$。

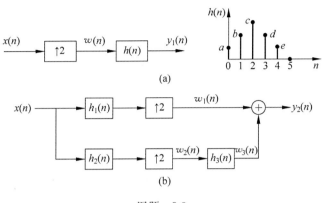

图题 8-3

解: $y_1(n) = w(n) * h(n) = \sum_{k=0}^{4} w(n-k)h(k)$

$\qquad = aw(n) + bw(n-1) + cw(n-2) + dw(n-3) + ew(n-4)$

$\qquad = \begin{cases} ax(n/2) + cx(n/2-1) + ex(n/2-2), & n \text{ 为偶数} \\ bx(n/2-1/2) + dx(n/2-3/2), & n \text{ 为奇数} \end{cases}$

$w_1(n) = \begin{cases} x(n/2) * h_1(n/2), & n \text{ 为偶数} \\ 0, & n \text{ 为奇数} \end{cases}$

$\qquad = \begin{cases} h_1(0)x(n/2) + h_1(1)x(n/2-1) + h_1(2)x(n/2-2), & n \text{ 为偶数} \\ 0, & n \text{ 为奇数} \end{cases}$

$w_2(n) = \begin{cases} x(n/2) * h_2(n/2), & n \text{ 为偶数} \\ 0, & n \text{ 为奇数} \end{cases}$

$\qquad = \begin{cases} h_2(0)x(n/2) + h_2(1)x(n/2-1) + h_2(2)x(n/2-2), & n \text{ 为偶数} \\ 0, & n \text{ 为奇数} \end{cases}$

将 $w_1(n)$ 和 $w_2(n)$ 与 $y_1(n)$ 进行比较,可看到:

如果 $h_1(0) = a, h_1(1) = c, h_1(2) = e, w_1(n)$ 可以给出偶数采样。类似地,如果 $h_3(n)$ 是一个单位延时,$w_2(n)$ 可以给出奇数采样,即 $h_3(0) = 0, h_3(1) = 0, h_3(2) = 0$,于是

$w_3(n) = w_2(n-1)$

$\qquad = \begin{cases} h_2(0)x[(n-1)/2] + h_2(1)x[(n-1)/2-1] + h_2(2)x[(n-1)/2-2], & n \text{ 为偶数} \\ 0, & n \text{ 为奇数} \end{cases}$

$h_2(0) = b, \quad h_2(1) = d, \quad h_2(2) = 0$。

8-4 已知两个多采样率系统如图题 8-4 所示。

(1) 写出 $Y_1(z), Y_2(z), Y_1(e^{j\omega}), Y_2(e^{j\omega})$ 的表达式;

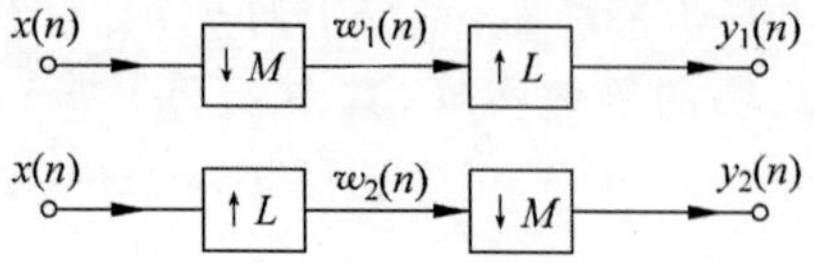

x(n)
↓M
w1(n)
↑L
y1(n)
x(n)
↑L
w2(n)
↓M
y2(n)

图题 8-4

(2) 若 $L=M$,试分析这两个系统是否等效,即 $y_1(n)$是否等于 $y_2(n)$,并说明理由;

(3) 若 $L\neq M$,试说明 $y_1(n)$等于 $y_2(n)$的充要条件是什么?并说明理由。

解:

(1) $W_1(z)=\frac{1}{M}\sum_{k=0}^{M-1}X(z^{1/M}\mathrm{e}^{-\mathrm{j}2\pi k/M}),Y_1(z)=W_1(z^L)=\frac{1}{M}\sum_{k=0}^{M-1}X(z^{L/M}\mathrm{e}^{-\mathrm{j}2\pi k/M})$

$$W_2(z)=X(z^L),Y_2(z)=\frac{1}{M}\sum_{k=0}^{M-1}W_2(z^{1/M}\cdot\mathrm{e}^{-\mathrm{j}2\pi k/M})=\frac{1}{M}\sum_{k=0}^{M-1}X(z^{L/M}\cdot\mathrm{e}^{-\mathrm{j}2\pi kL/M})$$

$$W_1(\mathrm{e}^{\mathrm{j}\omega})=\frac{1}{M}\sum_{k=0}^{M-1}X(\mathrm{e}^{\mathrm{j}(\omega-2\pi k)/M}),Y_1(\mathrm{e}^{\mathrm{j}\omega})=W_1(\mathrm{e}^{\mathrm{j}L\omega})=\frac{1}{M}\sum_{k=0}^{M-1}X(\mathrm{e}^{\mathrm{j}(L\omega-2\pi k)/M})$$

$$W_2(\mathrm{e}^{\mathrm{j}\omega})=X(\mathrm{e}^{\mathrm{j}L\omega}),Y_2(\mathrm{e}^{\mathrm{j}\omega})=\frac{1}{M}\sum_{k=0}^{M-1}W_2(\mathrm{e}^{\mathrm{j}(\omega-2\pi k)/M})=\frac{1}{M}\sum_{k=0}^{M-1}X(\mathrm{e}^{\mathrm{j}(L\omega-2\pi kL)/M})$$

(2) 首先看第二个系统,它由一个上采样器跟随一个下采样器组成,注意 $w_2(n)$是一个在 $x(n)$的每个值间插入 $L-1$ 个零形成的序列。然后,下采样器是将 $w_2(n)$中每 $L(M=L)$ 个值中抽取一个,于是产生输出

$$y_2(n)=x(n)$$

而在第一个系统中,下采样器抽取 $x(n)$的每 L 个采样,并舍弃其余。然后,上采样器在 $w_1(n)$的每个值间插入 $L-1$ 个零,于是

$$y_1(n)=\begin{cases}x\left(\frac{nM}{L}\right), & n=0,\pm L,\pm 2L\\ 0, & 其他\end{cases}$$

所以,这两个系统是不同的。

(3) 为分析当 $L\neq M$ 时这两个系统,注意第一个系统中 $y_1(n)$具有如图 8-14 所示的形式:

y1(n)
x(0)
x(M)
x(2M)
x(3M)
L
2L
3L
n

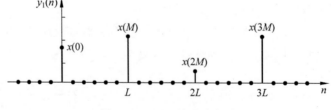

图 8-14 $y_1(n)$波形示意图

另外,第二个系统中的序列 $w_2(n)$如图 8-15 所示。

注意:$y_2(n)$是通过抽取 $w_2(n)$每 M 个值形成的,即

$$y_2(n)=w_2(nM)$$

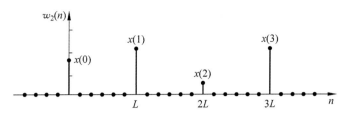

图 8-15 $w_2(n)$ 波形示意图

显然 $$y_2(kL)=w_2(kML)=x(kM)$$

所以 $$y_1(kL)=y_2(kL)$$

然而,为使 $y_1(n)$ 等于 $y_2(n)$,需

$$y_2(n)=w_2(nM)=0, \quad n\neq kL$$

当且仅当 M 与 L 互质时此式成立。

8-5 已知序列 $x(n)$ 和它的频谱分别如图题 8-5(a) 和(b)所示。由 $x(n)$ 得到两个新序列 $x_p(n)$ 和 $x_d(n)$,其中 $x_p(n)$ 是当抽样周期为 2 时对 $x(n)$ 抽样得到的,而 $x_d(n)$ 则是对 $x(n)$ 进行 2 倍抽取得到的,即

$$x_p(n)=\begin{cases} x(n), & n=0,\pm 2,\pm 4,\cdots \\ 0, & n=\pm 1,\pm 3,\cdots \end{cases}$$

$$x_d(n)=x(2n)$$

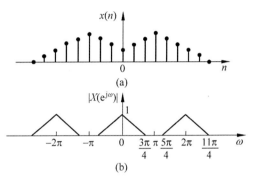

图题 8-5

(1) 由图题 8-5 (a) 画出 $x_p(n)$ 和 $x_d(n)$ 的波形;

(2) 由图题 8-5 (b) 画出 $x_p(n)$ 和 $x_d(n)$ 的频谱波形。

解:$x(n)$、$x_p(n)$ 和 $x_d(n)$ 以及它们的频谱如图 8-16 所示。

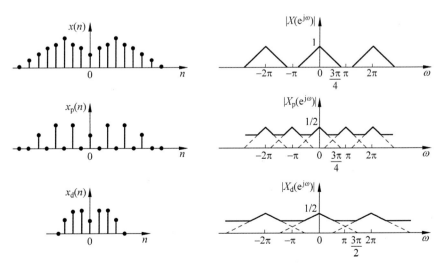

图 8-16 题 8-5 的序列以及对应的频谱图

8-6 某抽取器如图题 8-6(a)所示,已知某模拟信号 $x_a(t)$ 的频谱如图题 8-6(b)所示,其最高频率为 f_h,若对该信号以 $f_s \geqslant 2f_h$ 进行采样,形成 $x(n)$,然后通过图题 8-6(a)所示的抽取器,得到抽取后的信号 $x_d(n)$,试分析并分别画出以下波形:原序列的频谱 $|X(e^{j\Omega T})|$(以 Ω 为变量);原序列的频谱 $|X(e^{j\omega})|$(以 ω 为变量);抽取序列($M=2$)的频谱 $|X_d(e^{j\Omega MT})|$(以 Ω 为变量);抽取序列($M=2$)的频谱 $|X_d(e^{j\omega'})|$(以 $\omega' = M\Omega T$ 为变量)。

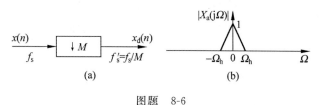

图题 8-6

解: $X(e^{j\omega})$ 与 $X_d(e^{j\omega})$ 的关系为

$$X_d(e^{j\omega}) = \frac{1}{M}\sum_{k=0}^{M-1} X(e^{j(\omega-2\pi k)/M})$$

该式表明,抽取后的信号序列的频谱 $X_d(e^{j\omega})$ 是原信号频谱 $X(e^{j\omega})$ 先做 M 倍的扩展再在 ω 轴上每隔 $2\pi/M$ 的移位叠加,各频谱图如图 8-17 所示。

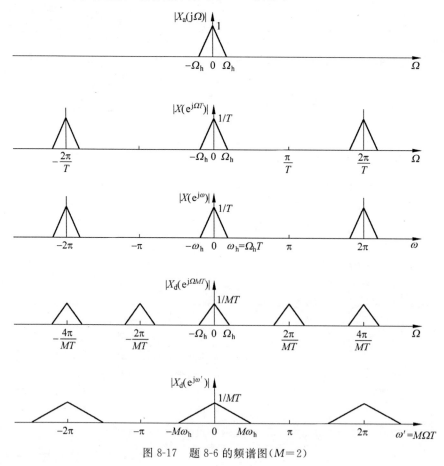

图 8-17 题 8-6 的频谱图($M=2$)

8-7 在图题 8-7(a)所示的系统中,已知 $H_0(z)$、$H_1(z)$、$H_2(z)$分别是理想的实系数的低通、带通和高通滤波器,通带为 1,阻带为零,通带频率分别是 $0\sim\dfrac{\pi}{3}$、$\dfrac{\pi}{3}\sim\dfrac{2\pi}{3}$、$\dfrac{2\pi}{3}\sim\pi$,已知 $x(n)$的频率响应如图题 8-7(b)所示,分别画出 $y_0(n)$、$y_1(n)$、$y_2(n)$的频谱的幅频响应。

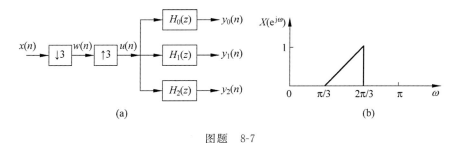

图题 8-7

解:首先画出 3 倍抽取和 3 倍内插后的频谱 $W(e^{j\omega})$和 $U(e^{j\omega})$,如图 8-18 所示,然后分别经过不同的滤波器,得到的 3 个输出信号的频谱图如图 8-19 所示。

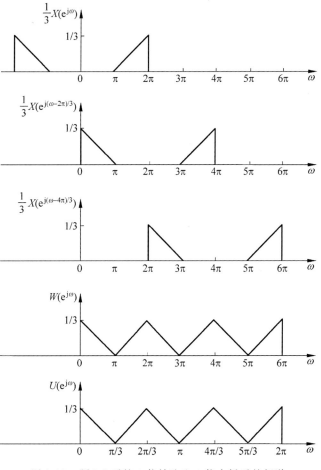

图 8-18 题 8-7 系统 3 倍抽取和 3 倍内插后的频谱

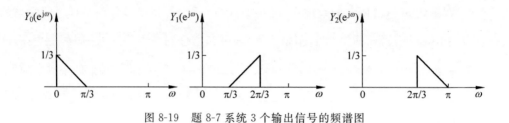

图 8-19　题 8-7 系统 3 个输出信号的频谱图

8-8　已知序列 $x_1(n)$ 是由图题 8-8(a)所示的系统得到,序列 $x_2(n)$ 是由图题 8-8(b)所示的系统得到,图题 8-8(c)为模拟滤波器的频率特性。现希望用数字域方法直接从 $x_1(n)$ 得到 $x_2(n)$,试给出具体实现方法的框图。实现中用到数字滤波器时,请给出具体指标要求。

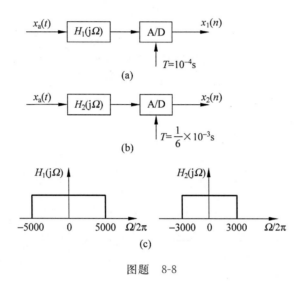

图题　8-8

解: 在每个系统中,信号首先被过滤,以保证在后边的采样中不发生频谱混叠失真。若用数字域方法直接从 $x_1(n)$ 得到 $x_2(n)$,只需要 $x_1(n)$ 通过 3kHz/5kHz=3/5 采样率转换为 $x_2(n)$。这可以通过图 8-20 所示的系统实现该功能,图中 $H(e^{j\omega})$ 为数字低通滤波器,截止频率为 $\pi/5$,增益为 3。

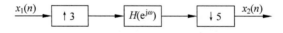

图 8-20　题 8-8 所要求的采样率转换系统

8-9　令 $x(n)=\sin(2\pi nf/f_s)$,$f/f_s=1/16$,请编程实现该题的要求,并给出每一种情况下的数字低通滤波器的频率特性及频率转换后的信号图形,并解释所得结果。

(1) 作 $L=3$ 倍的插值,每个周期为 48 点;

(2) 作 $M=4$ 倍的抽取,每个周期为 4 点;

(3) 作 $L/M=3/4$ 倍的采样率转换,每个周期为 12 点。

解: 因为 $\omega_0=2\pi f/f_s=\pi/8$,$N=16$。实现采样率转换的关键是设计出高性能的低通滤波器,即设计的滤波器通带尽量平坦,阻带衰减尽量大,过渡带尽量窄,且是线性相位。这里采用海明窗。

（1）对于插值，需要设计去镜像的滤波器。令

$$H(\text{e}^{\text{j}\omega}) = \begin{cases} L = 3, & |\omega| \leqslant \dfrac{\pi}{L} = \dfrac{\pi}{3} \\ 0, & \text{其他} \end{cases}$$

采用海明窗，阶次 $N=33$，所得单位脉冲响应和幅频响应分别如图 8-21(a)和(b)所示，经 $L=3$ 倍插值后的波形如图 8-21(c)和(d)所示。

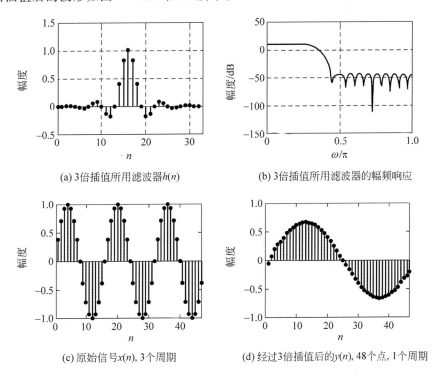

(a) 3倍插值所用滤波器$h(n)$

(b) 3倍插值所用滤波器的幅频响应

(c) 原始信号$x(n)$，3个周期

(d) 经过3倍插值后的$y(n)$，48个点，1个周期

图 8-21 3 倍插值过程

（2）对于抽取，需要设计抗混叠滤波器。为此，令

$$H(\text{e}^{\text{j}\omega}) = \begin{cases} 1, & |\omega| \leqslant \dfrac{\pi}{M} = \dfrac{\pi}{4} \\ 0, & \text{其他} \end{cases}$$

同样取阶次 $N=33$，所得单位脉冲响应和幅频响应分别如图 8-22(a)和(b)所示，经 $M=4$ 倍抽取后的波形如图 8-22(c)所示。

（3）对于分数倍采样率转换，需要设计插值和抽取共用的滤波器。为此，令

$$H(\text{e}^{\text{j}\omega}) = \begin{cases} L = 3, & 0 \leqslant |\omega| \leqslant \min\left(\dfrac{\pi}{L}, \dfrac{\pi}{M}\right) = \pi/4 \\ 0, & \text{其他} \end{cases}$$

同样取阶次 $N=33$，经 $L/M=3/4$ 倍抽取后的波形如图 8-23 所示。所得单位脉冲响应和幅频响应波形略，与前面类似。此外，程序略，请参考教材。

8-10 产生一个正弦信号，每个周期 40 个点，分别用 interp，decimate 做 $L=2$，$M=3$ 的插值与抽取，再用 resample 做 2/3 倍的采样率转换，给出信号的波形。

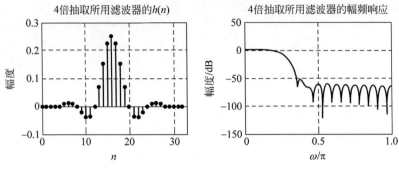

(a) 4倍抽取所用滤波器的h(n)   (b) 4倍抽取所用滤波器的幅频响应

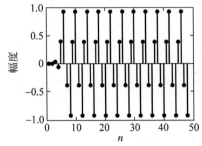

(c) 经过4倍抽取后的y(n)，48点，12个周期

图 8-22　4 倍抽取过程

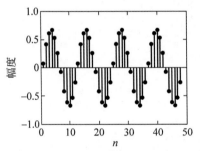

经过3/4倍采样率转换后的y(n)，48点，4个周期

图 8-23　3/4 倍采样率转换后的波形

解： MATLAB 程序为

```
clear all;
% 得到原始信号
i = 1:80;
x = sin(0.05 * pi * i);
L = 2;M = 3;
subplot(221);stem(x,'.');grid;
xlabel('n');ylabel('x(n)');title('原始信号');
% 作 L 倍插值
y1 = interp(x,L);
subplot(222);stem(y1,'.');grid;
```

```
xlabel('n');ylabel('y1(n)');title('2 倍插值后的信号');
% 作 M 倍抽取
y2 = decimate(x,M,'fir');
subplot(223);stem(y2,'.');grid;
xlabel('n');ylabel('y2(n)');title('3 倍抽取后的信号');
% 同时实现抽取和插值
y3 = resample(x,L,M);
subplot(224);stem(y3,'.');grid;
xlabel('n');ylabel('y3(n)');title('2/3 倍采样率转换后的信号');
```

程序的运行结果如图 8-24 所示。

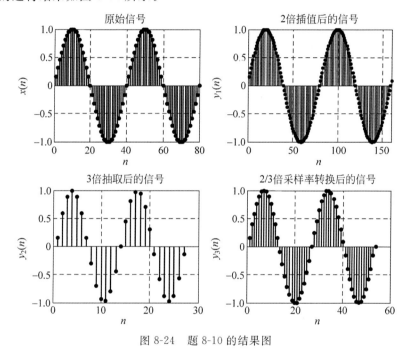

图 8-24　题 8-10 的结果图

8-11　对时域正弦序列 $x(n)=\sin(2\pi\cdot0.12n)$ 进行 3 倍内插和 3 倍抽取操作,画出原始序列、内插序列和抽取序列的时域波形。又假设输入序列是一个带限实信号,截止频率为 $\pi/3$,频谱如图题 8-11 所示,试分析输入序列内插 3 倍、抽取 3 倍后的输出频谱变化。

解：MATLAB 程序为

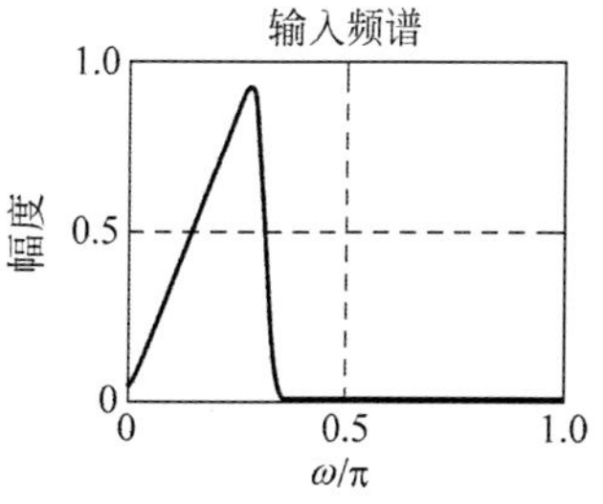

```
close;clc;clear;
n = 0:49;m = 0:50 * 3 − 1;
x1 = sin(2 * pi * 0.12 * m);
x = sin(2 * pi * 0.12 * n);
y = zeros(1, 3 * length(x));
y([1:3:length(y)]) = x;           % 3 倍内插
y1 = x1([1:3:length(x1)]);        % 3 倍抽取
subplot(3,1,1);stem(n,x,'.');title('原始序列');
xlabel('n');ylabel('幅度');
subplot(3,1,2);stem(n,y(1:length(x)),'.');title('内插序列');
xlabel('n');ylabel('幅度');
```

输入频谱

图题　8-11

```
subplot(3,1,3);stem(n,y1,'.');title('抽取序列');
xlabel('n');ylabel('幅度');
figure;
% 分析内插对频谱的影响
freq = [0 0.3 0.33 1];mag = [0 1 0 0];
x = fir2(99, freq, mag);              % 利用 fir2 函数产生一个有限长序列
[Xz, w] = freqz(x, 1, 512);          % 求取并画输入输出谱
subplot(3,1,1); plot(w/pi, abs(Xz)); axis([0 1 0 1]); grid
xlabel('\omega/ \pi'); ylabel('幅度');title('输入频谱');
% 产生内插序列
L = 3;
y = zeros(1, L * length(x));
y([1: L: length(y)]) = x;
[Yz, w] = freqz(y, 1, 512);
subplot(3,1,2); plot(w/pi, abs(Yz));        % 求取并画出输出谱
grid;xlabel('\omega/ \pi'); ylabel('幅度');title('输出频谱(内插 L = 3)');
M = 3;
y = zeros(1, M * length(x));
y1 = x([1 : M : length(x)]);                % 3 倍抽取
[Yz, w] = freqz(y1, 1, 512);
subplot(3,1,3); plot(w/pi, abs(Yz)); % axis([0 1 0 1]); % 求取并画出输出谱
grid;xlabel('\omega/ \pi'); ylabel('幅度');title('输出频谱(抽取 M = 3)');
```

程序的运行结果分别如图 8-25 和图 8-26 所示。

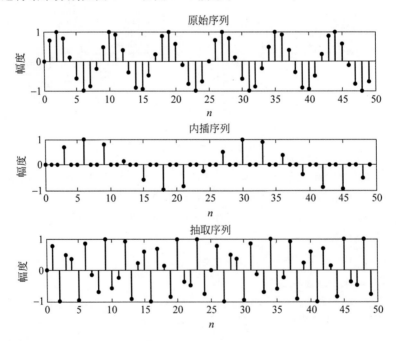

图 8-25 题 8-11 的时域波形图

由图 8-26 可以看到,输入序列内插 3 倍后频谱带宽压缩了 3 倍,由 0.3π 变化为 0.1π,而且还出现了镜像频谱,即在原 $X(e^{j\omega})$ 的一个周期($-\pi \sim \pi$)内,出现了多余的 $L-1=2$ 个周期(图中,只画出了($0 \sim \pi$),所以多余一个周期)。而抽取 3 倍后的输出频谱扩展了 3 倍。

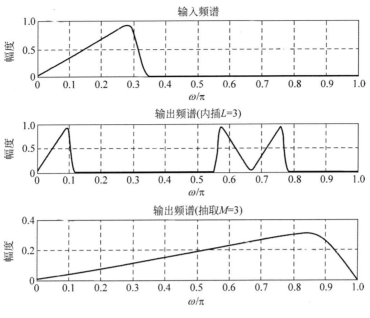

图 8-26 题 8-11 的频域波形图

8.6 自测题及参考答案

1. 自测题

(1) 若想把信号采样率减小为原来的 $1/M$(M 为整数),即实现序列的整数倍抽取,最简单的方法是将 $x(n)$ 中每_____个点中抽取一个,依次组成一个新的序列。

(2) 若实现序列的 L 倍插值,最简单的方法是在 $x(n)$ 每相邻两个点之间补_____个零,然后再对该信号作_____处理,即可求得 L 倍插值的结果。

(3) 抽取后的序列的频谱是原序列频谱先做_____倍的扩展再在 ω 轴上每隔_____的移位叠加。

(4) 当采样频率满足_____时,抽取的结果不会发生频谱的混叠。

(5) 为了防止混叠,在抽取前需要加一个_____滤波器,其截止频率为_____。

(6) 插值后的信号频谱相当于将原序列频谱作了周期压缩,压缩周期为_____。

(7) 在插值中,去除镜像频谱的基本方法为滤波,其截止频率为_____。

(8) 若实现序列的 L/M 倍采样率转变,一般来说,合理的方法是先对信号作_____,然后再_____。

(9) 采样率转换主要为抗混叠滤波器和镜像滤波器的设计问题。实际中一般多采用_____滤波器来实现采样率转换滤波器。

(10) 多相滤波器组是按整数因子内插或抽取的另一种_____实现结构。

2. 参考答案

(1) M

(2) $L-1$,低通滤波

(3) $M, 2\pi/M$

(4) $f_s \geqslant 2Mf_c$

(5) 反混叠(低通)，$\omega_c = \pi/M$

(6) $2\pi/L$

(7) $\omega_c = \pi/L$

(8) 插值，抽取

(9) FIR

(10) 高效

第 9 章

数字信号处理实验

由于数字信号处理的概念比较抽象且数值计算烦琐,因此,借助 MATLAB 软件来演示其原理和概念已成为大家的普遍做法。在我们编写的教材中,专门增加了 MATLAB 上机习题一节,并把它作为课程实验练习和上机考试的习题。鉴于这些上机习题的双重作用,在这一章没有给出全部习题的解答,而是从中选择了一些典型习题,给出了提示或解答。

9.1 部分上机习题提示与解答

9-1 一个数字滤波器的差分方程为

$$y(n) = x(n) + x(n-1) + 0.9y(n-1) - 0.81y(n-2)$$

(1) 用 freqz 函数画出该滤波器的幅频和相频曲线,注意在 $\omega = \pi/3$ 和 $\omega = \pi$ 时的幅度和相位值;

(2) 产生信号 $x(n) = \sin(\pi n/3) + 5\cos(\pi n)$ 的 200 个点并使其通过滤波器,画出输出波形 $y(n)$。把输出的稳态部分与 $x(n)$ 比较,讨论滤波器如何影响两个正弦波的幅度和相位。

解:

MATLAB 程序如下:

```
%绘制滤波器的幅频和相频曲线
b = [1,1];a = [1, -0.9,0.81];
[H,w] = freqz(b,a,200);
magH = abs(H);phaH = angle(H);
subplot(2,2,1),plot(w/pi,magH);grid;ylabel('幅度');title('幅频响应')
subplot(2,2,2);plot(w/pi,phaH/pi);grid
xlabel('频率(单位:pi)');ylabel('相位(单位:pi)');title('相频响应');
%产生信号 x(n),并将滤波后的信号与 x(n)作比较
n = 0:200;x1 = sin(pi * n/3);x2 = 5 * cos(pi * n);x = x1 + x2;
y = filter(b,a,x);
subplot(2,1,2);plot(n,y,n,x1);
```

程序运行结果如图 9-1 所示。由于 $\omega = \pi$ 的频率分量被滤除,输出波形中只剩下 $\omega = \pi/3$ 的频率分量,因此在比较时是将输出波形与输入波形中 $\omega = \pi/3$ 的频率分量进行的比较。从仿真结果可以看出,输出波形频率不变,幅值由于受滤波器幅频响应的影响而增大了许多,并且产生了附加相移,这是因为滤波器对 $\omega = \pi/3$ 频率分量的相移不为 0 所致。

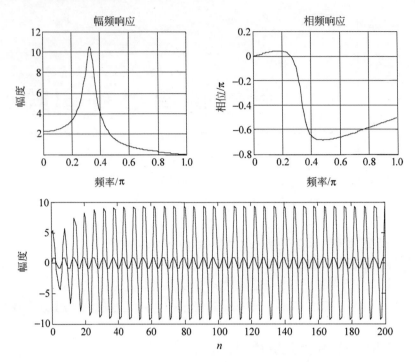

图 9-1 滤波器特性曲线及其输出波形比较

9-2 给定序列 $x_1(n)$ 和 $x_2(n)$ 为

$$x_1(n) = \{2,1,1,2\}, x_2(n) = \{1,-1,-1,1\}$$

(1) 计算 $N=4,7,8$ 时的循环卷积 $x_1(n) \circledast x_2(n)$;

(2) 计算线性卷积 $x_1(n) * x_2(n)$;

(3) 利用计算结果,求出在 N 点区间上线性卷积和循环卷积相等所需要的最小 N 值。

提示: 对于两个离散序列 x_1 和 x_2, N 点循环卷积计算方法为 $y = \text{circonvt}(x_1, x_2, N)$, 线性卷积计算方法为 $y = \text{conv}(x_1, x_2)$。满足线性卷积和循环卷积相等最小 N 值的寻找方法是通过不断增大 N 值来计算循环卷积,直到结果与线性卷积相等这种方法来确定的。

9-3 对模拟信号 $x_a(t) = 2\sin(4\pi t) + 5\cos(16\pi t)$ 在 $t = 0.01n, n = 0,1,2,\cdots,N-1$ 上采样,得到 N 点序列,用 N 点 DFT 得到对 $x_a(t)$ 幅度谱的估计。若 $N=40,60,128$,试问哪一个 N 值能提供最精确的 $x_a(t)$ 的幅度谱?

提示: 题目要求的是利用 DFT 得到对 $x_a(t)$ 幅度谱的估计,由于 FFT 和 DFT 没有本质区别,因此在编程时是利用 FFT 函数来实现幅度谱的估计。

在回答哪一个 N 值能提供最精确的 $x_a(t)$ 的幅度谱时,由于本题中所给的三个 N,都不能使得频域采样点准确落在 $x_a(t)$ 频谱的峰值上,因此 N 值越大越能提供精确的 $x_a(t)$ 的幅度谱。

9-4 设 $x(n) = 10(0.8)^n, 0 \leqslant n \leqslant 10$ 为 11 点序列:

(1) 画出 $x((n+4))_{11} R_{11}(n)$,也就是向左循环移位 4 个样本的序列;

(2) 画出 $x((n+4))_{15} R_{15}(n)$,也就是假定 $x(n)$ 为 15 点序列,向左循环移位 4 个样本。

解: 以 $N=15$ 为例,绘出 $x((n+4))_{15} R_{15}(n)$ 的程序如下:

```
n = 0:10; x = 10 * (0.8).^n;
```

```
% 循环移位
N = 15;m = 4
x = [x, zeros(1, N - length(x))];
n = 0:N - 1;
n = mod(n + m, N);
y = x(n + 1);
% 绘图
n = 0:N - 1;
subplot(2,1,1); stem(n,x); title('原始序列')
subplot(2,1,2); stem(n,y); title('循环移位后序列, N = 15')
```

程序运行结果如图 9-2 所示。其中,第一个图为原始序列,第二个图为向左循环移位 4 个样本后的序列。

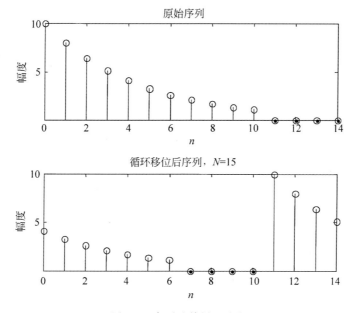

图 9-2 序列及其循环移位

9-5 利用 DFT 实现两序列的卷积运算,并研究 DFT 点数与混叠的关系。

给定 $x(n)=nR_{16}(n)$,$h(n)=R_8(n)$,用 FFT 和 IFFT 分别求线性卷积和混叠结果输出 ($N=16,32$),并画出相应图形。

解:以 $N=16$ 为例,相应 MATLAB 程序如下:

```
N = 16;M = 16;
n = 0:M - 1;x = n;h = ones(1,8);
X = fft(x,N);H = fft(h,N);
Y = X. * H;
y = ifft(Y);
stem(y,' * r');                 % 混叠结果输出
hold on
stem(conv(x,h),'.')             % 线性卷积
```

程序运行结果如图 9-3 所示。由图可见,由于两个序列的长度分别为 16 和 8,因此 16 点循环卷积和线性卷积在 1~7 点发生了混叠失真。

9-6 一信号含有两个频率分量 100Hz 和 130Hz,现要将 130Hz 分量衰减 50dB,而通

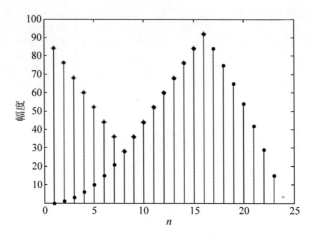

图 9-3　线性卷积和混叠结果输出

过的 100Hz 分量衰减小于 2dB。设计一个最小阶次的 Chebyshev Ⅰ型模拟滤波器完成这个滤波功能,画出幅度响应并对设计予以确认。

解:题目要求设计一个最小阶次的 Chebyshev Ⅰ滤波器,为此选择边界频率为待处理的两个频率分量,取 $f_p = 100\text{Hz}, f_s = 130\text{Hz}$。MATLAB 程序如下:

```
wp = 2 * pi * 100;ws = 2 * pi * 130;Rp = 2;Rs = 50;
Fs = 500;T = 1/Fs
wp1 = (2/T) * tan(wp * T/2);ws1 = (2/T) * tan(ws * T/2);     % 预畸变
[n,wn] = cheb1ord(wp1,ws1,Rp,Rs,'s');
[c,d] = cheby1(n,Rp,wn,'s')
[b,a] = bilinear(c,d,Fs);                                    % 双线性变换
[db,mag,pha,grd,w] = freqz_m(b,a);
plot(w/pi,db); axis([0,1, - 60,5]);title('幅频响应');
```

程序运行结果如图 9-4 所示,由图可见,对于 130Hz 的频率分量(数字频率为 0.52π)衰减超过了 50dB,达到了设计要求。

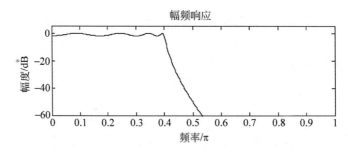

图 9-4　最小阶数的 Chebyshev Ⅰ型滤波器幅频响应

9-7　利用切比雪夫Ⅱ型原型设计低通数字滤波器,使之满足

$$\omega_p = 0.2\pi, \quad \alpha_p = 1\text{dB}, \quad \omega_s = 0.4\pi, \quad \alpha_s = 25\text{dB}$$

要求写出滤波器的系统函数(级联形式),指出滤波器阶数,并画出幅频和相频特性曲线。

解:MATLAB 程序如下:

```
% 数字滤波器指标
```

```
wp = 0.2 * pi;ws = 0.4 * pi;Rp = 1;Rs = 25;
% 模拟原型指标的频率逆映射
T = 1;Fs = 1/T; % 置 T = 1
wp2 = (2/T) * tan(wp/2);ws2 = (2/T) * tan(ws/2);                % 预畸变
% 模拟切比雪夫Ⅱ型原型滤波器计算
[n,wn] = cheb2ord(wp2,ws2,Rp,Rs,'s')
[z,p,k] = cheb1ap(n,Rp);
[c,d] = zp2tf(z,p,k);
[c1,a1] = lp2lp(c,d,wn);
[b,a] = bilinear(c1,a1,1/T);                                   % 双线性变换
[C,B,A] = dir2cas(b,a)
[db,mag,pha,grd,w] = freqz_m(b,a);
subplot(2,1,1);plot(w/pi,db); title('幅频响应');
xlabel('频率/\pi'); ylabel('幅度/dB'); axis([0,1, - 40,5]);
subplot(2,1,2); plot(w/pi,pha/pi); title('相频响应')
xlabel('频率/\pi'); ylabel('相位/\pi'); axis([0,1, - 1,1]);
```

程序运行结果

```
n = 3
wn = 1.4165
C = 0.0699
B =
  1.0000   2.0000   1.0000
  1.0000   1.0000      0
A =
  1.0000   - 0.5423   0.6214
  1.0000   - 0.4815      0
```

因此,滤波器的阶数为3,相应的级联形式系统函数为

$$H(z) = 0.0699 \cdot \frac{1 + 2z^{-1} + z^{-2}}{1 - 0.5423z^{-1} + 0.6214z^{-2}} \cdot \frac{1 + z^{-1}}{1 - 0.4815z^{-1}}$$

滤波器的幅频和相频响应曲线如图9-5所示。

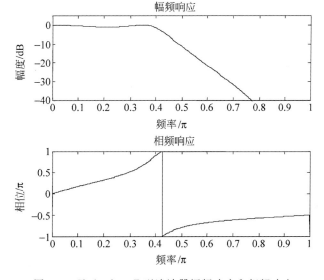

图 9-5　Chebyshev Ⅱ型滤波器幅频响应和相频响应

9-8　利用双线性变换方法，设计一个带宽为 0.08π 的十阶椭圆带阻滤波器以滤除数字频率为 $\omega=0.44\pi$ 的信号，选择合理的阻带衰减值，画出幅度响应，使序列

$$x(n)=\sin(0.44\pi n),n=0,1,\cdots,200$$

的 201 个样本，通过此带阻滤波器，解释所得的结果。

解：题目没有给出滤波器的 4 个常规技术要求，仅给出了所需的滤波器阶数 N，为此我们以 N 作为已知量进行进一步的设计。MATLAB 程序如下：

```
n = 10;w0 = 0.44 * pi;Bw = 0.08 * pi;Rp = 1;Rs = 40;Fs = 500;T = 1/Fs;
wc1 = w0 − Bw/2;wc2 = w0 + Bw/2;
w0 = 2/T * tan(w0/2);
wc3 = 2/T * tan(wc1/2);wc4 = 2/T * tan(wc2/2);Bw = wc4 − wc3; % 预畸变
[z,p,k] = ellipap(n,Rp,Rs);
[c,d] = zp2tf(z,p,k);
[c1,a1] = lp2bs(c,d,w0,Bw);
[b,a] = bilinear(c1,a1,Fs);
[db,mag,pha,grd,w] = freqz_m(b,a);
subplot(2,1,1);plot(w/pi,db);axis([0,1, −50,5]);
subplot(2,1,2);
n1 = 0:200;x1 = sin(0.44 * pi * n1);
y = filter(b,a,x1);plot(n1,y);title('滤波后波形')
```

程序运行结果如图 9-6 所示。由滤波后输出波形可以看出，输出信号逐渐衰减到 0，说明 $\omega=0.44\pi$ 的信号被滤除，从而也验证了所设计滤波器的正确性。

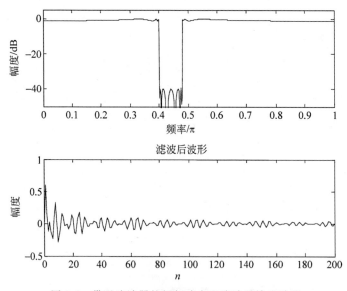

图 9-6　带阻滤波器的幅频响应和滤波后输出波形

9-9　已知 $h(n)=\{-4,1,-1,-2,5,6,6,5,-2,-1,1,-4\}$，该滤波器是几型滤波器？画出该滤波器的幅度特性 $H(\omega)$ 和频域响应。

解：由于 $h(n)=\{-4,1,-1,-2,5,6,6,5,-2,-1,1,-4\}$ 偶对称，$N=12$ 为偶数，因此属于 Ⅱ 型滤波器，幅度特性

$$H(\omega)=\sum_{n=1}^{N/2}b(n)\cos\left[\omega\left(n-\frac{1}{2}\right)\right]$$

其中，$b(n)=2h\left(\dfrac{N}{2}-n\right)$，$n=1,2,\cdots,N/2$。

MATLAB 程序如下：

```
h = [ - 4,1, - 1, - 2,5,6,6,5, - 2, - 1,1, - 4];
M = length(h);
L = M/2;
b = 2 * h(L: - 1:1);
n = [1:L]; n = n - 0.5;
w = [0:500]' * 2 * pi/500;
Hr = cos(w * n) * b';
subplot(121);plot(w/pi,Hr);title('幅度特性');
subplot(122);plot(w/pi,20 * log(abs(Hr)));
axis([0 2 - 60 70]);title('频域响应');
```

程序运行结果如图 9-7 所示，图中横坐标对 π 进行了归一化。由图中幅度特性曲线可以看出，$H(\omega)$ 关于 $\omega=\pi$ 奇对称，满足 II 型滤波器的特性。

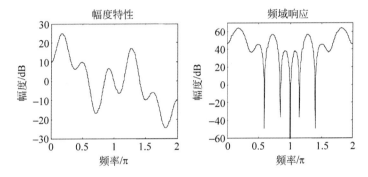

图 9-7 II 型滤波器的振幅响应和频域响应

9-10 用汉宁窗设计技术设计一个带阻滤波器，技术指标为

低阻带边缘：0.4π；高阻带边缘：0.6π，$\alpha_s=40$dB

低通带边缘：0.3π；高通带边缘：0.7π，$\alpha_p=0.5$dB

画出设计的滤波器的脉冲响应和幅度响应(dB 值)。

解：带阻滤波器的幅频特性可以利用一个全通滤波器和一个带通滤波器相减实现。根据傅里叶变换的线性特点，其对应的单位脉冲响应 $h_d(n)$ 可以认为是三个低通滤波器的单位脉冲响应相减，只不过其中一个低通滤波器的截止频率为 π。因此，带通滤波器的 $h_d(n)$ 的实现也可以通过调用特殊函数 ideal_lp(wc,N)来获得。

本题利用 MATLAB 实现的关键语句为

```
hd = ideal_lp(pi,N) - (ideal_lp(wc2,N) - ideal_lp(wc1,N))
```

其中，wc1 和 wc2 分别为带通滤波器的下限和上限截止频率。

MATLAB 程序如下：

```
wp1 = 0.3 * pi;ws1 = 0.4 * pi;
wp2 = 0.7 * pi;ws2 = 0.6 * pi;Rp = 0.5;Rs = 40;
N = 45;n = 0:N - 1;
wc1 = (ws1 + wp1)/2;wc2 = (ws2 + wp2)/2;
```

```
hd = ideal_lp(pi,N) - (ideal_lp(wc2,N) - ideal_lp(wc1,N));
w_han = hanning(N)';
h = hd. * w_han;
[db,mag,pha,grd,w] = freqz_m(h,1);
subplot(2,2,1);plot(w/pi,db);axis([0,1, - 80,5]);title('幅频响应');
subplot(2,2,2);plot(w/pi,pha);title('相频响应');
subplot(2,2,3);stem(n,h,'.');axis([0,N - 1, - 0.2,0.8]);title('单位脉冲响应');
subplot(2,2,4);stem(n,w_han,'.');axis([0,N - 1,0,1.1]);title('汉宁窗');
```

程序运行结果如图 9-8 所示。

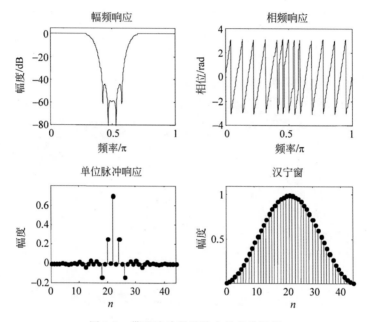

图 9-8　带阻滤波器设计中的相关波形

9-11　用凯塞窗设计技术设计一个高通滤波器,技术指标为

阻带边缘:$0.4\pi, \alpha_s = 60\text{dB}$;通带边缘:$0.6\pi, \alpha_p = 0.5\text{dB}$

画出设计的滤波器的脉冲响应和幅度响应(dB 值)。

提示:高通滤波器的幅频特性可以利用一个全通滤波器和一个低通滤波器相减实现,本题利用 MATLAB 实现的关键语句为

```
hd = ideal_lp(pi,N) - ideal_lp(wc,N)
```

9-12　设计采样频率为 1kHz,阻带频率从 $100\sim200\text{Hz}$ 的 99 阶的带阻 FIR 滤波器,并对信号 $x(t) = \sin(2\pi f_1 t) + \sin(2\pi f_2 t)$ 滤波,$f_1 = 50\text{Hz}$,$f_2 = 150\text{Hz}$,并与对应的输入信号进行比较。

解:MATLAB 程序如下:

```
fs = 1000;T = 1/fs;N = 100;n = 0:N-1;
wc1 = 2 * pi * 100 * T;wc2 = 2 * pi * 200 * T;
hd = ideal_Lp(pi,N) - (ideal_Lp(wc2,N) - ideal_Lp(wc1,N));
w_han = hanning(N)';
h = hd. * w_han;
[db,mag,pha,grd,w] = freqz_m(h,1);
```

```
subplot(1,2,1);plot(w/pi,db);
axis([0,0.6, -80,5]);title('带阻滤波器')
t = 0:0.001:0.2;
x = sin(2 * pi * 50 * t) + sin(2 * pi * 150 * t);
y = filter(h,1,x)
subplot(1,2,2);plot(t,y);axis([0,0.2, -1.5,1.5]);title('滤波后波形')
```

程序运行结果如图 9-9 所示,150Hz 的频率分量由于处在滤波器的阻带内,因而被滤除,输出波形中只剩下了一个 50Hz 频率分量,但产生了附加延时。

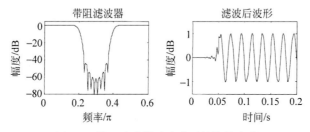

图 9-9　带阻滤波器及滤波后的信号波形

9.2　设计性例题分析

例 9-1　设计利用 FFT 分析音频信号频率成分和功率的算法,要求如下:

(1) 输入信号电压范围(峰-峰值):100mV～5V。

(2) 输入信号包含的频率成分范围:200Hz～10kHz。

(3) 频率分辨率:20Hz。

(4) 检测输入信号的总功率和各频率分量的频率和功率,检测出的各频率分量的功率之和不小于总功率值的 95%;各频率分量功率测量的相对误差的绝对值小于 10%,总功率测量的相对误差的绝对值小于 5%。

(5) 分析时间:5s。

分析:本题利用 FFT 测量信号的频率分量和功率。首先根据待分析的信号频率范围,确定采样频率 f_s($f_s \geqslant 2f_c$,其中 f_c 为信号最高频率);然后根据给定的频率分辨率 F 和 $F = f_s/N$,计算出所需的最小采样点数 N。信号的单边幅度谱 $|Y(k)|$ 的大小通过公式 $|Y(k)| = \dfrac{|X(k)|}{N} \times 2$ 计算。

解:MATLAB 程序如下:

```
REFF = 5;                              % 参考电压 5V
m = 12;                                % A/D 位数
reff = 5/(2^m);
f = [1001 3503 3604 4010 5002 9001];   % 输入正弦波频率
A = [6 3 5 4 5 5];                     % 输入正弦波幅值
fs = 20480;                            % 采样频率 20.48kHz
Ts = 1/fs;                             % 采样间隔
N = 2048;                              % 采样点数
Tp = N * Ts;                           % 采样时间
t = 0:Ts:Tp;
```

```
x0 = 0;
for i = 1:6,
   x0 = x0 + A(i) * sin(2 * pi * f(i) * t);
end
x = round(x0/reff) * reff;
X = fft(x,N);                              % 计算频谱
Y = abs(X)/N * 2;                          % 信号单边谱幅度
f = fs/N * (0:N/2 - 1);                    % f = 0:fs/N:fs/2 - fs/N;
plot(f,Y(1:(N/2)));grid;
P = Y.^2/2;                                % 功率谱
Pw = sum(P(1:N/2))                         % 频域功率
Pt = sum(A.^2/2)                           % 时域功率
percent = Pw/Pt * 100                      % 频域功率/时域功率
```

程序运行结果

```
Pw = 67.9852
Pt = 68
percent = 99.978
```

由于 percent＝99.978,因而达到了总功率测量相对误差绝对值小于 5％的设计要求。至于每个频率分量功率测量相对误差绝对值是否小于 10％,读者可自行验证。图 9-10 为通过 FFT 计算所得到的信号频谱图,由图可见,由于信号采样间隔为 10Hz,对于那些不处在采样间隔整数倍上的频率分量,由于采样点不能刚好落在待测频率上,将产生测量误差。而且,真实频率值偏离采样点越大,测量误差也就越大。

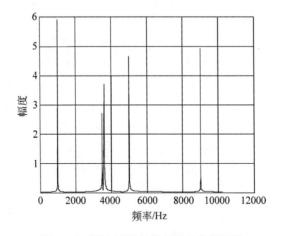

图 9-10　通过 FFT 计算得到的信号频谱

例 9-2 双音多频拨号音编解码系统。

一个双音多频电话机(dual-tone multi-frequency touch-tone phone,DTMF)可以对 16 个按键编码,每个码都是两个单频正弦之和。这两个单频正弦信号分别来自来两个频率组,即列频率组(或称低频群)与行频率组(或称高频群),它们与每个按键的对应关系如表 9-1 所示。

数字 DTMF 接收机通过接收到的双音信号的频谱,再现每个按键所对应的两个频率,从而确认被发送的电话号码。

表 9-1 DTMF 按键对应关系表

低频群	高频群			
	1209Hz	1336Hz	1447Hz	1633Hz
697Hz	1	2	3	A
770Hz	4	5	6	B
852Hz	7	8	9	C
941Hz	*	0	#	D

根据 ITU Q.23 建议,DTMF 信号的技术指标是:传送/接收率为每秒 10 个号码,或每个号码 100ms。每个号码传送过程中,信号存在时间至少 45ms,且不多于 55ms,100ms 的其余时间是静音。在每个频率点上允许有不超过 ±1.5% 的频率误差。任何超过给定频率 ±3.5% 的信号,均被认为是无效的,拒绝承认接收。

1. DTMF 信号的编码

可以使用查表方式模拟产生两个不同频率的正弦波。

2. DTMF 信号的解码

DTMF 信号解码可以采用 FFT 计算 N 点频率处的频谱值,然后估计出所拨号码。但 FFT 计算了许多不需要的值,计算量太大,而且为保证频率分辨率,FFT 的点数较大,不利于实时实现。因此,FFT 不适合于 DTMF 信号解码的应用。由于只需要知道 8 个特定点的频谱值,因此实际中采用一种称为 Goertzel 算法的 IIR 滤波器,可以有效地提高计算效率。它相当于一个含两个极点的 IIR 滤波器,8 个频点对应各自相匹配的滤波器,其传递函数为

$$H_k(z) = \frac{1 - e^{-j2\pi k/N} z^{-1}}{1 - 2\cos(2\pi k/N) z^{-1} + z^{-2}}$$

要求:(1) 产生 DTMF 信号,并显示时域和频域波形;

(2) 由 DTMF 信号解出按键数字,并显示时域和频域波形以及按键数字。

解:程序引自 MATLAB 中的范例,但略作修改。读者可从中体会大师级的编程风格和编程技巧。Goertzel 算法的实现采用 MATLAB 内嵌函数。

```
clc,clear
%产生 12 个频率对
symbol = {'1','2','3','4','5','6','7','8','9','*','0','#'};
lfg = [697 770 852 941];                    %低频组
hfg = [1209 1336 1477];                     %高频组
f = [];
for l = 1:4,
  for h = 1:3,
    f = [f,[lfg(l);hfg(h)]];
  end
end
%产生 DTMF 信号
Fs = 8000;                                  %采样频率
```

```
N = 800;                                    % 采样点数
t = (0:N - 1)/Fs;
tones = zeros(N, size(f, 2));
for toneChoice = 1:12,
    tones(:, toneChoice) = sum(sin(2 * pi * f(:, toneChoice) * t))';
end
% 输入 DTMF 信号并播放
num = input('input the tones of phone number, num = ');
s_tones = [];
for i = [1:length(num)]
    j = num(i);
    s_tones = [s_tones, tones(:, j)];
    p = audioplayer(s_tones(:, i), Fs);
    play(p)
    pause(0.5)
end
% 采用 Goertzel 算法进行 DTMF 信号解码
Nt = 205;
orgf = [lfg(:); hfg(:)];                     % 原始频率
k = round(orgf/Fs * Nt);                     % DFT 对应的 k
estf = round(k * Fs/Nt);                     % 估计的频率
s_tones = s_tones(1:205, :);
for i = [1:size(s_tones, 2)]
    s_tone = s_tones(:, i);
    p = audioplayer(s_tone, Fs);
    play(p)
    pause(0.5)
    % Estimate DFT using Goertzel
    ydft(:, i) = goertzel(s_tone, k + 1);
    subplot(4, 3, i), stem(estf, abs(ydft(:, i)), '.');
end
% 判断并显示输入的电话号码
l_ydft = ydft(1:4, :);
h_ydft = ydft(5:7, :);
[lf_max, lf_num] = max(abs(l_ydft));
[hf_max, hf_num] = max(abs(h_ydft));
for i = [1:size(s_tones, 2)]
    f_num(i) = (lf_num(i) - 1) * 3 + hf_num(i);
end
disp('The phone number you input is')
number = f_num
```

程序运行时,MATLAB 命令窗出现提示信息"input the tones of phone number, num＝"。在输入号码时需注意,如果号码包含多个数字需用中括号"[]"将这些数字括起来,同时对于数字 0 需用数字 11 代替。例如,如果需要输入的号码为 13852437069,则在提示信息后输入"[1 3 8 5 2 4 3 7 11 6 9]",程序运行结果为

```
The phone number you input is
number =
    1   3   8   5   2   4   3   7   11   6   9
```

相应解码信号的频谱图如图 9-11 所示(图中横坐标是频率,单位为赫兹,纵坐标为幅度)。

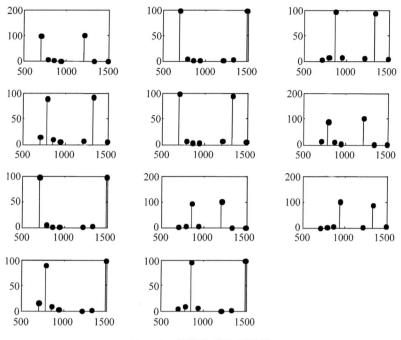

图 9-11　解码信号的频谱图

9.3　课程设计习题

数字信号处理是专业基础课,主要学习数字信号的频谱分析与滤波处理,实践课是对理论学习的有效巩固,为此我们列举了几道课程设计习题,为对数字信号处理课程学习有兴趣及学有余力的同学提供一种课外实践的选择。

1. 设计一周期信号频率测量算法,测量输入周期信号的基波频率。要求:

(1) 输入信号包含的频率成分范围:200Hz~10kHz。

(2) 频率分辨率:100Hz。

(3) 判断输入信号的周期性,并设计测量信号基波频率的数字信号处理算法。

2. AM 调制信号 $x(t)=[A_0+m(t)]\cos\omega_c t$,已知 $m(t)=A\cos\Omega t$,试分析该信号的频谱和功率谱。要求:

(1) 以采样频率 f_s,采样长度 N,对信号 $x(t)$进行采样;

(2) 求采样信号的频谱和功率谱;

(3) 频率分辨率:1Hz;

(4) 验证不发生频谱泄漏的条件。

3. 关于正弦信号的采样。运行以下程序并回答问题:

(1) 正弦信号的频率是多少? 采样周期是多少?

(2) 改变采样周期,观察图形的变化,分析结果。

(3) 将正弦信号的频率改为 3Hz 和 7Hz,重新运行程序。相应的等效离散时间信号与原程序产生的离散时间信号之间有差别吗? 为什么? 试给出定量分析说明。

```
% Illustration of the Sampling Process in the Time – Domain
t = 0:0.0005:1;
f = 13;
xa = cos(2 * pi * f * t);
subplot(2,1,1);plot(t,xa);grid
xlabel('Time, msec');ylabel('Amplitude');
title('Continuous – time signal x_{a}(t)');
axis([0 1 – 1.2 1.2])
T = 0.1;
n = 0:T:1;
xs = cos(2 * pi * f * n);
k = 0:length(n) – 1;
subplot(2,1,2);stem(k,xs);grid;
xlabel('Time index n');ylabel('Amplitude');
title('Discrete – time signal x(n)');
axis([0 (length(n) – 1) – 1.2 1.2])
```

4. 关于频域中混叠现象。运行以下程序并回答问题:

(1) 程序中,连续时间函数 $x_a(t)$ 的表达式是什么? $x_a(t)$ 的连续时间傅里叶变换是如何计算的?

(2) 运行程序,产生离散时间信号及其连续时间信号,并计算各自的傅里叶变换。观察频域混叠影响。

(3) 将采样间隔增加到 $0.05s$、$0.5s$、$1.5s$,重复程序,观察混叠影响,并定量分析说明?

```
% Illustration of the Aliasing Effect in the Frequency – Domain
t = 0:0.005:10;
xa = 2 * t. * exp( – t);
subplot(2,2,1);plot(t,xa);grid
xlabel('Time, msec');ylabel('Amplitude');
title('Continuous – time signal x_{a}(t)');
wa = 0:10/511:10;
ha = freqs(2,[1 2 1],wa);
subplot(2,2,2) ;plot(wa/(2 * pi),abs(ha));grid;
xlabel('Frequency, kHz');ylabel('Amplitude');
title('|X_{a}(j\Omega)|');
axis([0 5/pi 0 2]);
T = 1;
n = 0:T:10;
xs = 2 * n. * exp( – n);
k = 0:length(n) – 1;
subplot(2,2,3);stem(k,xs);grid;
xlabel('Time index n');ylabel('Amplitude');
title('Discrete – time signal x(n)');
wd = 0:pi/255:pi;
```

```
hd = freqz(xs,1,wd);
subplot(2,2,4);plot(wd/(T * pi), T * abs(hd));grid;
xlabel('Frequency, kHz');ylabel('Amplitude');
title('|X(e^{j\omega})|');
axis([0 1/T 0 2])
```

5. 利用计算机声卡采集自己一段声音,并将它作为数字信号处理的原始信号,利用课程中的相关理论设计处理这个信号的各种算法。利用这个任务,熟悉掌握整个课程所讨论的关于信号采样、卷积、差分方程、频率分析、快速傅里叶变换、滤波器的设计、过滤信号等信号处理内容。

第10章

CHAPTER 10

综合测试及参考答案

10.1 本科生数字信号处理期末考试试题汇编及解答

试题一

一、填空题(共 18 分)

1. (3 分)写出离散线性时不变系统输入输出间的一般表达式(时域、频域和 z 域)_____。

2. (3 分)离散线性时不变系统的频率响应是以_____为周期的 ω 的周期函数,若 $h(n)$ 为实序列,则 $H(e^{j\omega})$ 实部_____对称,虚部_____对称。(填"奇"或"偶")

3. (1 分)$Z[-0.5^n u(-n-1)]=$_____。

4. (1 分)设信号 $x(n)$ 是一个离散的非周期信号,那么其频谱一定是一个连续的非周期信号。_____(填"√"或"×")

5. (1 分)离散傅里叶变换中,有限长序列都是作为周期序列的一个周期来表示的,都隐含有周期性意思。_____(填"√"或"×")

6. (5 分)快速傅里叶变换是基于对离散傅里叶变换_____和利用旋转因子 W_N^{nk} 的_____来减小计算量,其特点是_____、_____、_____。

7. (2 分)用一个数字低通滤波器从 0～10kHz 的信号中滤除 0～4kHz 的频率成分,该数字系统的采样频率至少为_____kHz。

8. (2 分)一个数字低通滤波器的截止频率是 $\omega_c=0.2\pi$,如果系统采样频率为 $f_s=2$kHz,则等效于模拟低通滤波器的截止频率为_____Hz。

二、按要求完成下列各题(共 14 分)

1. (3 分)序列如图 10-1 所示,试将 $x(n)$ 表示为单位脉冲序列 $\delta(n)$ 及其加权和的形式。

2. (5 分)设 $x(n)=x_1(n)+jx_2(n)$,$x_1(n)$ 和 $x_2(n)$ 均为 $N=4$ 点有限长实序列,已知 $x(n)$ 的 4 点 DFT 为 $X(k)=\{1+j2,2,-2,j2\}$,$k=0,1,2,3$。

求 $X_1(k)=\mathrm{DFT}[x_1(n)]$。

3. (6 分)已知序列 $x_1(n)$ 和 $x_2(n)$ 如下:

$$x_1(n)=\begin{cases}1, & 0\leqslant n\leqslant 14\\0, & \text{其他}\end{cases} \qquad x_2(n)=\begin{cases}1, & 0\leqslant n\leqslant 4\\0, & \text{其他}\end{cases}$$

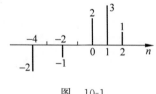

图 10-1

(1) 计算 $x_1(n)$ 与 $x_2(n)$ 的 15 点循环卷积 $y(n)$,并画出 $y(n)$ 的略图;

(2) 画出 FFT 计算 $x_1(n)$ 与 $x_2(n)$ 线性卷积的框图。

三、(13分)研究一个输入为 $x(n)$ 和输出为 $y(n)$ 的时域离散线性时不变系统,已知它满足 $y(n)=2x(n)-\dfrac{1}{6}x(n-1)-\dfrac{1}{6}y(n-1)$,并已知系统是因果稳定的。

(1) 确定系统函数 $H(z)$,画出系统的零、极点分布图,说明其收敛域;

(2) 写出系统频率响应 $H(e^{j\omega})$ 的表达式,利用几何确定法定性画出其幅频特性曲线;

(3) 当系统的输入 $x(n)=e^{j\pi n}$ 时,求系统的输出 $y(n)$;

(4) 画出系统的直接 II 型结构。

四、(10分)用脉冲响应不变法设计一个数字低通滤波器,已知二阶巴特沃斯归一化低通原型滤波器的传输函数为 $H_a(s)=\dfrac{1}{s^2-s-2}$,采样频率为 $f_s=4\text{kHz}$,3dB 截止频率为 1kHz。要求:

(1) 求该数字低通滤波器的系统函数 $H(z)$;

(2) 如果采用双线性变换法设计该数字低通滤波器,求预畸变后的模拟低通截止频率 Ω'_c;

(3) 比较脉冲响应不变法和双线性变换法的优缺点。

五、(10分)已知理想低通滤波器的幅频响应

$$H_d(e^{j\omega})=\begin{cases} e^{-j2\omega}, & 0\leqslant|\omega|\leqslant\dfrac{\pi}{2} \\ 0, & \dfrac{\pi}{2}<|\omega|\leqslant\pi \end{cases}$$

(1) 若利用矩形窗设计一线性相位 FIR 低通滤波器逼近上述 $H_d(e^{j\omega})$,求理想低通的单位脉冲响应 $h_d(n)$,写出 $h(n)$ 的表达式,确定 N 的值,并说明该滤波器属于第几类线性相位滤波器。

(2) 若利用频率采样法设计一线性相位 FIR 低通滤波器逼近上述理想低通特性 $H_d(e^{j\omega})$,试求各采样点上的幅度值 H_k 及相位 θ_k。

六、简答题(每题 4 分,共 20 分)

1. 连续信号经过等间隔采样后,其频谱将发生怎样变化? 从采样信号无失真的恢复出原始信号又应该具备哪些条件?

2. DFT 和 Z 变换之间的关系是什么? 和序列的傅里叶变换之间的关系又是什么?

3. 在离散傅里叶变换中引起频谱混叠和泄漏的原因是什么,怎样减小这种效应?

4. 图 10-2 是几个系统的单位脉冲响应 $h(n)$,试说明哪些 $h(n)$ 可以实现线性相位滤波器,并说明理由。

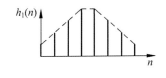
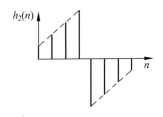

图 10-2

5. 简述数字滤波器的两个主要分类及其特点。

七、(共 15 分)窗函数法设计 FIR 滤波器的实验中,已知实验要求设计一个指标为 $\omega_p = 0.3\pi$, $\omega_s = 0.5\pi$, $R_p = 0.25\text{dB}$, $R_s = 50\text{dB}$ 的线性相位 FIR 低通滤波器,某同学 MATLAB 编程如下:

```
Wp = 0.3 * pi; Ws = 0.5 * pi; Rp = 0.25; Rs = 50;
N = 35; n = [0:1:N - 1]; Wc = (Ws + Wp)/2;
hd = ideal_lp(Wc, N);                            %语句1
w_han = (hanning(N))'; h = hd. * w_han
[db, mag, pha, grd, w] = freqz_m(h, 1);
plot(w/pi, db); axis([0, 1, - 100, 5]);
```

1. 结合程序,简述窗函数法设计 FIR 滤波器的基本设计思路。

2. 用窗函数法设计 FIR 滤波器时,滤波器的过渡带宽度和阻带衰减各与哪些因素有关?

3. 设所设计滤波器的频域响应如图 10-3 所示,试问: 所设计滤波器的性能指标为多少? 为了达到设计要求,结合题后给出的资料一、二,源程序应作何种修改?

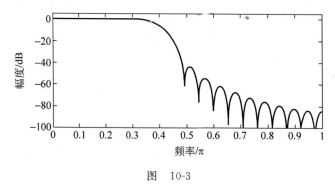

图 10-3

4. 如果要设计一个截止频率分别为 ω_{c1} 和 ω_{c2} 的带通滤波器($\omega_{c1} < \omega_{c2}$),程序中语句 1(即黑体部分)应作何种修改?

(资料一)几种窗函数的性能比较如下:

窗 函 数	主瓣宽度	旁瓣峰值衰减/dB	阻带最小衰减/dB
矩形窗	$4\pi/N$	-13	-21
汉宁窗	$8\pi/N$	-31	-44
海明窗	$8\pi/N$	-41	-53
布莱克曼窗	$12\pi/N$	-57	-74

(资料二)不同窗函数在 MATLAB 中的实现方法如下:

窗 函 数	MATLAB 函数	窗 函 数	MATLAB 函数
矩形窗	w = boxcar(N)	海明窗	w = hamming(N)
汉宁窗	w = hanning(N)	布莱克曼窗	w = Blackman(N)

试题一解答

一、填空题

1. $y(n)=x(n)*h(n)$，$Y(\mathrm{e}^{\mathrm{j}\omega})=X(\mathrm{e}^{\mathrm{j}\omega})H(\mathrm{e}^{\mathrm{j}\omega})$，$Y(z)=X(z)H(z)$

2. 2π，偶，奇

3. $\dfrac{z}{z-1/2}$，$|z|<\dfrac{1}{2}$

4. $\times$

5. $\sqrt{}$

6. 有限次分解(或分解为短序列的 DFT)，对称性(周期性)，蝶形运算，原位运算，倒位序

7. 20

8. 200

二、1. 解：$x(n)=-2\delta(n+4)-\delta(n+2)+2\delta(n)+3\delta(n-1)+\delta(n-2)$

2. **解：**

因为 $X(k)=\{1+\mathrm{j}2,2,-2,\mathrm{j}2\}$，得
$$X^*(N-k)=\{1-\mathrm{j}2,-\mathrm{j}2,-2,2\},$$

则
$$X_1(k)=\frac{1}{2}\big[X(k)+X^*(N-k)\big]=\{1,1-\mathrm{j},-2,1+\mathrm{j}\}$$

3. **解：**

(1) 15 点循环卷积如图 10-4 所示。

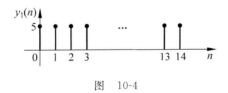

图　10-4

(2) 框图如图 10-5 所示。

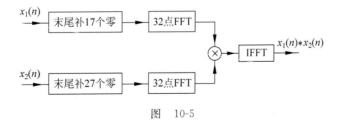

图　10-5

三、解：

(1) $H(z)=\dfrac{Y(z)}{X(z)}=\dfrac{2-\dfrac{1}{6}z^{-1}}{1+\dfrac{1}{6}z^{-1}}$

零点：$z=\dfrac{1}{12}$，极点：$z=-\dfrac{1}{6}$，零、极点分布图如图 10-6 所示。

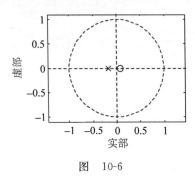

图　10-6

因为系统是因果稳定系统，所以收敛域为 $|z|>\dfrac{1}{6}$。

（2）$H(\mathrm{e}^{\mathrm{j}\omega})=H(z)|_{z=\mathrm{e}^{\mathrm{j}\omega}}=\dfrac{2-\dfrac{1}{6}\mathrm{e}^{-\mathrm{j}\omega}}{1+\dfrac{1}{6}\mathrm{e}^{-\mathrm{j}\omega}}$，幅频特性曲线如图 10-7 所示。

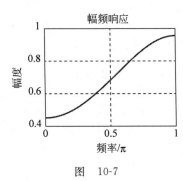

图　10-7

（3）当输入信号 $x(n)=\mathrm{e}^{\mathrm{j}\pi n}$时，输出

$$y(n)=\sum_{m=-\infty}^{\infty}h(m)x(n-m)=H(\mathrm{e}^{\mathrm{j}\pi})\cdot\mathrm{e}^{\mathrm{j}\pi n}=\mathrm{e}^{\mathrm{j}\pi n}\cdot\dfrac{2-\dfrac{1}{6}\mathrm{e}^{-\mathrm{j}\pi}}{1+\dfrac{1}{6}\mathrm{e}^{-\mathrm{j}\pi}}=\dfrac{13}{5}(-1)^n$$

（4）直接Ⅱ型结构如图 10-8 所示。

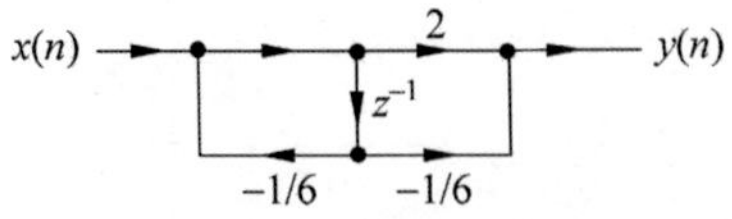

$$x(n)\ \longrightarrow\quad\overset{2}{}\quad\longrightarrow\ y(n)$$
$$z^{-1}$$
$$-1/6\qquad -1/6$$

图　10-8

四、解：（1）去归一化

$$\Omega_{\mathrm{c}}=2\pi f_{\mathrm{c}}=2\pi\times1000=2000\pi\,\mathrm{rad/s}$$

$$H_{\mathrm{a}}(s)=\dfrac{1}{\left(\dfrac{s}{\Omega_{\mathrm{c}}}\right)^2-\left(\dfrac{s}{\Omega_{\mathrm{c}}}\right)-2}=\dfrac{\dfrac{1}{3}}{s/\Omega_{\mathrm{c}}-2}+\dfrac{-\dfrac{1}{3}}{s/\Omega_{\mathrm{c}}+1}=\dfrac{\dfrac{1}{3}\Omega_{\mathrm{c}}}{s-2\Omega_{\mathrm{c}}}+\dfrac{-\dfrac{1}{3}\Omega_{\mathrm{c}}}{s+\Omega_{\mathrm{c}}}$$

极点 $s_1 = 2\Omega_c, s_2 = -\Omega_c, T = \dfrac{1}{f_s} = \dfrac{1}{4000}(\text{s})$

$$H(z) = \frac{\dfrac{1}{3}\Omega_c}{1 - e^{2\Omega_c T}z^{-1}} + \frac{-\dfrac{1}{3}\Omega_c}{1 + e^{-\Omega_c T}z^{-1}} = \frac{\dfrac{2000\pi}{3}}{1 - e^{\pi}z^{-1}} + \frac{-\dfrac{2000\pi}{3}}{1 - e^{-\pi/2}z^{-1}}$$

（2）$\Omega_c' = \dfrac{2}{T}\tan\dfrac{2\pi f_c T}{2} = \dfrac{2}{T}\tan\dfrac{2\pi \times 1000}{2 \times 4000} = \dfrac{2}{T} = 8000\,\text{rad/s}$

（3）脉冲响应不变法：

优点：时域逼近良好，$\omega = \Omega T$；

缺点：容易产生混叠失真，只适用于带限滤波器。

双线性变换法：

优点：设计运算简单，避免了频谱的混叠效应，适合各种类型滤波器；

缺点：$\Omega = \dfrac{2}{T}\tan\dfrac{\omega}{2}$，会产生非线性频率失真。

五、解：

（1）$h_d(n) = \dfrac{1}{2\pi}\displaystyle\int_{-\omega_c}^{\omega_c} e^{-j2\omega} e^{j\omega n}\, d\omega = \dfrac{\sin[\omega_c(n-2)]}{\pi(n-2)}$，其中 $\omega_c = \dfrac{\pi}{2}$

$$h(n) = h_d(n)R_N(n)$$

$$\alpha = 2 = \frac{N-1}{2} \Rightarrow N = 5$$

该滤波器属于第一类线性相位滤波器。

（2）首先选择滤波器的种类。由于要设计的是低通，且 N 为奇数，故选择 I 型滤波器

$$\theta_k = -k\pi\left(1 - \frac{1}{N}\right) = -\frac{4}{5}k\pi, \quad k = 0,1,\cdots,4$$

由 $\omega_c = \dfrac{2\pi}{N}k$，确定通带内的采样点数。

令 $0.5\pi = \dfrac{2\pi}{5}k$，所以 $k = \dfrac{5}{4}$。

取整数 $k=1$，应在通带内设置 2 个采样点（$k=0\sim1$），第 3 采样点已在通带截止频率之外，处于阻带内。

根据 $H_k = H_{N-k}$，可得 H_k 为

$$H_k = \begin{cases} 1, & k = 0\sim1, k = 4 \\ 0, & k = 2,3 \end{cases}$$

六、简答题

1. 答：频谱产生周期延拓，频谱的幅度是 $X_a(j\Omega)$ 的 $1/T$ 倍。

条件：连续信号必须带限于 f_c，且采样频率 $f_s \geqslant 2f_c$。

2. 答：$X(k)$ 是序列傅里叶变换 $X(e^{j\omega})$ 在区间 $[0, 2\pi]$ 上的等间隔采样值，采样间隔为 $\omega = 2\pi/N$，即 $X(k) = X(e^{j\omega})\big|_{\omega=\frac{2\pi}{N}k}$。

$X(k)$ 是序列 Z 变换 $X(z)$ 在单位圆上的等间隔采样，即 $X(k) = X(z)\big|_{z=W_N^{-k}}$。

3. 答：频谱混叠是因为不等式 $f_s \geqslant 2f_c$ 没有得到满足，可令 $f_s \geqslant 2f_c$；泄漏是因截断而起，可选用其他形式的窗函数。

4. 答：$h_1(n)$和$h_2(n)$可以实现线性相位滤波器。

原因：$h_1(n)$实序列、偶对称，$h_2(n)$实序列、奇对称。

5. 答：IIR 滤波器特点：

(1) 单位脉冲响应 $h(n)$ 无限长；

(2) 系统函数 $H(z)$ 在有限 z 平面($0<|z|<\infty$)上有极点存在；

(3) 结构上存在从输出到输入的反馈(递归型)。

FIR 滤波器特点：

(1) 单位脉冲响应 $h(n)$ 有限长；

(2) 系统函数 $H(z)$ 在$|z|>0$ 处收敛,对因果系统而言,极点全部位于$z=0$ 处；

(3) 结构上主要是非递归结构,没有输出到输入的反馈。

七、

1. 答：

(1) 确定理想滤波器 $H_d(e^{j\omega})$ 的特性；

(2) 由 $H_d(e^{j\omega})$ 求出 $h_d(n)$；

(3) 选择适当的窗口函数,并根据线性相位条件确定窗口函数的长度 N；

(4) 由 $h(n)=h_d(n) \cdot w(n)$,$0 \leqslant n \leqslant N-1$,得出单位脉冲响应 $h(n)$；

(5) 对 $h(n)$ 作离散时间傅里叶变换,得到 $H(e^{j\omega})$。

2. 答：过渡带宽与窗函数的长度 N 有关,阻带衰减与窗函数的形状有关。

3. 答：$\omega_p=0.3\pi$,$\omega_s=0.52\pi$,$\alpha_p=0$,$\alpha_s=45\text{dB}$。修改方法：(1)增大 N,例如 $N=50$；(2)选用海明窗 w_han＝(hamming(N))′。

4. Hd＝ideal_lp(wc2,N)−ideal_lp(wc1,N)

试题二

一、选择题(每空 2 分,共 10 分)

1. $x(n)=2^n[u(n)-u(n-5)]$,则 $X(z)$ 的收敛域应是( )。

    A. $0<|z|<\infty$ B. $0<|z|\leqslant\infty$ C. $0\leqslant|z|<\infty$ D. $0\leqslant|z|\leqslant\infty$

2. 已知 $x_a(t)$ 的信号如图 10-9 所示,则其傅里叶变换最有可能是( )。

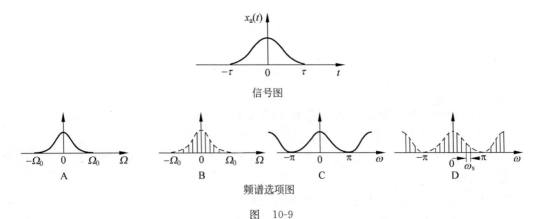

信号图

频谱选项图

图 10-9

3. 计算 256 点的按时间抽取基 2-FFT,在每一级有(　　)个蝶形。

　　A. 256　　　　　　　　B. 1024　　　　　　　C. 128　　　　　　　D. 64

4. 下列关于脉冲响应不变法描述错误的是(　　)。

　　A. s 平面的每一个单极点 $s=s_k$ 变换到 z 平面上 $z=e^{s_kT}$ 处的单极点

　　B. 如果模拟滤波器是因果稳定的,则其数字滤波器也是因果稳定的

　　C. $H_a(s)$ 和 $H(z)$ 的部分分式的系数是相同的

　　D. s 平面零点与 z 平面零点都有 $z=e^{s_kT}$ 的对应关系

5. 下列关于窗函数设计法说法中错误的是(　　)。

　　A. 窗函数的长度增加,则主瓣宽度减小,旁瓣宽度减小

　　B. 窗函数的旁瓣相对幅度取决于窗函数的形状,与窗函数的长度无关

　　C. 为减小旁瓣相对幅度而改变窗函数的形状,通常主瓣的宽度会增加

　　D. 对于长度固定的窗,只要选择合适的窗函数就可以使主瓣宽度足够窄,旁瓣幅度足够小

二、填空题(7 小题,共 20 分)

1. (3 分)数字信号处理是用数值计算的方法,完成对信号的处理。因此处理的实质是_____,其基本单元是加法器、_____和_____。

2. (2 分)已知某 LSI 系统,其系统函数为 $H(z)=\dfrac{1}{(1-0.6z^{-1})(1-0.5z)}$,若收敛域为 $2<|z|\leqslant\infty$,则系统的因果性及稳定性分别为_____和_____。

3. (4 分)某模拟信号为 $x_a(t)=2\cos4\pi t$,若用采样频率 $\Omega_s=6\pi$ 对 $x_a(t)$ 进行理想采样,则采样信号的表达式为 $\hat{x}_a(t)=$ _____;采样后经一个带宽为 3π,增益为 1/3 的理想低通还原,则输出信号 $y(t)$ 为_____。

4. (3 分)已知序列:$x(n),0\leqslant n\leqslant10$;$g(n),0\leqslant n\leqslant15$。$X(k),G(k)$ 分别是它们的 20 点 DFT。令 $y(n)=\text{IDFT}[X(k)G(k)],0\leqslant n\leqslant19$,则 $y(n)$ 中相等于 $x(n)$ 与 $g(n)$ 线性卷积中的点有_____点,其 n 的取值从_____到_____。

5. (2 分)假设某模拟滤波器 $H_a(s)$ 是一个低通滤波器,通过 $s=\dfrac{z-1}{z+1}$ 映射为数字滤波器 $H(z)$,则所得数字滤波器 $H(z)$ 为_____滤波器。

6. (3 分)已知 $z_0=2e^{-j\frac{\pi}{6}}$ 是一个线性相位 FIR 滤波器($h(n)$ 为实数)的系统函数 $H(z)$ 的零点,则 $H(z)$ 的零点一定还有_____、_____和_____。

7. (3 分)图 10-10 所示信号流图的系统函数 $H(z)=$ _____。

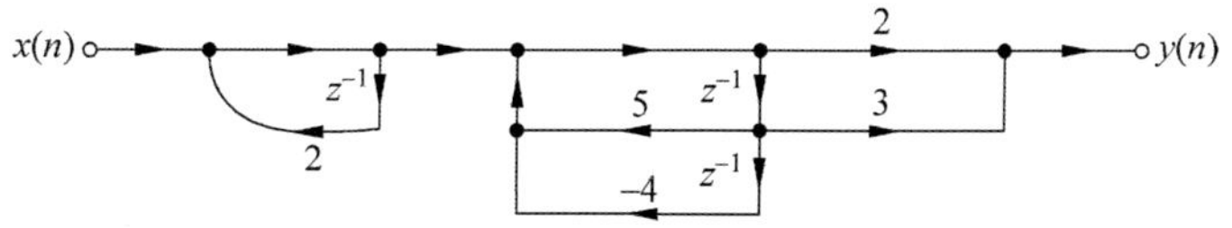

图　10-10

三、判断题(针对以下各题的说法,你认为正确的在相应括号里打"√",错误打"×"。每小题 1 分,共 10 分)

1. 对于一个正弦序列 $x(n)=A\sin(\omega n+\varphi)$,只有当数字频率 $\omega=\alpha\pi$(α 是有理数)时,该

序列一定是周期序列。 （   ）

2. 某序列的 DFT 表达式为 $X(k) = \sum_{n=0}^{N-1} x(n) W_M^{nk}$ 。由此可看出,该序列的时域长度是 N,变换后数字域上相邻两个频率样点之间隔是 $2\pi/M$。 （   ）

3. 稳定系统是产生有界输出的系统。 （   ）

4. 对于线性时不变系统,其输出序列的傅里叶变换等于输入序列的傅里叶变换与系统频率响应的卷积。 （   ）

5. 利用 DFT 计算频谱时可以通过末尾补零来减少栅栏效应。 （   ）

6. 不管在时域或在频域采样,只要有周期延拓就有可能产生重叠失真,因此,不失真采样必须满足一定的条件。 （   ）

7. 数字滤波器处理的模拟信号频率应该小于折叠频率。 （   ）

8. 离散时间系统的滤波特性可以由其幅度频率特性直接看出。 （   ）

9. 双线性变换法是非线性变换,所以用它设计 IIR 滤波器不能克服频率混叠效应。（   ）

10. 若设计满足第一类线性相位条件的 FIR 高通滤波器,则 N 的取值应为奇数。（   ）

四、证明与计算题(3 小题,共 20 分)

1. (6 分)证明序列傅里叶变换的性质 $x^*(-n) \rightarrow X^*(e^{j\omega})$。

2. (6 分)若已知有限长序列 $x(n) = \{1,1,-1,1\}$,画出其按时间抽取的基 2-FFT 流图,并按 FFT 运算流程计算 $X(2)$ 的值。

3. (8 分)某有限长序列 $x(n) = \{1,1,1,0,0\}$,求 $x(n)$ 与 $x(n)$ 的线性卷积 $y_l(n)$ 和 6 点圆周卷积 $y_c(n)$,并指出圆周卷积和线性卷积的关系。

五、(12 分)图 10-11 表示一个线性时不变因果系统

1. 求系统函数 $H(z)$,画出其零-极点图;(6 分)

2. 求使系统稳定的 β 的取值范围;(2 分)

3. 求当系统输入为 $x(n) = e^{j\omega_0 n}$ 时,系统的输出 $y(n)$。(4 分)

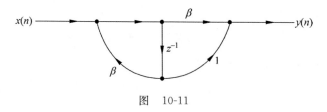

图　10-11

六、(10 分)一个二阶连续时间滤波器的系统函数为 $H_a(s) = \dfrac{1}{s-a} + \dfrac{1}{s-b}$,其中,$a<0$,$b<0$ 都是实数。用脉冲响应不变法将模拟滤波器 $H_a(s)$ 变换为数字滤波器 $H(z)$,采样周期 $T=2s$,并确定 $H(z)$ 的极点和零点位置。

七、(12 分)某 FIR 滤波器系统函数为

$$H(z) = (2 + z^{-1})(b_1 + 2z^{-1} + b_2 z^{-2})$$

(1) 试求 b_1,b_2,使该 FIR 滤波器具有第一类线性相位(b_1,b_2 为实数)。

(2) 写出该滤波器的幅度特性和相位特性方程,并画出相应的相位特性曲线示意图。

(3) 画出该滤波器的直接型结构。

八、(6分)试在图 10-12 线旁括号内填写变换方法,完成信号不同域之间的变换。

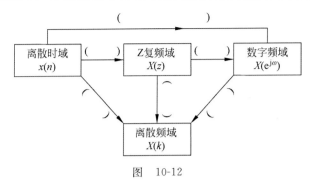

图 10-12

试题二解答

一、选择题

1. B;2. A;3. C;4. D;5. D

二、填空题

1. 运算,乘法器,延时单元

2. 因果,非稳定

3. $\sum\limits_{n=-\infty}^{\infty} 2\cos\dfrac{4}{3}\pi n \cdot \delta\left(t-\dfrac{1}{3}n\right),2\cos2\pi t$

4. 14,6,19

5. 低通

6. $0.5\mathrm{e}^{\mathrm{j}\frac{\pi}{6}},2\mathrm{e}^{\mathrm{j}\frac{\pi}{6}},0.5\mathrm{e}^{-\mathrm{j}\frac{\pi}{6}}$

7. $H(z)=\dfrac{1}{1-2z^{-1}} \cdot \dfrac{2+3z^{-1}}{1-5z^{-1}+4z^{-2}}$

三、判断题

题号	1	2	3	4	5	6	7	8	9	10
答案	√	√	×	×	√	√	√	√	×	√

四、证明与计算题

1. 证明:

$$\sum_{n=-\infty}^{\infty} x^{*}(-n)\mathrm{e}^{-\mathrm{j}\omega n} = \left[\sum_{n=-\infty}^{\infty} x(-n)\mathrm{e}^{\mathrm{j}\omega n}\right]^{*} = \left[\sum_{n=-\infty}^{\infty} x(n)\mathrm{e}^{-\mathrm{j}\omega n}\right]^{*} = X^{*}(\mathrm{e}^{\mathrm{j}\omega})$$

2. 解:(1)基 2-FFT 流图如图 10-13 所示。

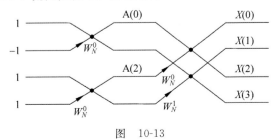

图 10-13

(2) $A(0)=x(0)+x(2)=1-1=0$

$A(2)=x(1)+x(3)=1+1=2$

$X(2)=A(0)-A(2)=0-2=-2$

3. 解: (1) 线性卷积 $y_1(n)=\{1,2,3,2,1\}$。

(2) 因为 $6>3+3-1$,所以循环卷积 $y_c(n)=y_1(n)=\{1,2,3,2,1,0\}$。

(3) 当 $L \geqslant N_1+N_2-1=5$,圆周卷积和线性卷积相等。

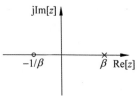

图 10-14

五、解:

1. $H(z)=\dfrac{\beta+z^{-1}}{1-\beta z^{-1}}$,零、极点如图 10-14 所示。

2. 要使系统稳定,其收敛域包含单位圆,所以 $|\beta|<1$。

3. 当输入信号 $x(n)=e^{j\omega_0 n}$,输出

$$y(n)=\sum_{m=-\infty}^{\infty} h(m)x(n-m)=\sum_{m=-\infty}^{\infty} h(m)e^{j\omega_0(n-m)}$$

$$=\sum_{m=-\infty}^{\infty} h(m)e^{-j\omega_0 m} \cdot e^{j\omega_0 n}$$

$$=H(e^{j\omega_0}) \cdot e^{j\omega_0 n}=\frac{\beta+e^{-j\omega_0}}{1-\beta e^{-j\omega_0}} \cdot e^{j\omega_0 n}$$

六、解: 极点: $s_1=a$, $s_2=b$

其相应数字滤波器的极点为 $z_1=e^{2a}$, $z_2=e^{2b}$

$$H(z)=\frac{1}{1-e^{2a}z^{-1}}+\frac{1}{1-e^{2b}z^{-1}}=\frac{2-e^{2a}z^{-1}-e^{2b}z^{-1}}{(1-e^{2a}z^{-1})(1-e^{2b}z^{-1})}$$

零点: $z=\dfrac{e^{2a}+e^{2b}}{2}$。

七、解: (1)

$$H(z)=(2+z^{-1})(b_1+2z^{-1}+b_2 z^{-2})=2b_1+(4+b_1)z^{-1}+(2b_2+2)z^{-2}+b_2 z^{-3}$$

第一类线性相位,$h(n)$ 为偶对称,所以

$$b_2=2b_1, 2b_2+2=4+b_1 \Rightarrow b_1=\frac{2}{3}, b_2=\frac{4}{3}$$

(2) $H(z)=\dfrac{4}{3}+\dfrac{14}{3}z^{-1}+\dfrac{14}{3}z^{-2}+\dfrac{4}{3}z^{-3}$

$$H(e^{j\omega})=\frac{4}{3}+\frac{14}{3}e^{-j\omega}+\frac{14}{3}e^{-j2\omega}+\frac{4}{3}e^{-j3\omega}=e^{-j\frac{3}{2}\omega}\left(\frac{4}{3}e^{j\frac{3}{2}\omega}+\frac{14}{3}e^{j\frac{1}{2}\omega}+\frac{14}{3}e^{-j\frac{1}{2}\omega}+\frac{4}{3}e^{-j\frac{3}{2}\omega}\right)$$

$$=e^{-j\frac{3}{2}\omega}\left(\frac{8}{3}\cos\frac{3}{2}\omega+\frac{28}{3}\cos\frac{1}{2}\omega\right)$$

幅度特性 $H(\omega)=\dfrac{8}{3}\cos\dfrac{3}{2}\omega+\dfrac{28}{3}\cos\dfrac{1}{2}\omega$。

相位特性 $\theta(\omega)=-\omega\left(\dfrac{N-1}{2}\right)=-\dfrac{3}{2}\omega$,如图 10-15 所示。

(3) 直接型结构如图 10-16 所示。

八、答: 信号不同域之间的变换关系如图 10-17 所示。

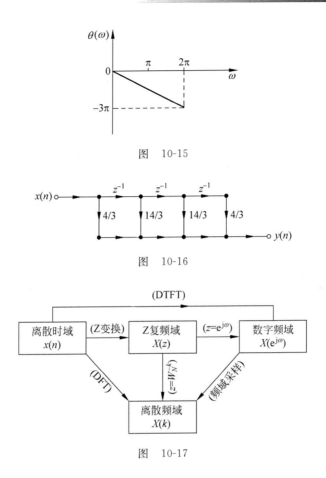

图 10-15

图 10-16

图 10-17

试题三

一、填空题(共 25 分)

1. 对连续信号中的正弦信号进行等间隔采样,可得正弦序列。设连续信号 $x_a(t) = \sin 100\pi t$,采样频率为 300Hz,则 $x(n) =$ _____;所得正弦序列 $x(n)$ 的周期为 _____。(4 分)

2. 系统 $y(n) = nx(n) + 2$ 为 _____(填"线性"或"非线性")、_____(填"时变"或"时不变")系统。(4 分)

3. 设信号 $x(n)$ 是一个离散的周期信号,那么其频谱一定是一个 _____(填"离散"或"连续")的 _____(填"周期"或"非周期")信号。(4 分)

4. 离散线性时不变系统的频率响应 $H(e^{j\omega})$ 是 ω 的周期函数,周期为 _____。若 $h(n)$ 为实序列,则 $H(e^{j\omega})$ 的实部是 _____ 函数,虚部是 _____ 函数。(填"奇"或"偶")(4 分)

5. 对实数序列作谱分析,要求谱分辨率 $F \leqslant 10\text{Hz}$,信号最高频率为 2kHz,则最小记录时间 $T_p =$ _____;最大取样间隔 $T_{\max} =$ _____;最少采样点数 $N_{\min} =$ _____。(3 分)

6. 利用频率采样法设计线性相位 FIR 低通滤波器,若截止频率 $\omega_c = \pi/4\text{rad}$,采样点数

$N=34$,则应采用_____型滤波器,此时 $h(n)$ 满足_____对称条件。（2分）

7. 用窗函数法设计 FIR 数字滤波器时,调整窗口函数长度 N 可以有效地控制_____,减小带内波动以及加大阻带衰减只能从_____上找解决方法。（4分）

二、(6分)已知 LTI 系统的单位脉冲响应为 $h(n)=(0.3)^n u(n)+\delta(n)$,计算系统的频率响应 $H(e^{j\omega})$。

三、(12分)已知一个时域离散系统的流程图如图 10-18 所示,其中 m 为一个实常数

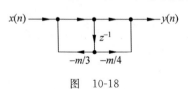

图 10-18

1. 写出该因果系统的 $H(z)$,并指明其收敛域;（5分）

2. 当 m 取何值时,该系统是稳定的?（3分）

3. 如果 $m=1$,对所有 n,设 $x(n)=e^{j\omega_0 n}$,求输出 $y(n)$。（4分）

四、(12分)已知一线性因果系统的差分方程为:$y(n)=0.9y(n-1)+x(n)+0.9x(n-1)$

1. 求系统函数 $H(z)$ 及单位脉冲响应 $h(n)$;（6分）

2. 画出零、极点分布图,并定性画出其幅频特性曲线;（4分）

3. 判断该系统具有何种滤波特性(低通、高通、带通、带阻)?（2分）

五、(8分)一个由 RC 组成的模拟滤波器,其传输函数为

$$H_a(s) = \frac{s}{s+\dfrac{1}{RC}}$$

1. 判断并说明是低通还是高通滤波器?（4分）

2. 选用一种合适的转换方法,将此模拟滤波器转换成数字滤波器 $H(z)$。（4分）

六、(10分)设 FIR 滤波器的系统函数 $H(z)$ 为

$$H(z) = 1+0.6z^{-1}+z^{-2}+z^{-3}+0.6z^{-4}+z^{-5}$$

求出该滤波器的单位冲激响应 $h(n)$,判断是否具有线性相位,并画出该滤波器的线性相位型结构。

七、(12分)设 IIR 数字滤波器的系统函数为

$$H(z) = \frac{1-\dfrac{1}{3}z^{-1}}{1+\dfrac{3}{4}z^{-1}+\dfrac{1}{8}z^{-2}}$$

试求该滤波器的差分方程,并用直接 Ⅱ 型以及全部一阶节并联型结构实现。

八、**简答题**(每题5分,共15分)

1. 已知 $x_a(t)$ 的傅里叶变换如图 10-19 所示,对 $x_a(t)$ 进行等间隔采样而得到 $x(n)$,采样间隔 $T=0.25$ms。试画出 $x(n)$ 的离散时间傅里叶变换 $X(e^{j\omega})$ 的图形。

2. 假定一个 FIR 滤波器的系统函数和单位脉冲响应分别为 $H(z)$ 和 $h(n)(0 \leqslant n \leqslant N-1)$ 令

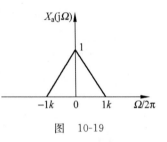

图 10-19

$$H(k) = H(z)\big|_{z=W_N^{-k}} \quad k=0,1,\cdots,N-1$$

$$h_N(n) = \text{IDFT}[H(k)] \quad n=0,1,\cdots,N-1$$

根据频域采样定理,分析 $h_N(n)$ 与 $h(n)$ 的关系("="或"≠")? 并简述理由。

3. 某二阶巴特沃斯数字低通滤波器的频率响应如图 10-20 所示,试求出采用双线性变换法设计该数字滤波器的模拟低通滤波器的 -3dB 截止频率 Ω_c。设采样频率为 1.6kHz。

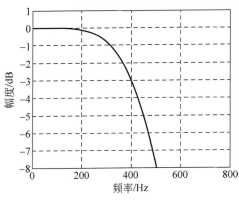

图 10-20

试题三解答

一、填空题

1. $\sin\dfrac{\pi}{3}n$;6

2. 非线性;时变

3. 离散;周期

4. 2π;偶;奇

5. $0.1\text{s},0.25\times10^{-3}\text{s},400$

6. 2,偶

7. 过渡带的宽度;窗函数形状

二、解:

方法一:利用 Z 变换来求解

$$H(z)=\frac{z}{z-0.3}+1,\quad |z|>0.3$$

$$H(\text{e}^{\text{j}\omega})=H(z)\,|_{z=\text{e}^{\text{j}\omega}}=\frac{\text{e}^{\text{j}\omega}}{\text{e}^{\text{j}\omega}-0.3}+1$$

方法二:根据定义式求解

$$H(\text{e}^{\text{j}\omega})=\sum_{n=-\infty}^{\infty}h(n)\text{e}^{-\text{j}\omega n}=\sum_{n=0}^{\infty}0.3^n\text{e}^{-\text{j}\omega n}+1=\frac{1}{1-0.3\text{e}^{-\text{j}\omega}}+1$$

三、解:

1. $H(z)=\dfrac{1-\dfrac{m}{4}z^{-1}}{1+\dfrac{m}{3}z^{-1}}$,所以 $\left|\dfrac{m}{3}\right|<|z|\leqslant\infty$

2. $\left|\dfrac{m}{3}\right|<1,|m|<3$ 时,该系统是稳定的

3. $m=1, H(z)=\dfrac{1-\dfrac{m}{4}z^{-1}}{1+\dfrac{m}{3}z^{-1}}=\dfrac{z-\dfrac{1}{4}}{z+\dfrac{1}{3}}$

$$H(e^{j\omega})=\dfrac{e^{j\omega}-\dfrac{1}{4}}{e^{j\omega}+\dfrac{1}{3}}, y(n)=x(n)H(e^{j\omega_0})=e^{j\omega_0 n}\dfrac{e^{j\omega_0}-\dfrac{1}{4}}{e^{j\omega_0}+\dfrac{1}{3}}$$

四、解：

1. 两边同时作 Z 变换

$$Y(z)=0.9z^{-1}Y(z)+X(z)+0.9z^{-1}X(z)$$

所以

$$H(z)=\dfrac{Y(z)}{X(z)}=\dfrac{1+0.9z^{-1}}{1-0.9z^{-1}}$$

$$\dfrac{H(z)}{z}=\dfrac{A}{z}+\dfrac{B}{z-0.9}\Rightarrow A=-1, B=2$$

所以

$$H(z)=\dfrac{2z}{z-0.9}-1\Rightarrow h(n)=2(0.9)^n u(n)-\delta(n)$$

2. 零点：-0.9，极点：0.9，零、极点图及幅频特性曲线如图 10-21 所示。

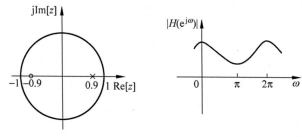

图　10-21

3. 具有低通特性

五、解：

1. 高通，判断过程为：

因为 $H_a(s)|_{s=0}=0, H_a(s)|_{s=\infty}=1$，所以为高通滤波器。

2. 双线性变换法

$$H(z)=\dfrac{s}{s+\dfrac{1}{RC}}\Bigg|_{s=\frac{2}{T}\cdot\frac{1-z^{-1}}{1+z^{-1}}}$$

六、解： $h(n)=\delta(n)+0.6\delta(n-1)+\delta(n-2)+\delta(n-3)+0.6\delta(n-4)+\delta(n-5)$

因为 $h(n)$ 实偶对称，所以具有线性相位。滤波器的线性相位结构如图 10-22 所示。

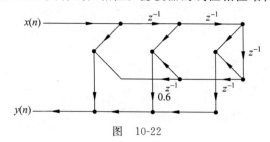

图　10-22

七、解： 差分方程 $y(n)+\dfrac{3}{4}y(n-1)+\dfrac{1}{8}y(n-2)=x(n)-\dfrac{1}{3}x(n-1)$

$$H(z)=\frac{-\dfrac{7}{3}}{1+\dfrac{1}{4}z^{-1}}+\frac{\dfrac{10}{3}}{1+\dfrac{1}{2}z^{-1}}$$

直接Ⅱ型和一阶节并联型分别如图 10-23(a) 和 (b) 所示。

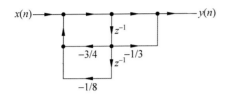 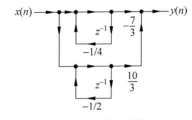

(a) 直接Ⅱ型　　　　　　　　　(b) 一阶节并联型

图　10-23

八、简答题

1. **答：** $X(e^{j\omega})$ 的图形如图 10-24 所示。

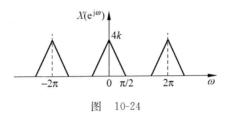

图　10-24

2. **答：** $h_N(n)=h(n)$，因为采样点数等于序列长度，满足频域采样定理。

3. **答：** $\Omega_c=\dfrac{2}{T}\tan\dfrac{\Omega'_c T}{2}=3200(\text{rad/s})$

试题四

一、填空题(共 24 分)

1. 系统 $y(n)=T[x(n)]=ax(n)+b$（a 和 b 是常数，且不为 0）为_____（填"线性"或"非线性"）、_____（填"时变"或"时不变"）系统。（2 分）

2. 研究一个周期序列的频域特性，通常采用_____变换。如果希望某信号序列的离散谱是实偶的，那么该时域序列应满足条件_____。（2 分）

3. 用 8kHz 的采样频率对一段 2kHz 的正弦信号采样 64 点。若用 64 点离散傅里叶变换(DFT)对其作频谱分析，则第_____根和第_____根谱线上会看到峰值。（2 分）

4. 借助模拟滤波器的 $H_a(s)$ 设计一个 IIR 数字高通滤波器，如果没有强调特殊要求，宜选用_____法。（2 分）

5. 公式 $\displaystyle\sum_{n=-\infty}^{\infty}|x(n)|^2=\frac{1}{2\pi}\int_{-\pi}^{\pi}|X(e^{j\omega})|^2 d\omega$ 代表的物理意义是_____。（2 分）

6. 为了由模拟滤波器低通原型的传输函数 $H_a(s)$ 求出相应的数字滤波器的系统函数

$H(z)$,必须找出 s 平面和 z 平面之间的映射关系,这种映射关系应遵循 2 个基本目标:(1)_____;(2)_____。(2分)

7. 假设某模拟滤波器 $H_a(s)$ 是一个高通滤波器,通过 $s = \dfrac{z+1}{z-1}$ 映射为数字滤波器 $H(z)$,则所得数字滤波器 $H(z)$ 为_____滤波器。(2分)

8. Ⅱ型 FIR 滤波器的幅度函数 $H(\omega)$ 对 π 点奇对称,这说明 π 频率处的幅度是_____,这类滤波器不宜做_____。(2分)

9. 数字滤波器的两个分支 IIR 和 FIR 中,具有递归型结构的为_____滤波器,绝对稳定的为_____滤波器。(2分)

10. FIR 数字滤波器与 IIR 数字滤波器相比,最大的优点是可保证系统具有_____特性。时域 FIR 滤波器的"加窗",将会在截止频率附近出现正负肩峰,形成_____,宽度等于窗函数的_____。(3分)

11. 使用 FFT 对一模拟信号作谱分析,已知谱分辨率 $F \leqslant 5\text{Hz}$,信号最高频率 $f_c = 1.25\text{kHz}$,则最小记录时间 $T_p =$_____,最低采样频率 $f_s =$_____,最小采样点数 $N =$_____。(3分)

二、判断题(针对以下各题的说法,你认为正确的在下表相应空格里打"√",错误的打"×"。每小题1分,共10分)

题号	1	2	3	4	5	6	7	8	9	10
答案										

1. 数字域频率 ω 只有相对意义,不能表示频率的绝对大小。

2. 模拟正弦信号的采样序列都是周期序列。

3. 已知系统的输入输出关系为 $y(n) = 3x(n)$,对应的系统为线性系统。

4. 当某序列 Z 变换的收敛域是 $R_{x-} < |z| \leqslant \infty$ 时,该序列一定是因果序列。

5. FIR 滤波器结构一定是非递归的。

6. 不管在时域或在频域采样,只要有周期延拓就有可能产生重叠失真,因此,不失真采样必须满足一定的条件。

7. 梳状滤波器属于 IIR 系统。

8. FFT 是序列傅里叶变换的快速算法。

9. 为了改善脉冲响应不变法设计 IIR 数字滤波器时存在的频率混叠失真必须进行预畸变。

10. 用 DFT 进行谱分析时,通过增加数据的记录长度来提高物理分辨率可以得到高分辨率谱。

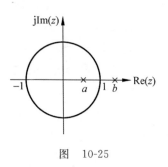

图 10-25

三、(10分)$H(z)$ 是某系统的系统函数,其极点分布如图 10-25 所示。若收敛域分别为

(1) $|z| < a$　(2) $a < |z| < b$　(3) $|z| > b$　(4) $a < |z| < b, a = 0$　(5) $a < |z| < b, b = \infty$

(若不说明,默认 $0 < a < 1, 1 < b < \infty$)

填写下列表格,说明这五种情况分别对应什么样的序列和系统。

	左边还是右边序列?	有限长还是无限长?	序列傅里叶变换是否存在?	系统的因果性如何?
(1)				
(2)				
(3)				
(4)				
(5)				

四、(10 分)设一因果 IIR 系统如图 10-26 所示。

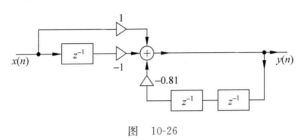

图　10-26

1. 确定描述该系统的差分方程、系统函数、零极点分布图和频率响应(8 分);
2. 求当系统输入为 $x(n) = e^{j\omega_0 n}$ 时,系统的输出 $y(n)$。(2 分)

五、计算(3 小题,共 18 分)

1. (7 分)已知
$$x(n) = \delta(n) + 3\delta(n-1) + \delta(n-2) + 4\delta(n-3) + 2\delta(n-4)$$
$$h(n) = \delta(n) + \delta(n-1) + \delta(n-2) + \delta(n-3)$$
试利用图解法或列表法求 $x(n)$ 与 $h(n)$ 的线性卷积 $y_l(n)$ 和 9 点循环卷积 $y_c(n)$。

2. (5 分)对有限长序列 $x(n) = \{1,0,1,1,0,1\}$ 的 Z 变换 $X(z)$ 在单位圆上进行 5 等份采样,得到采样值 $X(k)$,即
$$X(k) = X(z)\,|_{z=W_5^{-k}}, \quad k = 0,1,2,3,4$$
试根据频率采样定理求 $X(k)$ 的逆离散傅里叶变换 $x_5(n)$。

3. (6 分)画一个按时间抽取 4 点序列的基 2-FFT 流图。在图上标明时域、频域各输入、输出项的排列顺序,并标出由第 4 根水平线(从上往下数)发出的所有支路的系数。

六、(8 分)用脉冲响应不变法设计一个低通滤波器,已知模拟低通滤波器传输函数为

$H_a(s) = \dfrac{2}{\left(\dfrac{s}{\Omega_c}\right)^2 + 3 \times \left(\dfrac{s}{\Omega_c}\right) + 2}$,模拟截止频率 $f_c = 1\text{kHz}$,采样频率 $f_s = 4\text{kHz}$。试求数字低

通滤波器的系统函数 $H(z)$,并画出其并联型结构图。

七、(10 分)已知某 FIR 滤波器具有下列特征:

1. 线性相位
2. 单位脉冲响应偶对称
3. N 为奇数
4. 系统函数 $H(z)$ 的零点中,已知有一个是 $z = 0.5 + 0.5j$

设计满足上述条件且脉冲响应长度最短的滤波器,写出其 $h(n)$,并画出线性相位型结构。

八、简答题(共 10 分)

1.（6 分）试在图 10-27 中标明从离散时域到离散频域变换的三条途经(允许在中间添加某些域)；注明变换的名称,写出变换的表达式(或叙述其含义)。图中,$x(n)$ 是有限长序列。

2.（4 分）某一数字滤波器的流程图如图 10-28 所示,已知 $b_1 = b_2 = 0$, $a_1 = 0.5$, $a_2 = -0.5$, $a_3 = -1$,试问该滤波器属于何种类型？是否具有线性相位？简要说明理由。

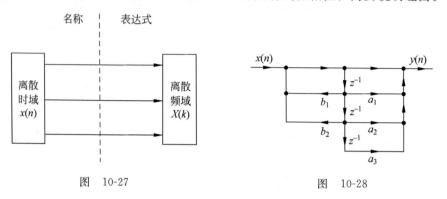

图 10-27　　　　　　　　　图 10-28

试题四解答

一、填空题

1. 非线性,时不变

2. DFS(或离散傅里叶级数),实偶对称

3. 16,48

4. 双线性变换

5. 时域序列的总能量等于频谱的总能量

6. s 平面的左半平面映射到 z 平面的单位圆内,s 平面的虚轴映射到 z 平面的单位圆上

7. 低通

8. 零,高通和带阻滤波器

9. IIR,FIR

10. 线性相位,过渡带,主瓣宽度

11. 0.2s,2.5kHz,500

二、判断题

题号	1	2	3	4	5	6	7	8	9	10
答案	√	×	√	√	×	√	×	×	×	√

三、填表

	左边还是右边序列？	有限长还是无限长？	序列傅里叶变换是否存在？	系统的因果性如何？
(1)	左边	无限长	不存在	非因果
(2)	双边(或都不是)	无限长	存在	非因果

	左边还是右边序列？	有限长还是无限长？	序列傅里叶变换是否存在？	系统的因果性如何？
(3)	右边	无限长	不存在	因果
(4)	左边	无限长	存在	非因果
(5)	右边	无限长	存在	非因果

四、解：

1. $x(n)-x(n-1)-0.81y(n-2)=y(n)$

$$H(z)=\frac{1-z^{-1}}{1+0.81z^{-2}}=\frac{z^2-z}{z^2+0.81}$$

零点 $z=0,z=1$，极点 $z=\pm 0.9\mathrm{j}$。零、极点图和幅频响应分别如图 10-29(a)和图 10-29(b)所示。

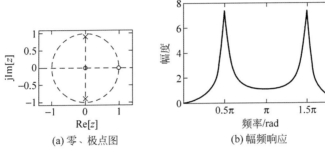

(a) 零、极点图　　　　(b) 幅频响应

图　10-29

2. $y(n)=x(n)*h(n)=\mathrm{e}^{\mathrm{j}\omega_0 n}H(\mathrm{e}^{\mathrm{j}\omega_0})$

五、计算

1. 解：(1) 采用图解法或列表法，求得线性卷积为 $y_l(n)=\{1,4,5,9,10,7,6,2\}$，如图 10-30 所示。

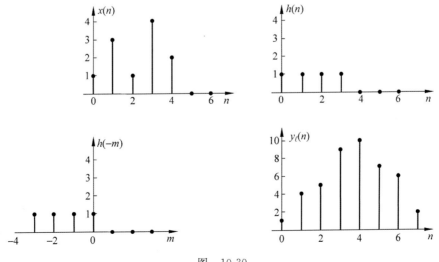

图　10-30

(2) 循环卷积：因为 $9 > 5 + 4 - 1$ 所以 $y_c(n) = y_l(n)$，也可采用作图法或列表法求循环卷积，图略，可得到 9 点循环卷积为 $y_c(n) = \{1,4,5,9,10,7,6,2,0\}$。

2. **解**：$x_5(n) = \sum\limits_{r=-\infty}^{\infty} x(n+rN)R_N(n) = \sum\limits_{r=-\infty}^{\infty} x(n+5r)R_5(n) = \{2,0,1,1,0\}$

或

$$X(z) = 1 + z^{-2} + z^{-3} + z^{-5} \quad X(k) = 2 + W_5^{2k} + W_5^{3k}$$

3. **解**：基 2-FFT 信号流图如图 10-31 所示。

六、解：$H_a(s) = \dfrac{-2}{s/\Omega_c + 2} + \dfrac{2}{s/\Omega_c + 1} = \dfrac{-2\Omega_c}{s + 2\Omega_c} + \dfrac{2\Omega_c}{s + \Omega_c}$

$$s_1 = -2\Omega_c, \quad s_2 = -\Omega_c, \quad T = \frac{1}{f_s} = \frac{1}{4000}(s)$$

$$H(z) = \frac{-2\Omega_c}{1 - e^{-2\Omega_c T}z^{-1}} + \frac{2\Omega_c}{1 - e^{-\Omega_c T}z^{-1}} = \frac{-4000\pi}{1 - e^{-\pi}z^{-1}} + \frac{4000\pi}{1 - e^{-\pi/2}z^{-1}}$$

并联型结构图如图 10-32 所示。

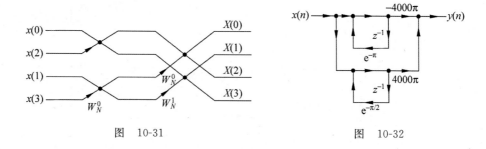

图 10-31 　　　　　　　　　　　　图 10-32

七、解：因为线性相位 FIR 滤波器的零点必定是互为倒数的共轭对，所以已知一个零点是 $z_0 = 0.5 + 0.5j$，其余三个零点为

$$z_0^* = 0.5 - 0.5j, \quad z_0^{-1} = \frac{1}{0.5 + 0.5j} = \frac{0.5 - 0.5j}{0.5} = 1 - j, \quad (z_0^{-1})^* = 1 + j$$

$$H(z) = \frac{[z - z_0][z - z_0^*][z - z_0^{-1}][z - (z_0^{-1})^*]}{z^{N-1}}$$

$$= \frac{[z - (0.5 + 0.5j)][z - (0.5 - 0.5j)][z - (1 - j)][z - (1 + j)]}{z^{N-1}}$$

$N = 5$ 时,有

$$H(z) = \frac{[z - (0.5 + 0.5j)][z - (0.5 - 0.5j)][z - (1 - j)][z - (1 + j)]}{z^4}$$

$$= 1 - 3z^{-1} + 4.5z^{-2} - 3z^{-3} + z^{-4}$$

$$= (1 + z^{-4}) - 3(z^{-1} + z^{-3}) + 4.5z^{-2}$$

$$h(n) = \delta(n) - 3\delta(n-1) + 4.5\delta(n-2) - 3\delta(n-3) + \delta(n-4)$$

线性相位结构如图 10-33 所示。

八、简答题

1. **答**：(1) DFT: $X(k) = \sum\limits_{n=0}^{N-1} x(n)e^{-j\frac{2\pi}{N}nk}$

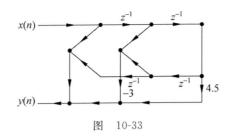

图 10-33

（2）Z 变换后采样：$X(z) = \sum\limits_{n=0}^{N-1} x(n)z^{-n}$，$X(k) = X(z)\big|_{z=W_N^{-k}} = \sum\limits_{n=0}^{N-1} x(n)W_N^{nk}$

（3）DTFT 变换后采样：$X(\mathrm{e}^{\mathrm{j}\omega}) = \sum\limits_{n=0}^{N-1} x(n)\mathrm{e}^{-\mathrm{j}\omega n}$，$X(k) = X(\mathrm{e}^{\mathrm{j}\omega})\big|_{\omega=\frac{2\pi}{N}k}$

2. **答**：因为 $b_1 = b_2 = 0$，无反馈回路，所以为 FIR 滤波器：

$h(n) = \delta(n) + 0.5\delta(n-1) - 0.5\delta(n-2) + \delta(n-3)$，满足 $h(n) = -h(N-1-n)$，所以具有线性相位。

10.2　部分高校硕士研究生入学考试试题选编及解答

南京邮电大学（2008—2015）硕士研究生入学考试试题选编（满分 150 分）

一、填空题（每题 2 分，共 20 分）

1. 线性时不变离散因果系统的差分方程为 $y(n) = -2x(n) + 5x(n-1) - x(n-4)$，则该系统的单位脉冲响应为_____。

2. 已知 $x(n)$ 的序列傅里叶变换为 $X(\mathrm{e}^{\mathrm{j}\omega})$，则 $x^*(n)$ 的序列傅里叶变换为_____，$x(2n)$ 的序列傅里叶变换为_____。

3. 一个线性时不变系统的频率响应为 $H(\mathrm{e}^{\mathrm{j}\omega}) = \dfrac{1}{1 - 0.5\mathrm{e}^{-\mathrm{j}2\omega}}$，若输入信号 $x(n) = \cos(n\pi)$，则输出信号 $y(n) =$_____。

4. 已知序列 $x(n) = a^n u(n)$ 的 Z 变换的收敛域为 $|z| > |a|$，序列 $y(n) = a^n u(n-M)$ 的 Z 变换的收敛域为 $|z| > |a|$，则序列 $x(n) - y(n)$ 的 Z 变换的收敛域为_____。

5. 已知有限长序列 $x(n)$ 的长度为 N，其 Z 变换为 $X(z)$，则 $x(n)$ 的离散时间傅里叶变换和 N 点离散傅里叶变换（DFT）与 $X(z)$ 的关系分别为 $X(\mathrm{e}^{\mathrm{j}\omega}) =$_____，$X(k) =$_____$(k = 0, 1, \cdots, N-1)$。

6. 已知 $x(n) = \delta(n) + 2\delta(n-1) + 3\delta(n-2) + 4\delta(n-3) + 5\delta(n-4)$，则该序列的循环移位序列 $\tilde{x}(n+2)R_5(n) =$_____。

7. 已知序列 $x(n) = \{4, 3, 2, 1\}$，其 6 点 DFT 用 $X(k)$ 表示。另一有限长序列 $y(n)$，其 6 点 DFT 用 $Y(k)$ 表示。若 $Y(k) = W_6^{4k}X(k)$，则 $y(n) =$_____。

8. 已知在计算机中计算 FFT 时，复数乘一次是 $5\mu\mathrm{s}$，复数加一次是 $1\mu\mathrm{s}$，计算 2^{10} 点的基 2FFT，需要_____级运算，运算时间是_____$\mu\mathrm{s}$。

9. 用窗函数法设计 FIR 数字滤波器时，如果窗函数是矩形窗，增加窗长时，所设计的数字滤波器的阻带最小衰减_____,过渡带_____。

10. 系统函数 $H(z)=1+a_1z^{-1}+a_2z^{-2}+3z^{-3}-z^{-4}$,若满足线性相位条件,则 $a_1=$ _____,$a_2=$ _____。

二、选择题(每题 2 分,共 10 分)

1. 已知系统的输入输出关系为 $y(n)=\sum\limits_{k=0}^{n}x(k)+5$,则该系统为( )。

    A. 线性、时不变系统   B. 非线性、时变系统   C. 非线性、时不变系统

2. 已知序列 $x(n)=\sin\left(\dfrac{n\pi}{4}\right)-\cos\left(\dfrac{n\pi}{7}\right)$,则该序列( )。

    A. 不是周期序列   B. 是周期序列,周期为 28

    C. 是周期序列,周期为 56

3. 设序列 $x(n)$ 的 DTFT 为 $X(e^{j\omega})$,当 $x(n)$ 是纯实数且奇对称时,$X(e^{j\omega})$ 是( )。

    A. 纯实数且偶对称   B. 纯实数且奇对称   C. 纯虚数且奇对称

4. 一个理想采样系统,采样频率为 $\Omega_s=8\pi$,采样后经理想低通 $H(j\Omega)$ 还原,

$$H(j\Omega)=\begin{cases}\dfrac{1}{4}, & |\Omega|<4\pi \\[2mm] 0, & |\Omega|\geqslant 4\pi\end{cases}$$

在输入 $x_1(t)=\cos 2\pi t$,$x_2(t)=\cos 5\pi t$ 下输出信号分别为 $y_1(t)$ 和 $y_2(t)$,则( )。

    A. $y_1(t)$ 没有失真,$y_2(t)$ 有失真   B. $y_1(t)$ 和 $y_2(t)$ 都有失真

    C. $y_1(t)$ 和 $y_2(t)$ 都没有失真

5. 设一个 4 点的序列 $x(n)$,其 8 点 DFT 结果为 $\{8,0,-8j,8,8,8,8j,0\}$,则序列 $x(n)/2$ 的 4 点 DFT 结果为( )。

    A. $\{8,-8j,8,8j\}$ B. $\{4,-4j,4,4j\}$ C. $\{0,4,4,0\}$

三、判断题(每题 2 分,共 10 分)

1. 模拟信号也可以与数字信号一样在计算机上进行 DSP,只要加一步采样工序就行了。   ( )

2. 无论 FIR DF 的系数如何,系统总是稳定的。   ( )

3. 模拟周期信号采样后一定是周期序列。   ( )

4. 双线性变换设计 IIR 时,预畸不能清除变换中产生的所有频率点的非线性畸变。   ( )

5. 一个信号序列,若能进行 DTFT,则也能进行 DFT。   ( )

四、画图题(共 20 分)

1. (6 分)画出 $N=8$ 按时间抽取(DIT)的 FFT 分解流图,要求:

(1) 按照 2 组 4 点,即 $N=2\times4$ 分解,注明输入、输出序列及每一级的 W 因子。

(2) 指出比直接计算 DFT 节约了多少次乘法运算(乘以 ±1、$\pm j$ 均计为一次乘法运算)。

2. (6 分)设滤波器的系统函数为 $H(z)=(1-1.414z^{-1}+z^{-2})(1+z^{-1})$,分别画出其横截型、级联型、线性相位型实现结构。

3. (8 分)设序列 $x(n)$ 的 DTFT $X(e^{j\omega})$ 如图 10-34 所示,利用 $X(e^{j\omega})$ 求下列各序列的

DTFT,并画出 $y_2(n)$ 的 DTFT $Y_2(e^{j\omega})$ 的图。

$$(1)\ y_1(n)=\begin{cases}x(n), & n\text{ 为偶数}\\0, & n\text{ 为奇数}\end{cases}\qquad(2)\ y_2(n)=\begin{cases}x(n/2), & n\text{ 为偶数}\\0, & n\text{ 为奇数}\end{cases}$$

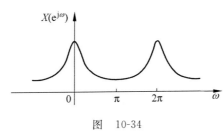

图 10-34

五、证明题（每题 8 分,共 16 分）

1. 设某 FIR 滤波器的单位脉冲响应 $h(n)$ 偶对称,滤波器长度 N 为奇数,且 $h(n)$ 为实数,证明该 FIR 滤波器是线性相位的。

2. $x(n)$ 是长为 N 的有限长序列,其 N 点的 DFT 为 $X(k)$。如果

$$x_e(n)=\frac{1}{2}\big[x(n)+x^*(N-n)\big]$$

$$x_o(n)=\frac{1}{2}\big[x(n)-x^*(N-n)\big]$$

证明：$\text{DFT}[x_e(n)]=\text{Re}[X(k)]$,$\text{DFT}[x_o(n)]=j\text{Im}[X(k)]$。

六、设计题（每题 10 分,共 30 分）

1. 用双线性变换法设计一个二阶巴特沃思数字低通滤波器（要求预畸）,采样频率为 $f_s=4\text{kHz}$,3dB 截止频率为 1kHz。已知二阶巴特沃思滤波器的归一化低通原型为 $H(s)=\dfrac{1}{s^2+\sqrt{2}s+1}$,要求：

（1）设计该数字低通滤波器的系统函数 $H(z)$；

（2）画出该滤波器的直接 Ⅱ 型（正准型）实现结构。

2. 用 L 个一阶 FIR 数字低通滤波器 $H_1(z)=\dfrac{1}{2}(1+z^{-1})$ 级联构成数字低通滤波器,要求其 3dB 截止频率低于 ω_c,该滤波器的级联阶数 L 取多少？

3. 试用窗函数法设计一个线性相位的 FIR 数字低通滤波器,截止频率 $\omega_c=0.5\pi$,若采用矩形窗,窗口长度 $N=21$。

（1）求所设计滤波器的单位脉冲响应 $h(n)$。

（2）画出所得的低通频谱 $\dfrac{H(\omega)}{H(0)}$ 的曲线示意图（要求表明正、负肩峰的坐标值）。

七、计算题（共 44 分）

1. （10 分）已知某线性时不变系统的差分方程为 $y(n)=x(n)-x(n-6)$

（1）求系统函数 $H(z)$ 及其零点；

（2）求系统的单位脉冲响应 $h(n)$；

（3）如果想用该系统阻止直流、50Hz 工频及其 2、3、4 等高次谐波的通行,则系统的采样频率应是多少？

2. (8分)一个未知的线性时不变因果滤波器,在输入 $x(n)=0.7^n u(n)$ 时的输出为 $y(n)=0.7^n u(n)+0.5^n u(n)$

(1) 求系统的系统函数 $H(z)$ 和单位脉冲响应 $h(n)$。

(2) 求使输出为 $y_1(n)=0.5^n u(n)$ 的因果输入 $x_1(n)$ 是什么?

3. (10分)设某序列 $x(n)$ 的 DTFT 为 $X(e^{j\omega})=\dfrac{1}{4(1-0.5e^{-j\omega})(1-0.5e^{j\omega})}$,则

(1) 求序列 $x(n)$;

(2) 计算 $\dfrac{1}{2\pi}\displaystyle\int_{-\pi}^{\pi} X(e^{j\omega})\cos(\omega)\mathrm{d}\omega$ 的值。

4. (10分)在 IIR 数字滤波器设计中,常用的方法是从模拟滤波器设计 IIR 数字滤波器。已知二阶巴特沃思低通滤波器的幅度平方函数为

$$|H_a(j\Omega)|^2=\frac{1}{1+\left(\dfrac{\Omega}{\Omega_c}\right)^4}$$

如果要求 3dB 截止频率 $\Omega_c=2\mathrm{rad/s}$,则可以解出 $H_a(s)H_a(-s)$ 在 s 平面上的极点为

$$s_1=-\sqrt{2}+j\sqrt{2}, \quad s_2=-\sqrt{2}-j\sqrt{2}, \quad s_3=\sqrt{2}-j\sqrt{2}, \quad s_4=\sqrt{2}+j\sqrt{2}$$

(1) 选取合适的极点组成二阶巴特沃思低通滤波器的系统函数 $H_a(s)$;

(2) 试用脉冲响应不变法由模拟低通滤波器 $H_a(s)$ 求出响应的数字低通滤波器 $H(z)$。

5. (6分)对连续的单一频率周期信号 $x_a(t)=\sin(2\pi f_a t)$,按采样频率 $f_s=8f_a$ 采样,截取长度 $N=16$ 分析其 DFT 结果,可以发现在 $k=2$ 和 $k=14$ 的地方有两根谱线。试分析为什么看不到由于截断产生的频谱泄露。

试题解答

一、填空题

1. $h(n)=-2\delta(n)+5\delta(n-1)-\delta(n-4)$

2. $X^*(e^{-j\omega})$,$\dfrac{1}{2}\left[X(e^{j\frac{1}{2}\omega})+X(e^{j\frac{1}{2}(\omega-\pi)})\right]$

3. $e^{j\pi n}+e^{-j\pi n}$

4. $0<|z|\leqslant\infty$

5. $X(z)|_{z=e^{j\omega}}$,$X(z)|_{z=W_N^{-k}}$

6. $3\delta(n)+4\delta(n-1)+5\delta(n-2)+\delta(n-3)+2\delta(n-4)$

7. $\{2,1,0,0,4,3\}$

8. $10,35\times2^{10}$

9. 不变,变窄

10. $-3,0$

二、选择题

1. B

2. C

3. C

4. A

5. B

三、判断题

×√×√×

四、画图题

1. **解**：(1) 分解流图如图 10-35 所示。

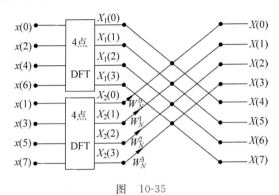

图 10-35

（2）直接计算时的乘法次数为 $8 \times 8 = 64$ 次，现按 $N = 2 \times 4$ 分解，则两个 4 点 DFT 的乘法次数为 32。由两个 4 点 DFT 的结果导出 8 点 DFT 的结果需要 4 个蝶形，每个蝶形含一次复数乘法，所以共有 4 次乘法运算。故总共含乘法次数为 $32 + 4 = 36$ 次，因此减少的乘法次数为 28 次。

2. **解**：$H(z) = 1 - 0.414z^{-1} - 0.414z^{-2} + z^{-3}$

横截型结构如图 10-36 所示。

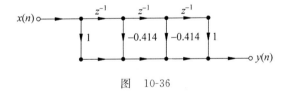

图 10-36

级联型结构如图 10-37 所示。

线性相位型结构如图 10-38 所示。

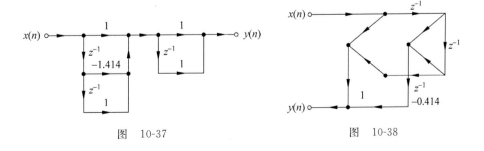

图 10-37

图 10-38

3. **解**：(1) $Y_1(e^{j\omega}) = \sum_{\substack{n=-\infty \\ n\text{取偶数}}}^{\infty} x(n)e^{-j\omega n} = \sum_{n=-\infty}^{\infty} \frac{1}{2}[x(n) + (-1)^n x(n)]e^{-j\omega n}$

$$= \frac{1}{2} \sum_{n=-\infty}^{\infty} x(n) e^{-j\omega n} + \frac{1}{2} \sum_{n=-\infty}^{\infty} (-1)^n x(n) e^{-j\omega n}$$

$$= \frac{1}{2} [X(e^{j\omega}) + X(e^{j(\omega-\pi)})]$$

(2) $Y_2(e^{j\omega}) = \sum_{\substack{n=-\infty \\ n\text{取偶数}}}^{\infty} x\left(\frac{n}{2}\right) e^{-j\omega n} = \sum_{m=-\infty}^{\infty} x(m) e^{-j2\omega m} = X(e^{j2\omega})$

$y_2(n)$的 DTFT $Y_2(e^{j\omega})$如图 10-39 所示。

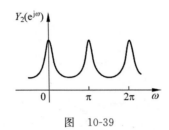

图　10-39

五、证明题

1. **证明**：$H(z) = \sum_{n=0}^{N-1} h(n) z^{-n} = \sum_{n=0}^{N-1} h(N-1-n) z^{-n} = z^{-(N-1)} H(z^{-1})$

$$H(z) = \frac{1}{2} [H(z) + z^{-(N-1)} H(z^{-1})] = \frac{1}{2} \sum_{n=0}^{N-1} h(n) [z^{-n} + z^{-(N-1)} \cdot z^n]$$

$$= \frac{1}{2} z^{-\frac{N-1}{2}} \sum_{n=0}^{N-1} h(n) [z^{(n-\frac{N-1}{2})} + z^{-(n-\frac{N-1}{2})}]$$

因此

$$H(e^{j\omega}) = \frac{1}{2} e^{-j(\frac{N-1}{2})\omega} \sum_{n=0}^{N-1} 2h(n) \cos\left[\left(n - \frac{N-1}{2}\right)\omega\right] = H(\omega) e^{j\varphi(\omega)}$$

其中 $\varphi(\omega) = -\frac{N-1}{2}\omega$，因此该滤波器是线性相位的。

2. **证明**：

$$\text{DFT}[x^*(N-n)] = \sum_{n=0}^{N-1} x^*(N-n) W_N^{nk} = \sum_{n=0}^{N-1} x^*(n) W_N^{(N-n)k} = \left[\sum_{n=0}^{N-1} x(n) W_N^{nk}\right]^* = X^*(k)$$

$$\text{DFT}[x_e(n)] = \text{DFT}\left[\frac{1}{2}(x(n) + x^*(N-n))\right] = \frac{1}{2}[X(k) + X^*(k)] = \text{Re}[X(k)]$$

$$\text{DFT}[x_o(n)] = \text{DFT}\left[\frac{1}{2}(x(n) - x^*(N-n))\right] = \frac{1}{2}[X(k) - X^*(k)] = j\text{Im}[X(k)]$$

六、设计题

1. **解**：(1) 预畸变

$$\Omega_c' = \frac{2}{T} \tan \frac{2\pi f_c T}{2} = \frac{2}{T} \tan \frac{2\pi \times 1000}{2 \times 4000} = \frac{2}{T}$$

将 Ω_c' 代入 $H_a(s)$ 得

$$H_a(s) = \frac{1}{(s/\Omega_c')^2 + \sqrt{2}(s/\Omega_c') + 1} = \frac{1}{\left(\frac{T}{2}\right)^2 s^2 + \sqrt{2}\left(\frac{T}{2}\right)s + 1}$$

$$H(z) = H_a(s)\Big|_{s=\frac{2}{T}\cdot\frac{1-z^{-1}}{1+z^{-1}}} = \cfrac{1}{\left(\cfrac{1-z^{-1}}{1+z^{-1}}\right)^2 + \sqrt{2}\left(\cfrac{1-z^{-1}}{1+z^{-1}}\right) + 1}$$

$$= \frac{1+2z^{-1}+z^{-2}}{2+\sqrt{2}+(2-\sqrt{2})z^{-2}} = \frac{1}{2+\sqrt{2}}\cdot\cfrac{1+2z^{-1}+z^{-2}}{1+\cfrac{2-\sqrt{2}}{2+\sqrt{2}}z^{-2}}$$

（2）直接型结构如图 10-40 所示。

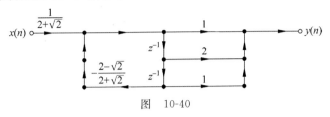

图 10-40

2. **解**：$H(z) = \left[\dfrac{1}{2}(1+z^{-1})\right]^L, H(\mathrm{e}^{-\mathrm{j}\omega}) = \left[\dfrac{1}{2}(1+\mathrm{e}^{-\mathrm{j}\omega})\right]^L$

令

$$|H(\mathrm{e}^{\mathrm{j}\omega_c})| = |\frac{1}{2}(1+\mathrm{e}^{-\mathrm{j}\omega_c})|^L = \frac{1}{\sqrt{2}} \Rightarrow L \geqslant \cfrac{\lg\cfrac{1}{\sqrt{2}}}{\lg\sqrt{\cfrac{1}{2}(1+\cos\omega_c)}}$$

3. **解**：（1）$\alpha = \dfrac{N-1}{2} = 10$

$$h_d(n) = \frac{1}{2\pi}\int_{-\omega_c}^{\omega_c} \mathrm{e}^{-\mathrm{j}\omega a}\mathrm{e}^{\mathrm{j}\omega n}\,\mathrm{d}\omega = \frac{\sin[\omega_c(n-a)]}{\pi(n-a)} = \frac{\sin[0.5\pi(n-10)]}{\pi(n-10)}$$

$$h(n) = h_d(n)R_N(n), \quad 0 \leqslant n \leqslant 20$$

（2）低通频谱 $\dfrac{H(\omega)}{H(0)}$ 的曲线示意图如图 10-41 所示。

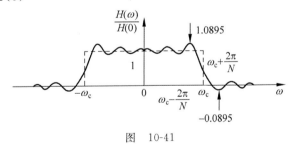

图 10-41

七、计算题

1. **解**：（1）$H(z) = 1 - z^{-6}$，零点 $z = \mathrm{e}^{\mathrm{j}\frac{2\pi}{6}k}, k = 0,1,\cdots,5$

（2）$h(n) = \delta(n) - \delta(n-6)$

（3）令 $\omega = \Omega T = 2\pi \times 50 \cdot \dfrac{1}{f_s} = \dfrac{\pi}{3} \Rightarrow f_s = 300\,\mathrm{Hz}$

2. **解**：（1）$X(z) = \dfrac{z}{z-0.7}, |z| > 0.7, Y(z) = \dfrac{z}{z-0.7} + \dfrac{z}{z-0.5}, |z| > 0.7$

$H(z) = \dfrac{Y(z)}{X(z)} = 1 + \dfrac{z-0.7}{z-0.5}, |z| > 0.5$，得 $h(n) = 2\delta(n) - 0.4(0.5)^n u(n-1)$ 或 $h(n) =$

$$\delta(n)+(0.5)^n u(n)-0.7(0.5)^{n-1}\cdot u(n-1)$$

(2) $Y_1(z)=\dfrac{z}{z-0.5}$, $|z|>0.5$, $X_1(z)=\dfrac{Y_1(z)}{H(z)}=\dfrac{1}{2}\cdot\dfrac{z}{z-0.6}$, $|z|>0.6$,得

$$x_1(n)=\frac{1}{2}(0.6)^n u(n)$$

3. **解**:(1) $X(z)=\dfrac{1}{4(1-0.5z^{-1})(1-0.5z)}=-\dfrac{0.5z}{(z-0.5)(z-2)}$, $2>|z|>0.5$

$$\frac{X(z)}{z}=\frac{-\dfrac{1}{3}}{z-2}+\frac{\dfrac{1}{3}}{z-0.5}$$

$$x(n)=\frac{1}{3}\cdot 2^n u(-n-1)+\frac{1}{3}\cdot\left(\frac{1}{2}\right)^n u(n)$$

(2) $x(n)=\dfrac{1}{2\pi}\displaystyle\int_{-\pi}^{\pi}X(e^{j\omega})e^{j\omega n}d\omega=\dfrac{1}{2\pi}\displaystyle\int_{-\pi}^{\pi}X(e^{j\omega})[\cos(\omega n)+j\sin(\omega n)]d\omega$

$$\frac{1}{2\pi}\int_{-\pi}^{\pi}X(e^{j\omega})\cos(\omega)d\omega=\frac{1}{2}[x(1)+x(-1)]=\frac{1}{6}$$

4. **解**:(1) 选取左半平面极点作为 $H_a(s)$ 的根

$$H_a(s)=\frac{\Omega_c^2}{(s-s_1)(s-s_2)}=\frac{4}{(s+\sqrt{2}-j\sqrt{2})(s+\sqrt{2}+j\sqrt{2})}$$

$$=\frac{j\sqrt{2}}{s+\sqrt{2}+j\sqrt{2}}-\frac{j\sqrt{2}}{s+\sqrt{2}-j\sqrt{2}}$$

(2) $H(z)=\dfrac{j\sqrt{2}}{1-e^{(-\sqrt{2}-j\sqrt{2})T}z^{-1}}-\dfrac{j\sqrt{2}}{1-e^{(-\sqrt{2}+j\sqrt{2})T}z^{-1}}$

5. **解**:数字频率

$$\omega=\Omega T=2\pi f_a\cdot\frac{1}{f_s}=\frac{\pi}{4}$$

令 $\omega=\dfrac{2\pi}{N}k=\dfrac{2\pi}{16}k$,当 $k=2$ 时,$\omega=\dfrac{\pi}{4}$

当 $k=14$ 时,$\omega=\dfrac{2\pi}{16}k=\dfrac{2\pi}{16}\times14=\dfrac{7\pi}{4}=2\pi-\dfrac{\pi}{4}$

所以可以发现在 $k=2$ 和 $k=14$ 的地方有两根谱线。数字序列 $x(n)=\sin\omega n$ 的周期 $M=\dfrac{2\pi}{\omega}=8$,由于截取点数 $N=16$ 为 M 的整数倍,所以看不到由于截断产生的频谱泄露。

北京交通大学(2008−2015)硕士研究生入学考试
试题选编(满分150分)

一、简单计算题与叙述题(50 分,每题 5 分)

1. 设一个因果的离散数字系统的系统函数为 $H(z)=\dfrac{2z+1}{2z^2+3z-2}$,问该系统的稳定性如何?并简述线性时不变系统的系统函数的收敛域与系统因果性、稳定性之间的关系。

2. 已知一个带限信号 $x(t)$ 的频谱如图 10-42 所示,分别用采样角频率 $2.5\Omega_c$, $1.5\Omega_c$ 对 $x(t)$ 进行采样,试画出采样后

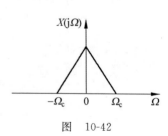

图 10-42

序列 $x(n)$ 的频谱。

3. 某一线性时不变系统的差分方程为 $y(n)=x(n)+0.5y(n-1)$，输入信号 $x(n)=\cos(1.5\pi n)$，问该系统的输出是多少？

4. 已知序列 $x(n)=\{1,-1,2,2;n=0,1,2,3\}$，$y(n)=\{2,2,-1;n=0,1,2\}$，求 $x(n)$ 和 $y(n)$ 的 4 点圆周(循环)卷积。

5. 设 $x(n)$ 为一个 N 点序列，$X(k)$ 为其 N 点离散傅里叶变换，证明 DFT 的帕斯瓦尔关系式：$\sum\limits_{n=0}^{N-1} |x(n)|^2 = \dfrac{1}{N}\sum\limits_{k=0}^{N-1} |X(k)|^2$，其物理意义是什么？

6. 已知 $X(k)=\begin{cases} \dfrac{N}{2}e^{j\theta}, & k=m \\[2mm] \dfrac{N}{2}e^{-j\theta}, & k=N-m \\[2mm] 0, & \text{其他} \end{cases}$，求 $x(n)=\mathrm{IDFT}[X(k)]$。

7. 连续信号 $x_1(t)$ 和 $x_2(t)$ 分别是频率为 1kHz 和 2kHz、幅度为 1 和 2 的正弦波，$y(t)=x_1(t)x_2(t)$，现以时间间隔 $T=0.25\mathrm{ms}$ 对 $y(t)$ 进行均匀采样，然后进行 512 点 FFT 分析信号的频谱，问信号的频谱有多少个非零值？处于何处？(只计算数字频率为 $0\sim\pi$ 即可)

8. 从模拟滤波器设计 IIR 数字滤波器，必须满足哪两个条件？分析脉冲响应不变法是否满足这两个条件。

9. 一般而言，IIR 数字滤波器是非线性相位的，采取什么方法，可以将该非线性相位数字滤波器转变为一个线性相位数字滤波器？何为全通系统？全通系统的系统函数 $H(z)$ 有何特点？

10. 设系统用差分方程 $y(n)=\sum\limits_{m=0}^{n} x(m)$ 描述，判断该系统的线性和时不变性。

二、计算题(100 分)

1. (16 分)一个因果系统的差分方程为

$$y(n) = \frac{3}{4}y(n-1) - \frac{1}{8}y(n-2) + x(n) + \frac{1}{3}x(n-1)$$

(1) 求系统函数 $H(z)$；

(2) 求系统的零极点和收敛域，判断该系统是否稳定；

(3) 求系统的单位脉冲响应 $h(n)$；

(4) 画出系统的级联型和并联型结构(以一阶基本节表示)。

2. (10 分)若序列 $x(n)$ 是因果序列，其傅里叶变换的实部为 $X_R(e^{j\omega})=1+\cos\omega$，求序列 $x(n)$ 及其傅里叶变换 $X(e^{j\omega})$。

3. (12 分)设某绝对可和的非周期序列 $x(n)$ 的 Z 变换为 $X(z)$，对 $X(z)$ 在单位圆上等间隔采样 N 点，得到周期为 N 的周期序列 $X_N(k)$，对周期序列 $X_N(k)$ 进行离散傅里叶反变换得到周期序列 $\tilde{x}_N(n)$。

(1) 试推导该周期序列 $\tilde{x}_N(n)$ 与原序列 $x(n)$ 之间的关系；

(2) 分析该关系，得出频域采样定理。

4. (15 分)(1) 设序列长度 $N=2^L$，L 为正整数，试推导按照基 2 频率抽取法将 N 点 DFT 转化为两个 $N/2$ 点 DFT 的公式；

(2) 画出 4 点频率抽取法 FFT 的运算流图；

(3) 利用该 FFT 运算流图计算 $x(n)=\{2,2,1,-1;n=0,1,2,3\}$ 的 4 点 DFT $X(k)$。

5. (12 分)(1) 设计数字 IIR 滤波器有哪两种方法，简单叙述；

(2) 设一个 IIR 数字滤波器的系统函数为 $H(z)=\dfrac{1-z^{-1}}{1-0.4z^{-1}}$，试判断该数字滤波器的类型。

6. (15 分)已知一个线性相位 FIR 滤波器的一个零点是 $-\sqrt{2}j$，

(1) 试确定该 FIR 滤波器的单位脉冲响应 $h(n)$ 的长度 N 是多少，为什么？

(2) 假设滤波器单位脉冲响应 $h(0)=2$，求该滤波器的系统函数表达式；

(3) 画出该线性相位 FIR 滤波器的结构。

7. (20 分)设计一个线性相位 FIR 数字高通滤波器，给定采样频率为 200kHz，通带截止频率为 6kHz，阻带截止频率为 4kHz，阻带衰减不小于 -45dB。

(1) 求线性相位 FIR 数字滤波器的群时延；

(2) 求单位脉冲响应 $h(n)$ 的表达式；

(3) 对于此 FIR 滤波器，单位脉冲响应长度 N 能否取偶数，为什么？可能用到的参数如下表所示。

窗　函　数	过渡带宽	阻带最小衰减/dB
矩形窗	$4\pi/N$	-21
汉宁窗	$8\pi/N$	-44
海明窗	$8\pi/N$	-53
布莱克曼窗	$12\pi/N$	-74

试题解答

一、简单计算题与叙述题

1. **解：** $H(z)=\dfrac{2z+1}{(z+2)(2z-1)}$，极点 $z_1=\dfrac{1}{2}$ 与 $z_2=-2$，因为因果系统，所以 $|z|>2$，系统为非稳定系统。因果系统，收敛域包括以 R_{x-} 为半径的圆外的整个 z 平面；稳定系统，收敛域包括单位圆。

2. **答：** 采样角频率为 $2.5\Omega_c$ 和 $1.5\Omega_c$ 时，采样后序列 $x(n)$ 的频谱分别如图 10-43 和图 10-44 所示。

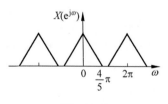

图　10-43

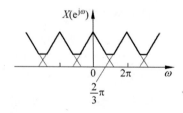

图　10-44

3. 解：$H(e^{j\omega}) = \dfrac{1}{1-0.5e^{-j\omega}}$，$x(n) = \cos(1.5\pi n) = \dfrac{1}{2}[e^{j1.5\pi n} + e^{-j1.5\pi n}]$，则

$$y(n) = \frac{1}{2} \cdot \left[\frac{e^{j1.5\pi n}}{1-0.5e^{-j1.5\pi}} + \frac{e^{-j1.5\pi n}}{1-0.5e^{j1.5\pi}} \right] = \frac{4}{5}\cos 1.5\pi n - \frac{2}{5}\sin 1.5\pi n$$

4. 解：$\{4, -2, 1, 9; n=0,1,2,3\}$

5. 证明：
$$\sum_{n=0}^{N-1} |x(n)|^2 = \sum_{n=0}^{N-1} x(n)x^*(n) = \sum_{n=0}^{N-1} x^*(n)\frac{1}{N}\sum_{k=0}^{N-1} X(k)W_N^{-nk}$$
$$= \frac{1}{N}\sum_{k=0}^{N-1} X(k)\sum_{n=0}^{N-1} x^*(n)W_N^{-nk} = \frac{1}{N}\sum_{k=0}^{N-1} X(k)\left[\sum_{n=0}^{N-1} x(n)W_N^{nk}\right]^*$$
$$= \frac{1}{N}\sum_{k=0}^{N-1} X(k)X^*(k)$$
$$= \frac{1}{N}\sum_{k=0}^{N-1} |X(k)|^2$$

其物理意义是信号时域总能量与频域总能量相等。

6. 解：$x(n) = \text{IDFT}[X(k)] = \dfrac{1}{N}\sum_{k=0}^{N-1} X(k)W_N^{-nk} = \dfrac{1}{N}\left[\dfrac{N}{2}e^{j\theta}W_N^{-nm} + \dfrac{N}{2}e^{-j\theta}W_N^{-n(N-m)} \right]$

$$= \frac{1}{2}\left[e^{j\theta}e^{j\frac{2\pi}{N}mn} + e^{-j\theta}e^{-j\frac{2\pi}{N}mn} \right] = \cos\left(\theta + \frac{2\pi}{N}mn\right)$$

7. 解：$y(t) = x_1(t)x_2(t)$ 的频谱为 1kHz 和 3kHz，采样频率为 4kHz，混叠后信号频谱为 1kHz。采样后信号 $y(n)$ 的频率 $\omega = \dfrac{\pi}{2}$，周期为 4，采样点数 512 为 4 的整数倍，因此不会发生频谱泄露现象，所以信号的频谱只有一个非零值，位于 $k=128$ 处。

8. 答：两个条件：①因果稳定的模拟滤波器必须变成因果稳定的数字滤波器；②数字滤波器的频响应模仿模拟滤波器的频响，即要求 s 平面上的虚轴映射到 z 平面的单位圆。

脉冲响应不变法使 s 平面上的每一个极点 $s = s_i$ 变换到 z 平面上的极点 $z_i = e^{s_iT}$，如果模拟滤波器是稳定的，即所有极点 s_i 位于 s 平面的左半平面（极点的实部 $\text{Re}(s_i)<0$），则变换后的数字滤波器的所有极点位于单位圆内，即模小于 1，$|e^{s_iT}| = e^{\text{Re}(s_i)T}<1$，因此数字滤波器也必然是稳定的。

令 $s = j\Omega$，则 $z = e^{j\Omega T}$，即 s 平面上的虚轴映射到 z 平面的单位圆。因此，脉冲响应不变法满足这两个条件。

9. 答：可以通过全通滤波器进行相位校正。幅频特性为常数的系统称为全通系统，全通系统的系统函数的分子、分母多项式系数相同，排列次序相反。

10. 解：设 $y_1(n) = T[x_1(n)] = \displaystyle\sum_{m=0}^{n} x_1(m)$，$y_2(n) = T[x_2(n)] = \displaystyle\sum_{m=0}^{n} x_2(m)$

$$T[ax_1(n)+bx_2(n)] = \sum_{m=0}^{n}[ax_1(m)+bx_2(m)] = \sum_{m=0}^{n}ax_1(m) + \sum_{m=0}^{n}bx_2(m)$$

$$ay_1(n)+by_2(n) = \sum_{m=0}^{n}ax_1(m) + \sum_{m=0}^{n}bx_2(m)$$

因为 $T[ax_1(n)+bx_2(n)] = ay_1(n)+by_2(n)$，故此系统是线性系统。

又 $y(n-k) = \displaystyle\sum_{m=0}^{n-k} x(m)$，而 $T[x(n-k)] = \displaystyle\sum_{m=0}^{n} x(m-k) \neq y(n-k)$，所以是时变系统。

二、计算题

1. **解**：(1) $H(z) = \dfrac{1+\dfrac{1}{3}z^{-1}}{1-\dfrac{3}{4}z^{-1}+\dfrac{1}{8}z^{-2}} = \dfrac{1+\dfrac{1}{3}z^{-1}}{\left(1-\dfrac{1}{4}z^{-1}\right)\left(1-\dfrac{1}{2}z^{-1}\right)}, |z| > \dfrac{1}{2}$

(2) 零点：$z = -\dfrac{1}{3}$，极点 $z_1 = \dfrac{1}{4}$，$z_2 = \dfrac{1}{2}$。因为收敛域包括单位圆，所以系统稳定。

(3) $\dfrac{H(z)}{z} = \dfrac{z+\dfrac{1}{3}}{\left(z-\dfrac{1}{4}\right)\left(z-\dfrac{1}{2}\right)} = \dfrac{-\dfrac{7}{3}}{z-\dfrac{1}{4}} + \dfrac{\dfrac{10}{3}}{z-\dfrac{1}{2}}$

$$h(n) = -\dfrac{7}{3}\left(\dfrac{1}{4}\right)^n u(n) + \dfrac{10}{3}\left(\dfrac{1}{2}\right)^n u(n)$$

(4) 级联型结构如图 10-45 所示。

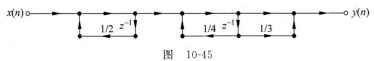

图　10-45

并联型结构如图 10-46 所示。

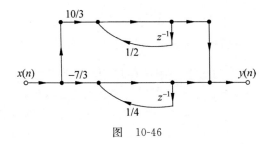

图　10-46

2. **解**：$X(\mathrm{e}^{\mathrm{j}\omega}) = \displaystyle\sum_{n=0}^{\infty} x(n)\mathrm{e}^{-\mathrm{j}\omega n} = \sum_{n=0}^{\infty} x(n)\cos\omega n - \mathrm{j}\sum_{n=0}^{\infty} x(n)\sin\omega n$

$X_R(\mathrm{e}^{\mathrm{j}\omega}) = \displaystyle\sum_{n=0}^{\infty} x(n)\cos\omega n = x(0) + x(1)\cos\omega + \sum_{n=2}^{\infty} x(n)\cos\omega n = 1 + \cos\omega$

所以

$$x(n) = \delta(n) + \delta(n-1)$$
$$X(\mathrm{e}^{\mathrm{j}\omega}) = 1 + \mathrm{e}^{-\mathrm{j}\omega}$$

3. **解**：(1) $X(z) = \displaystyle\sum_{n=-\infty}^{\infty} x(n)z^{-n}$，$X_N(k) = X(z)\,|_{z=W_N^{-k}} = \sum_{n=-\infty}^{\infty} x(n)W_N^{nk}$

$$\tilde{x}_N(n) = \mathrm{IDFS}[X_N(k)] = \frac{1}{N}\sum_{k=0}^{N-1} X_N(k)W_N^{-nk}$$

$$= \frac{1}{N}\sum_{k=0}^{N-1}\left[\sum_{m=-\infty}^{\infty} x(m)W_N^{mk}\right]W_N^{-nk} = \sum_{m=-\infty}^{\infty} x(m)\left[\sum_{k=0}^{N-1}\frac{1}{N}W_N^{(m-n)k}\right]$$

由于

$$\frac{1}{N}\sum_{k=0}^{N-1} W_N^{(m-n)k} = \begin{cases} 1, & m = n + rN, r \text{ 为任意整数} \\ 0, & \text{其他} \end{cases}$$

所以

$$\tilde{x}_N(n) = \sum_{r=-\infty}^{\infty} x(n+rN)$$

(2) $\tilde{x}_N(n)$ 是原非周期序列 $x(n)$ 的周期延拓序列，其时域周期为频域采样点数 N。对于 M 点的有限长序列 $x(n)$，当频域采样点数 $N \geqslant M$ 时，即可由频域采样值 $X(k)$ 恢复出原序列 $x(n)$，否则产生时域混叠现象，这就是所谓的频域采样定理。

4. **解**：(1) 将 $x(n)$ 按 n 的顺序分解为前后两部分：

$$
\begin{aligned}
X(k) &= \sum_{n=0}^{N-1} x(n) W_N^{nk} = \sum_{n=0}^{N/2-1} x(n) W_N^{nk} + \sum_{n=N/2}^{N-1} x(n) W_N^{nk} \\
&= \sum_{n=0}^{N/2-1} x(n) W_N^{nk} + \sum_{n=0}^{N/2-1} x(n+N/2) W_N^{(n+N/2)k} \\
&= \sum_{n=0}^{N/2-1} \left[x(n) + (-1)^k x(n+N/2) \right] W_N^{nk}, \quad k = 0, 1, \cdots, N-1
\end{aligned}
$$

当 k 为偶数时，$(-1)^k = 1$；k 为奇数时，$(-1)^k = -1$。因此，按 k 的奇偶可将 $X(k)$ 分解为偶数组和奇数组两部分：

$$X(2r) = \sum_{n=0}^{\frac{N}{2}-1} \left[x(n) + x\left(n + \frac{N}{2}\right) \right] W_{N/2}^{nr} \quad r = 0, 1, \cdots, \frac{N}{2} - 1$$

$$X(2r+1) = \sum_{n=0}^{\frac{N}{2}-1} \left\{ \left[x(n) - x\left(n + \frac{N}{2}\right) \right] W_N^n \right\} W_{N/2}^{nr} \quad r = 0, 1, \cdots, \frac{N}{2} - 1$$

(2) 运算流图如图 10-47 所示。

(3) $X(0) = [x(0) + x(2)] + [x(1) + x(3)] = 4$

$X(2) = [x(0) + x(2)] - [x(1) + x(3)] = 2$

$X(1) = [x(0) - x(2)] + [x(1) - x(3)] W_4^1 = 1 - 3j$

$X(3) = [x(0) - x(2)] - [x(1) - x(3)] W_4^1 = 1 + 3j$

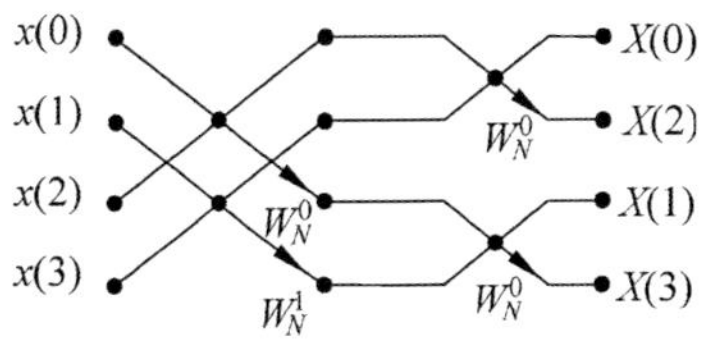

图 10-47

5. **解**：(1) 脉冲响应不变法和双线性变换法。方法叙述略。

(2) 当 $z = 1$ 时，$H(z) = 0$，当 $z = -1$ 时，$H(z) = \dfrac{10}{7}$。因为 $H(1) < H(-1)$，所以为高通滤波器。

6. **解**：(1) FIR 滤波器零点是互为倒数的共轭对，由此可知该滤波器具有四个零点，因此 $N = 5$。

(2) 令 $H(z) = A(1 + \sqrt{2} j z^{-1})(1 - \sqrt{2} j z^{-1}) \left(1 + \dfrac{\sqrt{2}}{2} j z^{-1}\right) \left(1 - \dfrac{\sqrt{2}}{2} j z^{-1}\right)$

$$= A(1 + 2z^{-2}) \left(1 + \frac{1}{2} z^{-2}\right) = A\left(1 + \frac{9}{4} z^{-2} + z^{-4}\right)$$

因为 $h(0) = 2$，所以 $A = 2$，$h(n) = 2\delta(n) + \dfrac{9}{2}\delta(n-2) + 2\delta(n-4)$

(3) 线性相位结构如图 10-48 所示。

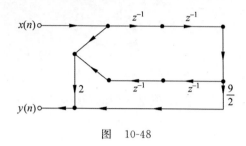

图　10-48

7. 解：(1) 通带截止频率 $\omega_p = \Omega_p T = \dfrac{3}{50}\pi$，阻带截止频率 $\omega_s = \Omega_s T = \dfrac{\pi}{25}$

$$\Delta\omega = \omega_s - \omega_p = \frac{\pi}{50}$$

海明窗和布莱克曼窗均可提供大于 45dB 的衰减。但海明窗具有较小的过渡带从而具有较小的长度 N，故选择海明窗，其窗函数 $w(n) = \left[0.54 - 0.46\cos\left(\dfrac{2\pi n}{N-1}\right)\right]R_N(n)$。

高通滤波器单位脉冲响应的长度

$$N \geqslant \frac{8\pi}{\Delta\omega} = \frac{8\pi}{0.02\pi} = 400$$

群时延

$$\tau = \frac{1}{2}(N-1)$$

(2) 3dB 通带截止频率

$$\omega_c = \frac{\omega_s + \omega_p}{2} = \frac{\pi}{20}$$

设线性相位理想高通滤波器的频率响应

$$H_d(e^{j\omega}) = \begin{cases} e^{-j(\omega-\pi)\alpha}, & \omega_c \leqslant \omega \leqslant \pi \\ 0, & 0 \leqslant \omega < \omega_c \end{cases}$$

则 $h_d(n) = \dfrac{1}{2\pi}\displaystyle\int_0^{2\pi} H_d(e^{j\omega})e^{j\omega n}\,d\omega = \dfrac{1}{2\pi}\displaystyle\int_{\omega_c}^{2\pi-\omega_c} e^{-j(\omega-\pi)\alpha}e^{j\omega n}\,d\omega$

$$= (-1)^n \frac{\sin[(\pi-\omega_c)(n-\alpha)]}{\pi(n-\alpha)}, \alpha = \frac{N-1}{2}, 0 \leqslant n \leqslant N-1$$

所以

$$h(n) = h_d(n)w(n) = (-1)^n \frac{\sin[(\pi-\omega_c)(n-\alpha)]}{\pi(n-\alpha)} \cdot \left[0.54 - 0.46\cos\left(\frac{2\pi n}{N-1}\right)\right]R_N(n)$$

(3) 能，采用 4 型滤波器。

中国矿业大学(2011—2017)硕士研究生入学考试
试题选编(共 100 分)

一、按照要求完成下列各题(本题共 6 小题，共 60 分)

1. (8 分)判断系统 $y(n) = x(n)\sin(0.8\pi n + 0.3\pi)$ 是否为线性系统、时不变系统、因果系统、稳定系统？

2. (12分)设某一因果 IIR 系统的网络流图如图 10-49 所示,试求:

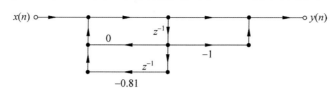

图　10-49

(1) 描述该系统的差分方程、系统函数;

(2) 根据零极点分布定性画出其幅频特性曲线,并说明该系统是哪一种通带滤波器?

(3) 若将上述系统改为一个带反馈的四阶梳状滤波器,其系统函数为 $H(z) = \dfrac{1+z^{-4}}{1+0.3^4 z^{-4}}$,其零极点分布图和幅频特性曲线又是怎样的? 并画出该系统的网络流图。

3. (10分)如图 10-50 所示为某数字滤波器的网络结构图:

(1) 说明该数字滤波器具有什么特性?

(2) 写出其差分方程和系统函数;

(3) 求出 $\omega=0$ 处的系统的频率响应值;

(4) 写出该滤波器的相位函数并画出相应的特性曲线示意图。

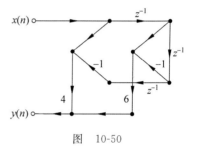

图　10-50

4. (10分)若已知理想低通滤波器的单位脉冲响应为 $\dfrac{\sin[\omega_c(n-\alpha)]}{\pi(n-\alpha)}$,其中 ω_c 为理想低通滤波器的截止频率,并且已知全通滤波器。现在用汉宁窗设计一个线性相位 FIR 高通滤波器,试求:

(1) 该理想高通滤波器(截止频率也为 ω_c)的单位脉冲响应 $h_d(n)$;

(2) 写出用汉宁窗 $w(n)$ 设计的 $h(n)$ 表达式,并确定 α 与窗口长度 N 的关系;

(3) N 取奇数或偶数有限制吗? 为什么?

5. (10分)已知一个因果系统的系统函数为 $H(z) = \dfrac{2+\dfrac{1}{6}z^{-1}}{1-\dfrac{1}{3}z^{-1}}$,试求:

(1) 描述该系统的差分方程以及系统的频率响应 $H(e^{j\omega})$。

(2) 采用几何确定法分析该系统的幅频响应,并指出该系统为 IIR 还是 FIR 系统?

(3) 若想得到系统函数 $H(e^{j\omega})$ 的采样值,如何进行? 写出 $H(k)$。

(4) 频域采样会对时域造成什么影响? 为什么?

6. (10分)已知一个长度为 10 的有限长序列为

$$x(n) = 2\delta(n-3) + 4\delta(n-4) + 7\delta(n-5) + \delta(n-6)$$

(1) 试求它的 10 点离散傅里叶变换 $X(k)$。

(2) 若序列 $y(n)$ 的 10 点离散傅里叶变换为 $Y(k)=W_{10}^{4k}X(k)$,求 IDFT$[Y(k)]$。

(3) 假如另有长度 $N=8$ 的有限长序列 $x_1(n)=\begin{cases} a^n, & 0\leqslant n\leqslant N-1 \\ 0, & \text{其他} \end{cases}$,其中 a 为实数,已知该序列 8 点 DFT 的前 5 点值:$\{2.4580, 1.1067-j0.8156, 0.7229-j0.4338, 0.6341-$

j0.1889,0.6145},试写出 8 点 DFT 的后 3 点值。

二、简答题(本题共 6 小题,共 30 分)

1.(5 分)线性卷积和圆周卷积的关系是什么? 如何用 FFT 来实现线性卷积?

2.(5 分)简述 DFT 谱分析中栅栏效应和截断效应(频谱泄漏)产生的原因和减小措施。

3.(5 分)若利用频率采样法设计一个线性相位 FIR 低通滤波器,采样点数 N 为偶数,试简述其设计步骤。为了改善频率响应,应采取什么措施?

4.(5 分) 在 IIR 数字滤波器设计中,双线性变换法是如何克服脉冲响应不变法频谱混叠失真问题的?

5.(5 分)如果利用窗函数设计法采用窗口宽度为 N 的矩形窗设计一个 FIR 低通滤波器,其过渡带和阻带最小衰减各为多少? 并画出其设计思路框图。

6.(5 分)离散时间系统 $y(n)=x(n)-x(n-N)$ 为 IIR 还是 FIR 系统? 为什么? 从其幅频特性波形来看,又称为什么滤波器?

三、分析题(10 分)

理想采样的恢复框图如图 10-51(a)所示,图中,$G(j\Omega)$ 为理想低通滤波器,若已知模拟信号 $x_a(t)$ 的频谱,如图 10-51(b)所示,试分别从频域和时域两个角度分析信号 $x_a(t)$ 采样后是如何得到恢复的,并画出分析时对应的图形。

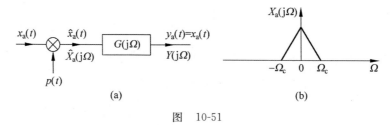

图 10-51

试题解答

一、按照要求完成下列各题

1. **解**:$y(n)=x(n)\sin(0.8\pi n+0.3\pi)$

$$T[ax_1(n)+bx_2(n)] = [ax_1(n)+bx_2(n)]\sin(0.8\pi n+0.3\pi)$$

$$ay_1(n)+by_2(n) = ax_1(n)\sin(0.8\pi n+0.3\pi)+bx_2(n)\sin(0.8\pi n+0.3\pi)$$

可见满足 $T[ax_1(n)+bx_2(n)]=ay_1(n)+by_2(n)$,故此系统是线性系统。

又 $y(n-k)=x(n-k)\sin[0.8\pi(n-k)+0.3\pi]$,而

$$T[x(n-k)] = x(n-k)\sin(0.8\pi n+0.3\pi)$$

可见

$$y(n-k) \neq T[x(n-k)]$$

所以不是时不变系统。

因果性:因为 $y(n)=x(n)\sin(0.8\pi n+0.3\pi)$ 只与 $x(n)$ 的当前值有关,而与 $x(n+1)$,$x(n+2)$,… 等未来值无关,故系统是因果的。

稳定性:当 $|x(n)|<M$ 时,有 $|y(n)|=|x(n)\sin(0.8\pi n+0.3\pi)|<M$,故系统是稳定的。

2. **解**:(1) $x(n)-x(n-1)-0.81y(n-2)=y(n)$

$$H(z) = \frac{1-z^{-1}}{1+0.81z^{-2}} = \frac{z^2-z}{z^2+0.81}$$

（2）零点 $z=0,z=1$，极点 $z=\pm0.9\mathrm{j}$。零、极点分布图和幅频特性如图 10-52 所示。

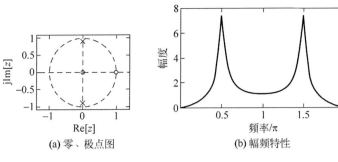

（a）零、极点图　　　　（b）幅频特性

图　10-52

这是一个带通滤波器。

（3）极点 $1+0.3^4z^{-4}=0$，$\Rightarrow z^4=-0.3^4$，$\Rightarrow z=0.3\mathrm{e}^{\mathrm{j}\frac{2k\pi+\pi}{4}}$，$k=0,1,2,3$ 零点 $1+z^{-4}=0$，$\Rightarrow z=\mathrm{e}^{\mathrm{j}\frac{2k\pi+\pi}{4}}$，$k=0,1,2,3$ 零、极点分布图和幅频特性图如图 10-53 所示。

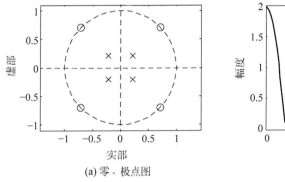

（a）零、极点图　　　　（b）幅频特性

图　10-53

网络流图如图 10-54 所示。

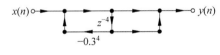

图　10-54

3. **解**：（1）$h(n)$ 为奇对称，$N=4$ 为偶数，所以是具有线性相位的 FIR 数字滤波器。

（2）$h(n)=4\delta(n)+6\delta(n-1)-6\delta(n-2)-4\delta(n-3)$

$H(z)=4+6z^{-1}-6z^{-2}-4z^{-3}$

（3）$H(\mathrm{e}^{\mathrm{j}w})=H(z)\big|_{z=\mathrm{e}^{\mathrm{j}w}}=4+6\mathrm{e}^{-\mathrm{j}w}-6\mathrm{e}^{-\mathrm{j}2w}-4\mathrm{e}^{-\mathrm{j}3w}$

$H(\mathrm{e}^{\mathrm{j}w})\big|_{w=0}=0$

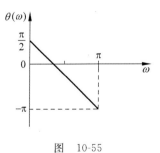

图　10-55

（4）因为第二类线性相位，$\theta(\omega)=-\omega\left(\dfrac{N-1}{2}\right)+\dfrac{\pi}{2}=$

$-\dfrac{3}{2}\omega+\dfrac{\pi}{2}$，相位特性曲线如图 10-55 所示。

4. **解**：（1）高通特性＝全通滤波器－低通滤波器，

$$h_d(n) = \frac{\sin[\pi(n-\alpha)]}{\pi(n-\alpha)} - \frac{\sin[\omega_c(n-\alpha)]}{\pi(n-\alpha)}$$

(2) $h(n) = h_d(n)w(n)$，$\alpha = \dfrac{N-1}{2}$

(3) 此时 $h_d(n)$ 偶对称，$h(n)$ 也只能偶对称，故设计时能选择 Ⅰ 型或 Ⅱ 型；又因为已知设计的是高通滤波器，所以只能选择 Ⅰ 型，即 N 取奇数。因 N 取偶数时对应 Ⅱ 型滤波器，在 π 处是奇对称点。

5. **解**：$H(z) = \dfrac{2 + \dfrac{1}{6}z^{-1}}{1 - \dfrac{1}{3}z^{-1}}$

(1) $y(n) = 2x(n) + \dfrac{1}{6}x(n-1) + \dfrac{1}{3}y(n-1)$

$$H(e^{j\omega}) = H(z)\big|_{z=e^{j\omega}} = \frac{2 + \dfrac{1}{6}e^{-j\omega}}{1 - \dfrac{1}{3}e^{-j\omega}}$$

(2) 零点：$z = -\dfrac{1}{12}$，极点：$z = \dfrac{1}{3}$，零、极点分布图及幅频特性如图 10-56 所示。

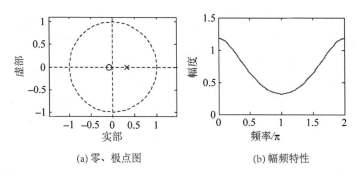

(a) 零、极点图   (b) 幅频特性

图 10-56

该系统为 IIR 系统。

(3) $H(k) = H(e^{j\omega})\big|_{\omega=\frac{2\pi}{N}k} = \dfrac{2 + \dfrac{1}{6}e^{-j\frac{2\pi}{N}k}}{1 - \dfrac{1}{3}e^{-j\frac{2\pi}{N}k}}$，$k = 0,1,2,\cdots,N-1$

(4) 在频域的 N 点采样造成时域信号以 N 为周期进行延拓，这是由傅里叶变换的对偶性决定的，一个域的离散必定会造成另一个域的周期延拓。

6. **解**：(1)

$$X(k) = \sum_{n=0}^{N-1} x(n)W_N^{nk} = \sum_{n=0}^{7}[2\delta(n-3) + 4\delta(n-4) + 7\delta(n-5) + \delta(n-6)]W_{10}^{nk}$$

$$= 2W_{10}^{3k} + 4W_{10}^{4k} + 7W_{10}^{5k} + W_{10}^{6k}$$

(2) 由 $Y(k) = W_{10}^{4k}X(k)$ 可知，

$$y(n) = 2\delta(n-7) + 4\delta(n-8) + 7\delta(n-9) + \delta(n)$$

（3）根据实序列的共轭对称性，可得该 8 点 DFT 的后 3 点值为：
$$\{0.6341+j0.1889,0.7229+j0.4338,1.1067+j0.8156\}$$

二、简答题

1. **答：**
$$y_c(n)=\left[\sum_{r=-\infty}^{\infty}y_l(n+rL)\right]R_L(n)$$

L 点圆周卷积 $y_c(n)$ 是线性卷积 $y_l(n)$ 以 L 为周期的周期延拓序列的主值序列。

取 $L\geqslant N_1+N_2-1=2^N$，圆周卷积代替线性卷积即用 FFT 来实现线性卷积的框图如图 10-57 所示。

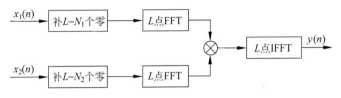

图 10-57 用 FFT 实现线性卷积框图

2. **答：** DFT 是有限长序列的频谱等间隔采样，相当于透过一个栅栏去观察原来信号的频谱，这种现象称为栅栏效应。

减小栅栏效应的方法：末尾补零。

利用 DFT 处理非时限序列时，须将该序列截断。设序列的频谱为 $X(e^{j\omega})$，矩形窗函数的频谱为 $W_R(e^{j\omega})$，则截断后序列的频谱为 $\hat{X}(e^{j\omega})=\dfrac{1}{2\pi}X(e^{j\omega})*W_R(e^{j\omega})$。

由于矩形窗函数频谱的引入，使卷积后的频谱被展宽了，称为频谱泄露（截断效应）。

减少方法：选择适当形状的窗函数，如汉宁窗或海明窗等。

3. **答：** 频率采样法设计线性相位 FIR 滤波器的一般步骤为：

（1）由设计要求选择滤波器的种类；因为 N 取偶数，设计为低通滤波器，所以选择 Ⅱ 型滤波器。

（2）根据线性相位的约束条件，确定 H_k 和 θ_k，进而得到 $H(k)$，即
$$H_k=-H_{N-k},\quad \theta_k=-k\pi\left(1-\frac{1}{N}\right),\quad H(k)=H(e^{j2\pi k/N})=H_k e^{j\theta_k}$$

（3）将 $H(k)$ 代入内插公式得到所设计滤波器的频率响应 $H(e^{j\omega})$。

措施：在理想特性不连续点处人为加入过渡采样点，虽然加宽了过渡带，但缓和了边缘上两采样点之间的突变，将有效地减少起伏振荡，提高阻带衰减。

4. **答：**

双线性变换法针对 $z=e^{sT}$ 映射关系的多值性，先设法将 s 平面压缩成 s_1 平面上一个宽度为 $2\pi/T$ 的水平带状区域，进而通过 $z=e^{s_1T}$ 将这个带状区域映射成 z 平面，即可实现 s 平面到 z 平面的单值映射，也就消除了频率混叠现象。模拟频率 Ω 与数字频率 ω 之间的关系为
$$\omega=2\arctan(\Omega T/2)\quad \text{或}\quad \Omega=\frac{2}{T}\tan\frac{\omega}{2}$$

s 平面上 Ω 与 z 平面的 ω 成非线性的正切关系，当 Ω 从 0 变到 $+\infty$ 时，ω 从 0 变到 π（折叠频率）。这意味着模拟滤波器的全部频率特性被压缩成数字滤波器在 $0<\omega<\pi$ 频率

范围内的特性,所以不会有高于折叠频率的分量。因此采用双线性变换法设计数字滤波器不存在频率混叠失真的问题,克服了脉冲响应不变法的缺点。

5. 答:

所设计滤波器的过渡带等于矩形窗的主瓣宽度 $4\pi/N$,阻带最小衰减为 -21dB。窗函数法设计 FIR 数字滤波器的基本思路如图 10-58 所示。

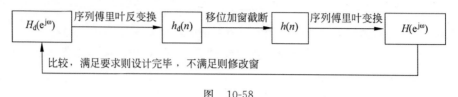

图 10-58

6. 答:

根据差分方程判断,在任何时刻系统的输出只与此时刻和此时刻以前的输入有关,而与此时刻以前的输出无关,因此该系统为 FIR 系统。该系统的幅频特性曲线为梳状波形,又称为梳状滤波器。

三、答:

1. 从频域角度分析

如果采样满足奈奎斯特采样定理,即信号最高频谱不超过折叠频率,则可以将采样信号通过一个理想的低通滤波器 $G(j\Omega)$,这个理想低通滤波器应该只让基带频谱通过,因而其带宽应该等于折叠频率,即

$$G(j\Omega) = \begin{cases} T, & |\Omega| < \Omega_s/2 \\ 0, & |\Omega| \geqslant \Omega_s/2 \end{cases}$$

采样信号通过这个低通滤波器,就可得到原信号频谱,如图 10-59 所示。即

$$Y(j\Omega) = \hat{X}_a(j\Omega) \cdot G(j\Omega) = \frac{1}{T} X_a(j\Omega) \cdot G(j\Omega) = X_a(j\Omega)$$

2. 从时域角度分析

理想低通 $G(j\Omega)$ 的冲激响应为

$$g(t) = \frac{1}{2\pi} \int_{-\infty}^{\infty} G(j\Omega) e^{j\Omega t} \, d\Omega = \frac{\sin\frac{\pi}{T}t}{\frac{\pi}{T}t}$$

根据卷积公式 $y(t) = x_a(t) = \int_{-\infty}^{\infty} \hat{x}_a(\tau) g(t-\tau) \, d\tau$,可以得到低通滤波器的输出

$$x_a(t) = \sum_{n=-\infty}^{\infty} x_a(nT) \frac{\sin\left[\frac{\pi}{T}(t-nT)\right]}{\frac{\pi}{T}(t-nT)}$$

上式称为采样内插公式,它表明了连续信号 $x_a(t)$ 如何由它的采样值 $x_a(nT)$ 来表达,即 $x_a(t)$ 等于 $x_a(nT)$ 乘上对应的内插函数的总和。内插结果使得被恢复的信号在采样点的值就等于 $x_a(nT)$,采样点之间的信号则是由各采样值内插函数的波形延伸叠加而成的,内插恢复的过程如图 10-60 所示。

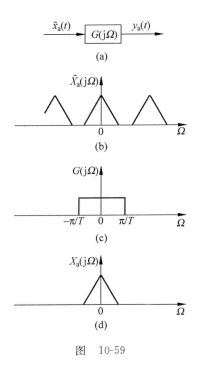

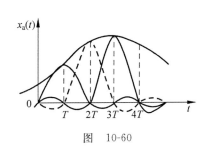

图　10-59　　　　　　　　　　图　10-60

10.3　硕士研究生入学考试模拟试题及解答

试题一(数字信号处理部分)(共60分)

一、(12分)假设线性时不变系统的单位脉冲响应 $h(n)$ 和输入信号 $x(n)$ 分别用下式表示:

$$h(n) = R_8(n), x(n) = R_4(n)$$

1. 计算并图示该系统的输出信号 $y(n)$。

2. 如果对 $x(n)$ 和 $h(n)$ 分别进行 12 点 DFT,得到 $X(k)$ 和 $H(k)$,令

$$Y_1(k) = H(k)X(k), \quad k = 0,1,\cdots,11$$
$$y_1(n) = \text{IDFT}[Y(k)], \quad n,k = 0,1,\cdots,11$$

画出 $y_1(n)$ 的波形。

3. 画出用 FFT 计算该系统输出的框图,并注明 FFT 的最小计算区间 N 等于多少。

二、(8分)已知 $x(n)$ 是实序列,其 8 点 DFT 的前 5 点值为:$\{0.25, 0.125-0.3j, 0, 0.125-0.06j, 0.5\}$

1. 写出 8 点 DFT 的后 3 点值。

2. 如果 $x_1(n) = x((n+2))_8 R_8(n)$,求出 $x_1(n)$ 的 8 点 DFT 值。

三、(10分)假设网络系统函数为 $H(z) = \dfrac{1+z^{-1}}{1-0.9z^{-1}}$,如将 $H(z)$ 中的 z 用 z^4 代替,形成新的网络系统函数,$H_1(z) = H(z^4)$。试画出 $|H_1(e^{j\omega})| \sim \omega$ 曲线,并求出它的峰值点频率。

四、(10 分)已知一个 FIR 滤波器的单位脉冲响应

$$h(n) = \begin{cases} a^n, & 0 \leqslant n \leqslant 5 \\ 0, & \text{其他} \end{cases}$$

证明系统函数为 $H(z) = \dfrac{1-a^6 z^{-6}}{1-a z^{-1}}$，$|z|>0$，并利用该系统函数画出一个 FIR 系统与一个 IIR 系统级联的流图。

五、(8 分)观察图 10-61 所示蝶形运算，该运算由某种 FFT 算法的信号流图中取出。回答下列问题：

1. 该流图来自 DIT 还是 DIF 形式的 FFT?

2. 写出流程图中两个输出与输入的关系式。

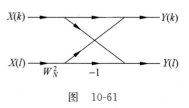

图　10-61

六、(12 分)采用窗函数法设计 FIR 数字滤波器时，已知两个常用窗函数及其特性如下表所示。

窗函数	主瓣宽度	旁瓣峰值衰减/dB	阻带最小衰减/dB
矩形窗	$4\pi/N$	-13	-21
海明窗	$8\pi/N$	-41	-53

试回答以下问题：

1. 设计一个理想低通滤波器(截止频率为 ω_c)，它们的通带最大波动分别出现在什么模拟频率位置上(设采样频率为 f_s)?

2. 采用矩形窗设计 FIR 滤波器时，设计出的滤波器通带最大波动为多少 dB?

试题一解答

一、解：1. $y(n) = \{1,2,3,4,4,4,4,4,3,2,1\}$，$0 \leqslant n \leqslant 10$，波形如图 10-62(a)所示。

2. $y_1(n)$ 的波形如图 10-62(b)所示。

3. 用 FFT 计算该系统输出的框图如图 10-62(c)所示，图中，FFT 的最小计算区间 $N=16$。

二、解：1. $x(n)$ 8 点 DFT 的后 3 点值为：0.125+j0.06，0，0.125+j0.3

2. $X_1(k) = X(k) W_8^{-2k}$，它的 8 点 DFT 值为

0.25，0.3+j0.125，0，$-0.06-$j0.125，0.5，0.06+j0.125，0，0.3$-$j0.125

三、解：$|H_1(e^{j\omega})| \sim \omega$ 曲线如图 10-63 所示，图中横坐标对 π 进行了归一化，峰值点频率为 0，$\pi/2$，π，$3\pi/2$。

四、证明：系统函数

$$H(z) = \sum_{n=0}^{5} h(n) z^{-n} = \frac{1-a^6 z^{-6}}{1-a z^{-1}}, \quad |z|>0$$

IIR 系统为

$$H(z) = \frac{1}{1-a z^{-1}}$$

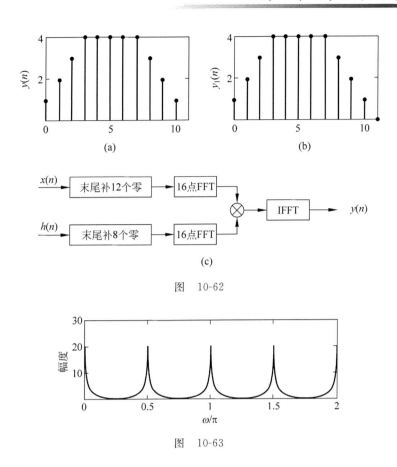

图 10-62

图 10-63

FIR 系统为

$$H(z) = 1 - a^6 z^{-6}$$

信号流图如图 10-64 所示。

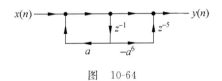

图 10-64

五、解： 1. DIT

2. $Y(k) = X(k) + W_N^2 X(l)$

$Y(l) = X(k) - W_N^2 X(l)$

六、解： 1. 矩形窗：$\dfrac{f_s}{2\pi}\left(\omega_c - \dfrac{2\pi}{N}\right)$ 海明窗：$\dfrac{f_s}{2\pi}\left(\omega_c - \dfrac{4\pi}{N}\right)$

2. 由 $\alpha_s = -21\mathrm{dB} = 20\lg x$，得 $x = 10^{-\alpha_s/20} = 0.0895$，所以

$$\alpha_p = 20\lg(1 + x) = 20\lg(1.0895) = 0.74\mathrm{dB}$$

试题二（数字信号处理部分）（共 60 分）

一、（8 分）设 $H(\mathrm{e}^{\mathrm{j}\omega})$ 是因果线性时不变系统的传输函数，它的单位脉冲响应是实序列，已知 $H(\mathrm{e}^{\mathrm{j}\omega})$ 的实部为

$$H_R(\mathrm{e}^{\mathrm{j}\omega}) = \sum_{n=0}^{7} 0.5^n \cos\omega n$$

求系统的单位脉冲响应 $h(n)$。

二、(8分)某有限长序列 $x(n)$ 如图 10-65 所示。

1. 用图解法求 $x(n)$ 与 $x(n)$ 的线性卷积 $y_l(n)$。(4分)

2. 用图解法求 $x(n)$ 与 $x(n)$ 的 8 点循环卷积 $y_c(n)$,并与(1)的结果比较,指出循环卷积和线性卷积的关系。(4分)

三、(12分)设某长度为 M 的有限长实序列 $x(n)$,其 Z 变换为 $X(z)$,今欲求 $X(z)$ 在单位圆上的 N 点等间隔采样 $X(z_k)$,其中 $z_k = e^{j\frac{2\pi}{N}k}$,$k = 0,1,\cdots,N-1$,试问 N 分别大于、等于、小于 M 时如何用一个 N 点 FFT 计算全部 $X(z_k)$ 值。

四、(10分)根据 DFT 和 IDFT 的定义,举出两种方法,说明如何根据 FFT 程序,来实现 IFFT 的运算?(提示:可以对 FFT 程序内部某些因子、或者其输入输出序列作少量修改)

五、(12分)用矩形窗设计的低通 FIR 数字滤波器的归一化对数幅频特性 $A(\omega)$ 曲线如图 10-66 所示,已知窗函数的频谱为 $W_R(\omega) = \dfrac{\sin(\omega N/2)}{\sin(\omega/2)}$。

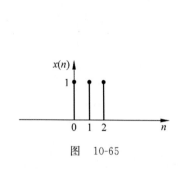

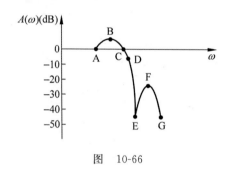

图 10-65

图 10-66

1. 在图中标出截止频率的位置。

2. B 点和 F 点的频率各是多少?

3. 阻带最小衰减是多少(已知最大肩峰为 0.089),相当于哪一点的值?

4. 画出对应的低通 FIR 数字滤波器幅度特性 $|H(\omega)| \sim \omega$ 图。

六、(10分)设某数字滤波器的系统函数为

$$H(z) = \frac{1 + 4z^{-1}}{1 - 5z^{-1} + 6z^{-2}}$$

试判断该系统是 IIR 还是 FIR 滤波器?求出该滤波器的差分方程,并画出直接 II 型结构。

试题二解答

一、解:$h(n) = 0.5^n R_8(n)$

二、解:1. $x(n)$ 与 $x(n)$ 的线性卷积 $y_l(n)$ 的图解法过程如图 10-67 所示。

2. $x(n)$ 与 $x(n)$ 的 8 点循环卷积 $y_c(n)$ 的图解法过程如图 10-68 所示。

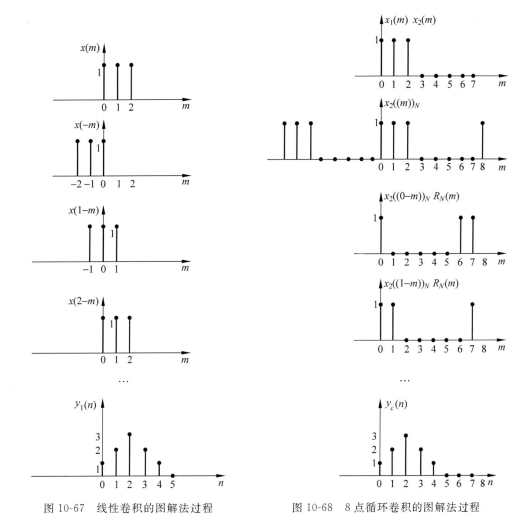

图 10-67 线性卷积的图解法过程　　　　图 10-68 8点循环卷积的图解法过程

3. 循环卷积与线性卷积的关系：当循环卷积的长度不小于线性卷积长度时，两者相等。

三、解：1. 当 $N=M$ 时，$X(z_k)=\text{FFT}[x(n)]$

2. 当 $N>M$ 时，在 $x(n)$ 后面补 $N-M$ 个 0，得到序列 $y(n)$，然后求 $y(n)$ 的 FFT 即得到 $X(z_k)$。

3. 当 $N<M$ 时，把每 N 个点分成一段，共分为 r 段，每段记为 $x_i(n)$，$i=1,2,\cdots,r$，则

$$X(z_k)=\sum_{n=0}^{M-1}x(n)W_N^{nk}=\sum_{n=0}^{N-1}x_1(n)W_N^{nk}+\sum_{n=N}^{2N-1}x_2(n)W_N^{nk}+\cdots+\sum_{n=(r-1)N}^{rN-1}x_r(n)W_N^{nk}$$

$$=\sum_{n=0}^{N-1}x'(n)W_N^{nk}=\text{FFT}[x'(n)]$$

其中　　　　　　　　　$x'(n)=\sum_{m=0}^{r-1}x(n+mN),\quad 0\leqslant n\leqslant N-1$

四、解: 方法一: $x(n) = \dfrac{1}{N}\{DFT[X^*(k)]\}^*$

方法二: (1) W 因子取反,$W_N^k \to W_N^{-k}$;

(2) 每级的每个蝶形输出支路都乘以 1/2;

(3) 由 DIT-FFT 程序按(1)、(2)改动,得到 DIF-IFFT。

由 DIF-FFT 程序按(1)、(2)改动,得到 DIT-IFFT。

五、解: 1. 截止频率对应于原图中的 D 点,幅值是 $0.5H(0)$。

2. B 点的频率是 $\omega_c - \dfrac{2\pi}{N}$,F 点的频率是 $\omega_c + \dfrac{2\pi}{N}$。

3. 阻带最小衰减是 -21dB,相当于 F 点值。

4. 对应低通 DF 幅频特性如图 10-69 所示。

六、解: 从系统函数来看,结构含有反馈电路,所以该系统是 IIR 滤波器。差分方程为
$$y(n) - 5y(n-1) + 6y(n-2) = x(n) + 4x(n-1)$$

由差分方程或系统函数可直接画出直接Ⅱ型结构如图 10-70 所示。

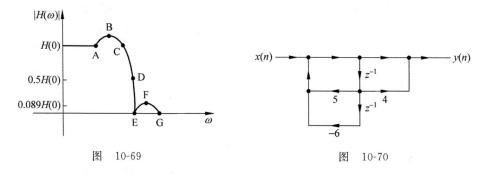

图 10-69 　　　　　　　　　　图 10-70

试题三(数字信号处理部分)(共60分)

一、(8分)设两个线性时不变系统 $h_1(n)$ 和 $h_2(n)$ 级联后的总单位脉冲响应 $h(n)$ 为单位脉冲序列,即 $h(n) = \delta(n)$。已知 $h_1(n) = \delta(n) - 0.5\delta(n-1)$,求 $h_2(n)$ 及其 12 点离散傅里叶变换。

二、(8分)设一个线性时不变的因果系统,其系统函数 $H(z) = \dfrac{1 - a^{-1}z^{-1}}{1 - az^{-1}}$($a$ 为实数),若要求它是一个稳定系统,试求 a 值的范围,并绘出零、极点图及收敛域(用阴影表示)。

三、(12分)某系统结构如图 10-71 所示。

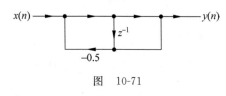

图 10-71

1. 写出该系统的系统函数 $H(z)$,画出系统的幅频响应,并问这一系统是哪一种通带滤波器?

2. 在上述系统中,用下列差分方程表示的网络代替它的 z^{-1} 延时单元
$$y(n) = x(n-1) - \frac{1}{2}x(n) + \frac{1}{2}y(n-1)$$

试问变换后的数字网络是哪一种通带滤波器? 为什么?

四、(10分)已知某模拟滤波器的传输函数为 $H_a(s)$,利用双线性变换法设计得到因果数字传输函数 $H(z) = \dfrac{5z^2 + 4z - 1}{8z^2 + 4z}$,设 $T = 2\text{s}$。画出此系统函数的直接Ⅱ型结构,并写出它

所对应的原模拟传输函数 $H_a(s)$ 的表达式。

五、(10 分)设某 FIR 滤波器的系统函数 $H(z)$ 为

$$H(z) = 1 - 2r\cos(\theta)z^{-1} + r^2z^{-2}$$

其中,r,θ 均为已知数,$0 \leqslant r \leqslant 1, 0 \leqslant \theta \leqslant \pi$。

1. 分析参数 r,θ 变化对滤波器滤波特性产生的影响;

2. 若有一窄带干扰,主频率分量等于 $\pi/3$ 弧度,要滤去这个干扰,滤波器的频率特性该如何设计?

六、简答题(3 小题,共 12 分)

1. (4 分)FFT 主要利用了 DFT 定义中的旋转因子 $W_N^k(k=0,1,\cdots,N-1)$ 的周期性和对称性,通过将大点数的 DFT 运算转换为多个小点数的 DFT 运算,实现计算量的降低。试写出 W_N 的周期性和对称性表示式。

2. (4 分)频率为 f_1 的时域连续信号的记录长度为 T_p,以采样周期 T 对其采样得到 N 点时间序列 $x(n)$。若对 $x(n)$ 进行 DFT,试问其频谱的周期与采样间隔为多少? 频谱分辨率是什么? 频谱大约在多少条谱线附近出现峰值?

3. (4 分)频域采样为什么会造成时域周期延拓? 采取什么措施可避免其负面影响?

试题三解答

一、解:$h_1(n) * h_2(n) = \delta(n)$,两边取 Z 变换,$H_1(z)H_2(z) = 1$,而 $H_1(z) = 1 - 0.5z^{-1}$, $|z| > 0$,所以

$$H_2(z) = \frac{1}{1 - 0.5z^{-1}}, \quad |z| > 0.5$$

$$h_2(n) = 0.5^n u(n)$$

$$H_2(k) = H_2(z)\big|_{z=w_N^{-k}} = \frac{1}{1 - 0.5W_{12}^k}, \quad k = 0,1,2,\cdots,11$$

二、解:1. $H(z) = \frac{z - a^{-1}}{z - a}$,极点 $z = a$,零点 $z = a^{-1}$

因为要求是因果稳定系统,其极点应在单位圆内,所以 $0 < |a| < 1$。又因为当 $|a| = 1$ 时,$H(z) = 1$,系统也是因果稳定的,所以当 $0 < |a| \leqslant 1$ 时,它是一个因果稳定系统。

2. 因为是因果系统,所以 $|z| > a$,零、极点图及收敛域如图 10-72 所示。

三、解:(1)由系统网络结构可得 $H(z) = \frac{1 + z^{-1}}{1 + 0.5z^{-1}}$,幅频响应如图 10-73 所示。该系统是低通滤波器。

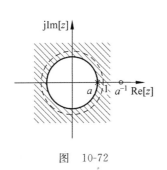

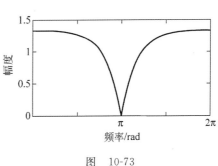

图 10-72　　　　　　　　　　图 10-73

(2) $H(z_1) = \dfrac{-0.5 + z_1^{-1}}{1 - 0.5 z_1^{-1}}$

令 $z^{-1} = \dfrac{-0.5 + z_1^{-1}}{1 - 0.5 z_1^{-1}}$，则 $e^{-j\omega} = \dfrac{-0.5 + e^{-j\omega_1}}{1 - 0.5 e^{-j\omega_1}}$。

频率间的对应关系如下表所示。

ω 平面	ω_1 平面
$\omega = 0$	$\omega_1 = 0$
$\omega = \pi$	$\omega_1 = \pi$

这是一种低通到低通的映射，所以变换后数字网络是低通滤波器。

四、解： $H(z) = \dfrac{5z^2 + 4z - 1}{8z^2 + 4z} = \dfrac{5 + 4z^{-1} - z^{-2}}{8 + 4z^{-1}} = \dfrac{5}{8} \dfrac{1 + \dfrac{4}{5}z^{-1} - \dfrac{1}{5}z^{-2}}{1 + \dfrac{1}{2}z^{-1}}$

直接 II 型结构如图 10-74 所示。

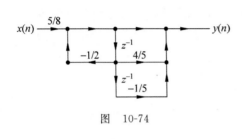

图 10-74

$s = \dfrac{2}{T} \cdot \dfrac{1 - z^{-1}}{1 + z^{-1}} \Rightarrow z = \dfrac{1 + s}{1 - s}$

$H_a(s) = \dfrac{5\left(\dfrac{1+s}{1-s}\right)^2 + 4\dfrac{1+s}{1-s} - 1}{8\left(\dfrac{1+s}{1-s}\right)^2 + 4\dfrac{1+s}{1-s}}$

$= \dfrac{3s + 2}{s^2 + 4s + 3}$

五、解： 由系统函数可得，零点为 $z_{1,2} = r\cos\theta \pm jr\sin\theta$，这是一个低通滤波器。

1. r 变化对滤波器带宽产生影响，θ 对截止频率产生影响；

2. 取 $\theta = \dfrac{\pi}{3}$。

六、答：

1. 周期性：$W_N^{nk} = W_N^{(n+N)k} = W_N^{n(k+N)}$

对称性：$W_N^{nk+N/2} = -W_N^{nk}$

2. DFT 后的频谱是以 N 为周期延拓而成，采样间隔为 $1/T_p$。频谱分辨率为 $F = \dfrac{f_s}{N} = \dfrac{1}{NT}$，根据 $f = kF$，频谱出现峰值的位置为 $k = \dfrac{f_1}{F}$。

3. 在频域的 N 点采样造成时域信号以 N 为周期进行延拓，这是由傅里叶变换的对偶性决定的，一个域的离散必定会造成另一个域的周期延拓。

为避免其负面影响，在频域 2π 区间内的采样点数 N 应大于或等于序列长度 M，即 $N \geqslant M$；否则，就会造成时域信号的混叠失真。

参 考 文 献

[1] 王艳芬,王刚,张晓光,等. 数字信号处理原理及实现[M]. 3 版. 北京:清华大学出版社,2017.

[2] 王艳芬,王刚,张晓光,等. 数字信号处理原理及实现学习指导[M]. 2 版. 北京:清华大学出版社,2014.

[3] 胡广书. 数字信号处理导论[M]. 2 版. 北京:清华大学出版社,2013.

[4] 程佩青. 数字信号处理教程[M]. 4 版. 北京:清华大学出版社,2013.

[5] 丁玉美,高西全,等. 数字信号处理学习指导与题解[M]. 北京:电子工业出版社,2007.

[6] 邓立新,曹雪虹,张玲华. 数字信号处理学习辅导及习题详解[M]. 北京:电子工业出版社,2003.

[7] 丁玉美,高西全. 数字信号处理[M]. 2 版. 西安:西安电子科技大学出版社,2002.

[8] 姚天任. 数字信号处理学习指导及题解[M]. 武汉:华中科技大学出版社,2002.

[9] 吴镇扬. 数字信号处理[M]. 2 版. 北京:高等教育出版社,2010.

[10] 张小虹. 数字信号处理[M]. 北京:机械工业出版社,2006.

[11] 张宗橙,张玲华,曹雪虹. 数字信号处理与应用[M]. 南京:东南大学出版社,1997.

[12] 程佩青. 数字信号处理教程习题分析与解答[M]. 4 版. 北京:清华大学出版社,2014.

[13] 陈怀琛. 数字信号处理教程——MATLAB 释义与实现[M]. 北京:电子工业出版社,2002.

[14] 奥本海姆,谢弗. 离散时间信号处理[M]. 刘树棠,等译. 西安:西安交通大学出版社,2001.

[15] 陶然,张惠云,王越. 多采样率数字信号处理理论及其应用[M]. 北京:清华大学出版社,2007.

图 书 资 源 支 持

感谢您一直以来对清华版图书的支持和爱护。为了配合本书的使用，本书提供配套的资源，有需求的读者请扫描下方的"清华电子"微信公众号二维码，在图书专区下载，也可以拨打电话或发送电子邮件咨询。

如果您在使用本书的过程中遇到了什么问题，或者有相关图书出版计划，也请您发邮件告诉我们，以便我们更好地为您服务。

我们的联系方式：

教学交流、课程交流

地　　址：北京市海淀区双清路学研大厦 A 座 701

邮　　编：100084

电　　话：010－62770175－4608

资源下载：http://www.tup.com.cn

客服邮箱：tupjsj@vip.163.com

QQ：2301891038（请写明您的单位和姓名）

清华电子

扫一扫，获取最新目录

用微信扫一扫右边的二维码，即可关注清华大学出版社公众号"清华电子"。